人工智能与机器人系列

CRC Press
Taylor & Francis Group

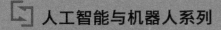

机器学习与行业应用

INDUSTRIAL APPLICATIONS OF MACHINE LEARNING

〔西〕佩德罗·拉腊尼亚加（Pedro Larrañaga）
〔西〕戴维·阿蒂恩萨（David Atienza）
〔西〕哈维尔·迪亚兹·罗索（Javier Diaz-Rozo）
〔西〕阿尔韦托·奥格贝奇（Alberto Ogbechie）
〔西〕卡洛斯·普埃尔托·桑塔纳（Carlos Puerto-Santana）
〔西〕孔查·别尔萨（Concha Bielza） 著

耿 彧 毛勇华 张建波 佟 力 译
贾庆文 阮智斌 许 薇 张 玲 吴宇玲 审校

西安交通大学出版社
XI'AN JIAOTONG UNIVERSITY PRESS
国家一级出版社
全国百佳图书出版单位

图书在版编目(CIP)数据

机器学习与行业应用/(西)佩德罗·拉腊尼亚加等著;耿彧等译/—西安:西安交通大学出版社,2022.12
(人工智能与机器人系列)
书名原文:Industrial Applications of Machine Learning
ISBN 978-7-5693-2481-5

Ⅰ.①机… Ⅱ.①佩… ②耿… Ⅲ.①机器学习-应用-研究 Ⅳ.①TP181

中国版本图书馆 CIP 数据核字(2021)第 272519 号

书　　名 机器学习与行业应用
JIQI XUEXI YU HANGYE YINGYONG
著　　者 〔西〕佩德罗·拉腊尼亚加,戴维·阿蒂恩萨,哈维尔·迪亚兹·罗索,阿尔韦托·奥格贝奇,卡洛斯·普埃尔托·桑塔纳,孔查·别尔萨
译　　者 耿　彧　毛勇华　张建波　佟　力
责任编辑 李　颖
责任校对 李　佳

出版发行 西安交通大学出版社
(西安市兴庆南路 1 号　邮政编码 710048)
网　　址 http://www.xjtupress.com
电　　话 (029)82668357　82667874(市场营销中心)
(029)82668315(总编办)
传　　真 (029)82668280
印　　刷 西安日报社印务中心

开　　本 720 mm×1000 mm　1/16　**印　　张** 19.625　**字　　数** 382 千字
版次印次 2022 年 12 月第 1 版　2022 年 12 月第 1 次印刷
书　　号 ISBN 978-7-5693-2481-5
定　　价 119.00 元

如发现印装质量问题,请与本社市场营销中心联系。
订购热线:(029)82665248　(029)82667874
投稿热线:(029)82665397
读者信箱:banquan1809@126.com

译者序

本书的作者佩德罗·拉腊尼亚加博士和孔查·别尔萨博士为马德里理工大学计算机科学与人工智能方向的终身教授，是计算智能研究组的联合负责人。佩德罗·拉腊尼亚加博士为计算机技术领域的资深专家，曾是西班牙科学创新部计算机技术领域的专家。他们的研究方向涵盖了概率图模型、元启发式算法、生物信息学、神经科学、工业4.0和体育等应用领域。戴维·阿蒂恩萨、哈维尔·迪亚兹·罗索和卡洛斯·普埃尔托·桑塔纳为马德里理工大学的博士生。阿尔韦托·奥格贝奇曾在西班牙德勤咨询公司担任高级顾问。

本书旨在展示如何运用机器学习算法解决现实世界中的行业问题，清晰地描述了如何通过工业物联网架构实现数据管理；对机器学习的关键技术进行了全面概述，并介绍了一些关键领域知识及如何改进算法来推动第四次工业革命的发展。本书涵盖了组件级案例——轴承剩余使用寿命预测，机器级案例——工业电机指纹识别，生产级案例——激光自动视觉检测，分销级案例——空运延误预测。书中研究分析了四个层级案例，对致力于现实世界中行业问题的研究者具有重要的指导意义。本书适用于计算机学科及信息管理学科的本科生、研究生教学；亦可作为各级管理机构人员进行信息决策的参考资料。

本书分为两部分：前3章精炼地介绍了相关理论知识，使读者熟知机器学习中的主要理论与数学基础知识；后4章从行业化的四个层级分别介绍了具体的案例研究方法。

衷心感谢西安交通大学出版社李颖编辑对本书的大力支持与细致的工作。本书的翻译工作获得了项目资金的支持，包括辽宁省自然科学基金计划项目(20180550161,20180550855,2019-ZD-0837)，辽宁省教育厅青年科学基金项目(JYTQN201706,JYTQN201724)，陕西省重点研发计划国际科技合作项目(2018KW-021)。

最后，译文中难免存在纰漏，恳请读者批评指正并不吝赐教。

耿　彧

gengyu@jzmu.edu.cn

2022年10月

前　言

第四次工业革命也被称为工业 4.0 或工业物联网，现已全面展开并对各行业产生了重大影响，涉及自动化、汽车制造、化学、建筑、消费服务、能源、金融、健康服务、信息技术和通信等诸多领域。机器控制器、传感器、制造系统等采集设备收集了大量的行业数据且数据量呈指数级增长态势，迫切需求智能系统运用数学统计模型从这些海量的行业数据中挖掘提取出有意义的信息。机器学习已成为人工智能的一部分，可运用相应的软件系统构建模型，为优化决策提供切实可行的指导意见。这些决策可运用于诊断、预测性维护、状态监测、资产健康管理等行业领域。

本书旨在展示如何运用机器学习算法解决现实行业问题，以推动第四次工业革命的发展并提供所需的知识和工具，使读者能够在坚实的理论和实践基础上建立自己的解决方案。本书共分为 7 章。第 1 章讨论了第四次工业革命的现状、机遇、趋势、问题和挑战。第 2 章重点介绍了机器学习的基本原理，涵盖了最常用的技术和算法，具有数学基础知识的读者较易理解。聚类、监督分类、贝叶斯网络及其动态场景建模是本章重点讨论的内容。第 3 章综述了机器学习在富时罗素行业分类系统中的成功应用。后 4 章详细介绍了四个研究案例，将行业智能化逐层地划分为组件级、机器级、生产级和分销级四个抽象级别。第 4 章讨论了如何运用隐马尔可夫模型预测真实滚珠轴承剩余使用寿命，数据集来源于美国电气与电子工程师学会(IEEE)2012 故障诊断与系统健康管理数据挑战赛。第 5 章论述了机床轴伺服电机方面的案例，数据集由 Aingura-IIoT 和 Xilinx 公司的工业物联网联盟测试台提供。为了寻求有效的伺服电机指纹识别方法，案例对凝聚层次聚类、k 均值、谱聚类、近邻传播和高斯混合模型等聚类算法进行了比较分析。第 6 章详细分析了一个动态贝叶斯网络模型的具体应用案例，对激光表面热处理过程中的图像进行分析，构建了一套自动视觉检测系统。实验的真实数据集由西班牙制造公司 Etxe-Tar 的研发部门 Ikergune A. I. E. 负责收集。第 7 章阐述了如何将机器学习应用于分销行业。真实数据由 Cargo iQ 集团提供，其中包含了来自于多条同步运输线路上的空运数据，采用了多种监督分类模型解决此类问题，如 k 近邻、分类树、规则归纳、人工神经网络、支持向量机、逻辑回归、贝叶斯网络分类器和元分类器。

本书主要的读者对象是面向工业工程和机器学习的专业人员和研究生，他们对第四次工业革命中机器学习的最新技术、机遇、挑战和趋势感兴趣，并渴望应用新技术和算法解决实际问题。其他读者对象还可以是高级管理人员、政府机构和科学团体的成员，他们对第四次工业革命如何影响企业、就业或人们的生活感兴趣，渴望了解机器学习的内涵及其在新兴领域的应用。

在撰写本书的过程中，我们有幸得到许多同事和朋友的帮助和鼓励。马德里理工大学计算智能组实验室的同事，以及 Etxe-Tar 集团 Aingura IIoT 和 Ikergune A. I. E. 的同仁们，共同创造了一个非常令人兴奋的科学氛围，我们由衷地感谢他们。在整个编写过程中，Ikergune A. I. E. 的帕特西·萨马涅戈(Patxi Samaniego)持续的科研热情是我们解决困难的动力源泉。针对行业数据问题，我们与 Etxe-Tar 的何塞·胡安·加维隆多(José Juan Gabilondo)和 Xilinx 公司的达恩·伊萨克斯(Dan Isaacs)一起进行了大量探讨，加深了我们对第四次工业革命和机器学习协同效应的认识。本书的出版获得了项目资金的支持，包括西班牙经济与竞争力部项目(TIN2016 - 79684 - P)，西班牙教育、文化和体育部项目(FPU16 / 00921)，马德里地区政府项目(S2013 / ICE-2845-CASI-CAM-CM)，以及由西班牙对外银行私募基金会向大数据科研团队提供的资助。

目 录

第 1 章

第四次工业革命

1.1 引言

P. 1[①]

在科技飞速发展的今天，全球正经历着一场技术变革。这场变革对社会既有积极的促进作用，也有不可避免的消极影响。纵观历史可以发现，技术变革改善了教育条件，发展了社会生产力，促进了就业。不过，近年来的技术变革则侧重于构建能够使工业发展实现预期飞跃的工业发展结构。

技术变革与生产率密切相关，而且自 18 世纪以来引起了制造过程的颠覆性变化，所以通常称之为工业革命（见图 1.1），使特定的技术领域得到改进。第一次工业革命使用蒸汽机作为动力机实现了生产机械化；第二次工业革命中，电力取代蒸汽动力，使生产力进一步提高；第三次工业革命中，电子系统和信息技术（information technologies，IT）的应用提高了工业自动化程度。

图 1.1　工业革命

今天的技术变革被称为第四次工业革命（the fourth industrial revolution，4IR），能够采集机器、生产线和网站上的数据并加以分析，使数字和物理世界有机

① 边码为英文原书页码，供索引使用。——编者注

融合，实现了新兴数字技术的应用。这次变革不仅继承了第三次工业革命的信息技术，如计算机集成制造(Bennett，1985)、机器学习(Samuel，1959)、互联网(Kleinrock，1961)和许多其他技术，而且创造出智能制造技术，这一颠覆性技术也是第四次工业革命的核心技术。普华永道(2017)发布的技术报告列出了十大技术：

(1)先进材料，改进了功能、机械和化学性能，如纳米材料。

(2)云计算，能够通过互联网提供计算功能，无需本地昂贵的设备。

P. 2 (3)自动驾驶技术，能够在很少或没有人为干预的情况下使车辆自主行驶，例如无人机。

(4)合成生物学，利用工程原理开发生物系统，也称为生物技术。

(5)虚拟现实(virtual reality，VR)或增强现实(augmented reality，AR)，用计算机模拟物理世界或整个环境。

(6)人工智能，使用算法执行模拟人类智能的特定任务，如机器学习。

(7)机器人技术，机器人可根据一组指令或自主地执行任务，以协助人类活动。

(8)区块链技术，使用软件算法和分布式计算来记录和确认电子分类账中的交易信息。

(9)3D打印技术，通过一层一层的材料打印来构建功能性或非功能性三维物体。

(10)物联网(Internet of Things，IoT)，通过互联网将不同对象嵌入其中，进行数据采集和通信，能够对任务进行预处理或处理，以实现智能应用。

所有这些技术都能应用在整个4IR领域：生物、数字和物理世界。但是，本书专注于制造业，其中数字和物理世界采用IT形式，先进制造系统可用于不同的工业领域。数字和物理世界相结合可提高生产系统的生产力、效率和灵活性，从而提高工业竞争力，这主要归功于从数据分析中提取的新知识。

在数字和物理世界中，可将原始数据转化为有用的知识，以实现4IR的预期
P. 3 增值。作为原始数据，数据必须经过提取、传输、存储和转换过程，最后将加工后的信息交付给最终用户，并将其定义为可操作数据(见图1.2)。对每个数据生命周期的步骤描述如下：

- **提取**：连接的设备每天能生成 2.5×10^{18} 字节数据。在工业领域，数据由机器生成，机器设备通常包括机器控制系统、传感器和执行器。因此，理想情况下，提取数据的唯一要求是确保设备间取得连接。然而，数据采集不能直接实现，因为必须以所需的采样率从不同的非同步域和数据源中收集具有质量保证的数据。因此，数据采集系统要有专属特性，例如先进的通信技术、过滤机制或传感器融合技术，才能以确定的方式有效地捕获和发送数据。这就要求支持4IR的

图 1.2　在 4IR 期间为从原始数据到可操作数据提供增值

技术(如物联网)能够提供更高级别的预处理和连接功能,从而提高数据采集系统的效率。例如,无线传感器网络(wireless sensor network,WSN)具有处理、感知和对等通信能力,其中数据可以在节点之间共享而无需读取器。在这种情况下,可以使用传感器来间接获取数据进行噪声过滤(Akyildiz et al.,2002)。此外,Li 等人(2013)解释了无线传感器网络如何保证数据提取过程中的确定性。

- **传输**:提取的数据必须尽可能高效地从采集系统传输到下一阶段。通信协议在实现快速、可追踪、灵活和安全的通信方面发挥着重要作用。4IR 正在推动可以满足这些要求的新协议,例如 OPC-UA①,RTI DDS-Secure② 或 MQTT③,实现不同设备之间的互操作、实时通信和无缝信息流动。
- **存储**:如果每天生成 2.5×10^{18} 字节数据,则需要合适的存储设备和管理系统,提供有效的查询以支持将数据转换为可用信息。持续增长的数据量需要高性能、可扩展和可用的存储系统。因此,4IR 已经开发出具有更大和更复杂数据集的大数据技术。传统的数据存储技术无法满足大数据需求。为此人们提出了基于 Hadoop 的解决方案④,以基于大型数据集的分布式和高度可扩展性存储为目标,如 Cloudera、Hortonworks 和 MapReduce(Strohbach et al.,2016)。 P.4

在这种情况下,根据转换步骤的需要,存储可以是长期的或瞬时的。长期存储是指将数据分析应用于按时间段存储数据的数据库,其结果不受时间影响。例如,Kezunovic 等人(2017)描述了使用大数据预测天气对电力系统的影响,他们提出需要大数据集来准确预测影响因素并提高算法的预测能力。此外,瞬时存储一般针对时间敏感的信息,在这种情况下内存中的数据集被用于作为具有较小存储能力的高性能临时存储区,这些数据集通常使用后被销毁。

- **转换**:此步骤涉及将数据转换为有价值的信息。机器学习可基于数据建立模型进行预测,是实现决策的一种关键技术,可视化分析是数据转换的另一种技术。

---

① OPC-UA. https://opcfoundation.org/about/opc-technologies/opc-ua/

② RTI DDS-Secure. https://www.rti.com/products/secure

③ MQTT. http://mqtt.org/

④ Apache Hadoop. http://hadoop.apache.org/

本书主要关注机器学习在行业中的应用，以下章节阐述了基于全部行业数据的智能化过程。如果转换步骤需要实时完成，则对计算能力有更高的要求。现场可编程门阵列（field programmable gate array，FPGA）等技术或芯片集成系统技术（systems-on-chips，SoC）是最先进的解决方案，具有稳健性、低能耗、灵活性和加速能力强等特点。SoC 制造商，如 Xilinx 公司[①]，正在向 Zynq® Ultrascale+™ MPSoC 等转换平台发展，其具有很强的可编程逻辑能力，可以在不需要复杂设备的情况下为常用的机器学习算法提供加速功能。

- **交付**：当向最终用户提供可理解的输出操作时，可以使用人机界面将信息传递给机器操作员、公司经理或维护工程师，也可以将信息作为控制回路中的反馈直接传递给机器。

上述数据生命周期融合了数字和物理世界，是 4IR 的基础。这个数据生命周期已经在世界范围内被采用，相应的方法略有不同，将在以下的章节中进行简要介绍。

P. 5

1.1.1 工业 4.0

“工业 4.0”概念由 Kagermann 等人（2013）定义，最初用于保障德国制造业未来发展的安全性。此定义较为宽泛，涉及八个不同的关键领域：

- **标准化和参考架构**。这是最活跃的领域。工业 4.0 平台认为，在公司之间实现协作伙伴关系的最佳方式是共享数据和信息。共享需要共同的标准和参考体系结构，为合作伙伴提供通信服务并促进实施。
- **管理复杂的系统**。该领域专注于开发管理日益复杂的产品和制造系统的技术。由于其具有互连性和自适应性等新特性，下一代工业系统将更加难以管理。
- **完备的工业宽带基础设施**。发展新一代通信网络非常重要，能够使不同公司彼此可靠地共享高质量数据。数据和信息共享需要解决可扩展性问题，这与公司规模相关。
- **安全保障**。这是一个重要的发展领域。因为数据和信息共享必须足够可靠，从而确保产品和生产设施不会对人员或环境构成危害。此外，必须保护数据和信息免遭滥用和未经授权的使用。这些都依赖于能够管理大量关键数据和信息的新技术。
- **工作组织和设计**。由于这种方法的最终目标是建立互联的智能工厂，通过共享数据和信息来提高制造系统的生产率，因此未来的工作需要适应工作流程要求。例如，重复性或低技能任务将被更好的增值活动所取代，这些活动可以促

---

① https://www.xilinx.com/

进员工的个人发展。

- **培训和持续的专业发展**。由于上述对员工技能要求的变化,需要对培训策略进行改革,在工业革命创造的新工作环境中,为员工提供完成工作所需的工具。
- **监管框架**。工业 4.0 方法促成了新的合作伙伴关系,这是以尚未立法的数据和信息共享为基础的。数据和信息所有权必须有一个清晰的定义,根据部署方案明确区分个人、公司、产品和流程数据。
- **资源效率**。工业部门是世界上最大的能源消费者,因为将原材料转化为产品需要大量的能源。此外,工厂互联以及所有由此产生的数据管理有时需要使用具有更高性能的先进技术设备。因此,需要在所需的所有额外资源和潜在的节能之间进行权衡,以便改善能源使用。 P. 6

为了开发这些关键领域,引入了 Gill(2006)定义的信息物理系统(cyber-physical systems,CPS)等概念,以支持物联网在制造环境中的应用。Kagermann 等人(2013)将 CPS 定义为能够以无人值守的方式交换信息、触发操作以及进行控制的智能机器、存储系统和生产设施。据报道,CPS 扮演了许多不同的角色。然而,最重要的是它们已成为数字世界和物理世界之间的联系纽带。

因此,将上述数据生命周期代入 Kagermann 等人的定义,CPS 可具有提取、传输、存储、转换和交付等功能。为了能够实现这一生命周期,CPS 需被赋予人工智能,即在无监督情况下的自主学习能力。特别是在转换阶段,机器学习是具有自主学习能力的一种特殊人工智能技术。

工业 4.0 的定义并没有明确提及人工智能。然而,对工业 4.0 加以定义的发起人之一是德国人工智能研究中心的首席执行官 Wolfgang Wahlster 教授。Wahlster 认为人工智能是 CPS 支持的智能工厂的主要驱动力。

尽管工业 4.0 是一项旨在推动德国制造业发展的倡议,但几乎所有欧洲国家都迅速采用了这一广义概念,并在从地方政府到公司,都以政策的形式在不同层面得以采纳。

1.1.2　工业物联网

2012 年,美国总统科学技术顾问委员会在其框架内描述了实现工业物联网(Industrial Internet of Things,IIoT)的第一步[①]。在这种情况下,为先进制造选择的一些交叉技术如下:高级传感技术、信息技术、数字化制造和可视化技术,这与上述数据生命周期中的术语有些类似。

2012 年 3 月,由范德比尔特大学和波音公司领导的美国 CPS 创新基金会指导 P. 7

---

① 向总统报告,在先进制造业中抓住国内竞争优势。https://energy.gov/eere/downloads/report-president-capturing-domestic-competitive-advantage-advanced-manufacturing/

委员会,提交了一份关于21世纪CPS战略机遇的报告(Sztipanovits et al.,2012)。该报告将CPS定义为紧密耦合的信息和物理系统,展现出一定程度的智能集成。这些系统涵盖了与物理组件交互的计算过程。因此,CPS的未来应用被认为比第三次工业革命期间的IT更具颠覆性。

2012年底,美国通用电气公司(GE)的数字分公司定义了工业物联网这一术语,将智能机器、高级分析和工作人员结合在一起。GE将此集成描述为一个连接设备网络,可以提取、传输、存储、转换并交付有价值的可行解,从而可以在企业中做出更快的决策,提高其竞争力[①]。

IIoT主要面向物联网的应用、机器间(machine-to-machine,M2M)通信及明确利用数据进行可增值的工业大数据分析。鉴于需要共享数据和信息,IIoT方法将诸如智能传感技术,实时、无线通信,数据预处理的传感器融合,基于数据处理和信息传递的人工智能等主要物联网技术转移到工业领域。此外,IIoT方法定义了不同的技术部署层。简而言之,这些部署层如下:

- **边缘**,元素靠近有联系的资源,这对实时分析和控制技术很有用。
- **云**,数据通过互联网发送到计算服务器,这对复杂的分析和数据存储很有用。

2014年3月,GE与国际商用机器有限公司(IBM)和思爱普有限公司(SAP)在此背景下共同成立了工业物联网联盟(Industrial Internet Consortium,IIC)[②],旨在凝聚多家公司力量和所需技术加快开发与应用,并且在工作中广泛共享数据、信息、智能分析和人员。虽然IIoT最初是一项以美国公司为主的计划,但IIC现已遍布全球,在全球拥有200多家会员公司。

1.1.3 其他国际战略

如1.1.1节和1.1.2节所述,由德国和美国发起的4IR最初倡议已被世界各地采用。但是,个别国家有所变动,下面简要描述这些方法中的一些情况。

P.8 法国采纳4IR思想,并于2015年4月提出“未来工业”(Industrie du Futur)计划,旨在实现法国工业的数字化转型。该计划主要是履行欧洲联盟(欧盟)倡议,如建立未来工厂。未来工业借鉴了欧盟倡议的五个主要观点:(1)通过支持大型结构性项目,在未来三到五年内,通过开发技术支持未来工厂的发展,使法国能够成为该领域的领导者。技术研发将致力于增材制造、物联网、增强现实等技术。(2)对公司的财务支持。(3)为下一代员工提供在未来工厂应用新技术所需的知识和技能的培训。(4)支持欧洲及国际合作,与其他欧洲国家,特别是德国和其他国际联

---

① 有关工业物联网的一切信息可参见。https://www.ge.com/digital/blog/everything-you-need-know-about-industrial-internet-things/

② http://www.iiconsortium.org/

盟共同制定创新战略。(5)推广旨在展示与 4IR 相关的法国发展成就和技术知识的活动。

西班牙在企业推动及相关行政部门的协助下采用了 4IR。在这种情况下，该倡议旨在提供财政支持和援助，以促进西班牙工业的数字化转型。与上述"未来工业"计划一样，西班牙采用的方法与德国"工业 4.0"一致。然而，他们需要一种特定的业务解决方案，侧重于以下几个主要的开发领域：大数据分析、网络安全、云计算、连接和移动、增材制造、机器人和嵌入式传感器以及相关系统。

在亚洲，有几种方法："中国制造 2025"、"印度制造"、"东南亚国家联盟 4.0(东盟 4.0)"，东盟成员包括新加坡和马来西亚等技术发展领跑者。所有这些方法都与工业 4.0 保持一致，旨在推动各自的行业发展，以提高竞争力。另一方面，日本采取了一种不同方法，即"社会 5.0"。社会 5.0 主旨是社会向超级智能社会转型。该政策期望 CPS 被视为能够将网络和物理空间结合起来的关键因素，由此带来重大的社会转型。机器和人工智能将成为社会第五阶段的主要参与者。

总之，4IR 不仅仅是技术发展，它也是一个涉及经济、技术和社会组成部分的行业转型，旨在提高各个层面的行业竞争力，并对全世界产生潜在影响。这场革命以及采用的不同政策正在影响着 1.2 节中所描述的智能行业。

P.9

1.2　行业智能化

智能化通常用于描述向智能行为的演变，与之相关的技术促进了不同层次的智能行业发展。智能化是本书的主要内容，用于描述如何应用机器学习来实现智能化。因此，我们定义了四个不同的抽象级别：组件(见 1.2.1 节)、机器(见1.2.2节)、生产(见 1.2.3 节)和分销(见 1.2.4 节)。在生产设施中组件是机器的一部分，根据需求将产品分配给不同客户。图 1.3 说明了这种方法。

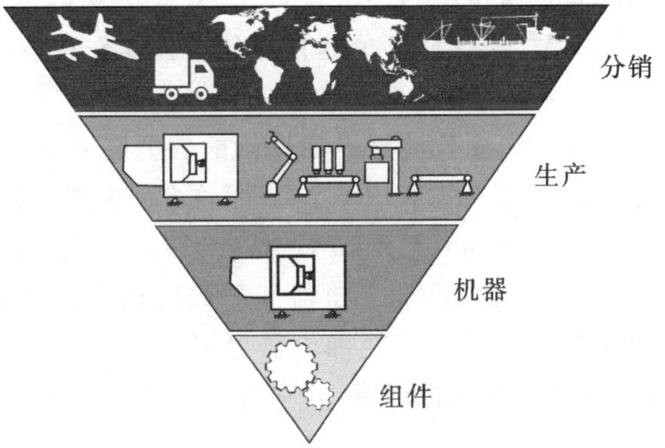

图 1.3　不同级别的行业智能化

1.2.1 在组件级别上

如上所述,在行业智能化中存在不同的抽象级别。在底部有机器部件,例如轴承、阀门、滚珠丝杠、导轨和轴。组件智能化是指引入组件自我意识功能,提供故障诊断和预测,有助于提高整个系统或子系统的可用性,例如机器、空气压缩机等。嵌入到组件结构中的传感器使组件能够自我感知,而传感器的复杂性取决于组件中可用的空间大小。例如,歧管中有空间可以安装阀门传感器和电子设备,但滚珠丝杠传感器需要集成到其结构材料中。

嵌入式传感器的主要目的是提取可能导致组件故障的相关数据。例如,内置于轴承中的传感器可能需要测量振动、温度、润滑、湿度、是否存在金属颗粒等情况。这些数据可在传感器或上层处理,发出与潜在故障相关的警报或报告剩余使用寿命(remaining useful life,RUL)。在这种情况下,传感器被称为智能传感器。

P. 10 第 4 章描述了组件数据处理,其中滚珠轴承用作测试场景。第 4 章主要说明了智能组件的含义以及它如何为整个行业智能化做出贡献。

1.2.2 在机器级别上

行业的第二级抽象为机器。在这种情况下,有两种智能功能来源:(1)能够提供故障诊断和预测的自我感知组件;(2)来自不同智能组件和能够提供上下文特征的传感器的数据集合,有助于给出有关系统或子系统的可行解。

Lee 等人(2014)认为物联网已经实现了数据可用性,其中机器在 CPS 的帮助下能够提取足够的信息以实现自我评价。由于可用性是工业机器最重要的问题,而自我评价功能可以提供子系统的过去、当前和未来条件,使工具能够通过维护和自适应控制来改善这一问题。

因此,自我维护的机器能够评价其自身的健康状况和退化水平,对于预防性和预测性维护非常有用,可以减少机器停机时间,提高其可用性。自我感知的机器能够使用数据监控当前的操作条件并评价其自身的最佳操作状态,调整过程参数以确保高效。

然而,使用智能机器的概念比使用自我评价的数据应用更广泛。如 1.1 节所述,关键概念之一是数据和信息共享。在这方面,许多研究者对机器间通信概念做了描述。例如,Lee 等人(2014)、Lin 和 Chen(2016)、Li 等人(2016)、Ali 等人(2017)和 Tuna 等人(2017)分别强调了机器间的数据和信息共享,以便进行点对点比较,这对于检测早期退化或可能增加机器可用性的任何其他情况非常有用。机器间通信可用于创建协作智能机网络,其中适应性协调提高了灵活性和生产力,实现了智能生产系统的设想。

第 5 章描述了机器学习如何利用机器中的自我意识功能。在这种情况下，该章主要研究了定位机床轴伺服电机的智能系统应用实例。 P. 11

1.2.3　在生产级别上

结合 1.2.2 节所述，共享数据和信息的网络智能机集合可定义为智能生产系统。此外，机器互连提供资产组分析，例如由可用性、生产率、能效和制造质量可定义整体设备效率(overall equipment efficiency，OEE)。

在生产层面，将其抽象定义为智能制造系统。该智能系统能集成智能机器及来自其他领域的数据，如原材料特性、环境、能源、业务、物流和其他关键绩效指标(key performance indicators，KPIs)。这种集成提供了制造环境的高级视图，其中从数据中可以提取出有助于提高系统效率的增值信息。

因此，如图 1.4 所示，智能工厂能够利用完善的集成系统，例如企业资源计划(enterprise resource planning，ERP)，它拥有在采购、销售、财务和制造等方面实时、同步的业务数据。依靠这些数据，智能工厂就能基于业务做出决策，以提高其竞争力。此外，制造执行系统(manufacturing execution systems，MES)为智能工厂提供了有价值的数据。在这种情况下，MES 能够提供与生产系统相关的数据，跟踪 KPI、原材料和库存等。可编程逻辑控制器(programmable logic controllers，PLC)、监控和数据采集(supervisory control and data acquisition，SCADA)是机器的智能层，能够直接控制并监督生产系统和机器。

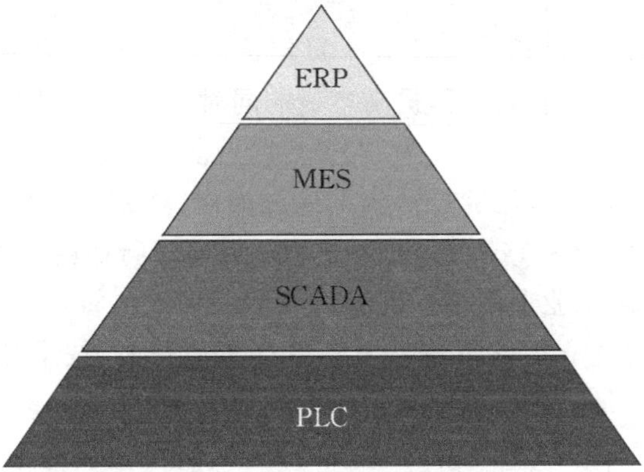

图 1.4　智能工厂的集成系统

为了说明机器学习中生产级别的智能化应用，第 6 章给出了应用于热处理生产系统的自动视觉检测系统方案。

P. 12

1.2.4 在分销级别上

接下来的抽象级别为分销，产品被发送给客户或其他上级工厂。此级别定义为智能物流。此时，来自不同生产系统的聚合数据与分发数据混合，以便提高系统效率，及时交付产品。

分销系统首先是基础设施和资源的复杂组合，以及不同的产品目的地和所需的交付时间。因此，流程应该高效，以避免瓶颈并缩短产品上市时间（从产品构思到产品交付到客户手中所需的时间长度），防止对公司竞争力产生负面影响。

因此，智能分销系统是复杂的资源管理器，能够执行三种不同的活动：自动规划、实施和控制。基于生产数据，智能系统定义产品的交付计划，包括其目的地，所需的基础设施和资源（例如，机场和飞机等），以及应急计划。执行计划的过程是搜索最优路径，同时还要考虑其他一些因素，如使用相同资源的不同产品，如何最大化它们的使用率。此外，在智能系统实施计划过程中，会检测其过去、现在和未来状态，以便预测偏差并根据应急计划采取可操作的预案。如果检测到这种偏差，智能系统能够控制情况并采取必要的措施来保证系统质量。

第 7 章通过介绍与空运相关的实例来说明机器学习的应用，以实现智能物流。

1.3 智能行业中机器学习的挑战和机遇

预计工业物联网的应用将工业效率每年提高 3.3%，节约成本约为 2.6%[①]。这些数字是整体效率提高的体现，提高产量的同时节省了原材料，并降低了能源使用。如 1.2 节所述，在智能化发展中，人工智能扮演着重要的角色。

此外，对工业物联网应用的投资依据地区而定，通常以十亿为数量级。例如，欧洲的预期投资每年约为 1400 亿欧元，这意味着基于行业的人工智能产品将获得强有力的支持并提高工业采用率。机器学习是一种人工智能技术，具有很好的应用，可在 4IR 内推进建立智能制造系统。该技术在商业、技术和人才等层面都有巨大的潜力。但是，每个级别都存在一些挑战和机遇。

P. 13 为了理解行业中机器学习的挑战和机遇，我们应该看看它如何适应 4IR 架构。为此，我们使用了 IIoT 的参考架构（Lin et al.，2017），该架构定义了如下三个层次：

- **边缘层**，收集来自不同行业级别的数据：组件、机器、生产、分销（参见 1.2 节）。

---

① 工业 4.0——工业物联网的机遇与挑战。https://www.pwc.nl/en/assets/documents/pwc-industrie-4-0.pdf

- **平台层**，处理来自边缘层的数据，并提供第一层服务和反馈，其中时间是考虑安全性和完整性原因的关键变量。
- **企业层**，从平台层收集信息，并部署第二层服务，为高层决策提供支持。

图 1.5 说明了预测资产维护中的架构实现过程，其中在边缘层中收集、传输和同步不同的组件数据，例如，计算机数字控制(computer numerical control，CNC)和智能能量测量传感器(如，Oberon X)。然后，所有数据都被发送到平台层，其中机器学习层提取可用于在紧急情况下停止机器运行的关键可行解，或者在尽可能的情况下支持机器操作员做出决策。故障信息被传输到下一层，由另一个机器学习层提取操作或面向业务的见解。在此层中，业务决策是基于提供的可行解，例如，生产预测或整体工厂的可用性。

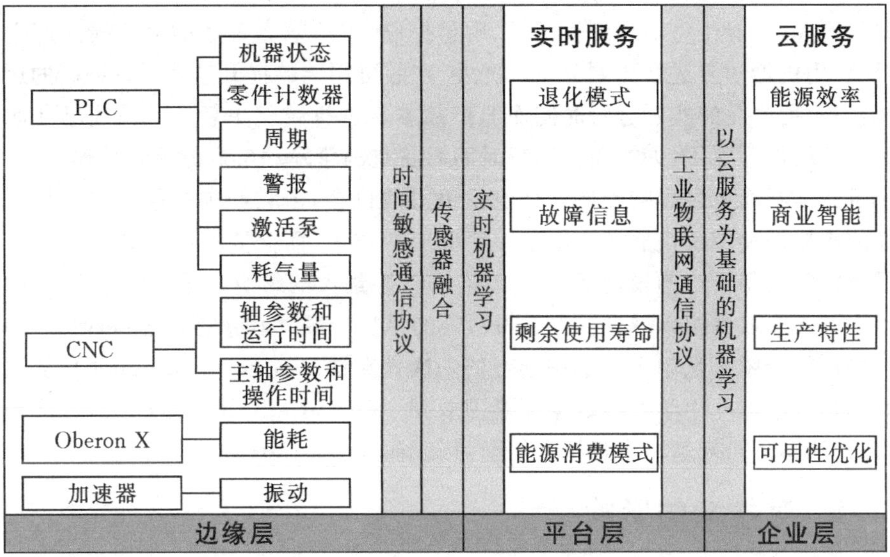

图 1.5　预测资产维护中的架构实现[①]

通过分析机器学习的主要含义，可以将智能行业架构映射到不同的影响级别。因此，在企业层，机器学习的主要影响体现在人和业务上。应用于平台层的机器学习对业务的影响较小，并且更重视技术。在边缘层，机器学习将作为此层中每个智能元素的主要协调者而产生直接影响。以下部分概述了每个级别的预期影响及其相关的挑战和机遇。

① http://www.iiconsortium.org/smart-factory-machine-learning.htm

1.3.1 对业务的影响

P. 14 如上所述，机器学习将是具有重要的 OEE 水平的智能行业的关键推动因素，这将对企业竞争力产生积极影响。竞争力的提高意味着智能行业生产的产品比竞争对手的产品具有相对更短的上市时间，即在合适的时间以合适的价格供应合适的产品。

为了达到这个改进水平，出现了大规模定制、服务化等概念。大规模定制与极其灵活的生产系统提供大量定制产品和服务的能力有关。为了实现灵活性，生产系统必须了解过去和现在的条件，以监控产品的实际可用性以及未来条件，实现与新产品定制相关的生产系统变更预测。

但是，资产智能化对业务产生了颠覆性影响，称为服务化。正如 Kamp 等人(2017)所述，智能化将对预测性维护、质量控制、工厂效率等新的商业模式产生影响，即利用机器学习进行预测分析。此外，产品可用性的提升产生了一种新的运营模式，即根据产品的实际运行时间而非产品本身进行替代更新。此模式已在航空航天等领域得到应用，如按飞机飞行时间对航空涡轮发动机进行更新采购。

机器学习有更多影响和提高企业竞争力的机会，但它必须战胜一些挑战。最重要的挑战是要了解机器学习不是一种低成本技术，而需要精心设计的实施策略来了解如何获得最快的投资回报，并对企业产生最大的影响。尽管如此，人们已经在许多方面采取措施以减少机器学习所需的昂贵资源，例如数据存储和训练时间。有一些示例介绍了从单个示例中学习的一次性算法(Fei-Fei et al.，2006)，从流程中而不是从数据库中学习的数据流学习算法(Silva et al.，2013)或新颖的检测算法，以及能够从未知情境中进行在线学习(Faria et al.，2016)。

P. 15 1.3.2 对技术的影响

机器学习对技术产生重要影响，它是智能行业中资产智能化的推动者。在智能行业中，因为机器学习算法已经接受过训练，所以部件、机器、生产线或工厂可获知其状况，并且能够做出反应。第 3 章讨论了实际应用机器学习算法以满足特定需求的几个不同的工业部门。

因此，对于需要智能化的不同应用程序存在大量机会。但是，如 1.3.1 节所述，机器学习并不总是适用，因为如果有传统的基于工程的方法能够解决问题，那么它可能是昂贵的或不必要的。当任何其他传统工程方法由于过程复杂性或特定的未知因素导致偏离预期结果、精度或在响应时间而无法提供所需结果时，应采用机器学习算法改进技术。

从技术开发的角度来看，机器学习有望通过提高可用性和效率以及降低能耗等途径来改善资产行为，提高整体生产力，可以证明将机器学习技术引入智能工厂是合理的。减少停机时间和故障可使备件费用大幅减少，从而使这些基于数据的算法增值。

与此同时，机器学习正在提高行业内的透明度，在这里，知识发现算法的使用可以帮助开发者更好地理解产品和流程。这种反馈将有助于在进行产品或工艺设计时，甚至在开发新产品的流程中做出更好的决策。

从机器学习的角度来看，与技术相关的主要挑战是设计快速、准确、高效和稳健的算法，以满足智能行业的需求。因此，需要一种方法将新开发项目从实验室更快地转化到行业应用中。不管怎样，4IR 能够促使企业开发真正的应用程序，以便在研发阶段用作算法测试平台，缩短产品上市时间。

1.3.3　对人的影响

如 1.1.3 节所述，日本的社会 5.0 是最能说明机器学习对人产生影响的方法。 P. 16
因此，在当今行业内繁琐、紧张和重复的任务中，有很多机会可以使用机器学习技术来代替人类劳动。

然而，当提到人工智能、智能制造、自我意识生产系统和机器自动化这些术语时，人们首先提出的问题是 4IR 制造系统将破坏就业，并且会引发激烈的人机之争。由此智能工厂中机器学习必须战胜的第一个挑战：证明它是一种支持技术，而不是对就业的威胁。

虽然智能行业会产生负面情绪，但事实恰恰相反。智能这个术语是关键，它不应该与机器一起使用。人类倾向于放宽规则并运用他们即兴创作的技能来应对前所未知的障碍。这就是人们通过设计程序让机器执行特定任务的原因。一台擅长遵循规则并且能够根据以前的训练对干扰做出反应的可编程机器是聪明的，但不是智能的，因为没有经过特定的训练，它就会失败。例如，如果机器具有自我维护功能，能够对滚珠轴承退化进行预测性维护，则无论组件有多么相似，该系统都将无法预测滚珠轴承的线性退化。

在这种情况下，人力是智能行业最重要的部分，因为由人工实施设计、编程、部署和监控具有竞争力的精确规则。因此，对人的影响主要是实现教育转变。4IR 时期的员工将接受培训，以满足智能行业的需求，其中智力能力比身体能力更重要。因此，4IR 将提供更高质量的工作，包括高质量和更有价值的任务，影响员工的专业和个人发展。最终，将低增值和重复性高（不符合人类工程学）的任务交给智能机器来完成。

1.4　小结

如本章所述，4IR 是合并不同有效技术背后的主要推动力，是对社会不同层级产生影响的行业变革力量。世界各地虽有不同的方法，但却有一个共同目标：提高本国的工业竞争力。虽然这些政策追求不同的利益，但数据在所有情况下都被定义为IT和OT之间必要融合的推动者，作为在组件、机器、生产系统和行业之间分享有价值见解的主要环节，旨在提高竞争力。

P. 17 机器学习是提取可行解和实现智能化的最常用技术。在此基础上，机器学习作为人工智能的一个分支，是领先的4IR技术之一。因此，机器学习使得传统技术在行业发展中迎来了新的机遇，可以利用边缘计算或云计算开发和部署机器学习算法，进而从数据中获取有价值的信息。

智能工厂是工业领域革命的目标，是在不同应用领域经过多年研究和开发的结果，现在已经走出实验室运用到生产实践中。为了实现这一目标，需要将各层级的技术整合起来，开展更多的相关研究。但是，需要采取一些重要步骤。

本书其余章节安排如下：第2章概述了机器学习算法，可用于行业智能化。第3章总结了使用机器学习的实际行业应用。第4章到第7章展示了这些工具在实际案例中的应用，以说明机器学习如何在4IR时代提供可行解。

第 2 章

机器学习

2.1 概述

P. 19

如今,我们需要对海量数据进行可视化、建模和分析。描述性统计方法可对数据进行概要性描述。而多变量统计和机器学习是一个新兴的人工智能领域,可用于数据建模,即将现实数据转换为可被计算机操作的抽象数据,从而在静态和动态场景中实现准确地预测。

统计学尽管是一门数学学科,但自从计算机出现以来,计算技术被广泛应用于统计学的各个领域。此外,机器学习旨在通过学习数据来构建基于算法的系统,并根据经验自动提高系统性能,可采用算法搜索策略在大量的候选模型中找到性能最优的模型(Jordan et al. ,2015)。

统计学和机器学习是可从数据中得出有用结论的两种有效途径(Breiman, 2001b)。其中,有三种主要的理论类型(见图 2.1):(a)聚类,旨在寻找类似的群体;(b)分类,旨在分类未知的结果;(c)关联发现,旨在寻找输入变量和输出变量之间的关系。在工业中,这些结论通常是以消耗大量的时间及数据流为代价的。

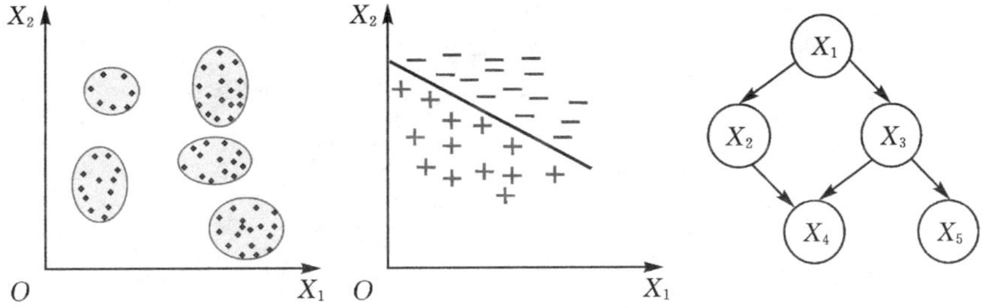

(a) 聚类　　(b) 分类　　(c) 关联发现

图 2.1　统计学模型和机器学习方法解决的三个任务示例

尽管统计学和机器学习两者是互补的,但其差异显而易见,诸如:

P. 20 • 模型假设。统计学模型是基于强假设的，如高斯性、同方差性等，这些假设通常不成立；而在机器学习算法中这些假设不是必需的。

• 模型选择。统计学模型采用基于似然的（惩罚或边际）比较准则；机器学习则是根据一些特定分值搜索出最佳模型，如受试者操作特征（receiver operating characteristic，ROC）曲线（见 2.4.1 节），该曲线侧重于监督分类问题中的正确分类率。搜索方法也有很大区别：统计学中常采用简单选择方法，如前向选择、后向消除或逐步回归；而机器学习侧重大量更复杂和智能的元启发式算法，如模拟退火、禁忌搜索和遗传算法。

• 特征子集选择。工业数据遭受“维度灾难”（Bellman，1957），需要通过选择包含相关的和非冗余信息的最小变量子集来解决。机器学习使用智能元启发式方法在基数为 2^n 的空间中搜索，极具挑战性，其中 n 是变量数目。统计学模型中假定数据的变量数目 $k \leqslant n$，并采用简单的搜索策略在模型空间中搜索。有关更多的详细信息，请参见 2.4.2 节。

概率图模型（Koller et al.，2009）同时采用了统计学和机器学习两种方法，包括贝叶斯网络（见 2.5 节）、马尔可夫网络和隐马尔可夫模型（见 2.6 节）。因此，概率图模型被认为是两个学科的交集。

可解释且易于理解的模型（人类专家可以理解的决策模型）优于不透明的黑箱模型，这对于在工业过程中获得新见解和新知识至关重要。

跨行业数据挖掘标准流程（cross-industry standard process for data mining，CRISP-DM）（Shearer，2000）是描述工业中用于将数据转换为常用的机器学习模型方法的过程，它是一个迭代过程，直到得到足够好的解决方案为止。并且它是一个交互过程，过程流可以根据当前解决方案的质量在不同步骤之间循环迭代。CRISP-DM
P. 21 将知识发现过程分为六个主要步骤（见图 2.2）。

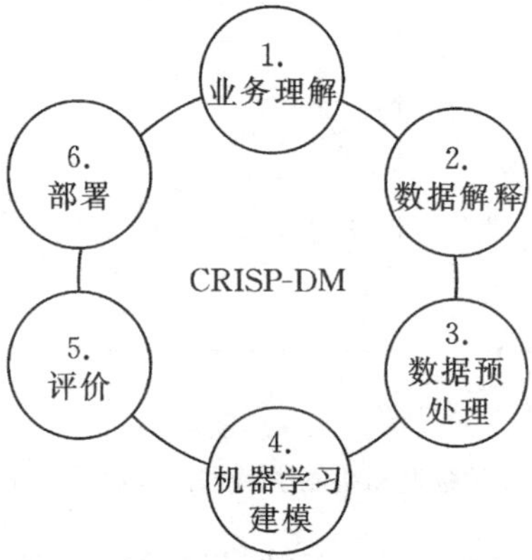

图 2.2 将公司的数据集转换为有用知识的 CRISP-DM 流程（六个步骤）

1. 业务理解。此为初始步骤，涉及从业务角度理解问题的目标和需求，然后将问题视为以数据驱动的方法，此步骤还需要确定如何收集数据及数据来源。

2. 数据解释。此步骤的输入是一个数据集，该数据集包含用于问题建模的信息。接下来需要探索数据集以形成初步认知（运用可视化和描述性统计方法），或通过检测有意义的子集以接受或拒绝关于数据的不同假设（运用假设检验方法）。

3. 数据预处理。此步骤涵盖了从初始数据构建成最终数据集（用于后续建模）的所有活动。数据预处理任务可能会执行多次，并且无法规定顺序。任务包括异常数据检测和数据清洗、连续变量的离散化（如果需要），以及单变量或多变量过滤特征子集的选择。

4. 机器学习建模。在此步骤中，会运用各种机器学习技术（在静态或数据流环境中，封装和嵌入式特征子集选择、聚类、监督分类和关联发现）。图 2.3 显示了本章涉及的所有技术。 P. 22

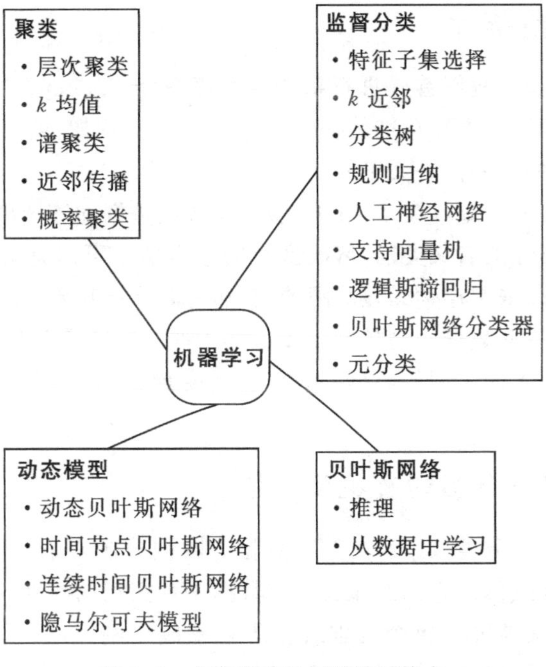

图 2.3 本章涉及的机器学习技术

5. 评价。由真实性能评价上述模型，如果模型性能低于期望，需要返回到数据预处理步骤重新建模。当该步骤结束时，应确定所使用的机器学习模型。

6. 部署。如果上一步的结论是肯定的，那么该模型可以在公司中实施。对于 P. 23
客户而言，了解使用模型需要哪些操作非常重要。

2015 年，IBM 公司发布了跨行业数据挖掘标准流程（cross-industry standard

process for data mining，CRISP-DM)，也称为数据挖掘的分析方案统一方法(analytics solutions unified method for data mining，ASUM-DM)。

本章内容如下：2.2 节介绍了基本的描述性统计方法和推理方法。2.3 节介绍了聚类的概念并对不同方法予以解释，如层次聚类、分区聚类、谱聚类、近邻传播和概率聚类。2.4 节重点介绍了监督分类方法，以及涉及的非概率分类器，如 k 近邻、分类树、规则归纳、人工神经网络、支持向量机；概率分类器，如逻辑斯谛回归、贝叶斯分类器、元分类器。2.5 节论述了贝叶斯网络，如适用于动态场景的概率图模型。2.6 节描述了工业中的共同特性。2.7 节论述了一些机器学习工具。2.8 节讨论了机器学习中尚待解决的问题。

2.2 基本统计

2.2.1 描述性统计

在分析数据集时，我们首先进行**探索性数据分析**(Tukey，1977)，采用可视化图形和基于假设的简单方法总结数据集的主要特征。例如，两个变量是否相互独立，或者一个变量的方差是否大于另一个变量的方差。

数据可划分为三种基本类型：分类数据、离散型数据和连续型数据。**分类数据**指基于某些定性属性的名义类别；**离散型数据**指数值量可以是有限或可列无限多个；**连续型数据**可以采用连续无限范围的值，通常是实数$\mathbb{R}$区间。上述数值数据也称为**线性数据**，而方向数据指的是方向或角度。本书不涉及方向数据。

对于上述任何不同类型的数据，用 X 表示变量，其数据样本为$\{x_1,\cdots,x_N\}$，样本大小为 N。

P. 24 2.2.1.1 单变量数据的可视化和概述

饼图能够可视化分类数据和离散型数据。圆被分成多个扇区，每个扇区代表离散型变量的类别或值。它们的弧长与在数据中观察到的类别频率成比例。**条形图**是一组矩形条，其高度与每个类别或值的频率成比例，可以垂直或水平绘制条形。**直方图**表示数据以组为间隔(区间)的矩形分布，其面积与区间中数据的绝对频率成比例，它是连续型数据最具代表性的图形。

数据可视化图形可用**描述性统计量**更准确地量化，其可分为位置度量、离散度量和形状度量三类。

位置或集中趋势度量表明在实数集$\mathbb{R}$上频率的分布位置。选取介于最小值和最大值之间的中心值描述数据样本概况，其他数据围绕中心点分布。样本的**算术**

平均值 $\bar{x}$ 公式为 $\bar{x}=\frac{1}{N}\sum_{i=1}^{N}x_i$。算术平均值不是一个稳健的统计，即它受异常值(异常极值)的影响很大，因此当存在异常值时，它不能代表数据的整体情况。**几何平均值**，计算公式为 $\bar{x}_G=\sqrt[N]{x_1x_2\cdots x_N}$，它适用于相同变化规律的数据且常用于增长率，如人口增长或利率。**调和均值**是数据倒数的算术平均值的倒数，如 $\bar{x}_H=\left(\sum_{i=1}^{N}\frac{x_i^{-1}}{N}\right)^{-1}$，它适用于求平均比率或比例的情况。对于包含至少两个不等值的正数，不等式 $\bar{x}_H\leqslant\bar{x}_G\leqslant\bar{x}$ 成立。**样本中位数** Me 可将数据样本分为上下两部分(若数据按值的升序排列)。在此应注意的是数据在样本中的顺序，而不是每个数据点本身的值大小。因此，如果数据包含异常值，则中位数优于均值。中位数适合度量有序变量。**样本众数** Mo 是样本中频率最高的值，它不一定唯一。位置度量是分类数据最具代表性的度量方法。

离散度量用于提供有关位置周围数据稀疏程度的信息。**样本标准差** s 表示平均值 $\bar{x}$ 的变化或“离散度”。s 定义为 $s=\sqrt{\frac{1}{N-1}\sum_{i=1}^{N}(x_i-\bar{x})^2}$，且 $s\geqslant 0$，值越小表示数据点越接近均值，值越大表示数据点分布范围越大。s 的平方是**样本方差**，s^2。平均值的**平均绝对偏差**定义为 $mad=\frac{1}{N}\sum_{i=1}^{N}|x_i-\bar{x}|$。由于中位数更为稳健，因此求中位数**绝对偏差的中位数**时，先求出所有的数据与中位数之间的绝对偏差，再对这些绝对偏差求其中位数，即，值的中位数 $|x_i-Me|$，$i=1,\cdots,N$。**变异** P. 25
系数(coefficient of variation，CV)是无量纲度量，可消除 s 对测量单位的依赖性，定义为 $\bar{x}\neq 0$ 时，标准差与平均值的比率乘以 100，即 $\mathrm{CV}=\frac{s}{\bar{x}}100$。CV 值越高，变量的离散度越大。**样本的四分位数**是将有序样本分成四组的三个点，每组包含四分之一的点。因此，第一个或较低的四分位数用 Q_1 表示，其左侧为 25%的低值数据，右侧为 75%的高值数据。第三个或最上面的四分位数用 Q_3 表示，左侧有 75%的数据，右侧有 25%的数据。第二个四分位数是中位数 Me，两侧均有 50%的数据。因此，一个样本若有 10 个分区，则其应有 9 个样本十分位数；若有 100 个分区，则有 99 个样本百分位数。由此可得，第一个四分位数是第 25 个百分位数。通常，在阶数 $k\in(0,1)$ 的样本分位数中，数据落入左侧的比例为 k，右侧为 $1-k$。由于分位数考虑了数据围绕特定点分组的趋势，将一定比例的数据留在其左侧，其余数据留在右侧，因此它们是位置度量而非中心性度量。分位数间距是另一种重要的离散度量方法：**四分位间距**，$\mathrm{IQR}=Q_3-Q_1$，即上四分位数和下四分位数之间的差值。**范围**指最大值和最小值之间的差值，也是一种离散度量。

形状度量刻画了频率分布形状，是根据数据样本的第 r 个中心矩(或关于均值的矩)来定义的，$m_r = \frac{1}{N}\sum_{i=1}^{N}(x_i - \bar{x})^r$。**偏度**指频率分布的不对称性，定义为 $g_1 = \frac{m_3}{m_2^{3/2}}$，其中 g_1 为负值(左偏、左尾或左偏态)表示分布的左尾比右尾长，其中值位于均值的右边，即均值偏向数据中心的左侧。通常绘制的分布图为一个右倾曲线。g_1 为正值则与其相反。若两边分布均匀的数据均值为零值，通常表示为对称分布。分布形状的另一个度量是**峰度**，表明数据相对正态(高斯)分布是尖峰还是平缓，它适用于钟形(单峰对称或轻微不对称)分布。峰度是无量纲的，定义为 $g_2 = \frac{m_4}{m_2^2} - 3$。相对正态分布的峰度而言，尖峰态分布($g_2 > 0$)比正态分布更为尖峰化，低峰态分布($g_2 < 0$)比正态分布平缓，而与常峰态分布($g_2 = 0$)相似或者相同。

盒须图也称为**箱线图**，是一种非常有用的图形，可表明数据是否对称及是否具有异常值。其分布用四分位间距 IQR 表示，在 Q_1 和 Q_3 处绘制箱线，另一条线标记在箱的中间位置。下箱须取值为数据中的最小值和 $Q_1 - 1.5\text{IQR}$ 两者中的最大
P.26 值。类似地，上箱须取值为数据中的最大值和 $Q_3 + 1.5\text{IQR}$ 两者中的最小值。箱须以外的任何点均按点描述，通常视为**异常值**。

图 2.4 显示了上述单变量数据应用可视化方法的例子。

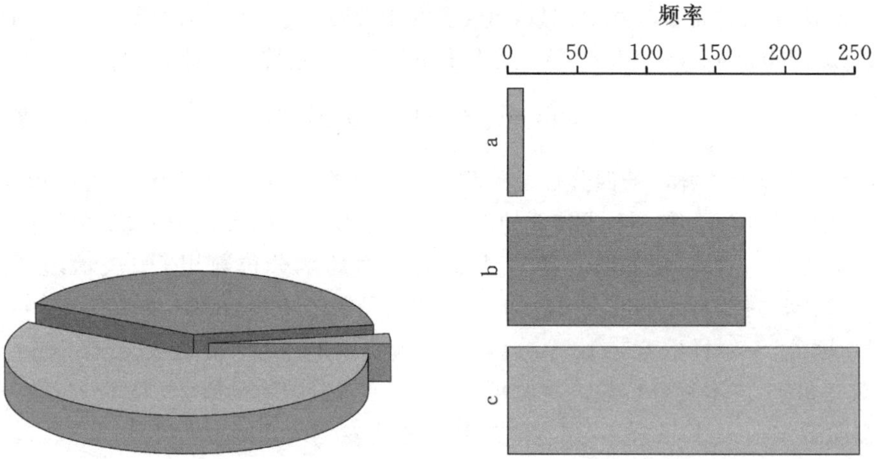

(a) 饼图　　(b) 适用于分类和离散型数据的条形图

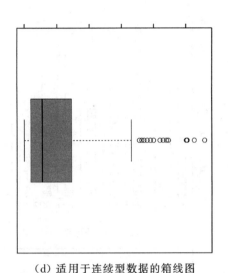

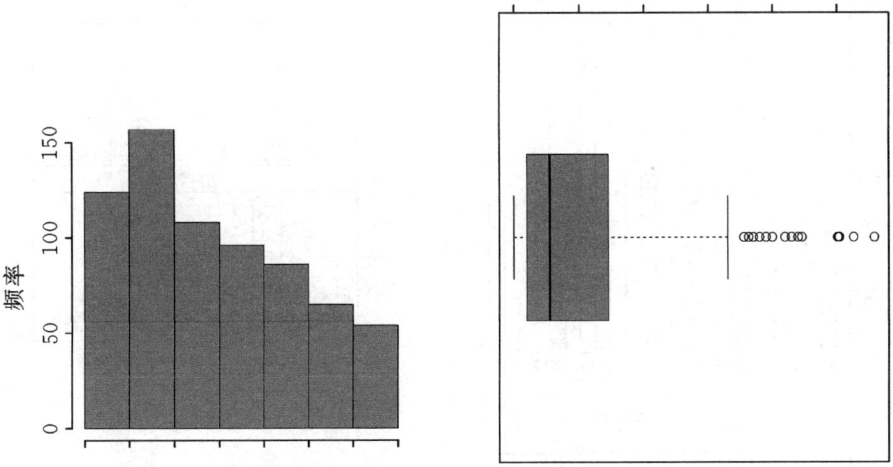

(c) 适用于连续型数据的直方图　　(d) 适用于连续型数据的箱线图

图 2.4　单变量数据图形

2.2.1.2　二元数据的可视化和概述 P.27

现在让我们看看具有两个变量 X_1 和 X_2 的二元数据，并且其有一个大小为 N 的子样本$\{(x_{11},x_{12}),\cdots,(x_{N1},x_{N2})\}$。

如果两个变量都是分类或离散型数据，则**双向列联表**可描述每个观测值的频率(x_{i1},x_{i2})，$i=1,\cdots,N$。该信息可以在**并排条形图**中绘制，分组为两个变量条形显示。如果其中一个变量是分类变量或离散型变量，而另一个变量是连续型变量，则连续型变量的直方图和箱线图可以在另一个变量(分类变量或离散型变量)值给定的情况下，在每个子样本中绘制，从而分别生成**条件直方图**或**并排箱线图**。最后，当两个变量都是连续型变量时，**散点图**可以给出它们之间的初始关系，在平面坐标系中表示为子样本点的笛卡儿坐标。

两个连续型变量 X_1 和 X_2 之间线性关系的强度和方向可以通过**样本相关系数** r_{12} 来测量，r_{12} 定义为两个变量的**样本协方差** s_{12} 除以两个变量的样本标准差，即

$$r_{12}=\frac{s_{12}}{s_1 s_2}=\frac{\frac{1}{N}\sum_{i=1}^{N}(x_{i1}-\bar{x}_1)(x_{i2}-\bar{x}_2)}{s_1 s_2}$$

式中，$\bar{x}_i$ 和 $s_i(i=1,2)$分别是样本 X_i 的均值和标准差。

图 2.5 是上述二元数据可视化方法的示例。

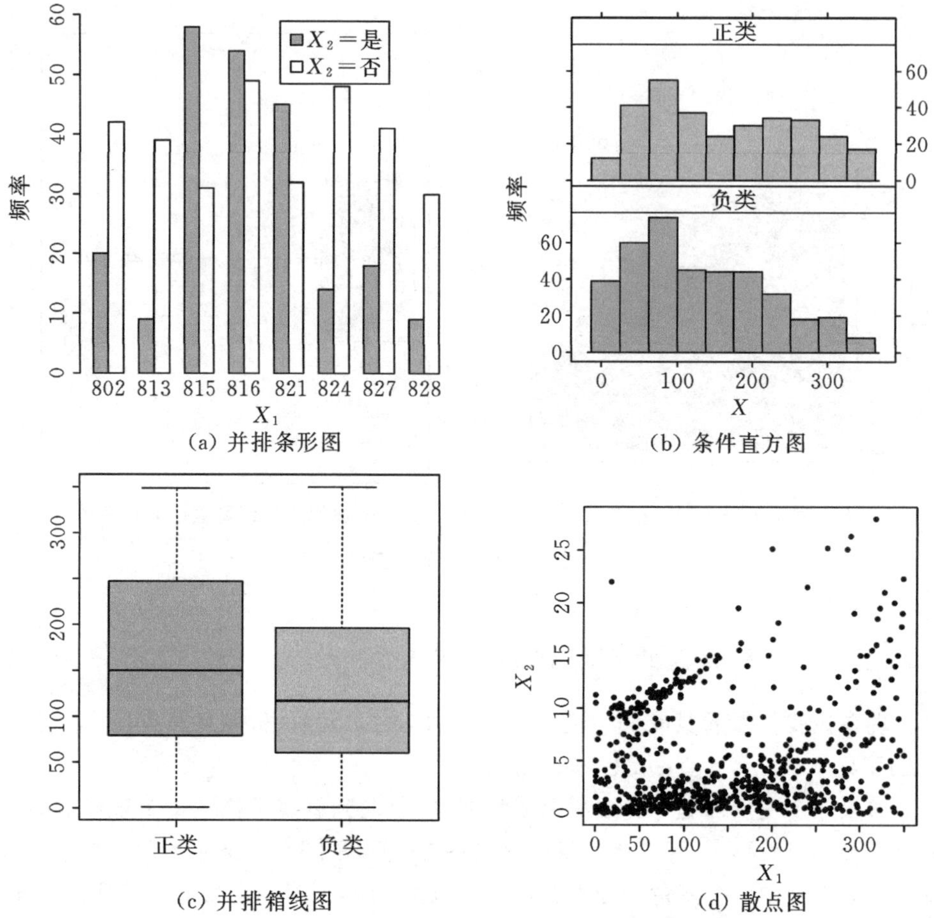

(a) 并排条形图　(b) 条件直方图

(c) 并排箱线图　(d) 散点图

图 2.5　表示二元变量数据的图形

P.28　2.2.1.3　多变量数据的可视化和概述

散点图矩阵表示数组中所有变量对的散点图。**三维散点图**表示三维空间中的三个变量。避免散点图中重叠点的一种解决方案是生成**二维**或**平面直方图**,其中每个箱中的密度由不同的颜色强度而不是实际点表示。**多面板二维箱线图**对于给定离散型变量或分类变量下的可视化连续型变量非常有用。

协方差矩阵 $\boldsymbol{S}$,其元素是每对变量的协方差(对角线方差),将方差的概念概括为多维。该矩阵的逆 $\boldsymbol{S}^{-1}$ 称为**浓度矩阵**或**精度矩阵**。因此,**相关矩阵 $\boldsymbol{R}$** 的元素成对相关(都在对角线上)。

P.29 多变量数据可视化有四种主要方法:切尔诺夫脸谱图、平行坐标、主成分分析和多维标度。**切尔诺夫脸谱图**(Chernoff,1973)根据变量值大小绘制不同大小和形状面部特征的卡通人脸。**平行坐标图**(d'Ocagne,1885)是包括平行垂直等距线(轴)的图,每条线代表一个变量。然后沿着各自的轴绘制每个观察点的各个坐标,并用线段将这些点连接在一起。**主成分分析**(principal component analysis,PCA)(Jolliffe,1986)用另一组不相关变量描述了一组相关变量的变化,每个变量都是原始变量的线性组合。通常,可以用小于 n 的一组新变量解释原始变量的绝大部分变化。因此,PCA 不仅用于降维,也用于数据压缩、特征提取和数据可视化。

多维标度(multidimensional scaling,MDS)**分析**(Torgerson,1952)是一种可视化技术,可创建(维度小于原始数据)显示数据相对位置的地图。地图尽可能地保留数据点之间的成对距离。地图可以包含一个、两个、三个甚至更多维度。

图 2.6 说明了多变量数据的可视化方法。 P. 30

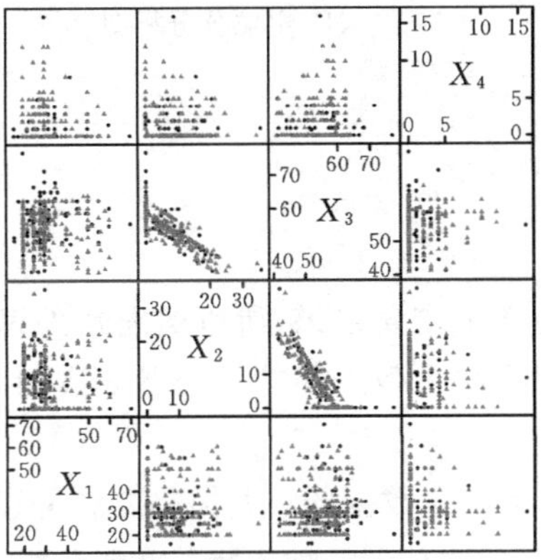

(a) 散点图矩阵

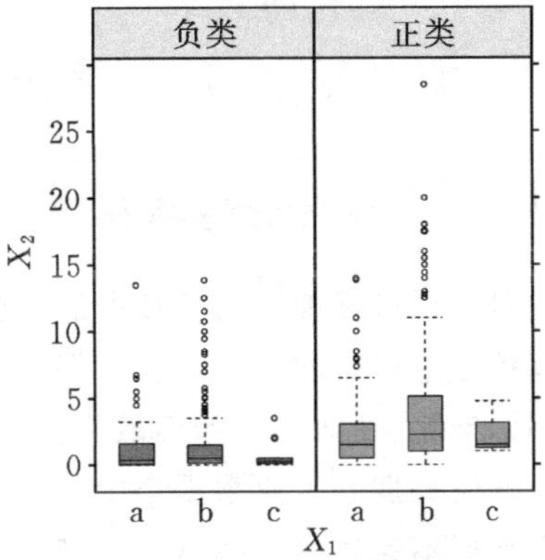

(b) 多面板二维箱线图

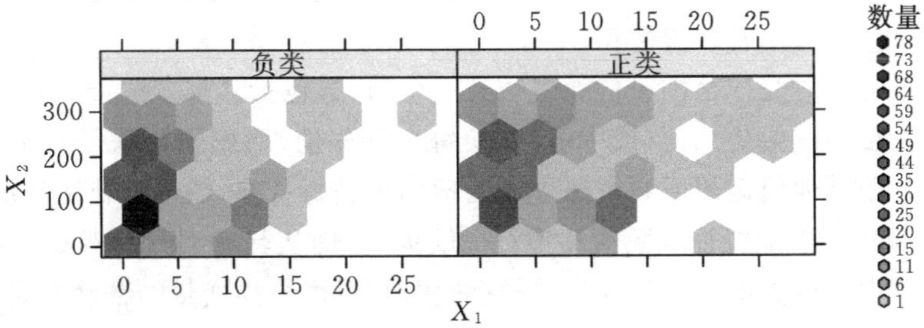

(c) 平面直方图

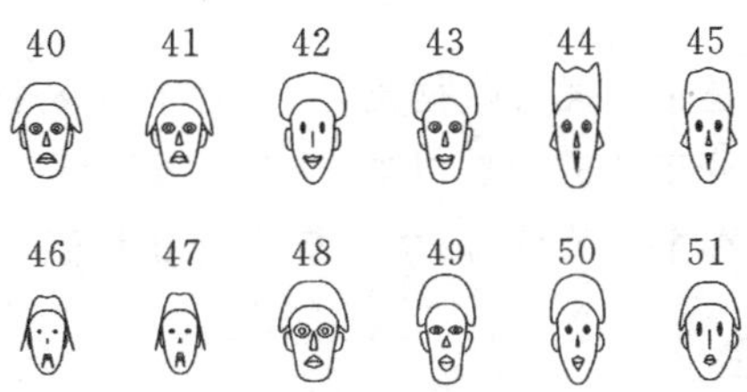

(d) 切尔诺夫脸谱图

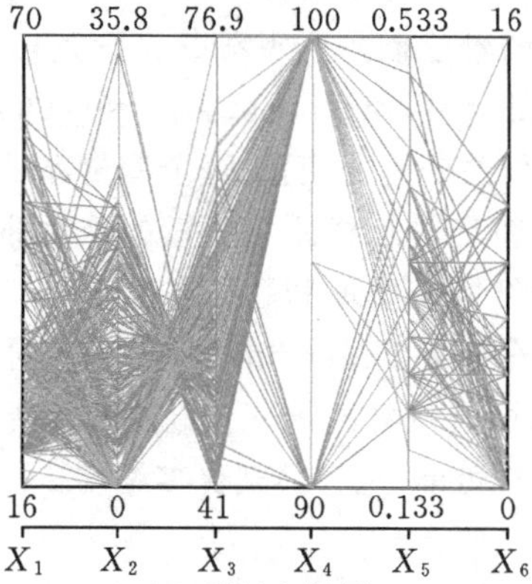

(e) 平行坐标图

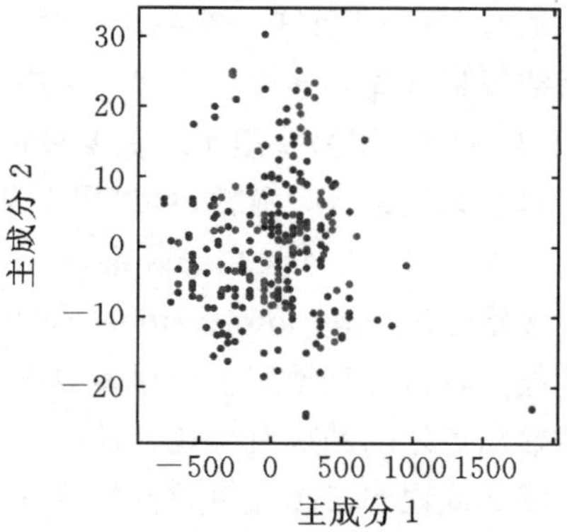

(f) 主成分分析图

图 2.6 多变量数据表示

2.2.1.4 缺失数据插补

对未经过仔细筛选的数据进行分析往往会产生错误结果，所以**数据预处理**是数据挖掘过程中的一个重要步骤。我们重点解决缺失数据插补及变量变换问题，例如标准化、高斯变换和离散化。

缺失数据是工业数据集中的常见问题。删除缺失数据的一种简单方法是直接丢弃数据不完整的个案，仅处理完整的数据个案。这种策略称为**完整案例分析**，此策略可能会导致无效估计和有偏估计。填补一个变量的**缺失数据**时，可用服从该变量概率分布的值插补缺失数据。

单一插补指对每一个缺失的数据插补一个值，其包括几种方法：**无条件均值插补法**是用变量观测值的均值（或中值）替换每个缺失值；**回归插补法**是每个变量的缺失值由基于其他值运用回归方法生成的预测值进行替换；**热卡插补法**是从“供体池（donor pool）”中随机抽取数值替换每个缺失值，即从具有“相似”观察值的一组完整变量值中抽取数值来替换缺失数据。“相似”可由分类变量的精确匹配或距离接近的数值变量来构造。基于期望最大化算法的插补（见 2.3.5 节）是一种基于模型的插补方法。

P.31 **多重插补**创建的不是单个插补数据集，而是几个或多个插补数据集，其中不同的插补是从估计的不同分布中进行随机抽取，然后分析每个完成的数据集并组合结果（例如，计算它们的算术平均值）以生成最终的插补值。

2.2.1.5 变量变换

数据变换指对数据集中的每个点应用数学函数，其必要性为：(a) 量纲的不同会影响数据在统计学及机器学习中的应用效果；(b)变换后的数据更能满足模型假设(例如，高斯性)；(c)此过程仅适用于离散型变量。

当建模包含不同测量单位的变量时可能会产生问题，需要基于均值和标准差将原始数据转换为一组新变量，这称为**标准化**，具体做法是对每个数据减去原始变量的均值，并将结果除以标准差，使其均值为 0，标准差为 1。

一些机器学习方法提出数据服从高斯分布的假设。但是，原始数据可能不满足高斯特性。在这种情况下，需要将数据进行特殊变换，如**幂变换** $z=x^{\lambda}$，$\lambda>0$，其中 x 是原始变量，z 是变换后的新变量，可近似高斯特性。根据 Tukey(1977)的文献，当 $\lambda>1$ 时延伸直方图的右尾来消除左偏，而 $\lambda<1$ 时具有相反的效果。

离散化(Liu et al.，2002)指将连续型数据变换为分类数据，其有四种常用算法：**等宽离散化**(Catlett，1991)算法预定义 k 值，即间隔数目，将最小值和最大值之间的线分成相等宽度的 k 个间隔；**等频离散化**(Catlett，1991)算法将排序值除以 k 个区间，使每个区间包含大致相同数量的值，k 值是先验值；**比例 k 区间离散化**(Yang et al.，2009) 算法选择不大于观测数平方根的最大整数，即 $k=\lceil\sqrt{N}\rceil$，作为区间数；**基于最小描述长度原理的离散化**(minimum description length principle-based discretization，MDLP)算法(Fayyad et al.，1993)可用于监督分类，基于信息论的测量通过递归方法找到最佳区间，每个区间应该只包含一种类型的标签，即该方法尝试最小化每个区间中类变量的熵。该算法会产生大量间隔，间隔的数量由 MDLP 算法控制，以平衡最小熵和区间数。

2.2.2 推理 P. 32

在工业中，获得给定目标总体中所有对象的信息通常是不可能的。例如，在给定年份内无法检查工厂生产的所有零件。因此，我们只能对少量信息进行分析，根据样本特征将结果泛化到整个工厂全年生产的产品当中。此种泛化，在统计术语中称为**推理过程**，我们可以从代表总体的给定概率分布中估计参数，以及对参数值和实际分布的假设进行检验。本节介绍参数估计(参数点估计和参数置信区间估计)和假设检验的基本概念。

随机选择方法有多种，如果遵循标准程序，可以使用数学表达式量化估计的准确性。**聚类抽样**基于总体可以划分成较小子类的思想，分别对子类进行抽样。聚类是同质的，被视为抽样单位。假设工厂有 1000 台机器用于聚类，聚类抽样可以选择其中的 20 台机器，通过少数机器实现对所有部件的检查。当目标总体可以很容易地划分为亚群或层级时，使用**分层抽样**；然后选择层级将总体划分为非重叠的同质区域，期望层中元素具有更高的相似性。**分层抽样**假设不同层级是异质的，从每个层级进行简单随机抽样。例如，如果某个工厂有三种类型的机器，每种机器生产不同的部件，则分层抽样将从每个子类中随机选取一些部件。

在**系统抽样**中，我们有一个给定总体的所有对象列表，在样本中需要确定每一个 k 值。初始值是随机选择的，然后自动确定要采样的其他值。例如，假设我们有一份工厂在指定日期生产的 100000 件产品订单列表，计划使用系统抽样选择 200 个样品。程序是在 1 到 500(因为 100000/200＝500)之间随机选择一个初始值，如果生成的随机数为 213，则对 200 个样本进行编号，依次为 213，713(213＋500)，1213(213＋2×500)，…，99713(213＋199×500)。

2.2.2.1 参数点估计

设总体分布已知，从总体当中获取的样本用于估计此分布的**参数** $\boldsymbol{\theta}$。例如，我们可以考虑每个制造件是否合格(离散型随机变量)及其重量情况(连续型随机变量)。
P. 33 考虑伯努利分布 $X \sim \mathrm{Ber}(x|p)$，参数 $\theta = p$，1 值表示成功，其概率为 p，是第一个变量的潜在分布。当 $x=0,1$ 时，其概率密度函数为 $f(x|p)=p^x(1-p)^{1-x}$，其中 p 未知，应从样本中估计。考虑**正态分布**，$X \sim N(x|\mu,\sigma)$，或简记为 $N(\mu,\sigma)$。当 $x,\mu \in \mathbb{R}$ 且 $\sigma \in \mathbb{R}^+$ 时，密度函数定义为 $f(x|\mu,\sigma)=\dfrac{1}{\sqrt{2\pi}\sigma}\mathrm{e}^{-\frac{1}{2\sigma^2}(x-\mu)^2}$，由此可以建模工件的密度。在这种情况下，$\boldsymbol{\theta}$ 是一个向量，可从样本中估计出其两个分量 μ 和 σ。

假设观察的随机样本大小为 N，即有 N 个**独立同分布的**(independent and identically distributed，i. i. d.)随机变量 $X_1, X_2, \cdots, X_N$ 的值为 $x_1, x_2, \cdots, x_N$，被组合成函数 $\hat{\theta}=t(X_1, X_2, \cdots, X_N)$，称为 θ 的**估计量**，它是一个随机变量。采样后获得的具体值称为 θ **估值**。样本均值 $\hat{\theta}=\overline{X}=\dfrac{1}{N}\sum\limits_{i=1}^{N}X_i$ 是 p 的估计量，也是 μ 的估计量，而样本方差 $\hat{\sigma}^2=S_N^2=\dfrac{1}{N}\sum\limits_{i=1}^{N}(X_i-\overline{X})^2$ 是 σ^2 的估计量，即总体方差。

计算估值 θ 与真实参数 θ 的近似度将揭示估计量 $\hat{\theta}$ 的优度。由于 θ 未知，因此它是在期望算子 $E(\cdot)$ 下的近似值。θ 的估计量 $\hat{\theta}$ 的**均方误差**定义为 $\mathrm{MSE}(\hat{\theta})=E[(\hat{\theta}-\theta)^2]$，是一种重要的优度测量方法。优先选择具有较小均方误差的估计量。MSE 被分解为 $\mathrm{MSE}(\hat{\theta})=(\mathrm{bias}(\hat{\theta}))^2+\mathrm{Var}(\hat{\theta})$，其中 $\mathrm{bias}(\hat{\theta})$ 定义为 $E(\hat{\theta})-\theta$，测量估计量的期望误差，即它的平均估计值与目标值的近似程度；方差 $\mathrm{Var}(\hat{\theta})$ 测量不同样本(样本大小相同)估计的波动幅度。具有较小的偏差和方差的估计值是首选。图 2.7(a)说明了这两个概念，分别是低偏差和低方差(左上)、低偏差和高方差（右上）、高偏差和低方差（左下）和高偏差和高方差（右下）。图2.7(b)说明了 $\hat{\theta}_1$ 是 θ 的无偏估计，$\hat{\theta}_2$ 是 θ 的有偏估计。但是发现，$\hat{\theta}_2$ 的方差小于 $\hat{\theta}_1$。

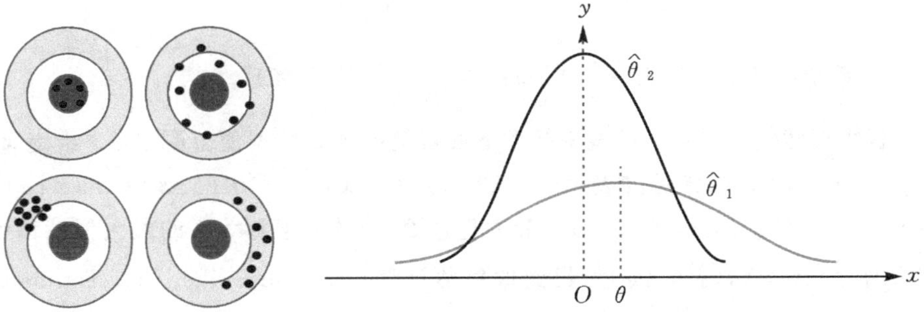

(a) 偏差和方差概念的图形表示　　　(b) 无偏估计和有偏估计

图 2.7　偏差与方差概念解释

如果 $E(\hat{\theta})=\theta$，$\hat{\theta}$ 是 θ 的**无偏估计**，否则是有偏估计。对于无偏估计，均方误差等于其方差，即 $\mathrm{MSE}(\hat{\theta})=\mathrm{Var}(\hat{\theta})$。对于伯努利总体样本，成功的经验比例是参数 p 的无偏估计。具体地，样本算术平均值 $\hat{\mu}=\overline{X}$，**样本拟方差** $\hat{\sigma}^2=S_{N-1}^2=\frac{1}{N-1}\sum_{i=1}^{N}(X_i-\overline{X})^2$，分别是参数 μ 和 σ^2 在高斯密度中的无偏估计。 P. 34

任何无偏估计的方差都满足不等式 $\mathrm{Var}(\hat{\theta})\geqslant\frac{1/N}{E\left[\left(\frac{\partial \ln f(x\mid\theta)}{\partial\theta}\right)^2\right]}$，被称为**克拉美罗(Cramér-Rao)不等式**。当无偏估计的方差等于克拉美罗下界时，估计量 $\hat{\theta}$ 是 θ 的**最小方差无偏估计**，也称为 θ 的**有效估计**。

推导具有良好性质的估计量有两种主要方法：矩估计法和最大似然估计法。

矩估计法的思想是用样本矩代替总体矩，$\alpha_r(\theta_1,\cdots,\theta_K)=E[X]^r$，在原点附近有相应的样本矩，$m_r=\frac{1}{N}\sum_{i=1}^{n}x_i^r$，$r=1,\cdots,K$。对于取决于 K 参数的概率密度函数 $f(x\mid\theta_1,\cdots,\theta_K)$，系统求解为

$$\begin{cases}\alpha_1(\theta_1,\cdots,\theta_K)=m_1\\ \alpha_2(\theta_1,\cdots,\theta_K)=m_2\\ \qquad\vdots\\ \alpha_K(\theta_1,\cdots,\theta_K)=m_K\end{cases}$$

对于参数为 $\theta_1=p$ 的伯努利分布，从矩估计法推导出的估计量是经验比例，

即，$\alpha_1(p)=p=\overline{X}=m_1$。对于正态分布 $N(\mu,\sigma)$ 的参数，求解以下两个方程：

$$\begin{cases}\alpha_1(\mu,\sigma^2)=\mu=\overline{X}=m_1\\ \alpha_2(\mu,\sigma^2)=\sigma^2+\mu^2=\dfrac{1}{N}\sum\limits_{i=1}^{N}x_i^2=m_2\end{cases}$$

该系统的结果输出为 $\hat{\mu}=\overline{X}$ 和 $\hat{\sigma}^2=\dfrac{1}{N}\sum\limits_{i=1}^{N}(X_i-\overline{X})^2$。

极大似然估计法将假设概率模型下最可能的观察数据值分配给 θ。给定 $\boldsymbol{x}=(x_1,\cdots,x_N)$，$\theta$ 的似然函数表示为 $\mathcal{L}(\theta\mid\boldsymbol{x})=f(\boldsymbol{x}\mid\theta)$，则 $\mathcal{L}(\theta\mid\boldsymbol{x})=f(\boldsymbol{x}\mid\theta)=f(x_1\mid\theta)\cdot f(x_2\mid\theta)\cdots f(x_N\mid\theta)$。最大化 $\mathcal{L}(\theta\mid\boldsymbol{x})$ 的 θ 值称为 θ 的**最大似然估计**，表示为 $\hat{\theta}(X_1,X_2,\cdots,X_N)$。**最大似然估计量**(maximum likelihood estimator, MLE)是 $\hat{\theta}(X_1,X_2,\cdots,X_N)$ 的统计量。通常，使用 $\mathcal{L}(\theta\mid\boldsymbol{x})$ 的自然对数可更为方便和容易，称之为**对数似然函数** $\ln\mathcal{L}(\theta\mid\boldsymbol{x})$。

P. 35 MLE 必须满足必要条件 $\dfrac{\partial\ln\mathcal{L}(\theta\mid\boldsymbol{x})}{\partial\theta}=0$。最大似然估计具有如下属性：首先，MLE 不一定是无偏估计，但通常是渐近无偏，即对于越来越大的样本大小，MLE 的概率与参数真实值的差异大于一个趋于 0 的固定的小数值；其次，MLE 不一定是有效的估值，但如果存在参数的有效估计，则 MLE 就是该有效估计。

通过令对数似然函数的一阶导数等于 0 来获得伯努利分布参数 p 的 MLE：

$$\frac{\partial\ln\mathcal{L}(p\mid\boldsymbol{x})}{\partial p}=\frac{\sum\limits_{i=1}^{N}x_i}{p}-\frac{N-\sum\limits_{i=1}^{N}x_i}{1-p}=0$$

同时检查其二阶偏导数是否为负数。MLE 由 $\hat{p}(X_1,\cdots,X_N)=\overline{X}$ 给出。

为了获得参数 $\theta=(\mu,\sigma^2)$ 的 MLE，我们需要计算服从 $N(\mu,\sigma)$ 的样本 $x_1,\cdots,x_N$ 的对数似然函数：

$$\ln\mathcal{L}(\mu,\sigma^2\mid\boldsymbol{x})=-\frac{N}{2}\ln(2\pi)-\frac{N}{2}\ln\sigma^2-\frac{\sum\limits_{i=1}^{N}(x_i-\mu)^2}{2\sigma^2}$$

MLE$(\hat{\mu},\hat{\sigma}^2)$ 由以下方程组进行求解：

$$\begin{cases}\dfrac{\partial\ln\mathcal{L}(\mu,\sigma^2\mid\boldsymbol{x})}{\partial\mu}=\dfrac{\sum\limits_{i=1}^{N}(x_i-\mu)}{\sigma^2}=0\\ \dfrac{\partial\ln\mathcal{L}(\mu,\sigma^2\mid\boldsymbol{x})}{\partial\sigma^2}=-\dfrac{N}{2\sigma^2}+\dfrac{\sum\limits_{i=1}^{N}(x_i-\mu)^2}{2\sigma^4}=0\end{cases}$$

对系统求解,很容易得出

$$\hat{\mu}(X_1,\cdots,X_N)=\frac{\sum_{i=1}^{N}X_i}{N}=\overline{X},\ \hat{\sigma}^2(X_1,\cdots,X_N)$$

$$=\frac{\sum_{i=1}^{N}(X_i-\overline{X})^2}{N}=S_N^2$$

贝叶斯估计认为 θ 是具有已知先验分布的随机变量。利用观察到的样本,通过贝叶斯定理将该分布转换为后验分布。选择**共轭先验**,即先验和后验属于同一分布族,简化后验分布计算。典型的例子是 Dirichlet(Frigyik et al.,2010)和 Wishart(Wishart,1928)分布。否则,后验分布通常采用数值计算或蒙特卡罗技术。

后验分布用于对 θ 进行推断。因此,典型的贝叶斯点估计是选择使后验分布最大化的 θ 值,称为**最大后验**(maximum a posteriori,MAP)估计。

贝叶斯估计可应用于贝叶斯网络(见 2.5 节),既可查找图结构,也可估计其参数。贝叶斯估计也适用于小样本和数据流场景。

2.2.2.2　参数置信度估计

参数置信度估计可根据**置信区间**(confidence interval,CI)表达估计过程的结果,参数真实值的宽度(精度)和可靠性(置信度)是更全面的估计方式。 P. 36

首先通过选择由$(1-\alpha)$表示的置信水平来建立参数 θ 的$(1-\alpha)$置信区间,其表示为 $CI_{1-\alpha}(\theta)$,通常表示为百分比$(1-\alpha)\cdot 100\%$,其中 $\alpha\in(0,1]$。**置信水平**是用于构建 CI 过程可靠度的一种量度。例如,置信水平为 95%意味着 95%的样本将提供包含真实 θ 的置信区间。尽管应该具有高可靠性,但 CI 宽度常随着可靠性增加而增大。CI 应通过 $P(L(X)\leqslant\theta\leqslant U(X))=1-\alpha$ 进行验证,其中 $L(X)$为下限,$U(X)$为上限,即 $CI_{1-\alpha}(\theta)=[L(X),U(X)]$。

若高斯分布未知总体方差,其总体均值置信区间是

$$CI_{1-\alpha}(\mu)=\left[\overline{X}-t_{1-\frac{\alpha}{2};N-1}\frac{S}{\sqrt{N}},\overline{X}+t_{1-\frac{\alpha}{2};N-1}\frac{S}{\sqrt{N}}\right]$$

其中 $t_{1-\frac{\alpha}{2};N-1}$ 表示具有 $N-1$ 个自由度的 t 检验,其概率分布阶数为 $1-\frac{\alpha}{2}$的分位数。

举例:置信区间

假设有 9 个样品,平均重量为 100 千克,样品标准差为 30 千克,则 μ 的置信水

平为 0.95 时,CI 表示为

$$\mathrm{CI}_{0.95}(\mu)=\left[100-2.31\frac{30}{\sqrt{9}},100+2.31\frac{30}{\sqrt{9}}\right]=[76.9,123.1]$$

$t_{0.975;8}=2.31$。对于置信水平相同且 $\overline{X}$ 和 S 值相同的 900 个样品,其置信区间为[98.04,101.96],这说明了样本大小对 CI 宽度的影响。

2.2.2.3 假设检验

假设检验是一种统计推断方法,我们首先陈述两个假设:原假设(H_0)和备择假设(H_1)。原假设指的是拒绝接受研究现象。例如,如果提出一个新的生产系统,H_0 表示新旧生产系统等效,H_1 表示新旧生产系统不等效。

一旦陈述了假设,我们会利用样本决定接受 H_0,还是拒绝 H_0。当原假设与
P. 37 我们所研究现象的观察结果之间具有显著性差异时,应拒绝原假设。统计显著性意味着差异不是偶然的,而是研究中的现象与原假设之间存在真正差异。例如,差异可能是观察现象产生的偶然性(即,使用其他样本可能不会产生差异)。

注意,当我们决定是否拒绝 H_0 时,可能会产生两种错误:

- Ⅰ类错误:当 H_0 为真时,H_0 被拒绝。
- Ⅱ类错误:当 H_0 为假时,H_0 被接受。

为了决定是否拒绝原假设,我们首先为假设检验选择一个**显著性水平**,α。α 值等于产生Ⅰ类错误的概率。通常,α 设定为 0.05 或 0.01。使用较小值 $\alpha\in(0,1)$可减少Ⅰ类错误的数量。但是,Ⅰ类错误减少通常以增加Ⅱ类错误为代价。针对这种行为有一个简单的解释:如果我们反对拒绝 H_0,除非我们非常肯定这个决定,否则我们就不会拒绝它。另外,产生Ⅱ类错误的概率通常表示为 β。假设检验的能力通常表示为 $1-\beta$,等于当我们真的应该拒绝 H_0 时拒绝了 H_0 的概率。但是,通常在假设检验实践中,不能像我们对 α 值那样预先确定 β 值。然而,正如我们刚才所讨论的,α 的减小通常会增大 β 值,这就会降低假设检验的功效。

在设置检验的显著性水平之后,我们准备检查数据并决定是否拒绝原假设。该过程通常涉及计算统计量,当 H_0 为真时,该统计量的分布是已知的。如果数据输出的统计值比其分布定义的临界值更极端,则拒绝 H_0。临界值与预先选择的 α 具有对应关系,因此符合Ⅰ类错误概率的上限。计算 p 值也很常见。如果 H_0 为真,则 p 值是得到统计值的概率,该值与可用数据得出的值一致。p 值较小表示应拒绝 H_0。特别地,如果 p 值$\leqslant\alpha$,则拒绝 H_0。

本书讨论了两种假设检验:独立性的卡方检验和弗里德曼检验。这些假设检验分别用于 2.5.3 节和 7.4.2.2 节中。

独立卡方检验应用两个分类变量 X 和 Y，它们分别具有 I 和 J 个可能值，样本大小为 N，其中元素可以根据两个分类变量进行分类。问题是 X 和 Y 是否可以被视为独立变量。

表 2.1　列联表 P. 38

变量	y_1	$\cdots$	y_j	$\cdots$	y_J	边际值
x_1	N_{11}	$\cdots$	N_{1j}	$\cdots$	N_{1J}	$N_{1\cdot}$
$\vdots$	$\vdots$	$\ddots$	$\vdots$	$\ddots$	$\vdots$	$\vdots$
x_i	N_{i1}	$\cdots$	N_{ij}	$\cdots$	N_{iJ}	$N_{i\cdot}$
$\vdots$	$\vdots$	$\ddots$	$\vdots$	$\ddots$	$\vdots$	$\vdots$
x_I	N_{I1}	$\cdots$	N_{Ij}	$\cdots$	N_{IJ}	$N_{I\cdot}$
边际值	$N_{\cdot 1}$	$\cdots$	$N_{\cdot j}$	$\cdots$	$N_{\cdot J}$	N

表 2.1 显示观察数量为 N_{ij}，即元素分类为 x_i 与 y_j 的个数。第 i 行的观察总数是 $N_{i\cdot}=\sum_{j=1}^{J}N_{ij}$，其中 $1\leqslant i\leqslant I$；第 j 列的观察总数是 $N_{\cdot j}=\sum_{i=1}^{I}N_{ij}$，其中 $1\leqslant j\leqslant J$。

某一个体落入列联表中单元格 (i,j) 的真实概率表示为 θ_{ij}。在 X 和 Y 是独立的假设下，$\theta_{ij}=\theta_{i\cdot}\theta_{\cdot j}$，其中 $\theta_{i\cdot}=\sum_{j=1}^{I}\theta_{ij}$，$\theta_{\cdot j}=\sum_{i=1}^{J}\theta_{ij}$。也就是说，$\theta_{i\cdot}$ 是生产的工件在行变量的类别 i 中被分类的概率，$\theta_{\cdot j}$ 是工件在列变量的类别 j 中被分类的概率。用于检验 X 和 Y 独立性的原假设和备择假设是

$$\begin{cases}H_0:\theta_{ij}=\theta_{i\cdot}\theta_{\cdot j}\\ H_1:\theta_{ij}\neq\theta_{i\cdot}\theta_{\cdot j}\end{cases}$$

$\theta_{i\cdot}$ 和 $\theta_{\cdot j}$ 的估计值分别通过 $\hat{\theta}_{i\cdot}=\dfrac{N_{i\cdot}}{N}$ 和 $\hat{\theta}_{\cdot j}=\dfrac{N_{\cdot j}}{N}$ 计算，单元格 (i,j) 中的观察期望值由 $N\hat{\theta}_{ij}$ 计算得出。在独立的假设下，这个期望值变成了 $N\hat{\theta}_{ij}=N\hat{\theta}_{i\cdot}\hat{\theta}_{\cdot j}=\dfrac{N_{i\cdot}N_{\cdot j}}{N}$。

检验统计量

$$W=\sum_{i=1}^{I}\sum_{j=1}^{J}\frac{(O_{ij}-E_{ij})^2}{E_{ij}}$$

用于比较观察到的案例数，$O_{ij}=N_{ij}$，在原假设下样本的每个单元格 (i,j) 中期望

值为 $E_{ij}=\dfrac{N_{i.}N_{.j}}{N}$。$W$ 近似服从自由度为 $(I-1)(J-1)$ 的 χ^2 分布。当样本中观察到的 W 值大于分位数 $\chi^2_{(I-1)(J-1);1-\alpha}$ 时，在显著性水平 α 下拒绝独立的原假设。如果 E_{ij} 不是太小，则通常 χ^2 近似是令人满意的。保守规则要求所有 E_{ij} 大于等于 5。

P. 39 **弗里德曼检验**(Friedman，1937)是针对完全随机试验数据的一种非参数检验方法。在该设计中，有与观察相对应的 b 个组[①]，并且对每个观察应用 $k\geqslant 2$ 次处理。该检验的目的是检测 k 个处理间的差异。

x_{ij} 表示在第 j 个处理中第 i 个组的测量值，其中 $i=1,\cdots,b$ 和 $j=1,\cdots,k$。我们根据第 j 个处理的每个测量值计算秩 r_{ij} 及秩和值 R_j，最终得到如表 2.2 所示的排列。

表 2.2 随机完全区组设计中的组、处理和秩数据

组别	处理 1	⋯	j	⋯	k	行总数
1	r_{11}	⋯	r_{1j}	⋯	r_{1k}	$k(k+1)/2$
⋮	⋮	⋱	⋮	⋱	⋮	⋮
组 i	r_{i1}	⋯	r_{ij}	⋯	r_{ik}	$k(k+1)/2$
⋮	⋮	⋱	⋮	⋱	⋮	⋮
b	r_{b1}	⋯	r_{bj}	⋯	r_{bk}	$k(k+1)/2$
列总数	R_1	⋯	R_j	⋯	R_k	$bk(k+1)/2$

弗里德曼检验假设所有样本总体除了位置可能变化外，应是连续的且相同的。原假设设定所有总体具有相同的位置。通常，k 个区组间无差异的零假设用中位数 ψ_i 表示。H_0 和 H_1 假设可以写成

$$\begin{cases} H_0:\psi_1=\psi_2=\cdots=\psi_k \\ H_1:\psi_i\neq\psi_j \text{ 至少存在一对}(i,j) \end{cases}$$

标准化检验统计量 S，定义为

$$S=\left[\frac{12}{bk(k+1)}\sum_{j=1}^{k}R_j^2\right]-3b(k+1) \tag{2.1}$$

用于评估原假设。在 H_0 为真的假设下，S 很好地近似为一个 χ^2_{k-1} 分布。给定固定显著性水平 α，如果样本中观察到的 S 值大于分位数 $\chi^2_{k-1;1-\alpha}$，则拒绝 H_0。

---

① “组”命名来自对结构的早期实验设计，将其领域划分成多个组。

2.3 聚类

P. 40

本节介绍两种不同的聚类方法：非概率聚类和概率聚类。这两种方法的目标是将一组对象或样本分组（或分段）为子集或“类”。类似的对象被划分在同一类内，不同的对象被划分在不同类中。例如，在定位机床轴的伺服电机时，类可对应于具有相同特定状态（空转、恒速、加速/减速）的对象（见第 5 章）。非概率聚类方法包括层次聚类和分区聚类（如 k 均值算法、谱聚类或近邻传播），使得每个对象仅属于一个类。然而，在概率聚类中，每个对象可以同时是几个类的成员，并且它们在每个类中都有一个成员概率。

从数学上，对包含 N 个对象的数据集$\mathcal{D}=\{\boldsymbol{x}^1,\cdots,\boldsymbol{x}^N\}$进行聚类，其中 $\boldsymbol{x}^i=(x_1^i,\cdots,x_n^i)$，$i=1,\cdots,N$，数据集中的每个对象都有 n 个变量，$\boldsymbol{X}=(X_1,\cdots,X_n)$。层次聚类和 k 均值算法使用**相异矩阵**，这是$\mathcal{D}$转换的结果。相异矩阵是 $N\times N$ 矩阵$\boldsymbol{D}\equiv(d(\boldsymbol{x}^i,\boldsymbol{x}^j))_{i,j}$，其中 $d(\boldsymbol{x}^i,\boldsymbol{x}^j)$表示第 i 个和第 j 个对象之间的相异度。

相异度 $d(\boldsymbol{x}^i,\boldsymbol{x}^j)$ 度量的标准方法包括：对于数值型变量，采用闵可夫斯基距离：$d_{\text{Minkowski}}(\boldsymbol{x}^i,\boldsymbol{x}^j)=\left(\sum_{h=1}^{n}|x_h^i-x_h^j|^g\right)^{1/g}$，$g\geqslant 1$。**欧几里得距离**和**曼哈顿距离**分别是 $g=2$ 和 $g=1$ 时的**闵可夫斯基距离**特例；对于二进制变量，可以基于列联表来计算对象之间的相异度。例如，在对称的二元变量中，两个状态有同等价值，相异性可以定义为 $d_{\text{binary}}(\boldsymbol{x}^i,\boldsymbol{x}^j)=\dfrac{r+s}{q+r+s+t}$，其中 q 是两个对象都等于 1 的变量数目；t 是两个对象等于 0 的变量数目；$r+s$ 是两个对象不相等的变量数目。

谱聚类和近邻传播算法基于**相似矩阵**，元素 $s(\boldsymbol{x}^i,\boldsymbol{x}^j)$，$i,j=1,\cdots,N$，表示对象 $\boldsymbol{x}^i$ 和 $\boldsymbol{x}^j$ 之间的相似性。这些相似性验证了，当且仅当与 $\boldsymbol{x}^k$ 相比 $\boldsymbol{x}^i$ 更类似于 $\boldsymbol{x}^j$ 时，则 $s(\boldsymbol{x}^i,\boldsymbol{x}^j)>s(\boldsymbol{x}^i,\boldsymbol{x}^k)$。

2.3.1 层次聚类

层次聚类算法（Gordon，1987）将数据表示为**分层结构**，称为树状图（见图 2.8(b)）。树状图的每个叶节点代表一个数据对象（单类），而所有对象都聚集在顶部的单类中。当两个对象开始形成新类时，中间分支表示两个类之间的差异。通过 P. 41
在不同高度切割树状图可以获得不同的聚类结果。

凝聚层次聚类认为初始有 N 个单独类，每个类与一个对象相关联。在算法的每个阶段，根据预先定义的链接策略合并最相似的一对类。重复此合并过程，直到整个对象集属于一个类（见图 2.8）。

根据两个类内对象之间的相异性定义区分不同类的**链接策略**。**单链接**

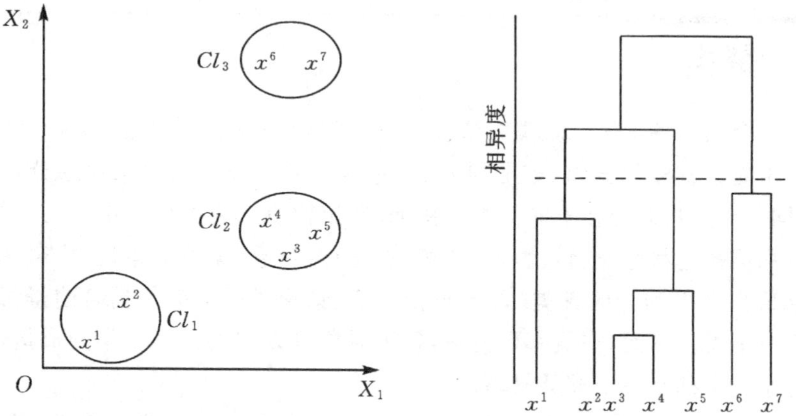

(a) 七个点代表二维空间中的三类 Cl_1、Cl_2 和 Cl_3　(b) 对应的树状图。在虚线处进行切分,形成图(a) 中的类

图 2.8　凝聚层次聚类举例

(Florek et al. ,1951)计算两个类中所有对象对间的最小距离来衡量两个类之间的相异性。单链接可产生细长的同心类。**完全链接**(Sorensen,1948)采用最大距离法,产生的类更紧凑。**平均链接**(Sokal et al. ,1958)使用平均距离。**质心链接**(Sokal et al. ,1958)使用类间质心距离。类 Cl_i 的质心 $\boldsymbol{c}_i=(c_{i1},\cdots,c_{in})$ 被定义为所有维度中所有点的平均位置,即 $c_{ir}=\frac{1}{|Cl_i|}\sum_{\boldsymbol{x}^i\in Cl_i}x_r^i, r=1,\cdots,n$。单链接和质心链接都存在一个链接问题,即对象只能被分配给现有类而不是新类。**沃德(Ward)方法**(Ward,1963)计算两个类的相异性,是将类 Cl_i 与类 Cl_j 合并为新类。新类内点到质心的距离平方和与两类之间距离平方和之差为

P. 42

$$d_{\text{Ward}}(Cl_i,Cl_j)=\sum_{\boldsymbol{x}^k\in Cl_i\cup Cl_j}d(\boldsymbol{x}^k,\boldsymbol{c}^{ij})-\left[\sum_{\boldsymbol{x}^i\in Cl_i}d(\boldsymbol{x}^i,\boldsymbol{c}^i)+\sum_{\boldsymbol{x}^j\in Cl_j}d(\boldsymbol{x}^j,\boldsymbol{c}^j)\right]$$

其中 d 表示欧几里得距离平方,c^{ij}、c^i 和 c^j 分别是类 $Cl_i\cup Cl_j$、Cl_i 和 Cl_j 的质心。

当预测类接近圆形时使用平均链接、完全链接和沃德方法。

2.3.2　*k* 均值算法

***k* 均值算法**(*k*-means)是最常用的分区聚类方法。分区聚类旨在将数据集划分为类而不形成分层结构。分区聚类假设有一组原型(即,质心)代表数据集。有两种类型的分区聚类方法:**虚点原型聚类**和**实点原型聚类**。在虚点原型聚类中,聚类质心不一定是来自原始数据集的对象;而在实点原型聚类中,保证聚类质心是原始数据集的对象。*k* 均值算法和谱聚类属于虚点原型聚类法,而近邻传播属于实

点原型聚类法。

分区聚类方法的目标是优化函数 F，称为**分区聚类准则**。函数值取决于数据集分到 K 类中所在的当前分区 $\{Cl_1,\cdots,Cl_K\}$。N 个对象分到 K 个非空类中的可能分区数 $S(N,K)$ 的基数由**第二类斯特林数**给出(Sharp，1968)：

$$S(N,K)=\frac{1}{K!}\sum_{i=0}^{K}(-1)^{K-i}\binom{K}{i}i^N$$

初始条件为 $S(0,0)=1$ 且 $S(N,0)=S(0,N)=0$。即使 N 值较小，这个值都是非常大的。采用贪婪搜索策略得到一个最佳的类分区是不可行的，因此需要采用近似优化分区的启发式算法。

***k* 均值算法**(MacQueen，1967)采用**平方误差准则**可获得局部最优解，即每个对象与其质心之间的欧氏距离平方和。最小化函数表示为

$$F_{k\text{-means}}(\{Cl_i,\cdots,Cl_K\})=\sum_{k=1}^{K}\sum_{\boldsymbol{x}^i\in Cl_k}\|\boldsymbol{x}^i-\boldsymbol{c}_k\|_2^2 \tag{2.2}$$ P. 43

其中 K 是类数目，$\boldsymbol{x}^i=(x_1^i,\cdots,x_n^i)$ 表示原始数据集中第 i 个对象的 n 个分量，Cl_k 表示第 k 个类，$\boldsymbol{c}_k=(c_{k1},\cdots,c_{kn})$ 是其类质心。

算法 2.1 显示了 k 均值算法的主要步骤。k 均值算法从数据集的初始类开始。在计算初始类的质心之后，将每个数据集对象重新分配给最近质心所在类。重新分配时考虑按对象的存储顺序来减少平方误差。无论何时对象的类成员发生变化，都应重新计算该类的类质心和平方误差。重复此过程，直到所有类的成员不发生改变为止。

算法 2.1　k 均值算法的伪代码(MacQueen，1967)

输入：数据集初始划分为 K 个类 $\{Cl_1,\cdots,Cl_K\}$

输出：最终划分为 K 个类作为平方误差准则的局部最优解

重复

1　计算类质心：$\boldsymbol{c}_k=(c_{k1},\cdots,c_{kn})$

$$c_{kr}=\frac{1}{|Cl_k|}\sum_{\boldsymbol{x}^i\in Cl_k}x_r^i,\ r=1,\cdots,n;$$

2　for $i=1$ to N do

3　将对象 $\boldsymbol{x}^i$ 重新分配给最近质心的类；

4　重新计算类质心；

　endfor

直到类成员稳定为止

Forgy(1965)提出了一种分区聚类算法,它与上述 k 均值算法的区别在于更新质心的方法不同。Forgy 方法只有在将所有对象分配到各自的类后才计算新的类质心(见图 2.9),这样可以避免受到对象存储顺序的影响并加快聚类过程。图 2.9 为 Forgy 方法变化举例,最初将十个对象划分为三类,计算每类对应的质心(见图 2.9(a)),每个对象根据其最近的质心重新分配(见图 2.9(b)),然后计算三
P. 44 个新类的质心(见图 2.9(c)),当类内成员对象不再发生改变时该过程结束。

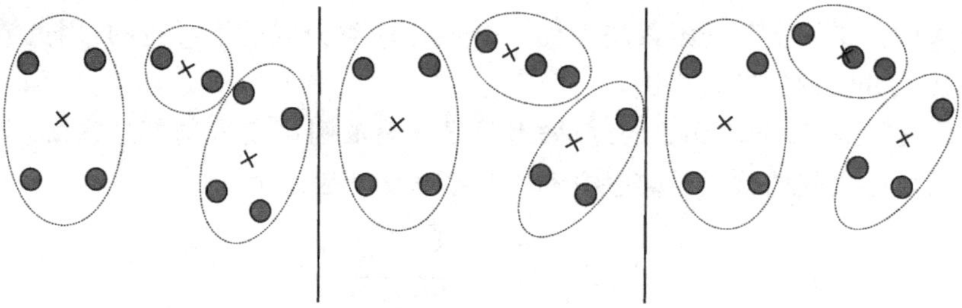

(a) 初始分配质心　　(b) 重分配(最近质心)　　(c) 新质心

图 2.9　Forgy 方法变化举例

2.3.3　谱聚类

谱聚类(Luxburg,2007)将要聚类的对象表示为无向图,其关联的连通矩阵转换为稀疏矩阵,便于实现聚类。稀疏矩阵由变换的相似矩阵的特征向量来实现。与传统的层次聚类和 k 均值算法相比,谱聚类为聚类成任意形状的数据集提供了更好的解决方案。

标准谱聚类算法(算法 2.2)计算相似度矩阵 $\boldsymbol{S}\in\mathbb{R}^{N\times N}$,实现 N 个对象 $\boldsymbol{x}^1,\cdots,\boldsymbol{x}^N$ 的聚类。$\boldsymbol{S}$ 的元素体现对象对之间的相似度 $s(\boldsymbol{x}^i,\boldsymbol{x}^j)$,该矩阵用于输出相似度图,其中权重 w_{ij} 与连接对象 $\boldsymbol{x}^i$ 和 $\boldsymbol{x}^j$ 的边相关联,其值等于 $s(\boldsymbol{x}^i,\boldsymbol{x}^j)$。相似度图通常通过以下三个操作之一进行变换:$\varepsilon$ 邻域图,连接相似度大于 ε 的对象(顶点);k 近邻图,如果第二个对象是第一个对象的 k 个最近邻之一,则连接这两个对象;完全连通图,连接具有正相似性的所有对象(顶点)。

算法 2.2　标准谱聚类算法的伪代码

输入:相似度矩阵 $\boldsymbol{S}\in\mathbb{R}^{N\times N}$,类数目为 K

输出:类 $Cl_1,\cdots,Cl_K$

1　用以下三种简单变换中的一种方法构建相似度图:ε 邻域图、k 近邻图和完全连通图。设 $\boldsymbol{W}$ 为加权邻接矩阵,$\boldsymbol{D}$ 为度矩阵

计算非标准化的图拉普拉斯矩阵 $\boldsymbol{L}=\boldsymbol{D}-\boldsymbol{W}$
计算前 K 个特征向量 $\boldsymbol{v}_1,\cdots,\boldsymbol{v}_K$，对应 $\boldsymbol{L}$ 的 K 个最小特征值
计算 $\boldsymbol{V}\in\mathbb{R}^{N\times K}$，$K$ 个向量 $\boldsymbol{v}_1,\cdots,\boldsymbol{v}_K$ 作为矩阵的列
令 $y^i\in\mathbb{R}^K$，其中 $i=1,\cdots,N$，对应 $\boldsymbol{V}$ 的第 i 行
用 k 均值算法将 $\mathbb{R}^K$ 中的点 $y^1,\cdots,y^N$ 聚类成 $Cl_1,\cdots,Cl_K$

由此变换产生的矩阵是非负对称矩阵 $\boldsymbol{W}$，称为**加权邻接矩阵**，其中元素由 w_{ij} 表示，如果它们各自的对象未连接则等于零。**顶点的度**，表示为 d_i，定义为所有相邻顶点上的权重之和。**度矩阵 $\boldsymbol{D}$** 是在对角线上具有度 $d_1,\cdots,d_N$ 的对角矩阵。$\boldsymbol{W}$ 和 $\boldsymbol{D}$ 在定义图拉普拉斯中起着重要作用。**图拉普拉斯**是一个与矩阵相关的图，其关联矩阵是由 $\boldsymbol{W}$ 和 $\boldsymbol{D}$ 定义的，可以将原始对象转换为稀疏矩阵表示，可以很容易地实现聚类。**非标准化的图拉普拉斯矩阵**定义为 $\boldsymbol{L}=\boldsymbol{D}-\boldsymbol{W}$。

一旦执行所选择的操作并且计算非标准化的图拉普拉斯矩阵 $\boldsymbol{L}$，就可以输出 P. 45
对应于 $\boldsymbol{L}$ 的具有 K 个最小特征值的 K 个特征向量，这些特征向量可以生成一个具有 N 行和 K 列的矩阵。这个新矩阵的每一行都可以解释为空间中原始对象 $\boldsymbol{x}^i$ 的变换，其中 $i=1,\cdots,N$。对象在此空间中聚类比在原始空间中更容易。虽然原则上可以使用任何聚类算法对 N 个变换对象进行聚类，但标准谱聚类采用 k 均值算法。

2.3.4　近邻传播

近邻传播算法(Frey et al.，2007)基于对象之间消息传递的概念。目标是找到每个子类的聚类中心，它们是输入数据集中的成员对象。所有对象都视为是潜在的聚类中心。在运行算法之前，不必确定类的数目 K。

该算法用图的顶点表示对象。实数值消息沿图的边递归发送，直到出现一组好的聚类中心及其相应的类为止。对象 $\boldsymbol{x}^i$ 和 $\boldsymbol{x}^j$ 之间的相似度 $s(\boldsymbol{x}^i,\boldsymbol{x}^j)$ 作为输入。该算法通过交替两个消息传递步骤来更新两个矩阵：**吸引度矩阵**，其元素 $r(\boldsymbol{x}^i,\boldsymbol{x}^k)$ 量化 $\boldsymbol{x}^i$ 和其他候选样本，$\boldsymbol{x}^i$ 是 $\boldsymbol{x}^k$ 最佳的聚类中心；**归属度矩阵**，其元素 $a(\boldsymbol{x}^i,\boldsymbol{x}^k)$ 表示 $\boldsymbol{x}^i$ 选择 $\boldsymbol{x}^k$ 作为其聚类中心的适合程度。两个矩阵都初始化为零。然后，该算法迭代执行以下更新：

1. 吸引度更新： P. 46

$$r(\boldsymbol{x}^i,\boldsymbol{x}^k)\leftarrow s(\boldsymbol{x}^i,\boldsymbol{x}^k)-\max_{k'\neq k}\{a(\boldsymbol{x}^i,\boldsymbol{x}^{k'})+s(\boldsymbol{x}^i,\boldsymbol{x}^{k'})\}$$

2. 归属度更新：

$$a(\boldsymbol{x}^i,\boldsymbol{x}^k)\leftarrow\min\left\{0,r(\boldsymbol{x}^k,\boldsymbol{x}^k)+\sum_{i'\notin\{i,k\}}\max\{0,r(\boldsymbol{x}^{i'},\boldsymbol{x}^k)\}\right\}$$

$$a(\boldsymbol{x}^k,\boldsymbol{x}^k)\leftarrow\sum_{i'\neq k}\max\{0,r(\boldsymbol{x}^{i'},\boldsymbol{x}^k)\}$$

迭代持续到满足停止条件为止。对于对象 $\boldsymbol{x}^i$，找到可最大化 $a(\boldsymbol{x}^i,\boldsymbol{x}^j)+r(\boldsymbol{x}^i,\boldsymbol{x}^j)$的对象 $\boldsymbol{x}^j$。类包含具有相同聚类中心的所有对象。

2.3.5 概率聚类

层次聚类和分区聚类是**清晰聚类**方法，因为此方法为每个样本指派一个且仅一个类别标签。然而，在行业的一些实际应用中，需要确定每个样本属于不同类的概率，这种策略是有价值的，将其称为**软聚类**或**概率聚类**。

概率聚类基于数据集的密度将数据拟合到**有限混合模型**中，此类模型使用不同分量密度的有限加权值拟合数据密度，通常假设为参数密度。图 2.10 显示了一个有限混合模型的例子，用于将伺服电机功耗密度拟合到三个正态模型中，包括空转、加速/减速和恒速三种变化模式。在该示例中，三种组件的成分密度服从单变量高斯分布。

P. 47

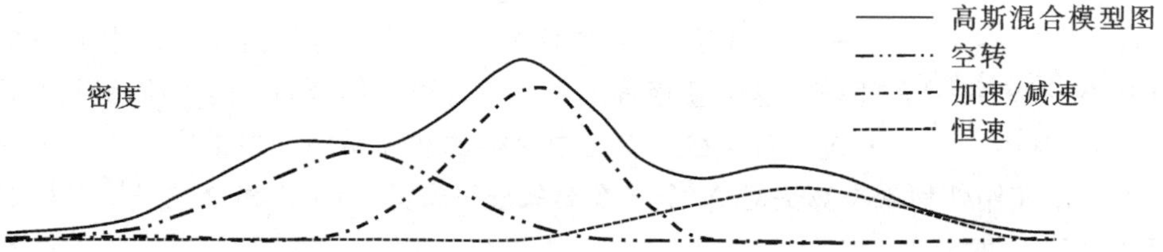

图 2.10 用于拟合伺服电机功耗密度的三种组件的有限混合模型示例

参数有限混合模型形式为

$$f(\boldsymbol{x};\boldsymbol{\theta})=\sum_{k=1}^{K}\pi_k f_k(\boldsymbol{x};\theta_k)$$

其中 $\boldsymbol{\theta}=(\pi_1,\cdots,\pi_K,\theta_1,\cdots,\theta_K)$ 表示参数向量，π_k 表示第k 个混合比例（或组件先验），对于所有 $k=1,2,\cdots,K$，有 $0\leqslant\pi_k\leqslant 1$ 且 $\sum_{k=1}^{K}\pi_k=1$。尽管未知参数 θ_k，仍假设混合分量的概率密度函数形式 $f_k(\boldsymbol{x};\theta_k)$ 为已知的。混合分量数是 K。

为了拟合这些有限混合模型，我们需要估计刻画分量密度的参数 θ_k 和混合比例 π_k。最大似然估计设定了具有非闭合形式解的似然方程。因此，广泛应用**期望最大**(expectation maximization，EM)算法(Dempster et al.，1977)求得近似解。

EM 算法是在存在丢失(或隐藏)数据时近似最大似然估计(见 2.2.2 节)的迭代过程。在使用有限混合模型的概率聚类中，每个数据点到聚类的分配是隐藏的(缺失的)，并且它由聚类随机变量编码。EM 算法的每次迭代由两步构成：E 步期望和 M 步最大化。在 E 步中，通过观察数据和当前模型参数估计缺失数据，此步由缺失数据的条件期望来实现。由 E 步估计的缺失数据用于输出完整数据样本。在 M 步中，在假设缺失数据已知的情况下最大化对数似然函数。每次迭代 EM 算法都要确保增加似然度，并在特定条件下收敛。

用数学表示，给定一个模型，该模型生成一组[①]观测数据 $\boldsymbol{X}$，一组隐藏数据或缺失值 $\boldsymbol{Z}$，以及一个未知向量参数 $\boldsymbol{\theta}$，并用 $\mathcal{L}(\boldsymbol{\theta};\boldsymbol{X},\boldsymbol{Z})$ 表示似然函数，未知参数的最大似然估计由观察数据的边际似然值决定：

$$\mathcal{L}(\boldsymbol{\theta};\boldsymbol{X})=p(\boldsymbol{X}\mid\boldsymbol{\theta})=\sum_{\boldsymbol{Z}}p(\boldsymbol{X},\boldsymbol{Z}\mid\boldsymbol{\theta})$$ P. 48

最大化此函数很困难，EM 算法尝试通过迭代应用两个步骤来找到最大似然估计：

E 步：在参数 $\boldsymbol{\theta}^{(t)}$ 的当前估计下，相对于给定 $\boldsymbol{X}$ 下 $\boldsymbol{Z}$ 的条件分布，计算对数似然函数的期望值。为此，定义辅助函数 $Q(\boldsymbol{\theta}|\boldsymbol{\theta}^{(t)})$，

$$Q(\boldsymbol{\theta}|\boldsymbol{\theta}^{(t)})=E_{\boldsymbol{Z}|\boldsymbol{X},\boldsymbol{\theta}^{(t)}}[\lg\mathcal{L}(\boldsymbol{\theta};\boldsymbol{X},\boldsymbol{Z})]$$

M 步：最大化对数似然函数找到参数值，

$$\boldsymbol{\theta}^{(t+1)}=\underset{\boldsymbol{\theta}}{\operatorname{argmax}}\,Q(\boldsymbol{\theta}|\boldsymbol{\theta}^{(t)})$$

EM 算法在第 t 次迭代计算 $Q(\boldsymbol{\theta}|\boldsymbol{\theta}^{(t)})$，用完整数据的对数似然函数实现期望值运算，而不是直接改进 $\lg p(\boldsymbol{X}|\boldsymbol{\theta})$。这是因为对 $Q(\boldsymbol{\theta}|\boldsymbol{\theta}^{(t)})$ 的改进就隐含着对 $\lg p(\boldsymbol{X}|\boldsymbol{\theta})$ 的优化。此外，随着迭代次数的增加，边际似然值不再发生变化，即可以证明 $\lg p(\boldsymbol{X}|\boldsymbol{\theta}^{(t+1)})\geqslant\lg p(\boldsymbol{X}|\boldsymbol{\theta}^{(t)})$（McLachlan et al.，1997）。EM 算法的初始化对估值准确性至关重要，但没有任何一种方法可同时优于其他方法（Figueiredo et al.，2002）。

最流行的参数有限混合模型具有高斯分量（Day，1969），即**多元高斯混合模型**，其密度函数为

$$f(\boldsymbol{x};\boldsymbol{\theta})=\sum_{k=1}^{K}\pi_k f_k(\boldsymbol{x};\boldsymbol{\mu}_k,\boldsymbol{\Sigma}_k)$$

其中 $\boldsymbol{\mu}_k$ 是均值向量，$\boldsymbol{\Sigma}_k$ 是方差的第 k 个分量（即，协方差矩阵），**多元正态密度**为

$$f_k(\boldsymbol{x};\boldsymbol{\mu}_k,\boldsymbol{\Sigma}_k)=(2\pi)^{-\frac{n}{2}}\;|\boldsymbol{\Sigma}_k|^{-\frac{1}{2}}\exp\left(-\frac{1}{2}(\boldsymbol{x}-\boldsymbol{\mu}_k)^{\mathrm{T}}\boldsymbol{\Sigma}_k^{-1}(\boldsymbol{x}-\boldsymbol{\mu}_k)\right)$$

参数矢量 $\boldsymbol{\theta}=(\pi_1,\cdots,\pi_K,\mu_1,\Sigma_1,\cdots,\mu_K,\Sigma_K)$ 由不同类的权重 π_k 和混合分量参数组成，$\boldsymbol{\theta}_k=(\boldsymbol{\mu}_k,\boldsymbol{\Sigma}_k)$。

缺失值 $\boldsymbol{z}=(z_1,\cdots,z_N)$ 与每个数据点分配到哪个类直接相关。完整数据的对数似然函数是

$$Q(\boldsymbol{\theta}\mid\boldsymbol{\theta}^{(t)})=\sum_{i=1}^{N}\sum_{k=1}^{K}r_{ik}^{(t)}\lg\pi_k+\sum_{i=1}^{N}\sum_{k=1}^{K}r_{ik}^{(t)}\lg f_k(\boldsymbol{x};\boldsymbol{\theta}_k)$$

其中 $r_{ik}^{(t)}=P(Z_i=k|x_i,\boldsymbol{\theta}^{(t)})$ 是类 k 对第 i 个数据点的吸引度，在 E 步中计算。 P. 49

---

① 为了符合 EM 算法文献中使用的标准符号，此处不涉及可能包含观察和缺失数据的数据集 D。D 为 $\boldsymbol{X}$ 和 $\boldsymbol{Z}$ 的联合数据。

E 步:第 t 次迭代的吸引度具有以下简单形式,

$$r_{ik}^{(t)}=\frac{\pi_k^{(t)} f_k(x_i;\boldsymbol{\mu}_k^{(t)},\boldsymbol{\Sigma}_k^{(t)})}{\sum\limits_{r=1}^{K}\pi_r^{(t)} f_r(x_i;\boldsymbol{\mu}_r^{(t)},\boldsymbol{\Sigma}_r^{(t)})}$$

M 步:相对于 $\boldsymbol{\theta}$ 优化 $Q(\boldsymbol{\theta}|\boldsymbol{\theta}^{(t)})$。对于 π_k,得到

$$\pi_k^{(t+1)}=\frac{1}{N}\sum_{i=1}^{N}r_{ik}^{(t)}$$

对于 $\boldsymbol{\mu}_k$ 和 $\boldsymbol{\Sigma}_k$,

$$\boldsymbol{\mu}_k^{(t+1)}=\frac{\sum\limits_{i=1}^{N}r_{ik}^{(t)}x_i}{\sum\limits_{i=1}^{N}r_{ik}^{(t)}}$$

$$\boldsymbol{\Sigma}_k^{(t+1)}=\frac{\sum\limits_{i=1}^{N}r_{ik}^{(t)}(x_i-\boldsymbol{\mu}_k^{(t+1)})(x_i-\boldsymbol{\mu}_k^{(t+1)})^{\mathrm{T}}}{\sum\limits_{i=1}^{N}r_{ik}^{(t)}}$$

这些公式非常直观。混合的每个权重 $\pi_k^{(t+1)}$ 更新为平均吸引度;类 k 的平均值 $\boldsymbol{\mu}_k^{(t+1)}$ 用于计算所有数据点的加权平均值,其中权重是类 k 的吸引度,最后方差-协方差矩阵 $\boldsymbol{\Sigma}_k^{(t+1)}$ 是使用吸引度加权获得的方差-协方差矩阵经验值。新的估值将在算法 E 步的下一次迭代中使用。

$$\boldsymbol{\theta}^{(t+1)}=(\pi_1^{(t+1)},\cdots,\pi_K^{(t+1)},\mu_1^{(t+1)},\Sigma_1^{(t+1)},\cdots,\mu_K^{(t+1)},\Sigma_K^{(t+1)})$$

2.4 监督分类

监督分类算法旨在从标记的样本(或案例)中学习模型,即包含预测变量和它们各自所属类的样本。诱导模型(或分类器)用于预测(推断)新样本的类别值(标签),类别值由预测变量所决定。

监督分类学习方法的三个基本组成部分:

P. 50 1. **样本空间**:样本空间 $\Omega_x=\Omega_{x_1}\times\cdots\times\Omega_{x_n}$ 中的每个样本 $\boldsymbol{x}=(x_1,\cdots,x_n)\in\mathbb{R}^n$ 服从某个分布函数为 $f(\boldsymbol{x})$ 的多元概率分布。$x_i(i\in\{1,\cdots,n\})$ 来自子空间 Ω_{X_i},表示第 i 个预测变量 X_i 的取值。
2. **标签空间 $\boldsymbol{\Omega_C}$**:每个样本 $\boldsymbol{x}=(x_1,\cdots,x_n)$ 都有来自随机变量 C 的一个标签值 c。样本空间中的样本向量 $\boldsymbol{x}$ 属于标签类 c 的条件概率分布 $f(c|\boldsymbol{x})$ 以及其联合分布 $f(\boldsymbol{x},c)$ 都是未知的。
3. **学习算法**:是一种能够将样本空间中的样本预测变量直接映射到标签空间中某

一标签的方法或函数。不同的映射函数对应不同类型的监督分类算法。学习算法常用于为标签样本数据集$\mathcal{D}=\{(x^1,c^1),\cdots,(x^N,c^N)\}$提供一种样本数据与类别标签一一映射关系的**监督分类模型** ϕ（或简称分类器）：

$$\Omega_x \xrightarrow{\phi} \Omega_C$$

$$\boldsymbol{x} \rightarrow \phi(\boldsymbol{x})$$

这种映射定义了一种**决策边界**，该边界将样本空间划分成几个子空间，每个子空间表示一个类。因此，对于二元分类问题，分类器将决策边界一侧的所有点分属于一个类，而另一侧的所有点分属于另一个类。如果决策边界是一个超平面，并且分类器对所有样本的分类都是正确的，则该分类问题是线性的，并且所有类都是线性可分的。

监督分类模型为每个样本输出固定的类别标签，可以归类为非概率分类器。概率分类器则为每个给定样本计算属于某个类别标签的条件概率 $P(c|\boldsymbol{x})$。如，k 近邻、分类树、规则归纳、人工神经网络和支持向量机等都是非概率分类器，而逻辑回归和贝叶斯分类器等属于概率分类器。

举例：二元分类问题

表 2.3 显示了具有 n 个预测分量的二元分类器的输出分类结果。样本 1 和 10 的分类结果不正确，样本 1 的真实类标签是＋，分类器输出是－ 。样本 10 的真实类标签是－，而分类器输出是＋。

表 2.3　十个样本数据在二元分类器 $\phi(x)$上输出的两种标签结果 P. 51

案例	X_1	…	X_n	C	$\phi(x)$
(x^1,c^1)	17.2	…	20.4	+	−
(x^2,c^2)	17.1	…	21.7	+	+
(x^3,c^3)	16.4	…	23.2	+	+
(x^4,c^4)	16.7	…	20.1	+	+
(x^5,c^5)	18.9	…	18.4	−	−
(x^6,c^6)	19.2	…	17.9	−	−
(x^7,c^7)	20.7	…	15.9	−	−
(x^8,c^8)	18.1	…	18.8	−	−
(x^9,c^9)	19.9	…	17.2	−	−
(x^{10},c^{10})	21.5	…	16.9	−	+

2.4.1 模型性能评价

2.4.1.1 性能评价指标

性能评价指标(Japkowicz et al.,2011)用来度量监督分类器的优劣程度。评价方法有很多种,具体选用何种方法,取决于监督分类问题的目标和特征,以及所选分类器的类型。选择一个最佳的分类器是所有监督分类算法的目标,即找到所选性能评价指标的最优解①。

混淆矩阵包含了大多数常见性能指标所需的关键元素。其(i,j)位置的元素表示真实标签为i类且分类器ϕ预测为j类的样本个数。标准性能指标定义为混淆矩阵的函数,隐性地使用0-1损失函数。在0-1损失函数中,分类正确的代价为0,而任何分类错误的代价为1。基于混淆矩阵和成本矩阵定义特定的代价性能指标,度量分类器的每一种可能类型的分类错误代价。

在二元分类问题中,将表示类的取值增加到两个以上,就可以很容易地推广到多元分类问题。混淆矩阵中设定四个统计量:真阳性(true positives,TP),假阳性(false positives,FP),假阴性(false negatives,FN)和真阴性(true negatives,TN)。据此定义的混淆矩阵为

P.52

$$
\begin{array}{cc}
 & \phi(\boldsymbol{x}) \\
 & \begin{array}{cc} + & - \end{array} \\
\begin{array}{c} + \\ - \end{array} & \begin{bmatrix} \mathrm{TP} & \mathrm{FN} \\ \mathrm{FP} & \mathrm{TN} \end{bmatrix}
\end{array}
$$

TP和TN分别表示正样本和负样本被正确分类的个数。FN和FP表示错误分类的样本个数,即分别表示负样本被预测为正类的个数和正样本被预测为负类的个数。

表2.4列出了根据混淆矩阵定义的八个主要性能指标。

表2.4 二元分类问题中的八个主要性能指标

测量指标	符号	定义
准确率	$\mathrm{Acc}(\phi)$	$\frac{\mathrm{TP}+\mathrm{TN}}{\mathrm{TP}+\mathrm{FN}+\mathrm{FP}+\mathrm{TN}}$
错误率	$\mathrm{Err}(\phi)$	$\frac{\mathrm{FN}+\mathrm{FP}}{\mathrm{TP}+\mathrm{FN}+\mathrm{FP}+\mathrm{TN}}$

① 本书暂不讨论学习模型的透明度、可理解性和简化性等方面的定量评价方法,这些方法在实践应用中也比较重要。

续表

测量指标	符号	定义
灵敏度	Sensitivity(ϕ)	$\frac{\mathrm{TP}}{\mathrm{TP}+\mathrm{FN}}$
特异度	Specificity(ϕ)	$\frac{\mathrm{TN}}{\mathrm{FP}+\mathrm{TN}}$
正类预测率	PPV(ϕ)	$\frac{\mathrm{TP}}{\mathrm{FP}+\mathrm{TP}}$
负类预测率	NPV(ϕ)	$\frac{\mathrm{TN}}{\mathrm{FN}+\mathrm{TN}}$
F_1 值	$F_1(\phi)$	$\frac{2[\mathrm{PPV}(\phi)\cdot \mathrm{Sensitivity}(\phi)]}{\mathrm{PPV}(\phi)+\mathrm{Sensitivity}(\phi)}$
卡帕统计量	$\kappa(\phi)$	$\frac{\frac{\mathrm{TP}}{N}+\frac{\mathrm{TN}}{N}-A}{1-A}$

注：卡帕统计量中，$A=\left(\frac{\mathrm{FN}+\mathrm{TP}}{N}\right)\left(\frac{\mathrm{FP}+\mathrm{TP}}{N}\right)+\left(\frac{\mathrm{FP}+\mathrm{TN}}{N}\right)\left(\frac{\mathrm{FN}+\mathrm{TN}}{N}\right)$

分类准确率衡量样本被分类模型正确分类的比例。相反，错误率衡量样本分类错误的比例。因此，$\mathrm{Acc}(\phi)+\mathrm{Err}(\phi)=1$。灵敏度，也称为**召回率**或**真阳性率**(true positive rate, TPR)，表示正样本被分类器分类为正类的比例。对于真实负样本，类似地定义了特异度。**假阳性率**(false positive rate，FPR)是 1 减去特异度。**正类预测率**，也称为**精确率**，是指在预测为正类的样本中真实的正样本所占比例。类似地定义了负样本的**负类预测率**。**F_1 值**是精确率和召回率的调和平均值。考虑到分类器 $\phi(\boldsymbol{x})$和标签生成过程 C 之间匹配结果具有一定的随机性，卡帕统计量首先校正了准确率。表 2.4 最后一行的分子，是在真实类和预测类都具有独立性的原假设下，从分类精度中减去匹配样本的期望比例。然后，将该指数正则 P. 53
化到 0 到 1 之间，如其分母所示。以上所有八项性能指标取值都属于[0,1]区间。除错误率外，所有性能指标都是接近 1 时为最优。错误率则是越接近 0 越好。

布莱尔评分(Brier，1950)在概率分类器中很常用。布莱尔评分基于二次代价函数，衡量每个样本可能结果的预测概率与其真实标签之间的均方差(d，欧几里得距离)。它被定义为

$$\mathrm{Brier}(\phi)=\frac{1}{N}\sum_{i=1}^{N}d^2(P_\phi(c\mid x^i),c^i)$$

其中，$P_\phi(c\mid x^i)$是概率分类器的输出结果向量$(P_\phi(+\mid x^i),P_\phi(-\mid x^i))$，且第 i

个样本属于正类或负类分别表示为 c^i 取 0 或者 1)。对于二元分类问题,布莱尔评分验证了 $0 \leqslant \text{Brier}(\phi) \leqslant 2$,且其值接近 0 时分类为最好。布莱尔评分可以被视为概率预测集合的校准度量。

举例:布莱尔评分

表 2.5 所示为十个样本数据及其在概率分类器 ϕ 上的预测结果。其布莱尔分数为

$$\begin{aligned}\text{Brier}(\phi) &= \frac{1}{10}[(0.25-1)^2+(0.75-0)^2+\cdots+(0.08-0)^2+(0.92-1)^2] \\ &= 0.3226\end{aligned}$$

表 2.5 十个假设的样本数据在概率分类器 $P_\phi(c|x)$ 上的输出结果

案例	X_1	…	X_n	C	$P_\phi(c\|\boldsymbol{x})$
(x^1,c^1)	17.2	…	20.4	+	(0.25,0.75)
(x^2,c^2)	17.1	…	21.7	+	(0.95,0.05)
(x^3,c^3)	16.4	…	23.2	+	(0.80,0.20)
(x^4,c^4)	16.7	…	20.1	+	(0.77,0.23)
(x^5,c^5)	18.9	…	18.4	−	(0.65,0.35)
(x^6,c^6)	19.2	…	17.9	−	(0.45,0.55)
(x^7,c^7)	20.7	…	15.9	−	(0.32,0.68)
(x^8,c^8)	18.1	…	18.8	−	(0.02,0.98)
(x^9,c^9)	19.9	…	17.2	−	(0.47,0.53)
(x^{10},c^{10})	21.5	…	16.9	−	(0.08,0.92)

P.54 接受者操作特征曲线(receiver operating characteristic,ROC)或简称 **ROC 曲线**(Lusted,1960)是在单位平方面积上,显示二元分类器判定阈值变化时的分类性能。判定阈值是后验概率 $P_\phi(C=+|\boldsymbol{x})$的截断值。曲线上的每个点对应给定的判定阈值。$x$ 轴和 y 轴分别表示假阳性率(FPR)和真阳性率(TPR),由此将 ROC 曲线称为 1 特异度与灵敏度关系曲线。ROC 曲线是依次连接所有点构成的多边形曲线。

点(0,0)表示将所有样本分类为负类的分类器,从而 FPR = TPR = 0。点(1,1)表示将所有样本都标记为正类的分类器,因此 FPR = TPR = 1。点(1,0)和(0,1)提供 ROC 空间的另外两个端点。点(1,0)表示其所有预测都错误的分类

器。相反，点(0,1)表示无差错的最佳分类器。ROC 曲线中点(0,0)和(1,1)的对角线上所有点满足 FPR=TPR，这些点表示**随机分类器**。由对角线上方(下方)点表示的分类器比随机分类器的性能好(或差)。根据经验，在 ROC 曲线中，若点(FPR_1，TPR_1)在左侧且高于点(FPR_2，TPR_2)，则点(FPR_1，TPR_1)表示的分类器比点(FPR_2，TPR_2)表示的分类器性能好。

算法 2.3 是一种生成 ROC 曲线的简单算法伪代码(Fawcett，2006)。设 min 和 max 是分类器 $\phi(x^i)$ 对样本 x^i 的分类结果取的最大值和最小值，比如概率分类器的输出结果 $P(+|x^i)$。且令 incr 表示任意两个输出值之间的最小间隔，设 N_+ 和 N_- 分别为正样本数和负样本数。阈值 t 的取值为 min，min+incr，min+2·incr，…，max。TP 和 FP 初始化为 0(第 2 行和第 3 行)。那么，当 $\phi(x^i)\geqslant t$(第 5 行)时，若样本标签为正类，TP 计数器加 1(第 6 行)；若为负类(第 7 行)，FP 计数器加 1。计算 TPR 和 FPR(第 8 和 9 行)，将点(FPR，TPR)添加并连接到 ROC 曲线中(第 10 行)。

算法 2.3　生成 ROC 曲线的简单算法伪代码 P. 55

输入：分类器 ϕ；常数 min，max，incr，N_+，N_-

输出：ROC 曲线

```
1    for t=从 min 到 max，步长为 incr
2      TP=0
3      FP=0
4      for x^i ∈ D
5        if φ(x^i)≥t then
6          if x^i 是一个正样本 then
             TP=TP+1
7          else
             FP=FP+1
         endif
       endfor
8      TPR=TP/ N+
9      FPR=FP/ N-
10     将点(FPR，TPR)加到 ROC 曲线
     endfor
```

举例:ROC 曲线

表 2.6 所示为十个样本(x^i)在概率分类器假设模型上的输出 $P(+|x^i)$以及其相应的真实类别标签(c^i)。

表 2.6 生成图 2.11 中 ROC 曲线的十个假设样本

x^i	1	2	3	4	5	6	7	8	9	10
$P(+\|x^i)$	0.98	0.89	0.81	0.79	0.64	0.52	0.39	0.34	0.29	0.26
c^i	+	+	+	−	+	−	+	−	−	−

按照算法 2.3,从 $t=0.26$ 开始,指定步长 incr=0.01,以此为阈值,五个正样本都能被正确分到正类,即 TPR=1;但五个负样本的模型输出都大于或等于 0.26,都被错误地分为负类,即 FPR=1。然后将点(1,1)添加到 ROC 曲线中,如图 2.11 所示。直到阈值增加到 0.29 之前,每次的分类结果都相同。当 $t=0.29$ 时,样本 x^{10} 被正确地分类为负类,得到 FPR=0.80,此时 TPR=1 不变。点(0.80,1)代表图 2.11 中的第二个点。下一个重要阈值是 0.34,它在曲线上产生第三个点(0.60,1)。其他点以类似的方式生成。图 2.11 所示的 ROC 曲线就是通过这些点绘制成的多边形曲线。

P.56

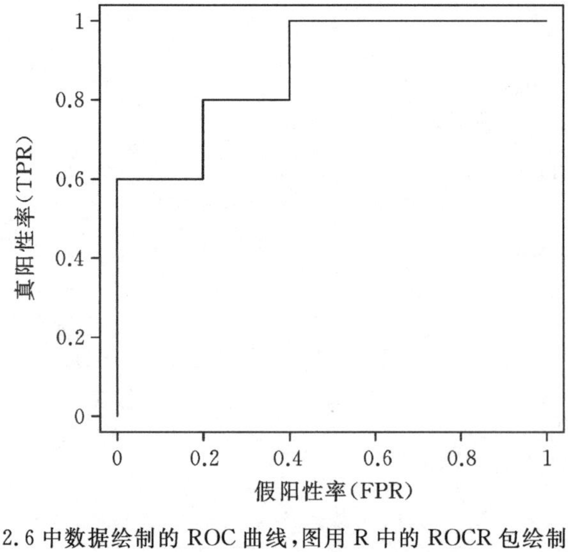

图 2.11 根据表 2.6 中数据绘制的 ROC 曲线,图用 R 中的 ROCR 包绘制(Sing et al.,2005)

ROC 曲线下面积(area under the ROC curve,AUC)是 ROC 曲线的描述统计量。对于任意分类器 ϕ,$\text{AUC}(\phi)\in[0,1]$。在完美分类器(FPR=0,TPR=1)中 $\text{AUC}(\phi)=1$,而随机分类器的 $\text{AUC}(\phi_{\text{random}})=0.5$。对于合理的分类器,我们期望 $\text{AUC}(\phi)>0.5$。为了便于计算 AUC,按照输出结果递减的顺序为每个样本的分类器输出指定一个秩。然后,计算 AUC:

$$\text{AUC}(\phi)=1-\frac{\sum_{i=1}^{N_+}(i-\text{rank}_i)}{N_+ N_-} \tag{2.3}$$

其中,rank_i 是由分类器 ϕ 给出的正类标签子集中的第 i 个样本的秩,N_+ 和 N_- 分别表示$\mathcal{D}$中真实正类和负类的样本数量。

举例:AUC

将表 2.6 中的样本应用于上述公式的结果是

$$\begin{aligned}\text{AUC}(\phi)&=1-\frac{(1-1)+(2-2)+(3-3)+(5-4)+(7-5)}{5\times 5}\\&=0.88\end{aligned}$$

这与图 2.11 所示的结果相同。

$$\begin{aligned}\text{AUC}(\phi)&=0.20\times 0.60+0.20\times 0.80+0.60\times 1.00\\&=0.88\end{aligned}$$

对于多类问题,AUC 值等于 ROC 曲面下的体积,或者等于所有类对应的 ROC 曲线下面积的平均值。

2.4.1.2　可靠的性能评价方法

本节重点介绍如何可靠地评估性能评价指标。监督分类模型应该具有很好的泛化能力,可以应用于与训练数据同分布的未知数据集上。**可靠的性能评价方法**基于分类器在学习阶段未用的案例进行评价。**再代入方法**在训练集上学习分类器,然后再将该训练集用作测试集,但是这种方法不可靠。它通常会过度拟合所训练的数据,并且其估值准确性极大可能具有偏差。

图 2.12 所示的可靠的性能评价方法改编自 Japkowicz 和 Mohak(2011)的文献,在下面解释。性能评价被分为多重抽样方法和单次抽样方法。在多重抽样中,$\mathcal{D}$被多次重复抽样,而使用单次抽样方法时,$\mathcal{D}$只被抽样一次。 P. 57

留出法将样本数据集$\mathcal{D}=\{(\mathbf{x}^1,c^1),\cdots,(\mathbf{x}^N,c^N)\}$分成两个不相交的数据子集:包含 N_1 个样本的**训练数据集**$\mathcal{D}_{\text{training}}$ 和余下样本数据组成的**测试数据集**$\mathcal{D}_{\text{test}}$。

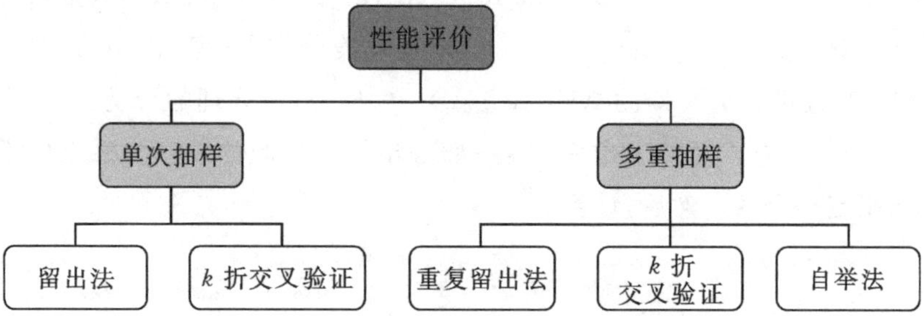

图 2.12 可靠的性能评价方法

通过监督分类学习算法在$\mathcal{D}_{\text{training}}$上训练分类器。再将此分类模型应用在$\mathcal{D}_{\text{test}}$中去掉了真实类别标签的样本数据上。而通过比较样本的真实类别标签和模型预测结果($\phi_{\text{training}}(\boldsymbol{x})$或$\hat{c}$)(见图 2.13)来评价性能。

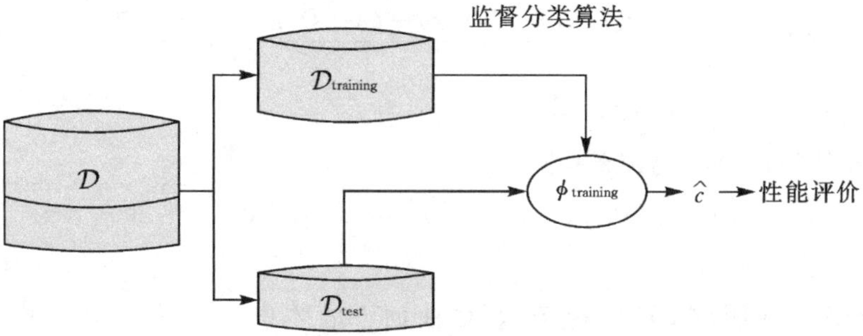

图 2.13 留出法

这种方法非常简单,但有几个缺点。首先,仅训练数据集用于学习最终模型,而不是整个数据集;其次,用户必须决定训练数据集与整个数据集的比例(通常为 2/3)。

k 折交叉验证(Kurtz,1948)将$\mathcal{D}$随机分成规模大致相同的 k"折"(或称 k 个子集)。将其中一折保留下来用于模型测试,并将余下的 $k-1$ 折作为训练数据集。将此过程重复 k 次,每次都分成 k 折。对整个过程中测试数据产生的 k 个评价结果取平均值,以此平均值对数据$\mathcal{D}$训练模型进行性能评价。与留出法不同,最终模型是在整个数据集$\mathcal{D}$上学习的,见图 2.14。k 必须由用户指定。k 折交叉验证估计几乎是无偏的,但其方差可能很大。

P. 58 **留一交叉验证法**(leave-one-out cross-validation)中的每一折仅包括一个样本,它是一种 N 折交叉验证。由于该方法的计算负担较大,所以只适合在小型数据集上应用。

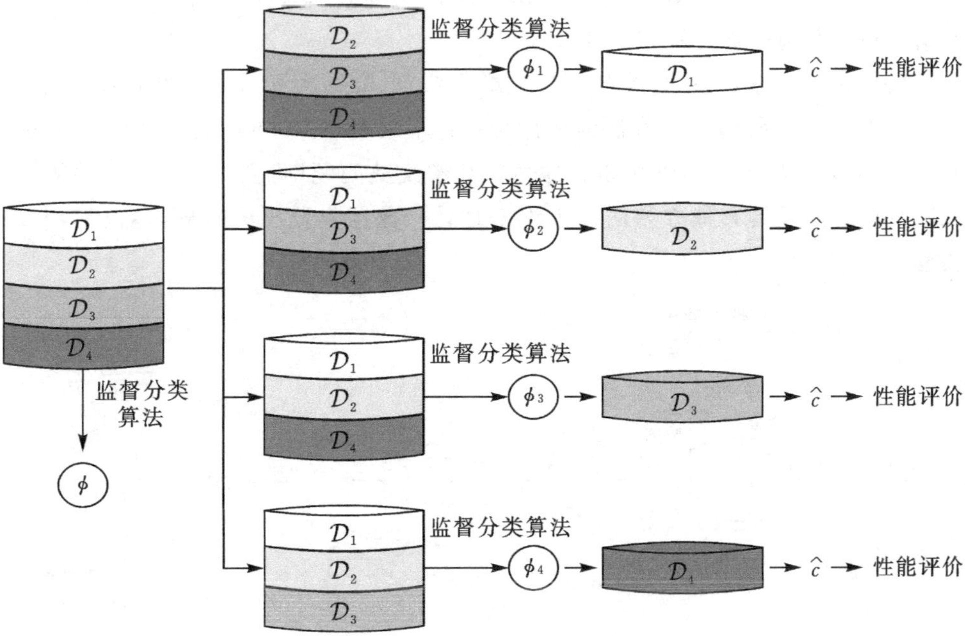

图 2.14　四折交叉验证方法

在分层 k 折交叉验证中，所有折选取必须使得类变量在所有折中的分布大致相同，且与$\mathcal{D}$中类的原始分布相似。分层法适用于不平衡的数据集，其类别标签不是均匀分布。 P. 59

在**重复留出法**中，其划分方案被重复多次。每次都会随机划分训练集和测试集。这种重复抽样具有的优点是，由于大量重复抽样，评价结果是稳定的(低方差)。缺点是无法控制每个样本在训练或测试数据集中使用的次数。其过程是使用不同的划分重复执行 k 折交叉验证。最常用的做法是 10×10 交叉验证(Bouckaert,2003)，它重复执行 10 次 10 折交叉验证，减少了估计量方差。

自举法(bootstrapping)(Efron,1979)通过从观察数据的经验分布中抽样进行性能评价。通过随机可放回抽样方法从原始数据集$\mathcal{D}$反复抽取与原始数据集样本数量 N 相等的若干个样本(B)。从而，获得的所有样本集$\mathcal{D}_{\mathrm{b}}^{l}, l\in\{1,\cdots,B\}$的大小都为 N。由于在 N 个样本中每一个样本被选中的概率都是相同的(即$\frac{1}{N}$)，则在 N 次选择之后某个样本仍未被选中的概率是$(1-\frac{1}{N})^{N}\approx\frac{1}{\mathrm{e}}\approx 0.368$。分类器 ϕ_{b}^{l} 由$\mathcal{D}_{\mathrm{b}}^{l}$ 训练生成。第 l 个测试集$\mathcal{D}_{\mathrm{b\text{-}test}}^{l}, l\in\{1,\cdots,B\}$中的样本是从$\mathcal{D}$中抽样产

生的，且不包含在$\mathcal{D}_b^l$中，即$\mathcal{D}_{b\text{-test}}^l=\boldsymbol{D}\backslash\boldsymbol{D}_b^l$，从而实现对$\mathcal{D}_b^l$的性能评价。所有抽样$B$评价的平均值被称为 e0 自举估计。

每个用于训练ϕ_b^l的抽样B对应的数据集$\mathcal{D}_b^l$中所含不同样本的个数的期望值为$0.632N$。因此，e0 自举法的估计结果并不太理想。0.632 自举法组合了 e0 自举法与权重为 0.632 和 0.368 的估计法解决此问题(见图 2.15)。自举估计(B足够大时)是具有低方差的渐近无偏估计。数据集较小的时候，建议使用该方法。

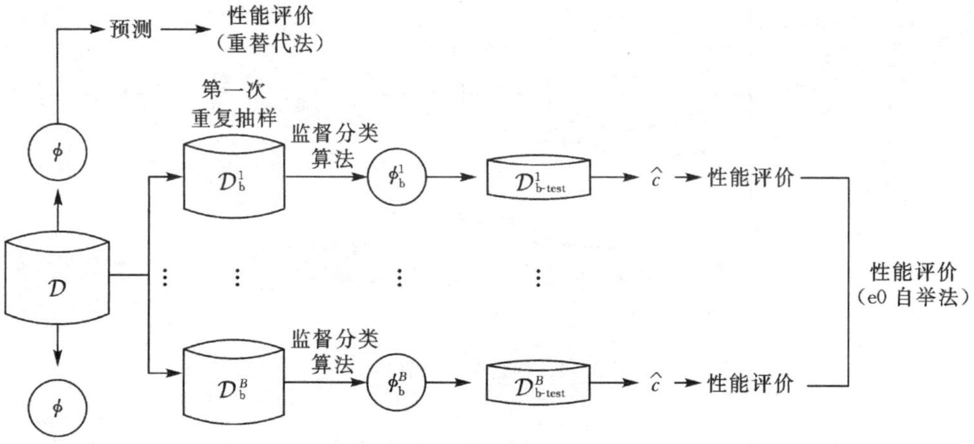

图 2.15 0.632 自举法

一般而言，上述可靠的性能评价方法适用于时序性强的行业数据，如时间序列或数据流(见 2.6.1 节)。这些适用性应考虑数据产生的时间先后顺序，也就是说，测试数据集中的所有样本都不应该在任何训练数据集样本之前产生。

2.4.2 特征子集选择

特征子集选择或**变量选择**(Lewis，1962)是指识别并删除尽可能多的无关和冗余的特征变量。特征选择减少了数据维度(n)，有助于学习算法更快地训练出更有效的模型。分类器在特征子集选择后性能也会得到一定的提高，且模型更为
P. 60 简炼。增加特征子集选择过程的代价是增加了建模任务的复杂度，尤其是当n很大的时候。

如果离散型特征X_i取不同值时，类变量C的概率分布发生了改变，则认为离散型特征X_i与类变量C相关。也就是说，如果存在几个x_i和c，其中$P(X_i=x_i)>0$，那么$P(C=c|X_i=x_i)\neq P(C=c)$。如果一个特征与其他一个或多个特征高度相关，那么该特征就会被认为是多余的。无关变量和冗余变量(特征)对C

的影响不同。无关变量是有噪声和偏差的预测，冗余变量并不能为类变量 C 提供额外的有用信息。

特征子集选择可被视为组合优化问题。从预测变量集合 $\boldsymbol{X}=\{X_1,\cdots,X_n\}$ 中找到最优特征子集 $\mathcal{S}^*$，$\mathcal{S}^*\subseteq\boldsymbol{X}$。一般来说，最优指目标得分取得最大值。搜索空间基数为 2^n，对于较大 n 值来说，该基数是巨大无比的。在这个巨大的搜索空间中，启发式算法通过智能移动状态点逼近最优解的方法是必要的。图 2.16 所示为一个虚拟示例，其搜索空间基数为 16，只有 4 个预测变量。每个块表示此问题中一个可能的特征子集选择，$n=4$。深色矩形是包含在所选子集中的特征变量，我们通过沿着边移动删除/增加一个特征。

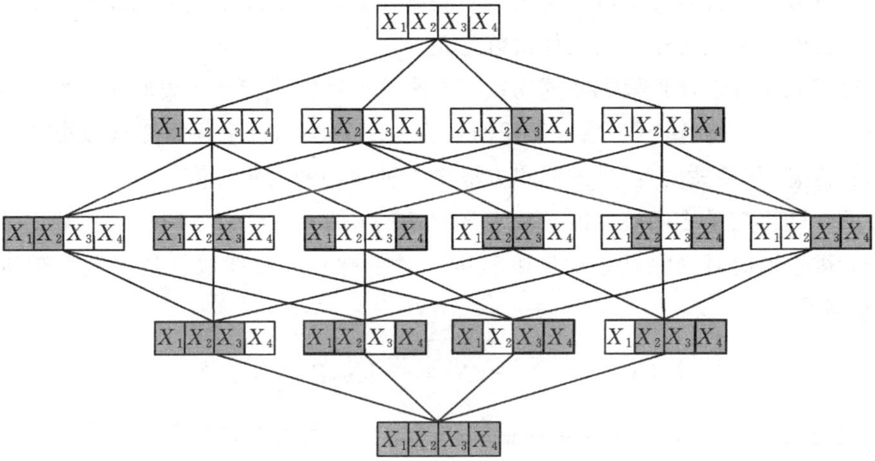

图 2.16　一个虚拟示例的搜索空间

搜索由四个基本要素决定：

(a)起点。前向搜索从没有特征开始，并连续添加特征变量。后向搜索从所有特征开始，并连续删除特征变量。还有一种搜索是从某处中间点开始向两侧移动搜索。

(b)搜索策略。穷举搜索只适用于特征数量较小的情况。除了前向和反向搜 P. 61
索之外，启发式(Talbi,2009)算法虽然不能保证一定能找到最优特征子集，但可以取得良好的效果。对于一个给定问题及相同的起点，**确定性启发式算法**总可以找到相同的解决方案。应用于特征子集选择问题的确定性启发式算法有序列特征选择法、序列前向特征选择法、序列后向删除法、贪婪爬山法、最优子集选择法、增 L 去 r 法、浮动搜索选择法和禁忌搜索法。相比之下，**非确定性启发式算法**在搜索过程中增加了随机性，在不同的执行过程中，所得到的结果也可能不同。这些启发式算法在每次迭代中既可以适用于唯一解,也能处理多解(无穷多个解)。**唯一解的非确定性启发式算法**包括模拟退火算法、拉斯维加斯算法、贪心随机自适应搜索算法和可变邻域搜索算法。**基于多解(无穷多个解)的非确定性启发式算法**包括分散搜索、蚁群算法、粒子群算法和进化算法,其中进化算法包括遗传算法、分布估计算法、差分进化算法、遗传规划和进化策略。

(c)评价策略。对于监督分类而言,如何评价特征子集取决于所选的特征算法。过滤方法(filter)、封装方法(wrapper)、嵌入式方法以及过滤和封装的混合方法都可选择,将在后续解释。

P. 62 (d)停止准则。特征选择必须在某时停止搜索特征子空间。一个准则是当所有的备选方案中没有一个可以改进当前特征子集的性能时停止搜索;另一个准则是继续搜索直到满足指定的迭代次数为止。

过滤式特征选择法根据数据内在特性来评价特征或特征子集的相关性。过滤式方法作为一个筛选步骤,独立于任何监督分类算法。每个预测变量和类变量之间的互信息(和相关度量)是过滤式方法中一种常用的量化分值。

两个随机变量之间的互信息基于**香农熵**的概念(Shannon,1948),它量化了随机变量被选取时对预测结果的影响程度。对于有一个可能取值的离散型随机变量,其熵是

$$H(X)=-\sum_{i=1}^{l}P(X=x_i)\log_2 P(X=x_i)$$

预测变量 X 和具有 m 个可能值的类变量 C 之间的**互信息** $I(X,C)$ 定义为

$$I(X,C)=H(C)-H(C\mid X)=\sum_{i=1}^{l}\sum_{j=1}^{m}P(x_i,c_j)\log_2\frac{P(x_i,c_j)}{P(x_i)P(c_j)}$$

互信息被解释为已知 X 后减少了类变量 C 的不确定性。由于 $H(C)\geqslant H(C|X)$(一个变量的信息永远不会增加另一个变量的不确定性),因此 $I(X,C)\geqslant 0$。如果 X 和 C 是相互独立的,则一个变量的信息对另一个变量的不确定性没有任何影响,因此互信息为零。具有 $I(X,C)$ 高值的特征 X 优于该目标分值较小的其他特征。从这个意义上讲,互信息可以被理解为相关性的度量。

单变量过滤方法使用特征相关性分值评价每个特征,从而删除低分特征。所选特征用作分类算法的输入变量。在本书中已经提到了几种特征相关性分值的计算方法。互信息的缺点是偏好具有许多不同取值的特征,且容易忽略仅有极少几个不同取值的特征。更公平的选择是使用定义为 $\frac{I(X_j,C)}{H(X_j)}$ 的信息**增益率**或定义为 $2\frac{I(X_i,C)}{H(X_i)+H(C)}$ 的**对称不确定性系数**。在这两个度量中,分母使互信息标准化。

单变量过滤方法的明显缺点是它们忽略了特征依赖性，因为它们没有考虑特征冗余。这种冗余可能会降低分类模型精度。多变量过滤技术解决了这个问题。图 2.17 是显示单变量和多变量过滤方法的示意图。图(a)是单变量过滤方法，根据特征相关性分值对各原变量排序得到 $X_1,\cdots,X_n$，选择前 s 个变量作为特征子集；图(b)为多变量过滤方法，在 2^n 基数空间中搜索最佳特征子集 $\mathcal{S}^*$ 是一个优化问题。根据特征相关性评分 f 评价每一个子集。

P. 63

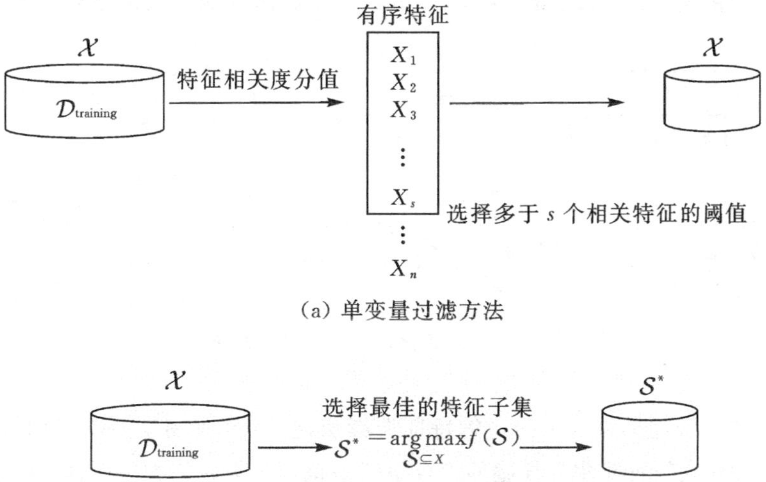

(a) 单变量过滤方法

(b) 多变量过滤方法

图 2.17 过滤方法示意图

多变量过滤方法根据特征相关度(与对应类)和冗余度选择特征子集。基于相关性特征选择(correlation-based feature selection，CFS)是 Hall(1999)的文献中最广泛使用的方法之一。特征子集的优点是根据其与类的相关性以及子集中的特征之间缺乏相关性(冗余)来定义的。具体定义为，如果 $\mathcal{S}\subseteq\mathcal{X}=\{X_1,\cdots,X_n\}$ 表示特征子集，CFS 搜索 $\mathcal{S}^*=\arg\max_{\mathcal{S}\subseteq\mathcal{X}} f(\mathcal{S})$，其中 P. 64

$$f(\mathcal{S})=\frac{\sum_{X_i\in\mathcal{S}} r(X_i,C)}{\sqrt{k+(k-1)\sum_{X_i,X_j\in\mathcal{S}} r(X_i,X_j)}}$$

k 是所选特征的数量；$r(X_i,C)$ 是特征 X_i 和类变量 C 之间的相关性；$r(X_i,X_j)$ 是特征 X_i 和 X_j 之间的相关度。相关性 r 由对称不确定性系数给出。使用上述任何一种启发式算法都可以解决最大化问题。

过滤方法易于扩展、计算简单、快速，避免了过拟合问题，且独立于分类算法。

过滤式特征选择只需执行一次。后继会使用不同的分类模型评价该选择方法。

封装方法(John et al.,1994)首先从特征子集构建分类器,然后将分类器的性能作为评价标准。因此,这些方法依赖于分类器,且适用于大规模问题。在2.4.1节中介绍的任何标准都可能是最佳特征子集的目标函数,搜索方法可以是上述任何启发式算法。图2.18说明了封装方法的主要特征,在此例中,根据分类器估计的分类准确率(Acc),评价每个候选特征子集$\mathcal{S}_i \subseteq \mathcal{X}=\{X_1,\cdots,X_n\}$,且分类器是在该特征子集$\mathcal{S}_i$上训练建造的$\phi^{\mathcal{S}_i}_{\text{training}}$,可以使用任何其他性能指标评价准确性。

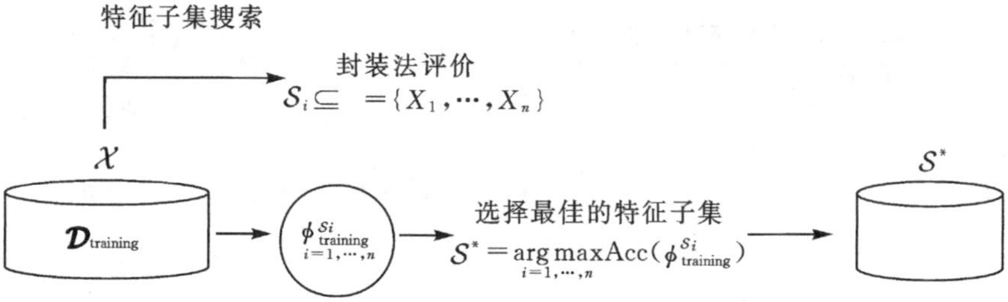

图2.18 封装特征子集的选择方法

嵌入式方法包括了一个内置的特征选择机制,且该机制作为模型训练过程的一部分。搜索在特征子集和模型的组合空间中执行。与封装方法一样,嵌入式方法依赖于特定的学习算法,但其计算复杂度远低于封装方法。**正则化**(Tikhonov,1943)可以被视为是一种嵌入式特征选择方法。正则化通过引入额外信息(通常采用惩罚似然的形式)生成稀疏和稳健的模型。**套索**(lasso)正则化方法(Tibshirani,1996)基于L_1范数惩罚,并进行特征子集选择,因为它将与某些变量间的相关系数转换为零(并且可以丢弃变量)。

混合特征选择方法结合了过滤和封装方法。当n较大时,首先应用封装方法来显著减少特征的数量,从而减轻过滤方法的计算负担。在第二阶段,在封装方法
P. 65 输出的特征子集上应用过滤方法。**最小冗余-最大相关性**(Peng et al.,2005)是混合式方法的一个例子。在过滤阶段选择相关性和冗余之间差异最大的特征子集,然后在第二阶段中对该子集应用封装方法。

2.4.3 k 近邻

k近邻分类器(k-NN)(Fix et al.,1951)使用简单的多数决策规则,根据训练集中k个样本的类(接近x)来预测x所属的未知类。

在图2.19中,测试样本(圆圈)既有可能分为第一类(方块),也有可能分为第

二类(菱形)。当 $k=3$ 时,在内圈中有两个菱形并且只有一个正方形,样本被分到第二类。当 $k=5$ 时,因为在外圈内有三个正方形与两个菱形,因此它被分配到第一类。

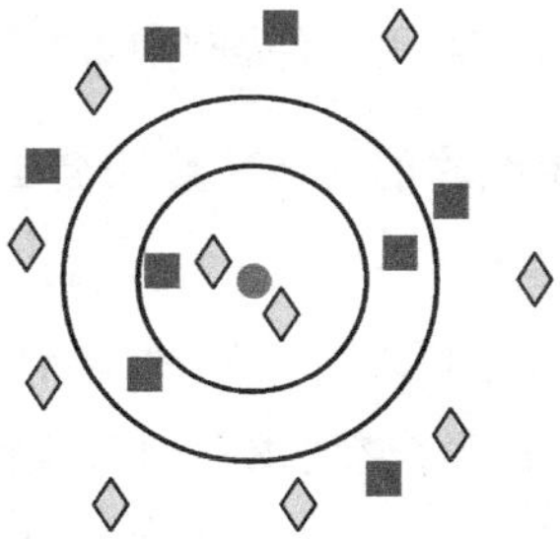

图 2.19　一个 k-NN 分类器示例

k-NN 算法既没有训练阶段,也不建立模型。k-NN 算法的优点是可以学习复杂的决策边界,是一种局部方法,它几乎不用数据假设,并且可以很容易地适用于增量算法,尤其适用于流数据作为输入的情况(在工业应用中很常见)。主要缺点是其高存储要求和低分类速度。此外,该算法对所选距离(找到邻近点所需的)、k 值、存在的无关变量以及噪声数据都较为敏感。另一个缺点是,由于没有模型规范,因此无法发现关于相关问题的新知识。 P. 66

尽管 k-NN 算法的大多数实现都是计算欧几里得距离,但是经验表明,通过从训练数据中发现适当的距离度量可以极大地改善 k-NN 分类精度,这就是所谓的**度量学习问题**。邻域参数 k 在 k-NN 算法性能中起重要作用(见图 2.19 中的示例)。k 的增加可能会增加偏差并使分类误差的方差变小。k 的最优取值取决于具体的数据集,通常根据得到的训练样本进行估计:对于不同的 k 值,使用交叉验证法估计误分类率,并选择误分类率最低的 k 值。相关原型选择方法是大型数据集中 k-NN 问题的一种比较有效的方法。这些技术可产生比原始数据集更小的具有代表性的训练集,但其对新案例具有更高的分类精度。**原型选择方法**有三种标准类别(García et al. ,2012):压缩方法、编辑方法和混合方法。压缩方法,如压缩的最近邻算法(Hart,1968),旨在剔除多余的样本(即任何不影响分类精度的样本)。编辑方法(Wilson,1972)旨在消除噪声样本(即所有被 k-NN 分类错误的样本),以便提高分类器的准确率。最后,混合方法结合了编辑和压缩策略。例如,首先编辑训练集以消除噪声,然后缩小编辑训练集以生成更小的子集。

目前已经从基本 k-NN 算法中研发出来了多种变体。**加权邻域 k-NN 算法**根据其到查询样本的距离来权衡每个邻近点的贡献度,即距离越近的邻近点赋予的权重越大。不相关的变量容易误导 k-NN,并通过**预测变量加权 k-NN 算法**解决此问题。根据每个预测变量与类变量的相关性(互信息),按比例分配权重。因此,距离决定邻近点的权重。在**平均距离的 k-NN 算法**中,由待查询样本的邻近点分别求出样本点所属类别的类别平均距离,并将其中与最小平均距离相关联的标签分
P. 67 配给该待查询样本。如果不满足某些条件,例如,决策规则中的表决次数(在二元分类问题中远远大于$\frac{k}{2}$),**带拒绝式的 k-NN 算法**会留下未分类的样本(然后由另一种监督分类算法处理)。

基于实例学习(instance-based learning,IBL)(Aha et al.,1991)通过提供增量学习来扩展 k-NN 算法,显著降低存储要求并引入假设检验以检测噪声实例。IB1 是属于该类型方法的一种算法,它包括了预测变量范围的正则化和实例的增量处理。使用增量处理,决策边界可随着新数据的增加而调整。

2.4.4 分类树

分类树使用输入变量分割函数将样本空间贪婪且递归地划分为两个或更多个子空间。此分割函数既可能是一个简单的值或一组值(对于离散型变量),也可能是一个范围(对于连续型变量)。在节点上标注着测试变量,其下方的分支线上标注着测试变量相应的取值。每个节点进一步将训练集细分为较小的子集,直到满足停止准则。在树的底部,每个叶节点指定一个类值。叶节点用矩形表示;根和内部节点由圆形表示。

对于分类问题,待分类样本根据从根到其中一个叶节点的路径测试结果排序。预测的类标签结果显示在叶节点上。从分类树的根节点到其中一个叶节点的每条路径都可以转换成一条规则(见 2.4.5 节),只需将路径上的测试结合起来形成规则的前件,并将叶节点类预测作为规则的后件。因此,树表示变量值连接的析取。

举例:分类树

图 2.20(a)所示为含两个预测变量的数据集的散点图,即二分类散点图其中包括两个样本,圆形表示是,三角形表示否。

图 2.20(b)显示了四叶分类树。从根节点到叶节点的四条路径生成四条 if-then 规则:

R1:IF $X_1 \leqslant 2.5$ AND $X_2 > 6$ THEN C=no

R2:IF $X_1 \leqslant 2.5$ AND $X_2 \leqslant 6$ AND $X_1 > 1.5$ THEN C=yes

R3:IF $X_1 \leqslant 2.5$ AND $X_2 \leqslant 6$ AND $X_1 \leqslant 1.5$ THEN C=no

R4:IF $X_1 > 2.5$ THEN C=yes

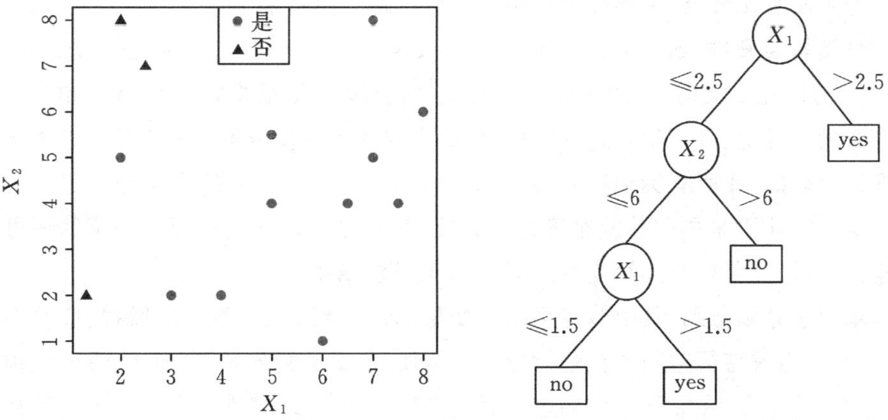

(a) 二分类散点图　　(b) 分类树模型

图 2.20　分类树示例

因此,样本空间被分成四个子空间。

不同的分类树算法主要区别在于选择节点的准则、预执行和/或后推进策略、停止准则。最常用的归纳算法是 C4.5 和 CART,它们可以被视为 ID3(Quinlan,1986)核心算法的变体。ID3 代表**迭代二分法**,因为最初的提议只使用二元变量。ID3 所选择的节点使用类变量 C 最大化互信息(见 2.4.2 节),在本书中称为**信息增益**。当选定根节点后,为该根节点变量的每个值创建一个子节点,并将训练样本排序后分配给合适的子节点。在这个阶段,考虑到以每个路径中尚未使用的变量作为候选节点,从而以类似的方式选择树的每个节点上的最佳变量。当树对其所有样本进行分类都正确(所有样本属于同一类)或者所有变量都使用完时,ID3 在节点处停止。这种停止准则导致的过拟合问题,传统上常使用剪枝方法来解决。 P. 68

在**预剪枝**中,通常由统计假设检验给出的终止条件决定在构造分类树时何时停止某些分支的构造。在**后剪枝**中,用一个叶节点替换一些子树来修剪已长成的树。尽管后剪枝计算要求更高,但仍被广泛使用。降低错误率剪枝算法是一种简单的后剪枝方法(Quinlan,1987)。只要不降低树的精度,将根节点所在的子树移除并转换为叶节点,此替换是自底向上的过程,使用训练集中与该节点相连的最频繁类标签替换该节点。以节点为根的子树将被删除并转换为叶节点。该过程继续,直到不会有任何进一步的剪枝降低精度为止。在剪枝集或测试集上估计精度。

C4.5(Quinlan,1993)是 ID3 的改进,它使用增益率(见 2.4.2 节)作为分裂规则,可以处理连续变量和缺失值。当待分裂的样本数小于给定阈值时,C4.5 算法停止。对分类树生成的规则集进行后剪枝。当精度增加时,将父节点从规则中删 P. 69

除。如果没有父节点，则删除该规则。修剪子路径而不是子树。

分类与回归树(classification and regression trees，CART)算法(Breiman et al.，1984)构建二叉树，运用了许多分裂规则，主要是**基尼指数**(单变量)和连续预测变量的线性组合(多变量)。基尼指数的多样性旨在使分类树分支后训练子集的纯度最大化(并非所有标记都相等)。它也可以被视为 C 值的概率分布之间的偏差度量。CART 采用代价复杂度进行剪枝，其考虑了误分类代价。CART 还可以构建回归树，叶节点为连续变量 C 的实数值预测结果。

单变量分裂准则，其中节点根据单变量的值进行分割，如信息增益、增益率或基尼指数，生成特征空间的轴平行分区。然而，**多变量分裂准则**，如 CART 中预测变量的线性组合，在倾斜方向的超平面上产生。图 2.21 说明了各种类型的特征空间划分。

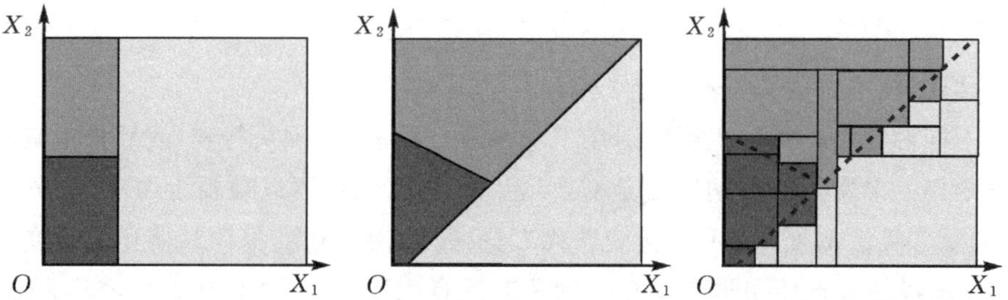

(a) 超矩形分区　　(b) 多边形分区　　(c) 轴平行树

图 2.21　特征空间分区

2.4.5　规则归纳

规则归纳是一种监督分类方法，按照规则建立模型。规则类似于如下的表达式：

P.70　IF($X_j=x_j$ AND $X_i=x_i$AND ⋯ AND $X_k=x_k$) THEN $C=c$

其中"$X_j=x_j$ AND $X_i=x_i$ AND ⋯ AND $X_k=x_k$"被称为**规则的前件**，"$C=c$"是**规则的后件**。还有其他更复杂的规则，某些值被排除或只允许某些值。

规则归纳模型是透明的，易于理解和应用。因为任何分类树都可以转换为规则归纳模型，故规则归纳模型比分类树的通用性更强，但偶尔也有例外情况。

重复增量剪枝以减少误差法(repeated incremental pruning to produce error reduction，RIPPER$_k$)(Cohen，1995)是最常用的规则归纳模型之一。RIPPER$_k$ 是 Fürnkranz 和 Widmer(1994)在增量减少错误剪枝(incremental reduced error pruning，IREP)算法的基础上提出的。

算法 2.4 显示了二分类问题的 IREP 算法伪代码。IREP 将规则视为文字的结合。例如，规则 R_j：IF（$X_2=5$ AND $X_5=6$ AND $X_6<0.5$ AND $X_4>0.9$）THEN $C=c$ 是四个文字的结合。**规则集**是一组规则的析取：R_1 OR R_2 OR … OR R_k。IREP 以贪婪方式建立规则集，一次一条规则。如果数据集的某个样本满足规则的前件，则称规则覆盖了该样本。找到规则后，规则覆盖的所有样本（正和负）都将从增量集中删除（见下文）。重复此过程，直到没有正样本，或直到 IREP 找到的规则的错误率大到不可接受为止。

算法 2.4　IREP 算法伪代码

输入：数据集上划分的正样本和负样本集：Pos、Neg、空规则集 Ruleset

输出：规则集 Ruleset

```
while Pos≠∅ d0
/ * 增加和剪枝优化规则 * /
将(Pos,Neg)划分成(GrowPos,GrowNeg)和(PrunePos,PruneNeg)
Rule=GrowRule(GrowPos,GrowNeg)
Rule=PruneRule(Rule,PrunePos,PruneNeg)
  if 在(PrunePos,PruneNeg)规则上的错误率超过 50% then
  返回 RuleSet
  else if then
  将 Rule 加入到 Ruleset 中
  将(Pos,Neg)中被此规则覆盖的所有样本删除
  endif
endwhile
```

IREP 算法用于构建规则的策略如下：首先，正（Pos）和负（Neg）样本集各自随机地分为两个子集，各自一个增长集和一个剪枝集，从而产生四个不相交的子集，即增长正例集 GrowPos 和增长负例集 GrowNeg（分别用于增加规则的正和负样本集），剪枝正例集 PrunePos 和剪枝负例集 PruneNeg（分别用于剪枝规则的正和负样本集）。其次，加入一条规则。增长规则从空规则开始，并将任意正文字 $X_i=x_i$（如果 X_i 是离散的），或 $X_i<x_i$，$X_i>x_i$（如果 X_i 是连续的）添加进来。增长规则反复添加一个具有最大化信息增益量的文字，称为**一阶归纳学习**（first-order inductive learner，FOIL）的信息增益量。最后，不断优化 FOIL，直到该规则不覆盖增长集的负样本为止。设 R 表示规则，R′是 R 增加文字后输出的新规则。FOIL 定义为 P. 71

$$\text{FOIL}(\text{R},\text{R}',\text{GrowPos},\text{GrowNeg}) = \text{co}\left[-\log_2\left(\frac{\text{Pos}}{\text{Pos}+\text{Neg}}\right)+\log_2\left(\frac{\text{Pos}'}{\text{Pos}'+\text{Neg}'}\right)\right]$$

其中,co 表示在 GrowPos 中被 R 和 R′所覆盖的正样本的百分比;Pos 是 GrowPos 中被 R 所覆盖的正样本的数量(Pos′和 R′类似);Neg 是 GrowNeg 中 R 所覆盖的负样本的数量(Neg′和 R′类似)。

下面开始规则的剪枝优化。来自增长阶段输出规则中任何最后的文字序列都要考虑被删除的可能性。IREP 算法选择适当的删除项,用如下函数最大限度地提高其性能。

$$v(\mathrm{R},\mathrm{PrunePos},\mathrm{PruneNeg})=\frac{\mathrm{Pos_R}+(|\mathrm{PruneNeg}|-\mathrm{Neg_R})}{|\mathrm{PrunePos}|+|\mathrm{PruneNeg}|}$$

其中 $\mathrm{Pos_R}$($\mathrm{Neg_R}$)是规则 R 所涵盖的正剪枝集 PrunePos(负剪枝集 PruneNeg)中的样本数。重复此过程直到没有可以优化函数 v 的删除项为止。

RIPPER 算法与 IREP 算法的不同之处在于,RIPPER 算法使用了另一种度量标准,并增加了一种用于决定何时停止向规则集添加规则的启发式算法,以及优化规则的后过程。新样本通过查找该样本满足的规则进行分类,如果仅满足一条规则,则将此规则的预测类指派给该样本;如果满足多条规则,则将训练样本集中规则覆盖最频繁的类指派给该样本;如果不满足任何规则,则预测结果为训练样本集中最频繁的类。

此外,AQR 和 CN2 也是广泛使用的规则归纳方法。**AQ 规则生成算法**(AQ rule-generation algorithm,AQR)(Michalski et al.,1980)生成几个分类规则,每个类各有一个规则。每个规则的形式为“IF 覆盖 THEN $C=c$”,其中覆盖是合取连词、变量测试的组合,例如,($X_3=5$ AND $X_4>0.9$) OR($X_5=6$ AND $X_2<0.5$)。类值为训练样本集中所覆盖样本最多的类标签。

P. 72 AQR 算法初始为一个类,生成覆盖作为该类标签规则的前件。AQR 算法生成一个合取表达式,称为复合,然后从训练数据集中删除它覆盖的样本。重复该步骤,直到找到足够的复合来覆盖所选类的所有样本。在生成复合过程中,AQR 算法采用最大化条件下所覆盖的正样本分数策略修剪前件,不包括负样本。用于确定最佳复合体的分值是正样本所覆盖的最大值。依次对每个类重复此过程。

CN2 算法(Clark et al.,1989)生成 IF-THEN 规则的有序列表。在每次迭代中,CN2 搜索能覆盖一个类的大量样本和少数其他类的复合。当算法根据评价函数找到一个最佳复合时,从训练数据集中删除其所覆盖的样本,并将相应的规则添加到规则列表的末尾。重复该过程,直到找不到更令人满意的复合集为止。在搜索的每个阶段,CN2 保留了一定数量的最佳复合集。然后,系统优化这些复合集,如通过添加新的合取元素或删除析取元素等方式来实现。CN2 生成并评价每个复合的所有可能的情况。采用类变量熵值启发式算法评价复合的质量,熵值由复合体所覆盖的样本计算得出,从中优选较小的熵值。

按顺序(从第一个到最后一个)遵循规则对新样本进行分类,直到找到样本满足的规则为止。此规则将其预测类分配给样本。如果没有满足规则,则预测为训练样本中出现的最频繁的类。

2.4.6 人工神经网络

人工神经网络(artificial neural network,ANN)(McCulloch et al. ,1943)是模拟生物神经网络行为而设计的计算模型。它是对生物系统极其简单的抽象,使用依赖大量输入信息的近似函数来实现。人工神经网络被表示为由相互连接的"神经元"组成的自适应系统。

虽然与生物神经网络相比,人工神经网络的规模、能力和力量都非常有限,但它们对信息都具有并行处理、学习及归纳总结的能力。人工神经网络具有以下优点:不需要对隐藏数据的生成过程进行先验假设,是高度自适应的非线性和非参数模型,并且可以处理不完整信息和噪声。其能够精确逼近函数的数学性质已得到很好地证实。相比之下,人工神经网络是黑盒模型,其隐层节点的传入和传出弧的权重很难解释(见下文)。此外,人工神经网络的计算成本较高,且容易发生过拟合。在实际行业应用中使用人工神经网络时应考虑这些缺点。

在本节,我们仅关注最常用的用于监督分类的人工神经网络模型——多层感 P. 73
知器。**多层前馈神经网络**,也称为**多层感知器**(multilayer perceptron,MLP)(Minsky et al. ,1969),由多个互相连接的计算单元组成,计算单元称为神经元、节点或细胞,它们按层组织。每个神经元接收输入信息,处理转换为输出信息。连接这些神经元的弧表示不同节点之间关联强度的权重。虽然每个神经元所做的计算非常简单,但整个多层感知器能够有效且准确地实现各种(很难的)任务。多层感知器适于同时预测一个或多个响应(输出)变量(离散型或连续型)。在此,我们主要讨论具有一个类变量的监督分类问题。

用于监督分类的三层感知器模型结构如图 2.22 所示,其组织由三层神经元构成(由圆圈表示):输入层(最上层)、隐层(中间层)和输出层(最下层)。输入层中的神经元与预测变量 $X_1,\cdots,X_n$ 逐一对应,输出神经元表示类变量 C。隐层神经元连接输入和输出神经元,虽然它们是学习输入变量和输出变量之间关系的关键,但不具有明确的语义含义。权重向量 $\boldsymbol{w}$ 表示连接的强度。最常用的多层感知器是一个全连接网络(每层的任意节点与相邻层中的所有节点相连),并且仅有一个隐层。

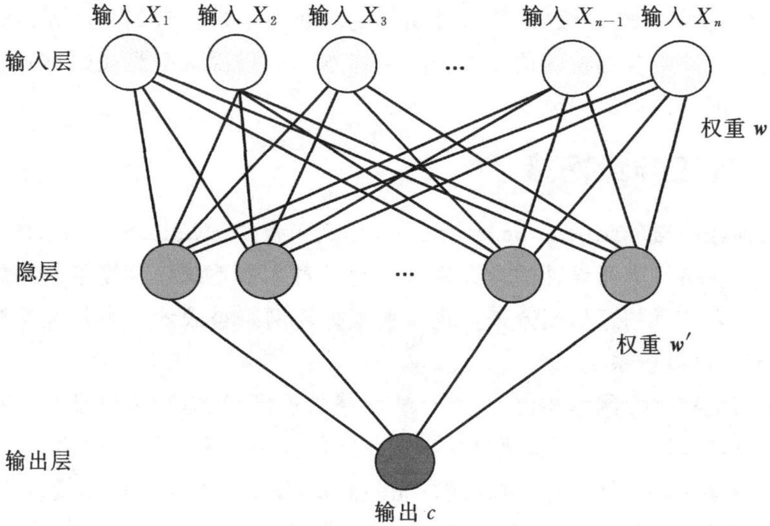

图 2.22 用于监督分类的三层感知器模型结构

除了其结构之外，每层中使用的传递函数在多层感知器中也起到重要作用。图 2.23 显示了第二隐层节点是如何处理来自多个输入节点的信息并转换成输出的。

P.74 这个过程分两步完成。第一步，输入信息 $\boldsymbol{x}=(x_1,x_2,x_3,\cdots,x_n)$ 与连接权重一起做加权和，即 $\sum_{i=1}^{n} w_{i2}x_i=\boldsymbol{w}_2^{\mathrm{T}}\boldsymbol{x}$，传给第二隐层神经元。第二步，第二隐层节点经由传递函数将第一层的输入加权求和后转换成输出，即 $f(\boldsymbol{w}_2^{\mathrm{T}}\boldsymbol{x})$。一般来说，传递函数是有界非递减函数。S 型函数或逻辑斯谛函数 $f(r)=(1+\exp(-r))^{-1}$ 是最常用的传递函数之一。

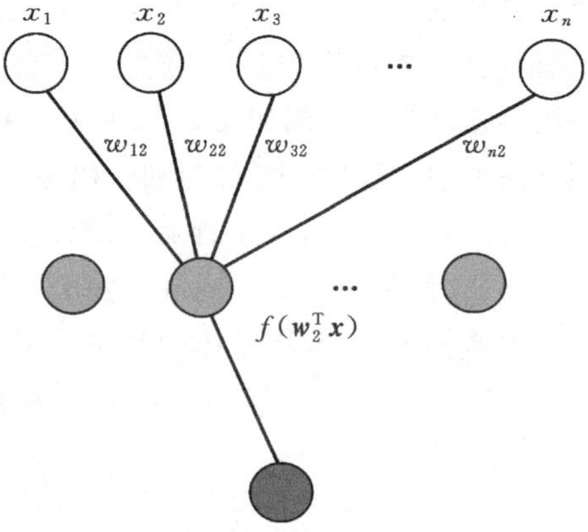

图 2.23 多层感知器中隐层节点的传递函数

对于具有 h 个隐层神经元的三层感知器而言，隐层的 h 个输出 $f(\boldsymbol{w}_1^{\mathrm{T}}\boldsymbol{x}),\cdots,f(\boldsymbol{w}_h^{\mathrm{T}}\boldsymbol{x})$，用 $\boldsymbol{w}'^{\mathrm{T}}=(\boldsymbol{w}'_1,\cdots,\boldsymbol{w}'_h)$进行加权，得到多层感知器的输出，即

$$\hat{c}=\sum_{j=1}^{h}w'_j f(\boldsymbol{w}_j^{\mathrm{T}}\boldsymbol{x})=\sum_{j=1}^{h}w'_j f(\sum_{i=1}^{n}w_{ij}x_i)$$

将该输出 $\hat{c}$ 与真实标签 c 进行比较。确定合适的多层感知器权重，使得预测值 $\hat{c}^1,\cdots,\hat{c}^N$ 尽可能接近真实标签 $c^1,\cdots,c^N$。训练多层感知器最基本的任务是找到合适的 $\boldsymbol{w}$ 和 $\boldsymbol{w}'$，使所有训练样本的多层感知器输出值与真实标签值之间的误差总和最小。

用均方误差来度量这种误差 $E(\boldsymbol{w},\boldsymbol{w}')$，即

$$E(\boldsymbol{w},\boldsymbol{w}')=\frac{1}{N}\sum_{k=1}^{N}(c^k-\hat{c}^k)^2$$

它经常被用作最小化的目标函数。**反向传播算法**是解决这种无约束非线性优化问题最重要的方法。该算法是一种**梯度方法**，它可以在权重空间中找到误差量减少最快的方向，如图 2.24 所示。梯度或最陡下降方法从初始权重$(\boldsymbol{w},\boldsymbol{w}')^{(0)}$处开始，目标是找到最佳点$(\boldsymbol{w},\boldsymbol{w}')^*$。根据误差函数对每个权重 w_{ij} 的偏导数$\frac{\partial E}{\partial w_{ij}}$方向更新权重。权重从 w_{ij}^{old} 更新为 w_{ij}^{new} 为如下形式：

$$w_{ij}^{\mathrm{new}}=w_{ij}^{\mathrm{old}}-\eta\frac{\partial E}{\partial w_{ij}}$$ P. 75

其中，$\frac{\partial E}{\partial w_{ij}}$是 E 相对于 w_{ij} 的梯度，η 称为**学习率**，并控制梯度下降的步长。

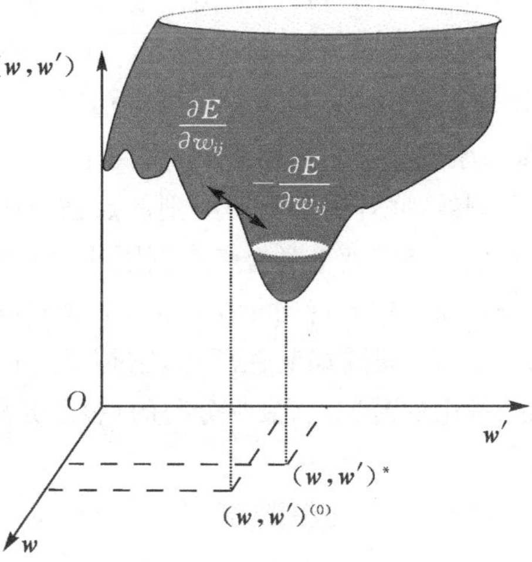

图 2.24　梯度法

反复执行反向传播算法直到满足了某种停止准则。以下是适用于两种不同模式的权重更新方法：在批处理模式中，评价完所有训练样本之后才更新一次权重；在在线模式中，每次评价一个样本就更新一次权重。通常，每次更新权重都仅仅使总误差减少一点点。因此，通常需要所有样本反复传入来使误差最小化，直到达到之前指定的较小误差值。

在训练人工神经网络时应考虑很多方面的问题，其中最重要的是：(1)权重值初始化为接近 0 的随机值；(2)使用**权重衰减**避免过拟合，即一种将某些权重衰减为 0 的显式正则化方法；(3)输入数据缩放对最终解的质量有很大影响，最好将输入数据采用均值为 0 和标准差为 1 的标准化方法；(4)捕获数据非线性模型的灵活性取决于隐层节点数和层数，通常较好的办法是增加隐层节点数，并在训练过程中结合权重衰减或其他正则化方法；(5)最小化非凸 $E(\boldsymbol{w},\boldsymbol{w}')$ 误差函数的多点策略(多组不同的初始化权重)也是常用方法。

深度神经网络(Schmidhuber，2015)被定义为具有多个隐层的人工神经网络。
P. 76 最近由于深度神经网络的学习过程涉及一些认知神经科学家提出的类大脑发育理论，因此引起了许多研究者的关注。深度神经网络在多个实际应用中显示出了突出的效果。

2.4.7 支持向量机

支持向量机(support vector machine，SVM)(Vapnik，1998)通过求解函数估计问题来构建分类器，是多层感知器的一种拓展方法。我们先解释一下经典的二分类支持向量机，其中 $\Omega_C=\{-1,+1\}$。使用标签-1替代 0 简化了后续公式。

图 2.25(a)展示了假设具有两个预测变量 X_1 和 X_2 的数据集。这些点也可以视为$\mathbb{R}^2$中的向量，其尾为点(0,0)，头为具有特征值的点。图中的数据是线性可分的，即我们可以绘制一条线($n>2$ 的超平面)将两个类分开。请注意，这里可以找到无穷多个可能的分割线，并且属于不同类别的点被很明确的间隙或间隔分割开了。合理的选择是选取一条与两个类有最大间隔或边界的直线。

线性支持向量机是最简单的支持向量机，具有最大间隔的线性分类器可以更好地泛化推广(见图 2.25(b)，间隔如灰色所示，它是所通过数据点之间的线宽)。分割线尽可能远离两个类中的最近点(最难分类的点)。分离线的最近点称为**支持向量**。

由 $\boldsymbol{w}^{\mathrm{T}}\boldsymbol{x}+b=0$ 表示的超平面$\mathcal{H}$将正、负样本分开，其中向量 $\boldsymbol{w}$ 是超平面的法向量(垂直)，$\frac{|b|}{\|\boldsymbol{w}\|}$是原点到超平面的垂直距离，且 $\|\boldsymbol{w}\|$ 是 $\boldsymbol{w}$ 的欧几里得范数(长度)(见图 2.25(c))。

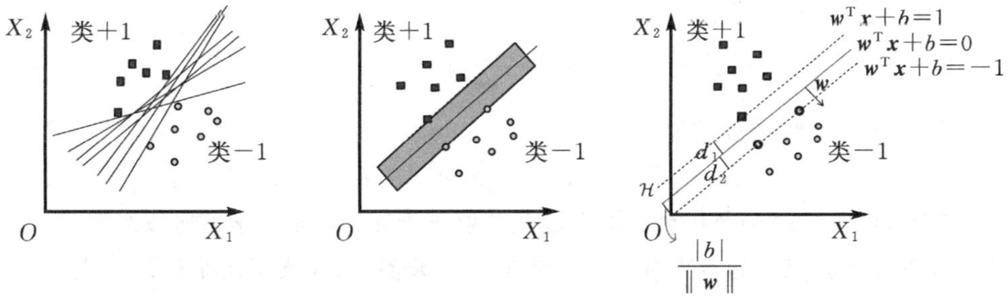

(a) 线性可分的分割线　(b) 最大化分割超平面的间隔　(c) 线性可分数据的超平面

图 2.25　具有两个预测变量 X_1 和 X_2 的支持向量机分类

超平面$\mathcal{H}$上方(下方)的点应标记为+1(−1),即决策规则为 $\phi(x)=\mathrm{sgn}(\boldsymbol{w}^{\mathrm{T}}\boldsymbol{x}+b)$,其中 $\boldsymbol{w}$ 和 b 是需要求解的。 P.77

假设数据满足约束 $\boldsymbol{w}^{\mathrm{T}}\boldsymbol{x}^{i}+b\geqslant 1$ 时 $c^{i}=+1$,且 $\boldsymbol{w}^{\mathrm{T}}\boldsymbol{x}^{i}+b\leqslant -1$ 时 $c^{i}=-1$,则可合并为

$$c^{i}(\boldsymbol{w}^{\mathrm{T}}\boldsymbol{x}^{i}+b)\geqslant 1, i=1,\cdots,N \tag{2.4}$$

式(2.4)中取等号时对应的点是离超平面$\mathcal{H}$最近的点(图 2.25(c)中两条虚线表示的点)。这些点就是支持向量,也是最难以分类的点。位于支持超平面 $\boldsymbol{w}^{\mathrm{T}}\boldsymbol{x}+b=-1$ 上的点到$\mathcal{H}$的距离为 $d_1=\frac{1}{\|\boldsymbol{w}\|}$,而位于 $\boldsymbol{w}^{\mathrm{T}}\boldsymbol{x}+b=1$ 上的点到$\mathcal{H}$的距离为 $d_2=\frac{1}{\|\boldsymbol{w}\|}$。$\mathcal{H}$必须尽可能远离这些点。因此,应该最大化间隔$\frac{2}{\|\boldsymbol{w}\|}$。

线性支持向量机求解 $\boldsymbol{w}$ 和 b,需满足:

$$\max_{\boldsymbol{w},b}\frac{2}{\|\boldsymbol{w}\|}$$

使得

$$1-c^{i}(\boldsymbol{w}^{\mathrm{T}}\boldsymbol{x}^{i}+b)\leqslant 0, \forall i=1,\cdots,N$$

这种约束优化问题通过为每个约束项分配一个拉格朗日系数 $\lambda_i\geqslant 0, i=1,\cdots,N$ 来解决。可用的优化方法(Fletcher,2000)有很多(投影方法、内点法、有效集方法等),其中大多数方法都是真实世界的数值近似法。最常用的是序列极小优化法(Platt,1999)。点 $\boldsymbol{x}^{i}$ 是 $\lambda_i>0$ 时的支持向量,对所有其他点都有 $\lambda_i=0$。有了 λ_i 值,我们首先计算:

$$\boldsymbol{w}=\sum_{i\in S}\lambda_i c^{i}\boldsymbol{x}^{i} \tag{2.5}$$

其中 S 表示支持向量的索引集。

最后计算偏移量 b：

$$b=\frac{1}{|S|}\sum_{s\in S}(c^s-\sum_{i\in S}\lambda_i c^i(\boldsymbol{x}^i)^{\mathrm{T}}\boldsymbol{x}^s) \tag{2.6}$$

每个新点 $\boldsymbol{x}$ 将被分类为

$$c^*=\phi(\boldsymbol{x})=\mathrm{sgn}(\boldsymbol{w}^{\mathrm{T}}\boldsymbol{x}+b) \tag{2.7}$$

需要注意，支持向量机分类器性能完全取决于支持向量。学习阶段结束后，可以忽略其他数据点。通常支持向量的数量不会太多，因此支持向量机的分类决策相当快。

P. 78 对于非线性可分的数据，比如，异常值、噪声或少量非线性数据，如果我们仍想寻找线性决策函数，那么式(2.4)的约束条件可以稍微放宽一点，以允许存在有错误分类的点作为代价。可在约束条件里面加一个非负松弛变量 ξ_i(Cortes et al.，1995)：

$$c^i(\boldsymbol{w}^{\mathrm{T}}\boldsymbol{x}^i+b)\geqslant 1-\xi_i$$
$$\xi_i\geqslant 0,\forall i=1,\cdots,N$$

前述为**硬间隔线性支持向量机**，与其相反的称为**软间隔线性支持向量机**，其在超平面$\mathcal{H}$错误一端的点所受的惩罚随着离$\mathcal{H}$的距离增加而增加。ξ_i 可视为分类错误的样本点到支持超平面的距离，等于 0 时表示分类正确。因此，ξ_i 可度量 $\boldsymbol{x}^i$ 的误分类程度，其解也是由式(2.5)和式(2.6)求得。但是 S 需要通过在 $0<\lambda_i<M$ 内寻找指数来确定，其中 M 是用户可调的成本参数。M 越大，错误惩罚越严重，支持向量机试图寻找在间隔内有较少点的超平面和间隔。这可能意味着如果点难以分类，那么间隔也会很小。较小的 M 值并不能排除错误分类，但能找到更大的间隔。因此，M 可以平衡误差和间隔大小两个指标。

通常，在用于解决非线性可分数据(见图 2.26(a))的非线性支持向量机中，数据被映射到一个能找到线性决策规则的高维空间(见图 2.26(b))。其理论动机是 Cover 定理(Cover，1965)。Cover 定理指出，如果使用非线性变换将一组非线性训练数据集映射到高维空间，则这种非线性可分的训练数据很可能变得线性可分。

P. 79 因此，如果我们使用非线性变换将数据映射到某个另外的特征空间$\mathcal{F}$，满足

$$\psi:\mathbb{R}^n\mapsto\mathcal{F}$$
$$\boldsymbol{x}\mapsto\psi(\boldsymbol{x})$$

则公式化非线性支持向量机相当于使式(2.5)至式(2.7)中所有的 $\boldsymbol{x}$ 全部用其映射后的$\psi(\boldsymbol{x})$替换。然而值得注意的是，式(2.7)只需要使用映射点的内积，即 $\psi(\boldsymbol{x}^i)^{\mathrm{T}}\psi(\boldsymbol{x}^s)$，对新样本进行分类(在式(2.5)中替换 $\boldsymbol{w}$ 表达式后)，并且 $\psi(\boldsymbol{x}^i)$并不单独使用。这是一个高明的称为核技巧的数学投影。核技巧计算这样的内积可以避免将未知的映射按线性可分问题处理。

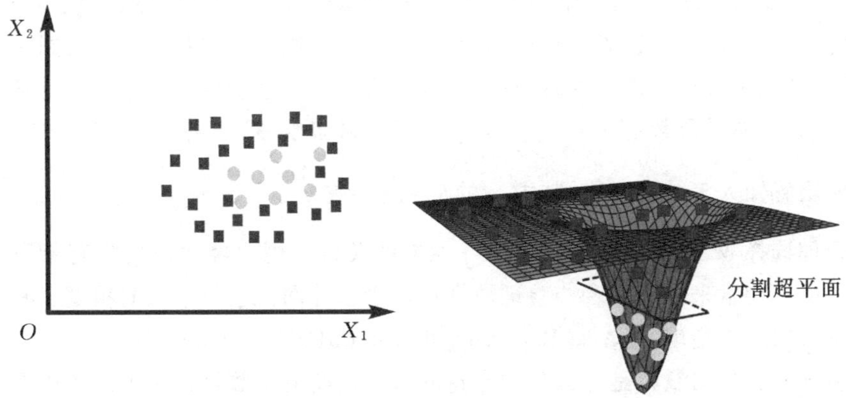

(a) 具有两个非线性可分的类　　(b) 映射到高维空间后变成线性可分

图 2.26　非线性可分数据

核函数或简单的**核 $\boldsymbol{K}$** 被定义为两个参数的对称函数(即 $K(\boldsymbol{x},\boldsymbol{x}')=K(\boldsymbol{x}',\boldsymbol{x})$),该函数返回$\mathbb{R}$中两个参数映射后函数的内积,即 $K(\boldsymbol{x},\boldsymbol{x}')=\psi(\boldsymbol{x})^{\mathrm{T}}\psi(\boldsymbol{x}')$。

按照核重构分类问题,新的点 $\boldsymbol{x}$ 按如下方式分类:

$$c^*=\phi(\boldsymbol{x})=\operatorname{sgn}\Big(\sum_{i\in S}\lambda_i c^i K(\boldsymbol{x}^i,\boldsymbol{x})+b\Big)$$

其中,$b=\frac{1}{|S|}\sum_{s\in S}(c^s-\sum_{i\in S}\lambda_i c^i K(\boldsymbol{x}^i,\boldsymbol{x}^s))$,$S$ 是支持向量的索引集,i 表示其中的一个支持向量序号,使得 $0<\lambda_i<M$。

$K(\boldsymbol{x}^i,\boldsymbol{x}^j)$的计算开销比 $\psi(\boldsymbol{x}^i)^{\mathrm{T}}\psi(\boldsymbol{x}^j)$更低,并且不需要明确知道 ψ。核函数由用户指定。典型核函数请参见表 2.7。

表 2.7　典型的核函数

名称	$K(\boldsymbol{x},\boldsymbol{x}')$	参数
线性核	$\boldsymbol{x}^{\mathrm{T}}x'+c$	$c\in\mathbb{R}$
齐次多项式核	$(a\boldsymbol{x}^{\mathrm{T}}x')^p$	$a\in\mathbb{R}$,阶 $p\in\mathbb{N}$
非齐次多项式核	$(a\boldsymbol{x}^{\mathrm{T}}\boldsymbol{x}'+c)^p$	$a,c\in\mathbb{R}$,阶 $p\in\mathbb{N}$
高斯核	$\mathrm{e}^{-\frac{1}{2\sigma^2}\Vert\boldsymbol{x}-\boldsymbol{x}'\Vert^2}$	宽度 $\sigma>0$
指数核	$\mathrm{e}^{-\frac{1}{2\sigma^2}\Vert\boldsymbol{x}-\boldsymbol{x}'\Vert}$	宽度 $\sigma>0$
S 型核	$\tanh(a\boldsymbol{x}^{\mathrm{T}}\boldsymbol{x}'+c)$	$a,c\in\mathbb{R}$

当训练数据被正则化处理后,适合用多项式核。高斯核是径向基函数(radial

basis function,RBF)核的一个例子。务必仔细调整参数 σ 的值:当 σ 变小时,决策边界的曲率变大(决策边界对噪声非常敏感)并且可能导致过拟合。σ 大到一定程
P. 80 度,指数核几乎接近线性核,高维投影将会失去其非线性功效。指数核非常接近高斯核,只是省略了范数的平方,它也是一个径向基函数核。S 型(或双曲正切)核等价于两层感知人工神经网络,其中 a 的常见选择是 $\frac{1}{N}$。

合理选择 M 值和内核是实现良好性能的关键。用户经常使用具有指数增长序列的网格搜索来选择两者。验证数据集用于估计网格上每个点的精度。有关支持向量机的用户指南,请参阅 Ben-Hur 和 Weston(2010)的文献。

多分类支持向量机是将二分类支持向量机的类变量数目扩展到两个以上。最常用的方法是组合多个二分类支持向量机(Hsu et al.,2002)。例如,我们可以在每对标签上训练支持向量机,然后通过投票对新样本进行分类,即选择这些二分类支持向量机预测最频繁的标签作为分类结果。

2.4.8 逻辑回归

逻辑(logistic)回归(Hosmer et al.,2000)是一种概率分类模型,该模型可以涵盖离散型和连续型两种预测变量,并且不对其分布做出任何假设。下面对经典的二分类逻辑回归模型加以解释,我们可较容易地将其推广到多分类问题中。

二分类逻辑回归模型表示为

$$P(C=1 \mid \boldsymbol{x},\boldsymbol{\beta})=\frac{\mathrm{e}^{\beta_0+\beta_1 x_1+\cdots+\beta_n x_n}}{1+\mathrm{e}^{\beta_0+\beta_1 x_1+\cdots+\beta_n x_n}}=\frac{1}{1+\mathrm{e}^{-(\beta_0+\beta_1 x_1+\cdots+\beta_n x_n)}}$$

隐含的意思是

$$P(C=0 \mid \boldsymbol{x},\boldsymbol{\beta})=\frac{1}{1+\mathrm{e}^{\beta_0+\beta_1 x_1+\cdots+\beta_n x_n}}$$

其中 $\boldsymbol{\beta}=(\beta_0,\beta_1,\cdots,\beta_n)^{\mathrm{T}}$ 是需要从数据中估计的未知参数。

尽管逻辑回归实质上是一种分类方法而不是一个回归模型,但由于在模型中存在变量的线性组合,因此该分类方法被称为回归。

逻辑回归因参数 $\boldsymbol{\beta}$ 具有可解释性,所以较为常用。逻辑回归模型的 logit 形式表明属于两个类的概率之间的差异,即

$$\mathrm{logit}(P(C=1 \mid \boldsymbol{x},\boldsymbol{\beta})=\ln\frac{P(C=1 \mid \boldsymbol{x},\boldsymbol{\beta})}{1-P(C=1 \mid \boldsymbol{x},\boldsymbol{\beta})}=\beta_0+\beta_1 x_1+\cdots+\beta_n x_n$$

此种形式更容易解释。假设 $\boldsymbol{x}$ 和 $\boldsymbol{x}'$ 为两个向量,对于所有的 $l\neq j$ 且 $x'_j=x_j+1$,则 $x_l=x'_l$。那么,

$$\begin{aligned}&\operatorname{logit}P(C=1\mid \boldsymbol{x}',\boldsymbol{\beta})-\operatorname{logit}P(C=1\mid \boldsymbol{x},\boldsymbol{\beta})\\&=\beta_0+\sum_{l=1}^{n}\beta_l x'_l-(\beta_0+\sum_{l=1}^{n}\beta_l x_l)\\&=\beta_j x'_j-\beta_j x_j\\&=\beta_j\end{aligned}$$

因此,系数 β_j 表示当 $x_j(j=1,\cdots,n)$ 增加一个单位且其他变量不变时 logit 的变化量。 P. 81

参数 $\hat{\beta}$ 由最大似然估计法计算(见 2.2.2 节)。假设所有的 N 个样本都是独立同分布的(i. i. d),则对数似然函数 $\mathcal{L}(\boldsymbol{\beta}|x^1,\cdots,x^N)$ 为

$$\sum_{i=1}^{N}c^i(\beta_0+\beta_1x_1^i+\cdots+\beta_nx_n^i)-\sum_{i=1}^{N}\ln(1+\mathrm{e}^{\beta_0+\beta_1x_1^i+\cdots+\beta_nx_n^i}) \tag{2.8}$$

为了简单起见,我们将 $\ln\mathcal{L}(\boldsymbol{\beta}|x^1,\cdots,x^N)$ 简写成 $\ln\mathcal{L}(\boldsymbol{\beta})$。$\hat{\boldsymbol{\beta}}$ 是式(2.8)似然函数取最大值时的极值点结果。令似然函数对每个 x_j 的一阶偏导数等于 0,则问题变成求解含 $n+1$ 个方程的方程组:

$$\begin{cases}\dfrac{\partial\ln\mathcal{L}(\boldsymbol{\beta})}{\partial\beta_0}=\displaystyle\sum_{i=1}^{N}c^i-\sum_{i=1}^{N}\frac{\mathrm{e}^{\beta_0+\beta_1x_1^i+\cdots+\beta_nx_n^i}}{1+\mathrm{e}^{\beta_0+\beta_1x_1^i+\cdots+\beta_nx_n^i}}=0\\[2ex]\dfrac{\partial\ln\mathcal{L}(\boldsymbol{\beta})}{\partial\beta_j}=\displaystyle\sum_{i=1}^{N}c^ix_j^i-\sum_{i=1}^{N}x_j^i\frac{\mathrm{e}^{\beta_0+\beta_1x_1^i+\cdots+\beta_nx_n^i}}{1+\mathrm{e}^{\beta_0+\beta_1x_1^i+\cdots+\beta_nx_n^i}}=0,j=1,\cdots,n\end{cases}$$

这是一个关于 β_j 的非线性方程组,无解析解,因此只能使用诸如牛顿-拉弗森法(Newton-Raphson method)等迭代近似方法求解 $\hat{\boldsymbol{\beta}}$。该方法要求变量必须一阶和二阶可导,其 $\hat{\boldsymbol{\beta}}^{\text{old}}$、$\hat{\boldsymbol{\beta}}^{\text{new}}$ 的更新方式为

$$\hat{\boldsymbol{\beta}}^{\text{new}}=\hat{\boldsymbol{\beta}}^{\text{old}}-\left(\frac{\partial^2\ln\mathcal{L}(\boldsymbol{\beta})}{\partial\boldsymbol{\beta}\partial\boldsymbol{\beta}^{\mathrm{T}}}\right)^{-1}\frac{\partial\ln\mathcal{L}(\boldsymbol{\beta})}{\partial\boldsymbol{\beta}}$$

其中偏导数的值为其在点 $\hat{\boldsymbol{\beta}}^{\text{old}}$ 处的函数值,公式可以任意初始化,比如 $\hat{\boldsymbol{\beta}}^{\text{old}}=\mathbf{0}$。初值的选择无关紧要。在逐次进行渐进参数评估时,若两次的性能没有明显变化或执行完指定的最大迭代次数之后,则迭代程序停止运行。

与线性回归一样,为了避免产生 β_j 的不稳定估计,必须消除预测变量之间的多重共线性。再如线性回归一样,根据对系数 β_j 的假设检验可以评估每个变量的统计显著性水平。测试用原假设 $H_0:\beta_r=0$ 替代备择假设 $H_1:\beta_r\neq 0$,相当于测试去掉 X_r,这是一种可行的特征选择方法。使用两个嵌套模型,即简单模型的所有项都出现在复杂模型中。大多数标准方法都是有序的:前向或后向。在后向消除过程中,我们仅对简单模型 M_0 做假设检验,暂对复杂模型 M_1 不做考虑,因为 M_0

P.82 除了不包含 M_1 中的变量 X_r 之外，其余项都相同。然后比较 M_0 和 M_1 之间的偏差均值。在逻辑回归中定义模型 M 的偏差 D_M 为

$$D_M = -2\sum_{i=1}^{N}\left[c^i \ln\left(\frac{\hat{\theta}_i}{c^i}\right) + (1-c^i)\ln\left(\frac{1-\hat{\theta}_i}{1-c^i}\right)\right]$$

其中，$\hat{\theta}_i = P(C=c^i \mid \boldsymbol{x},\boldsymbol{\beta})$。注意当 $c^i=0(c^i=1)$ 时，第一（第二）项为 0。M_0 对 M_1 的测试统计量为 $D_{M_0}-D_{M_1}$，其行为类似于一个近似的卡方统计量 χ_1^2。如果 H_0 被拒绝，那么我们就舍去简单模型（M_0），选择复杂模型（M_1）。一般来说，尽管卡方分布的自由度等于 M_1 中的附加参数的个数，而不是 M_0 中的个数（Agresti，2013），我们仍然可以类似地从 M_1 中消除多个选项来产生 M_0。虽然前向包含过程是从空模型开始，一次包含进来一个变量，但工作方式与此类似。

正则化（见 2.4.2 节）也可以用于建立逻辑回归模型（Shi et al.，2010），特别是当 $N \ll n$（即所谓的大 n、小 N 问题，或称高维小样本问题）时。L_1 正则化，又称为套索，旨在解决 $\max_{\boldsymbol{\beta}}\left(\ln \mathcal{L}(\boldsymbol{\beta}) - \lambda\sum_{j=1}^{n}|\beta_j|\right)$，其中 $\lambda \geqslant 0$ 是惩罚参数，用于控制收缩量（λ 越大，收缩越大，β_j 越小）。此方法包含了系数 0 的项，从而实现了特征子集选择。

2.4.9 贝叶斯网络分类器

贝叶斯网络分类器创建一个联合模型 $P(\boldsymbol{X},C)$（**生成模型**）用于输出 $P(C|\boldsymbol{X})$。注意逻辑回归可直接建模 $P(C|\boldsymbol{X})$（**判别模型**）。贝叶斯网络分类器对不确定知识采用概率图模型进行表达。此外，因为它们是贝叶斯网络的特殊情形（见 2.5.2 与 2.5.3 节），所以必须满足条件独立的基本要求（见 2.5.1 节）。此类算法计算效率较高，我们要区分预测变量是离散型还是连续型，相应地产生离散型和连续型贝叶斯网络分类器。

2.4.9.1 离散型贝叶斯网络分类器

离散型贝叶斯网络分类器（Bielza et al.，2014b），根据贝叶斯网络的因子分解建模 $P(\boldsymbol{X},C)$。贝叶斯网络结构为一个**有向无环图**（directed acyclic graph，DAG），顶点对应随机离散变量 $X_1,\cdots,X_n$ 和 C，弧表示变量三元组间的概率依赖

P.83 关系（见 2.5.1 节）。在有向无环图中 $Pa(X_i)$ 表示 X_i 的父类。因此，

$$P(\boldsymbol{X},C) = P(C \mid Pa(C))\prod_{i=1}^{n}P(X_i \mid Pa(X_i))$$

$Pa(X_i)$ 越稀疏，因子分解需要估计的参数越少。

通过标准决策规则 $C^* = \arg\max_C P(C|\boldsymbol{X}) = \arg\max_C P(\boldsymbol{X},C)$ 可求得 C^*。

若 C 没有父类，则 $C^* = \arg\max_C P(C)P(\boldsymbol{X}|C)$。在此种情况下，从最简单的朴素贝叶斯模型出发，根据 $P(\boldsymbol{X}|C)$ 因子分解的不同情况，可产生一组**增强朴素贝叶斯模型**（见图 2.27，左）。

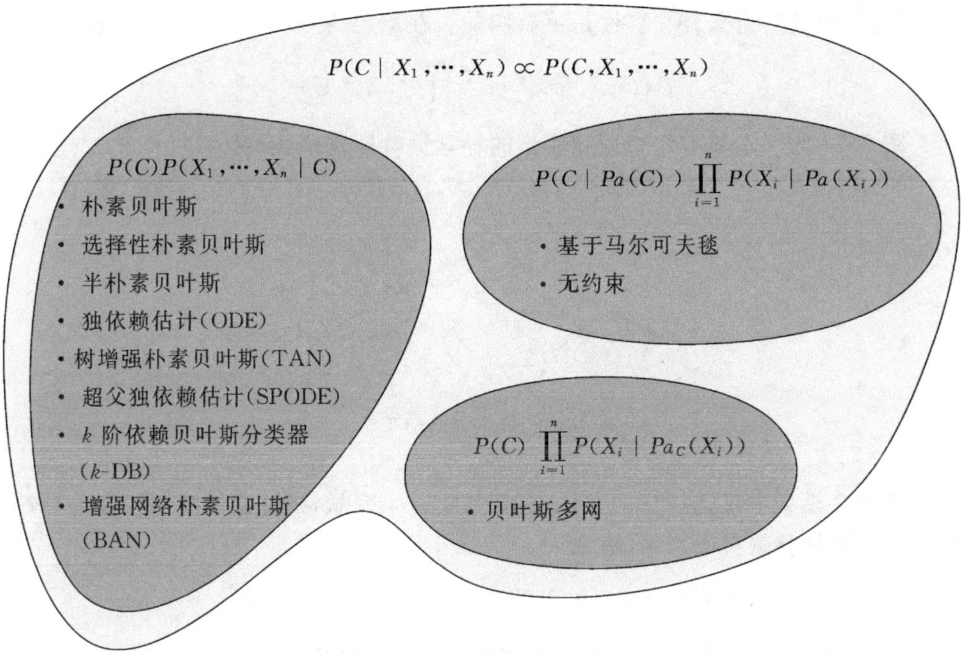

图 2.27　根据 $P(\boldsymbol{X},C)$ 的三种不同因子分解情况对离散型贝叶斯网络分类器实现分类

若 C 有父类，可采用基于马尔可夫毯和无约束贝叶斯网络分类器的方法（见图 2.27，右上），对于不同的 C 值，在条件独立关系下贝叶斯多网模型更加复杂（见图 2.27，右下）。下面对三类贝叶斯网络分类器示例进行解释。

除了贝叶斯网络分类器结构外，因子分解的概率 $P(X_i|Pa(X_i))$ 必须根据 $\mathcal{D}$ 通过最大似然或贝叶斯估计等方法进行估算。如果 X_i 取值为 $\{1,2,\cdots,R_i\}$，则 P. 84 $P(X_i=k|Pa(X_i=j))$ 的最大似然估计值为 $\frac{N_{ijk}}{N_{\cdot j \cdot}}$，其中 N_{ijk} 表示当 $X_i=k$ 和 $Pa(X_i=j)$ 时实例在 $\mathcal{D}$ 中出现的频率，$N_{\cdot j \cdot}$ 是当 $Pa(X_i)=j$ 时实例在 $\mathcal{D}$ 中出现的频率。在贝叶斯估计中，假设狄利克雷先验分布 $(P(X_i=1|Pa(X_i)=j),\cdots,P(X_i=R_i|Pa(X_i)=j))$ 的超参为 α，在超参下的狄利克雷后验分布为 $N_{ijk}+\alpha, k=1,\cdots,R_i$。因此，$P(X_i=k|Pa(X_i)=j)$ 的估值为 $\frac{N_{ijk}+\alpha}{N_{\cdot j \cdot}+R_i\alpha}$。这就是所谓的 **Lindstone 规则**。但是存在两种特殊情况，当 $\alpha=1$ 时为**拉普拉斯估计**（见 2.2.2.1

节)，当 $\alpha=\frac{1}{R_i}$ 时为 **Schurmann-Grassberger 规则**。

朴素贝叶斯(Minsky,1961)是最简单的贝叶斯网络分类器，假设所有预测变量在给定类中都是条件独立的。当 n 较大，与/或 N 较小时，$P(\boldsymbol{X}|C)$较难被估计，因此假设其具有条件独立性是更有用的。在给定 $\boldsymbol{X}$ 下每个 C 的条件概率为

$$P(C|\boldsymbol{X}) \propto P(C)\prod_{i=1}^{n} P(X_i \mid C)$$

图 2.28 为一个具有六个预测变量的朴素贝叶斯例子，满足

$$P(C|\boldsymbol{X}) \propto P(C)P(X_1|C)P(X_2|C)P(X_3|C)P(X_4|C)P(X_5|C)P(X_6|C)$$

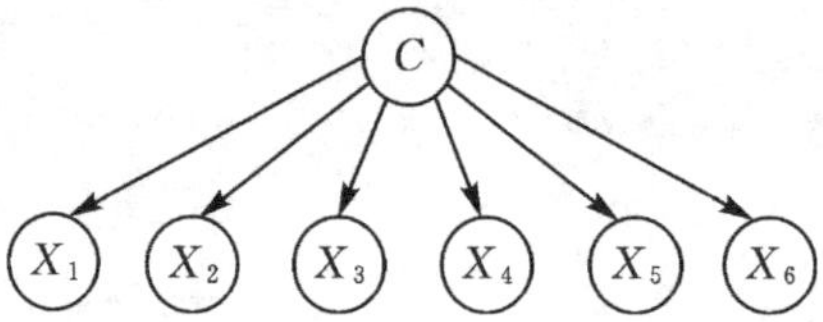

图 2.28 朴素贝叶斯示例

如果在模型中仅选择相关变量，尤其是非冗余变量，则朴素贝叶斯将改善其性能。在**选择性朴素贝叶斯**中，概率为

$$P(C|\boldsymbol{X}) \propto P(C|\boldsymbol{X}_F) = P(C)\prod_{i\in F} P(X_i|C)$$

其中，$F\subseteq\{1,2,\cdots,n\}$表示所选特征的索引。过滤(Pazzani et al.,1997)、封装(Langley et al.,1994)和混合方法(Inza et al.,2004)已被用于选择性朴素贝叶斯模型中。

半朴素贝叶斯模型(见图 2.29)放宽了朴素贝叶斯中的条件独立性假设，试图对预测变量间的依赖关系进行建模。为此，它引入了两个或多个初始预测变量的笛卡儿积作为新特征。在给定类变量下，这些新的预测变量仍然是条件独立的。因此，

$$P(C|\boldsymbol{X}) \propto P(C)\prod_{j=1}^{K} P(\boldsymbol{X}_{S_j}|C)$$

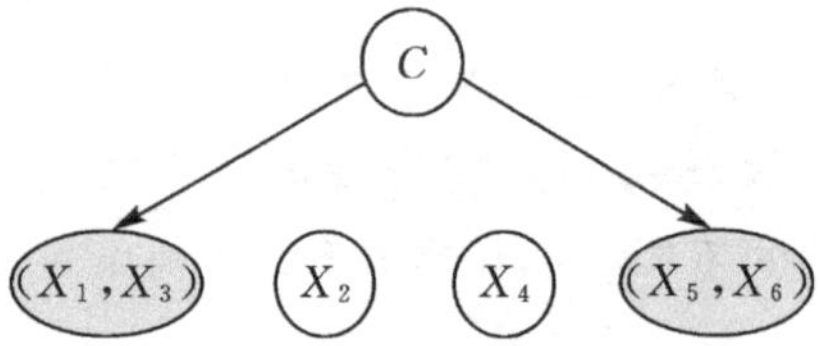

图 2.29 半朴素贝叶斯模型

其中，$S_j \subseteq \{1,2,\cdots,n\}$表示第 j 个特征（初始的或笛卡儿积）的索引，$j=1,\cdots,K$ （K 为节点数）。若 $j \neq l$，则 $S_j \cap S_l = \phi$。 P. 85

学习半朴素贝叶斯模型标准算法的目标（Pazzani，1996）是提高分类准确性。前向顺序选择和连接算法从空结构开始，为所有样本分配最频繁的标签后计算其准确度，然后算法在(1)和(2)两种情况中根据分类准确度选择最佳选项：

(1)新增一个与结构中已有特征相互独立的尚未使用的变量；

(2)连接一个当前分类器中尚未使用的变量。

在**独依赖估计**（one-dependence estimators，ODE）中，每个预测变量在类变量之外最多仅依赖一个其他预测变量，树增强朴素贝叶斯和超父独依赖估计是独依赖估计的两种类型。

树增强朴素贝叶斯（tree-augmented naive Bayes，TAN）的变量构成一棵树。因此，除无父的根之外所有变量均有一个父变量（见图 2.30），则

$$P(C|\boldsymbol{X}) \propto P(C)P(X_r|C)\prod_{i=1,i\neq r}^{n} P(X_i|C,X_{j(i)})$$

其中，X_r 表示根节点，对于任何 $i \neq r$，$\{X_{j(i)}\} = Pa(X_i) \backslash C$。

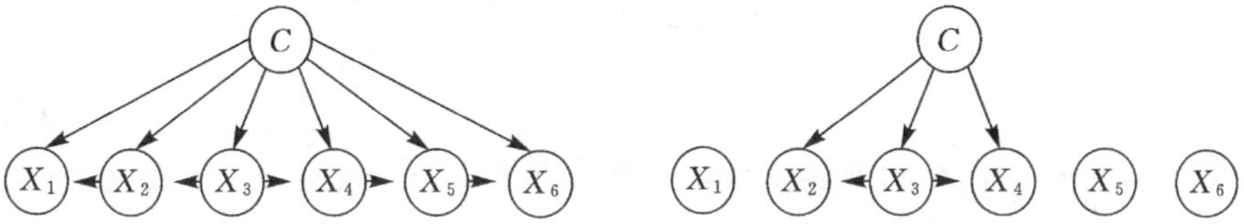

(a)X_3 为根节点的 TAN　　　(b)选择性 TAN

图 2.30　树增强朴素贝叶斯

第一，可计算 C 条件下任何两个预测变量的互信息 $I(X_i,X_j|C)$，来构建树增强型朴素贝叶斯结构（Friedman et al.，1997）。当 C 值已知时，可通过一个变量实现对另一个变量的信息测量。第二，构建具有 $X_1,\cdots,X_n$ 节点的完全无向图。X_i 与 X_j 之间的边其权值为 C 条件下 X_i 与 X_j 间的互信息。第三，Kruskal 算法（Kruskal，1956）用于寻找图中最大带权生成树，即包含 $n-1$ 条边的具有最大权值和的树。此算法由图中的部分边形成具有最大权值和的树。依次选取最大权值边 P. 86
且保证不产生环，然后选择任一变量作为根节点，并设置从此节点出发的所有边的方向，从而形成无向树。仅包含预测变量的树被增加到朴素贝叶斯结构中，生成最终的树增强朴素贝叶斯结构。

如果首先采用独立卡方检验过滤权值，则得到的分类器是选择性树增强朴素贝叶斯（Blanco et al.，2005）（见图 2.30(b)）。由于存在许多根节点，使其可能产生一个森林（即几棵不相交的树）而不是一棵树。

图 2.30 中(a)为以 X_3 为根节点的树增强朴素贝叶斯：

$$P(C|\boldsymbol{X})\propto P(C)P(X_1|C,X_2)P(X_2|C,X_3)P(X_3|C)P(X_4|C,X_3)\cdot P(X_5|C,X_4)P(X_6|C,X_5)$$

(b)为选择性树增强朴素贝叶斯：

$$P(C|\boldsymbol{X})\propto P(C)P(X_2|C,X_3)P(X_3|C)P(X_4|C,X_3)$$

超父独依赖估计(superparent-one-dependence estimators, SPODE)(Keogh et al.,2002),此种独依赖估计中所有预测变量都依赖于与类相同的同一超父节点。注意它是树增强朴素贝叶斯模型的一种特例。由如下公式判别分类：

$$P(C|\boldsymbol{X}) \propto P(C)P(X_{sp}|C)\prod_{i=1,i\neq sp}^{n} P(X_i|C,X_{sp})$$

其中,X_{sp} 表示超父节点。

平均独依赖估计(averaged one-dependence estimator, AODE)(Webb et al.,2005)是一种广泛使用的超父独依赖估计变体。此种模型计算了所有超父独依赖估计的预测值的平均值,且其概率估计较为精确,如至少包括 m 种校正 X_{sp} 的训练数据情况。Webb 等人(2005)建议将 m 值设为 30,预测平均值为

$$P(C|\boldsymbol{X}) \propto P(C,\boldsymbol{X}) = \frac{1}{|SP_{\boldsymbol{X}}^{m}|}\sum_{X_{sp}\in SP_{\boldsymbol{X}}^{m}} P(C)P(X_{sp}|C)\prod_{i=1,i\neq sp}^{n} P(X_i|C,X_{sp}) \tag{2.9}$$

其中,$SP_{\boldsymbol{X}}^{m}$ 表示每个 $\boldsymbol{X}$ 的预测变量集合作为超父,$|\cdot|$ 指基数。实际上,平均独依赖估计是一种分类器集合(如元分类器,见 2.4.10 节)。所幸平均独依赖估计避开了模型选择,其结构是固定的。

***k* 阶依赖贝叶斯分类器**(k-dependence bayesian classifier, k-DB)(Sahami,1996),除了类变量外,每个预测变量最多有 k 个父节点(见图 2.31),则

P.87

$$P(C|\boldsymbol{X}) \propto P(C)\prod_{i=1}^{n} P(X_i|C,X_{i_1},\cdots,X_{i_k})$$

其中,$X_{i_1},\cdots,X_{i_k}$ 是 X_i 的父节点。

X_i 根据 $I(X_i|C)$的值代入模型,从最高层次开始。当 X_i 进入模型时,其父节点从模型中确定且从具有最大 $I(X_i,X_j|C)$值的 k 个变量 X_j 中选取。

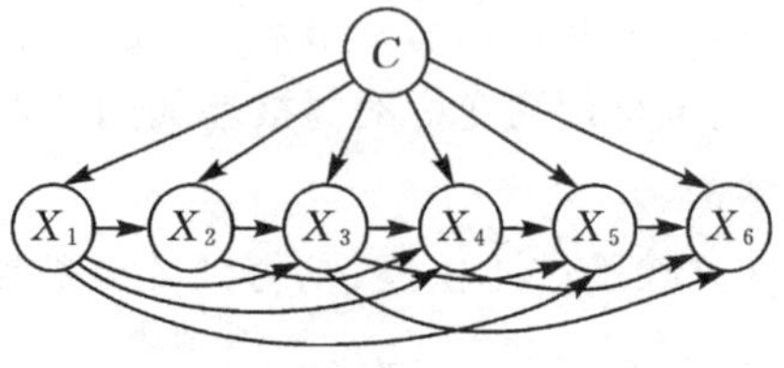

图 2.31 3 阶依赖贝叶斯分类器

在增强网络朴素贝叶斯(bayesian network-augmented naive bayes,BAN)(Ezawa et al.,1996)中,预测变量可以形成任何贝叶斯网络结构(见图 2.32),概率为

$$P(C|\boldsymbol{X}) \propto P(C)\prod_{i=1}^{n} P(X_i|Pa(X_i))$$

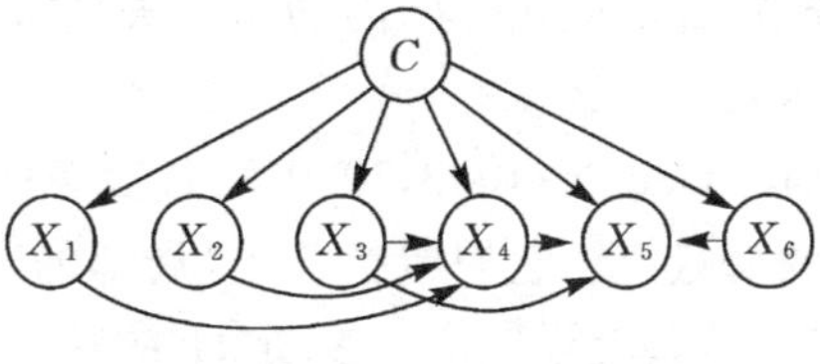

图 2.32　增强网络朴素贝叶斯

增强网络朴素贝叶斯模型构建过程如下:第一步按照 $I(X_i|C)$ 对所有的 n 个预测变量进行排序,然后选择 k 个最小的预测变量校正 $\sum_{j=1}^{k} I(X_j,C) \geqslant t_{CX}\sum_{j=1}^{n} I(X_j,C)$,其中 $0 < t_{CX} < 1$ 为阈值。第二步,对所有选择的配对变量计算 $I(X_i,X_j \mid C)$ 值,此过程选择从 X_i 到 X_j 的最小 e 条边校正 $\sum_{i<j}^{e} I(X_i,X_j|C) \geqslant t_{XX}\sum_{i<j}^{k} I(X_i,X_j|C)$,其中$0 < t_{XX} < 1$ 为阈值。边根据第一步中的变量排序来定向:较高阶变量指向较低阶变量。 P.88

如果 C 有父节点,则

$$P(C|\boldsymbol{X}) \propto P(C|Pa(C))\prod_{i=1}^{n} P(X_i|Pa(X_i))$$

基于马尔可夫毯的贝叶斯分类器可识别类变量的马尔可夫毯(markov blanket, MB)。C 的马尔可夫毯是 MB_C 变量集合,即在给定马尔可夫毯情况下使网络中其他变量满足 C 条件独立。因此,它们是预测 C 的唯一变量(因为 $P(C|\boldsymbol{X})=P(C|MB_C)$)。这些分类器旨在搜索马尔可夫毯。在一定条件下,$C$ 的马尔可夫毯是 C 的父节点、子节点及子节点的父节点构成的集合(见图 2.33)。

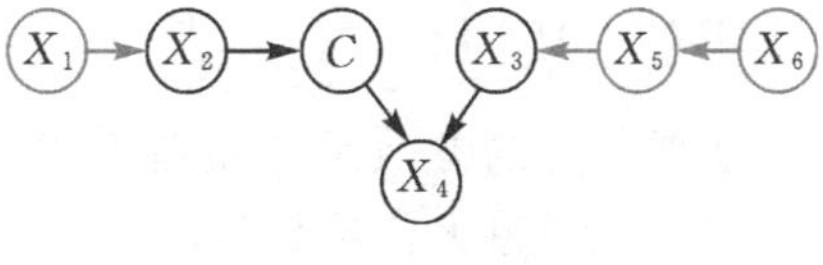

图 2.33　基于马尔可夫毯的贝叶斯分类器

Koller 和 Sahami(1996)称此类问题属于特征选择问题。他们提议从所有预

测变量集合开始，并在每个步骤中消除一个变量(后向贪婪策略)，直到获得一个足够好的 MB_C 近似值。该算法逐步地消除特征，尽量保持 $P(C|MB_C^{(t)})$ 不变，在步骤 t，当前马尔可夫毯估值下 C 的条件概率尽可能接近 $P(C|\boldsymbol{X})$。

在无约束贝叶斯分类器中，C 不被视为一个特殊变量，任何已有的贝叶斯网络结构学习算法(见 2.5.3 节)都能应用。C 的马尔可夫毯被用于后面的分类，如 $P(C|MB_C)$ 而不是 $P(C|\boldsymbol{X})$。

最后，贝叶斯多网结构(Geiger et al.，1996)可代表条件独立关系，仅适用于部分变量而不是所有相关的变量值。它们包括几个(局部的)贝叶斯网络，每个网络代表所有变量的联合概率，这些变量取决于变量 H 的特定值子集，称为假设或显著性变量。类变量 C 是贝叶斯多网分类器的显著性变量。C 值的子集通常是单
P. 89 元素集合。从而，在每个 C 的条件下，预测值可形成具有不同结构的局部网络，最常见的是树或森林(见图 2.34)。然而，对于所有的 C，变量间关系并不相同：

$$P(C|\boldsymbol{X}) \propto P(C)\prod_{i=1}^{n} P(X_i|Pa_C(X_i))$$

其中，$Pa_C(X_i)$是在局部贝叶斯网络中与 C 相关的 X_i 父节点集合。

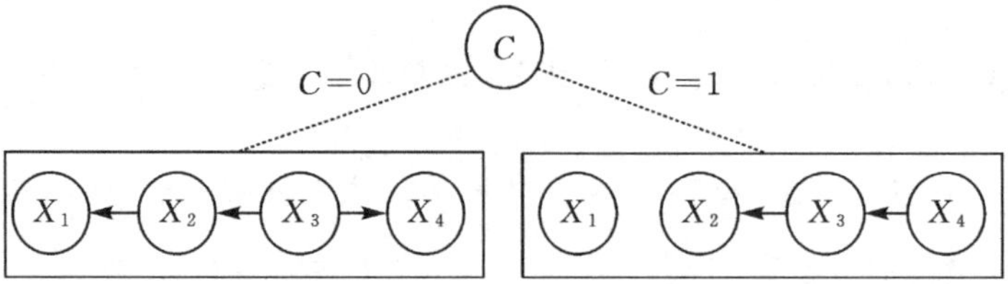

图 2.34　贝叶斯多网结构

2.4.9.2　连续型贝叶斯网络分类器

在一些贝叶斯分类器中，假设连续预测变量满足条件高斯密度函数。因此，**高斯朴素贝叶斯分类器**(Friedman et al.，1998a)假设在给定类变量 c 值的情况下，每个预测变量 X_i 的条件密度服从高斯分布，即 $X_i|C=c \sim N(x_i|\mu_{c,i},\sigma_{c,i})$，对于所有 $i=1,\cdots,n;c=1,\cdots,R$。计算预测值的公式为

$$c^* = \arg\max_c P(c)\prod_{i=1}^{n}\left[\frac{1}{\sqrt{2\pi}\sigma_{c,i}}e^{-\frac{1}{2}\left(\frac{x_i-\mu_{c,i}}{\sigma_{c,i}}\right)^2}\right]$$

对于每个类变量 c 值，所要估计的参数是先验概率 $P(c)$ 及每个预测变量 X_i 的均值 $\mu_{c,i}$ 和标准差 $\sigma_{c,i}$。通常采用最大似然估计法。

Pérez 等人(2006)提出了**高斯半朴素贝叶斯分类器**、**高斯树增强朴素贝叶斯分类器**和**高斯 k 阶依赖贝叶斯分类器**，可在高斯假设下使离散分类器适用于连续变量的分类。

对于非高斯预测，**基于核的贝叶斯分类器**(Pérez et al.，2009)使用非参数核密度估计(Silverman，1986)，而 Rumí 等人(2006)和 Flores 等人(2011)分别在朴素贝叶斯和平均独依赖估计中使用了混合截断指数。

2.4.10　元分类器

P. 90

元分类器(Kuncheva，2004)自 20 世纪 90 年代以来一直在机器学习中占据着显著地位，并已成功应用于实际生活中。元分类器使用多个分类模型(称为基分类器)来做出最终决策。首先生成基分类器，然后对其进行组合。

此思想的基础是没有免费的午餐定理(Wolpert et al.，1997)。仅凭借一种通用且较好的分类算法在理论上是不可能的，所以结合多种算法才有可能提高整体性能，并减少元分类器的方差(见 2.2.2 节)。基分类器中的多样性被认为是元分类器的良好特性。基分类器可能在不同样本中出错，并专注于问题子域。这类似于患者在做出(更好的)关于他或她健康的最终决定之前，问诊多名医生获得多种可选的治疗方案。

元分类器中，根据基分类器是否具有概率性来组合 L 个基分类器 $\phi_1,\cdots,\phi_L$ 的输出结果。非概率分类器直接输出预测的类标签，而概率分类器对每个样本产生以 $\boldsymbol{x}$ 为条件的类变量的后验概率估值，最后整合标签和连续值输出结果。

整合标签输出结果定义了用于决策的多种投票策略，包括一致投票、多数投票、简单多数投票、阈值多数投票和加权多数投票。在连续值输出的整合中，类 ϕ_i 在条件 $\boldsymbol{x}$ 下的 c_j 后验概率估值，即 $P_i(c_j|\boldsymbol{x})$，可解释为标签 c_j 的可信度。与标签输出一样，L 分类器给出了多种输出选择，如简单均值、最小值、最大值、中位数、截尾均值[①]和加权均值。

除了上述整合方法外，还有流行的元分类器，即堆叠、层叠、装袋、随机森林、提升算法和混合分类器，描述如下。

堆叠法(Wolpert，1992)是一种通用方法。其中，基分类器 $\phi_1,\cdots,\phi_L$ 的输出是通过与另一个分类器 ϕ^* 组合实现的。两层堆叠是最简单的一种情况，具有不同分类算法的基分类器形成 0 层，它们的预测结果(通过可靠的估计方法输出)和真实的类标签共同作为第 1 层分类器的输入，然后做出最终决策。

层叠法(Kaynak et al.，2000)按照时间复杂度、空间复杂度或表达成本对 L 分类器进行升序排序(见图 2.35)。给定一个样本，仅当前面的分类器对该样本不能正确分类时才使用此分类器。因此，这是基于最大后验概率计算出的类值 $c^*=$ P. 91

① 截尾均值指从概率分布或样本中的两个极端值中丢弃相等部分之后计算出的平均值。

$\arg\max_c P(c|\boldsymbol{x})$做出决策的概率分类器，需要一个特定阈值$\theta^*$用于获得最大后验概率。如果一个分类器的概率较低就被认为是不可信的，则应用下一个分类器。为了限制分类器的数量L，未被任何分类器所覆盖的少数样本由非参数分类器处理，如k近邻算法。

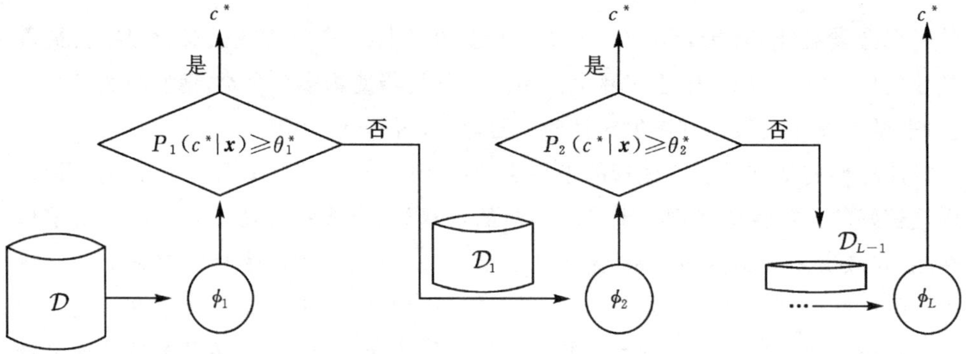

图 2.35　层叠元分类器。当$P_i(c^*|\boldsymbol{x})\geqslant\theta_i^*$时，分类器$\phi_i$对实例$\boldsymbol{x}$的预测为$c^*=\arg\max_c P_i(c|\boldsymbol{x})$。当$\boldsymbol{x}$分类错误或$P_i(c^*|\boldsymbol{x})<\theta_i^*$时，$\boldsymbol{x}$被传递给下一个分类器$\phi_{i+1}$，其具有不同的阈值$\theta_{i+1}^*$

P. 92　**自举汇聚法**又称为**装袋法**，是由样本大小为N的原始数据集$\mathcal{D}$自举复制(Breiman,1996)构建生成具有相同分类算法的多种方法。装袋法(见图 2.36)重复引导L次以产生复制数据集$\mathcal{D}_b^l$，$l=1,\cdots,L$，所有的抽样样本大小均为N，从$\mathcal{D}$中随机抽取可重复抽样的N个样本。在此过程中，每个数据集中大约63.2%的原始样本被选择；然后从$\mathcal{D}_b^l$，$l=1,\cdots,L$中学习分类器ϕ_l，可以使用未选择的样本

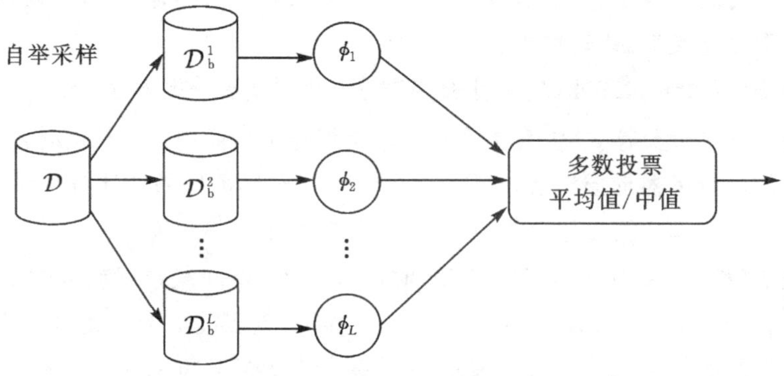

图 2.36　装袋法元分类器

(约占原始数据集的 36.8%)对每个基分类器的优点进行评价,称为袋外样本。因此,实例 $\boldsymbol{x}$ 的袋外预测仅涉及未在 $\boldsymbol{x}$ 上训练的分类器;最终决策是使用多数投票策略(用于标签输出)或平均值/中值组合法(用于连续值输出)。装袋法适用于不稳定的分类器,即输入数据的微小变化会对输出产生较大影响,但自举复制包含了$\mathcal{D}$中的微小变化。因此,如果基分类器是不稳定的,在元分类器中装袋法具有多样性。分类树、规则归纳和神经网络是不稳定的,适用于实现装袋法。

随机森林(Breiman,2001a)是装袋法的一种变体,其基分类器是分类树。称其为"随机"是因为除了随机化数据集样本(如装袋法)外,我们可以使用随机特征选择,甚至随机改变一些树中的参数。组合这些多样性的来源可得到不同的随机森林。装袋法可通过多数投票策略得到最终结果。

提升算法(Freund et al.,1997)逐步构建元分类器,每次增加一个基分类器。在第 i 步增加的分类器是基于$\mathcal{D}$中的采样数据集训练获得的。在步骤 1 中,所有样本被采样概率相同(服从均匀分布);然后改变分布增加"困难"样本被采样的可能性,"困难"样本指在前面的分类器中被错误分类的样本。主要算法称为 **AdaBoost**,它代表自适应增强(ADAptive BOOSTing),最初是为二进制类提出的。算法 2.5 显示了 AdaBoost.M1 算法伪代码,这是 AdaBoost 对多类情况的最直接扩展。

算法 2.5　AdaBoost.M1 算法的伪代码 P.93

输入:数据集$\mathcal{D}=\{(\boldsymbol{x}^1,c^1),\cdots,(\boldsymbol{x}^N,c^N)\}$,基分类器和 L

输出:元分类器$\{\phi_1,\cdots,\phi_L\}$

1　初始权值 $\omega_j^1=\dfrac{1}{N}$,$j=1,\cdots,N$

2　for $i=1,\cdots,L$　do

2a　使用概率分布$(\omega_1^i,\cdots,\omega_N^i)$从$\mathcal{D}$中抽取样本$\mathcal{D}_i$

2b　使用$\mathcal{D}_i$ 学习分类器 ϕ_i 作为训练集

2c　在第 i 步通过公式$\varepsilon_i=\sum_{j=1}^{N}\omega_j^i l_j^i$ 计算权值误差ε_i

　(如果 ϕ_i 误分类 $\boldsymbol{x}^j$ 则 $l_j^i=1$;否则 $l_j^i=0$)

2d　　if $\varepsilon_i=0$ or $\varepsilon_i\geqslant 0.5$ then

　　　忽略 ϕ_i,设置 $L=i-1$,并终止

　　else

2e　　设 $\beta_i=\dfrac{\varepsilon_i}{1-\varepsilon_i}$

2f　　更新权值：$\omega_j^{i+1} = \dfrac{\omega_j^i \beta_i^{1-l_j^i}}{\sum_{k=1}^{N} \omega_k^i \beta_i^{1-l_k^i}}$, for $j = 1, \cdots, N$

　　end

end

3　对于被分类的样本 $\boldsymbol{x}$，通过公式 $\mu_k(\boldsymbol{x}) = \sum_{\phi_i(\boldsymbol{x})=c_k} \ln \dfrac{1}{\beta_i}$ 计算分类为 c_k 的支持度

4　选择具有最大支持度的分类作为 $\boldsymbol{x}$ 的标签

步骤 2a 对应于当 $i=1$ 时的初始均匀采样。大小为 N 的数据集$\mathcal{D}_i$ 是学习分类器 ϕ_i 的输入(步骤 2b)。计算出 ϕ_i 的加权误差作为误分类权重的总和(步骤 2c)。如果此误差大于 0.5 或为 0,则忽略 ϕ_i 并以 $i-1$ 个基分类器结束进程(步骤 2d)。否则,更新权重(步骤 2f)。结果是 ϕ_i 正确分类的样本具有较小权重,而错误分类具有较大权重,$\beta_i \in (0, 0.5)$。分母是归一化因子。最后,在分类时使用加权多数投票进行组合决策(步骤 3 和 4),其中训练集中每个分类器的投票为一个精度函数,$\ln \dfrac{1}{\beta_i}$。注意零误差(步骤 2d 中 $\varepsilon_i = 0$)可能存在过拟合情况。在这种情况下,$\beta_i = 0$,$\ln \dfrac{1}{\beta_i} = +\infty$且应该避免 ϕ_i 拥有极大投票权重的情况发生(专制分类器)。$\varepsilon_i < 0.5$ 的分类器称为**弱分类器**,它们是 AdaBoost 目标。图 2.37 显示了 AdaBoost.M1 工作流程。

P. 94

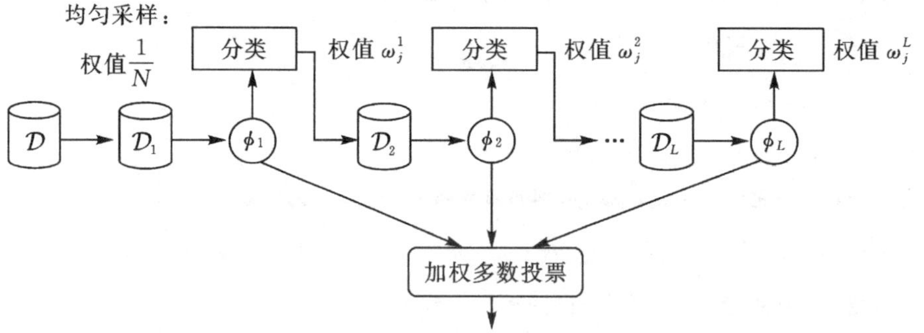

图 2.37　AdaBoost.M1 工作流程

混合分类器将两种(或更多种)分类算法混合,充分发挥它们的优势。**朴素贝叶斯树**(naive Bayesian tree,NBTree)(Kohavi,1996)结合了分类树和朴素贝叶斯两种算法。朴素贝叶斯树以递归方式将样本空间拆分为子空间,并在每个子空间中构建(局

部)朴素贝叶斯分类器，它是预测可达叶节点样本的类标签的一种局部模型。**懒惰贝叶斯规则学习算法**(lazy Bayesian rule learning algorithm，LBR)(Zheng et al.，2000)组合了朴素贝叶斯和规则算法。为了对测试样本进行分类，懒惰贝叶斯规则学习算法生成一个规则，其前件是预测值对的合取式，规则结果是从满足前件的训练集中创建的局部朴素贝叶斯分类器。逻辑树(Landwehr et al.，2003)是对叶节点运用逻辑回归模型的分类树，它被应用于到达这些叶节点的样本。

2.5　贝叶斯网络

本节讨论贝叶斯网络。贝叶斯网络在表达方法和实用性方面具有很多优势。对于不确定领域，可凭直觉获得具有依存关系的概率图模型，能同时适应连续型变量和离散型变量，以及时间变量。模型可以基于数据和(或)在领域专家的帮助下进行自动学习。此外，贝叶斯网络可以支持所有机器学习任务(见 2.1 节)：聚类、分类和关联发现。

2.5.1　贝叶斯网络的基本原理

贝叶斯网络(Bayesian network，BN)(Pearl，1988；Koller et al.，2009)是在一组离散随机变量 $X_1,\cdots,X_n$ 上的联合概率分布(joint probability distribution，JPD)$P(X_1,\cdots,X_n)$的简单表示。一旦找到联合概率分布，便可获知所有信息并解答任何概率问题。但是，联合概率分布需要确定 $X_1,\cdots,X_n$ 的所有情况，其数目根据 n 的大小呈指数级增长(例如，如果所有 X_i 都是二进制的，则需要 2^n 个值)。贝叶斯网络运用三元组变量间的条件独立性概念解决此问题。

对于任意 X、Y、Z，如果 $P(x|y,z)=P(x|z)$，则在给定随机变量 Z 的情况下两个随机变量 X 和 Y **条件独立**(conditionally independent，c. i.)，即当 $Z=z$ 时，信息 $Y=y$ 不影响 $X=x$ 的概率。等价定义是 $P(x,y|z)=P(x|z)P(y|z)$，$\forall x,y,z$。令 $I_P(X,Y|Z)$表示条件独立，X、Y、Z 可以是相互独立的随机变量。

因为我们使用较少的参数(概率)和一个紧凑的表达式，所以可利用条件独立 P. 95
性避免无法处理的情况出现。假设为每个 X_i 找到一个子集 $Pa(X_i)\subseteq\{X_1,\cdots,X_{i-1}\}$，给定 $Pa(X_i)$，X_i 与$\{X_1,\cdots,X_{i-1}\}\setminus Pa(X_i)$中所有变量条件独立，即 $P(X_i|X_1,\cdots,X_{i-1})=P(X_i|Pa(X_i))$。这就是贝叶斯网络的作用。联合概率分布因式分解为

$$
\begin{aligned}
P(X_1,\cdots,X_n) &= P(X_1)P(X_2 \mid X_1)P(X_3 \mid X_1,X_2)\cdots P(X_n \mid X_1,\cdots,X_{n-1}) \\
&= P(X_1 \mid Pa(X_1))\cdots P(X_n \mid Pa(X_n))
\end{aligned}
\tag{2.10}
$$

第一个等式运用了链式法则。第二个等式使用了前面的假设，结果表达式将有(也希望有)更少的参数。此外，这种模块化更易于维护和推理，解释如下。贝叶斯网络用有向无环图(directed acyclic graph, DAG)表示联合概率分布的因式分解。这是贝叶斯网络的定性成分，称为贝叶斯网络结构。图 G 由 (V,E) 对构成，其中 V 是节点集合，E 是节点间的边集合。节点是域随机变量 $X_1,\cdots,X_n$。如果边是有向弧，即从一个节点指向另一个节点，则 G 是有向图。节点 X_i 的**父节点** $Pa(X_i)$ 是由弧给出的指向 X_i 的所有节点，X_i 是它们的**子节点**。**无环图**没有循环，即沿着弧的方向，不存在从同一节点上开始和结束的节点序列(有向路径)。

贝叶斯网络的另一个组成部分是定量的，是一组条件概率分布，它们构成了**贝叶斯网络参数**。每个节点 X_i 对应的分布是 $P(X_i|Pa(X_i))$，只有一个 $Pa(X_i)$ 值。这些条件概率乘以圆弧所表示的值输出为联合概率分布(见式(2.10))。在离散型变量中，可以将贝叶斯网络参数以表格形式排列成一个**条件概率表**(conditional probability table, CPT)。

举例：工厂生产

图 2.38 显示的是一个模拟工厂生产的贝叶斯网络案例，所有变量采用二进制。年份变量 Y 代表厂龄，其中 y 表示“多于 10 年”，$\neg y$ 表示“少于 10 年”。员工数变量 E 代表员工数量，e 表示超过 100 名员工，$\neg e$ 表示少于 100 名员工。机器数变量 M 有两个值，m 表示“多于 20 台机器”，$\neg m$ 表示“少于 20 台机器”。工件数变量 P 有两种表示，p 表示每年产量多于 10000 件，$\neg p$ 表示每年产量少于 10000 件。故障率变量 F 有两个状态，f 代表平均每月发生两次以上的故障，否则用 $\neg f$ 表示。对于弧来说，厂龄影响其员工数(E)和机器数(M)，员工数(E)和机器数(M)又都影响工件数(P)。故障率与工厂中的机器数相关。至于具体的贝叶斯网络参数，需要注意，假如工厂在超过 100 名员工和 20 台以上机器的条件下，工
P.96 厂生产超过 10000 件产品的概率为 0.96：$P(p|e,m)=0.96$。然而，如果工厂的员工少于 100 人且机器少于 20 台，生产概率仅为0.10，即 $P(p|\neg e,\neg m)=0.10$。

联合概率分布因式分解为

$$P(Y,E,M,P,F)=P(Y)P(E|Y)P(M|Y)P(P|E,M)P(F|M)$$

要完全指定联合概率分布，则需要 $2^5=32$ 个参数。如图 2.38 所示，贝叶斯网络代表了上述联合概率分布因式分解需要的 22 个输入概率(或者，运用互补概率求得实际数为 17。)

X_i 的**后代节点**是沿着弧从 X_i 可达的节点。令 $ND(X_i)$ 表示 X_i 的**非后代节点**，沿着弧的反向，可找到其**祖先**。在一个贝叶斯网络中，给定父节点，每个节点与其非后代节点都是条件独立的，或简写为 $I_P(X_i,ND(X_i)|Pa(X_i))$。这就是**局**

Y	$P(Y)$
y	0.75
$\neg y$	0.20

Y	E	$P(E\|Y)$
y	e	0.70
y	$\neg e$	0.30
$\neg y$	e	0.20
$\neg y$	$\neg e$	0.80

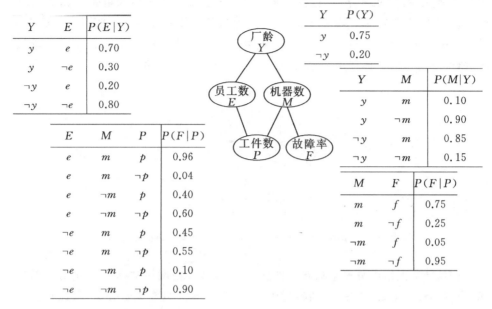

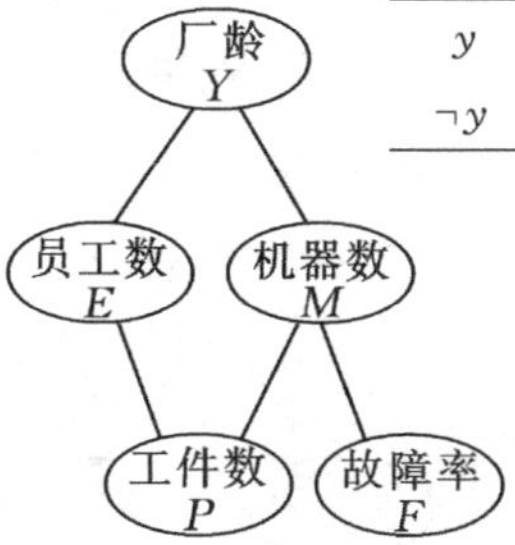

Y	M	$P(M\|Y)$
y	m	0.10
y	$\neg m$	0.90
$\neg y$	m	0.85
$\neg y$	$\neg m$	0.15

E	M	P	$P(F\|P)$
e	m	p	0.96
e	m	$\neg p$	0.04
e	$\neg m$	p	0.40
e	$\neg m$	$\neg p$	0.60
$\neg e$	m	p	0.45
$\neg e$	m	$\neg p$	0.55
$\neg e$	$\neg m$	p	0.10
$\neg e$	$\neg m$	$\neg p$	0.90

M	F	$P(F\|P)$
m	f	0.75
m	$\neg f$	0.25
$\neg m$	f	0.05
$\neg m$	$\neg f$	0.95

图 2.38　关于工厂生产的贝叶斯网络图

部有向马尔可夫属性或**马尔可夫条件**。

除了马尔可夫条件外，还有一种寻找附加条件独立性的图形化标准。给定 $\boldsymbol{Z}$，如果 $\boldsymbol{X}$ 是(Lauritzen et al.，1990)来自 $\boldsymbol{Y}$ 的 **u 分离**，则 $\boldsymbol{X}$ 和 $\boldsymbol{Y}$ 就是给定 $\boldsymbol{Z}$ 下的条件独立。对于任意 $\boldsymbol{X}$、$\boldsymbol{Y}$、$\boldsymbol{Z}$ 相互独立的随机变量(贝叶斯网络中的节点集合)①，检查 $\boldsymbol{X}$ 和 $\boldsymbol{Y}$ 是否被 $\boldsymbol{Z}$ 进行 u 分离的三步过程：

1. 得到包含 $\boldsymbol{X}$、$\boldsymbol{Y}$、$\boldsymbol{Z}$ 及其祖先的最小子图(称之为**祖先图**)。 P. 97
2. 细化结果子图，即在具有共同子节点的父节点之间添加一条无向连接边，然后删除所有弧的方向。
3. 只要 $\boldsymbol{Z}$ 在 $\boldsymbol{X}$ 和 $\boldsymbol{Y}$ 之间任意路径上时，$\boldsymbol{Z}$ 将 $\boldsymbol{X}$ 和 $\boldsymbol{Y}$ 进行 u 分离。

举例：工厂生产(u 分离)

所有节点都是 Y 的后代，M 的后代是 P 和 F。M 状态的马尔可夫条件表明，在给定 Y 的情况下，E 和 M 是条件独立的。所有节点都不是 P 的后代，因此在给定$\{E,M\}$条件下，P 和$\{Y,F\}$是条件独立的。

检查 P 和 F 是否是被$\{E,M\}$进行 u 分离。祖先的子图是整个有向无环图。

---

① 有一个与 u 分离等价的准则，称为 d 分离，因为它被应用于有向图，这可能更难验证，但也可以说明条件独立性(Verma et al.，1990a)。

因为 P 是 E 和 M 的子节点，因此添加边 EM。去除弧方向后的祖先图如图 2.39 所示。因为 E 或 M 总是存在于从 P 到 F 的每条路径中，P 和 F 就是可被 $\{E,M\}$ 进行 u 分离的。所以，给定 $\{E,M\}$ 下 P 和 F 是条件独立的。然而，Y 和 F 不能被 P 进行 u 分离，因为存在从 F 到 Y 经过 M 但不经过 P 的路径。

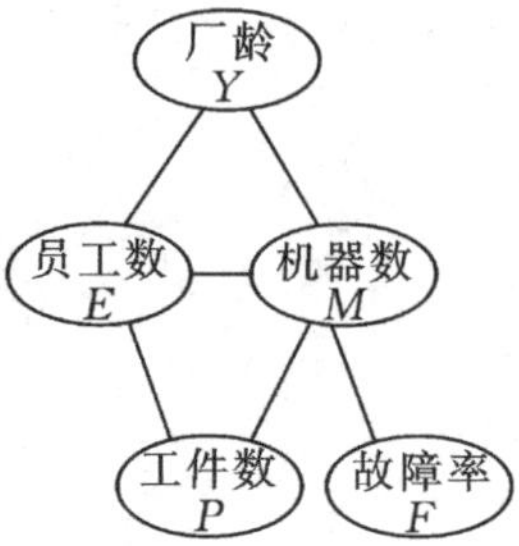

图 2.39　图 2.38 中有关工厂生产的贝叶斯网络的祖先图

在贝叶斯网络中分离意味着条件独立，因此贝叶斯网络被称作 P 的**独立映射图**，或者简称为 **I 图**。在完美的映射中，因为条件独立也意味着分离，所以反过来也是成立的。那么分布中的所有独立项都可直接从有向无环图中读取，但在贝叶斯网络中并不总是这样(在贝叶斯网络中的 P，可能存在一些在图中没有通过 u 分离体现出来的独立性)。

P. 98 事实上，贝叶斯网络是 P 的最小 I 图，即一个 I 图如果移除一些弧则不再是一个 I 图。本领域专家帮助构建最小 I 图时，首先考虑节点的祖先顺序(即，父节点按顺序排在子节点之前)，比如 $X_1, X_2, \cdots, X_n$。$\{X_1, \cdots, X_{i-1}\}$ 中 X_i 与 $\{X_1, \cdots, X_{i-1}\} \backslash Pa(X_i)$ 条件独立，其节点最小子集为 X_i 的父节点，$Pa(X_i)$(见式(2.10))。若祖先顺序未知，在实践中我们可以采用存在的任意排序或因果顺序。对于联合概率分布来说，有向无环图及其对应的因式分解是一个独立的 I 图。

如果两个有向无环图在变量间产生了条件独立的同一集合，那么具有相同节点集的两个贝叶斯网络就是马尔可夫等价类(Chickering，1995)。当且仅当它们有同样的框架和同样的非正则结构，两个有向无环图是马尔可夫等价的，也称为 v 结构(Verma et al.，1990b)。不端正性指结构 $X \rightarrow Y \leftarrow Z$，其中 X 和 Z 没有关系。

因为等价关系具有反射性、对称性和传递性，所以有向无环图空间可划分成一组等价类。**完全部分有向无环图**(complete partially DAG，CPDAG)或**基本图**唯一能代表同一等价类的所有成员。如果它出现在同一等价类的每个有向无环图中，就会有一条弧 $X \rightarrow Y$，或者有一个连接 $X - Y$(这意味着在等价类的有向无环图中可能是 $X \rightarrow Y$ 方向或 $X \leftarrow Y$ 方向，如图 2.40(a)和(b)所示)。等价类的有向无环图成员可以从基本图中通过给无向边指定任意方向而衍生出来，前提是其不会在图中引入任何循环或非正则结构(见图 2.40(c)至(e))。

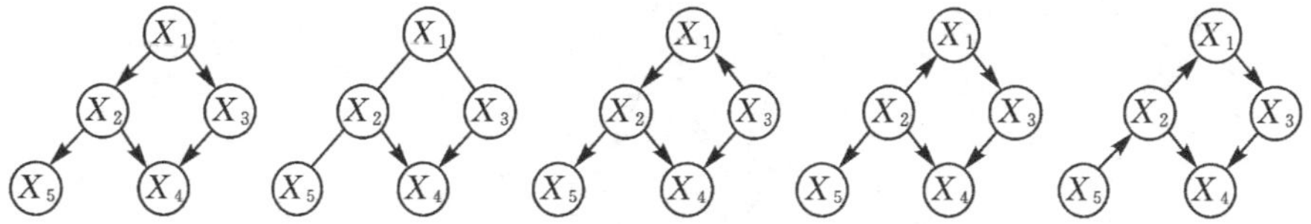

(a) 初始 DAG　(b) 基本 DGA　(c) 等价 DGA　(d) 等价 DGA　(e) 等价 DGA

图 2.40　完全部分有向无环图及其等价类

在连续型随机变量中，高斯贝叶斯网络（Shachter et al.，1989）假设 $\boldsymbol{X}=(X_1,\cdots,X_n)$ 的联合概率分布是一个多元正态分布（见 2.3.5 节），$N(\boldsymbol{\mu},\boldsymbol{\Sigma})$ 由下式给出

$$f(\boldsymbol{x};\boldsymbol{\mu},\boldsymbol{\Sigma})=\frac{1}{(2\pi)^{\frac{n}{2}}\ |\boldsymbol{\Sigma}|^{\frac{1}{2}}}\exp\left(-\frac{1}{2}(\boldsymbol{x}-\boldsymbol{\mu})^{\mathrm{T}}\boldsymbol{\Sigma}^{-1}(\boldsymbol{x}-\boldsymbol{\mu})\right) \tag{2.11}$$

其中，$\boldsymbol{\mu}=(\mu_1,\cdots,\mu_n)^{\mathrm{T}}$ 是均值向量，$\boldsymbol{\Sigma}$ 是 $n\times n$ 协方差矩阵，$|\boldsymbol{\Sigma}|$ 是行列式。$\boldsymbol{\Sigma}$ 的 P.99
逆矩阵是精确度矩阵 $\boldsymbol{W}=\boldsymbol{\Sigma}^{-1}$（见 2.2.1 节）。所需的参数是 $\boldsymbol{\mu}$ 和 $\boldsymbol{\Sigma}$。一个有趣的性质是当且仅当 $w_{ij}=0$ 时，给定其他变量的情况下，变量 X_i 与 X_j 是条件独立的，其中 w_{ij} 是 $\boldsymbol{W}$ 的第 (i,j) 个元素。

高斯贝叶斯网络中的联合概率分布可以由 n 个单变量（线性）高斯条件密度的乘积进行等效定义：

$$f(\boldsymbol{x})=f_1(x_1)f_2(x_2|\,x_1)\cdots f_n(x_n|\,x_1,\cdots,x_{n-1}) \tag{2.12}$$

每个因子由下式计算：

$$f_i(x_i|\,x_1,\cdots,x_{i-1})\sim N(\mu_i+\sum_{j=1}^{i-1}\beta_{ij}(x_j-\mu_j),v_i) \tag{2.13}$$

其中，μ_i 是 x_i 的绝对均值（即 $\boldsymbol{\mu}$ 的第 i 组分量）；v_i 是给定 $x_1,\cdots,x_{i-1}$ 条件下 x_i 的条件方差；在 $x_1,\cdots,x_{i-1}$ 的回归模型中，β_{ij} 是 x_j 与 x_i 的线性回归系数。因此，可以确定在这种因式分解形式中的高斯贝叶斯网络参数是 $\boldsymbol{\mu}=(\mu_1,\cdots,\mu_n)^{\mathrm{T}}$，$\boldsymbol{v}=(v_1,\cdots,v_n)^{\mathrm{T}}$ 和 $\{\beta_{ij},j=1,\cdots,i-1;\ i=1,\cdots,n\}$。

举例：高斯贝叶斯网络

图 2.41 显示了高斯贝叶斯网络结构。它的分布为

$$f_1(x_1)\sim N(\mu_1,v_1)$$
$$f_2(x_2)\sim N(\mu_2,v_2)$$
$$f_3(x_3)\sim N(\mu_3,v_3)$$
$$f_4(x_4\mid x_1,x_2)\sim N(\mu_4+\beta_{41}(x_1-\mu_1)+\beta_{42}(x_2-\mu_2),v_4)$$
$$f_5(x_5\mid x_2,x_3)\sim N(\mu_5+\beta_{52}(x_2-\mu_2)+\beta_{53}(x_3-\mu_3),v_5)$$

因为式(2.11)和式(2.13)两者是等价的，所以可任选一种表示。公式可以实

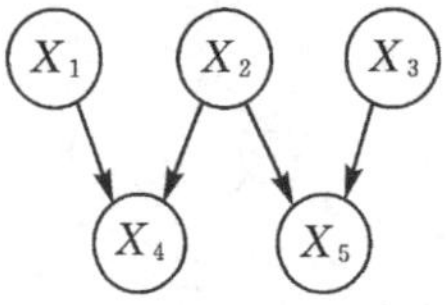

图 2.41 高斯贝叶斯网络

现相互转化。首先,无条件的均值 μ_i 在两个表示中是相同的。其次,多元高斯密度的矩阵 $\boldsymbol{W}$ 可以在给定高斯贝叶斯网络的 v_i 和 β_{ij} 下递归地创建,公式如下:

P. 100

$$\boldsymbol{W}(i+1)=\begin{pmatrix} \boldsymbol{W}(i)+\dfrac{\boldsymbol{\beta}_{i+1}\boldsymbol{\beta}_{i+1}^{\mathrm{T}}}{v_{i+1}} & \dfrac{-\boldsymbol{\beta}_{i+1}}{v_{i+1}} \\ \dfrac{-\boldsymbol{\beta}_{i+1}^{\mathrm{T}}}{v_{i+1}} & \dfrac{1}{v_{i+1}} \end{pmatrix}$$

此公式中 $\boldsymbol{W}(i)$ 表示 $\boldsymbol{W}$ 的 $i\times i$ 左上角的子矩阵,$\boldsymbol{\beta}_i$ 是系数 $(\beta_{i1},\cdots,\beta_{i(i-1)})$ 的 $(i-1)$ 维向量,$\boldsymbol{W}(1)=\dfrac{1}{v_1}$。请注意,向量 $\boldsymbol{\beta}_i$ 是 X_i 在 $X_1,\cdots,X_{i-1}$ 上的回归系数,其与图中传入弧(来自父节点)到 X_i 的边相对应。对于相反的变换,其他公式可以被用来获得高斯贝叶斯网络的 β_{ij} 和 v_i,高斯贝叶斯网络来自多元高斯密度的矩阵 $\boldsymbol{\Sigma}$。

高斯性在实践中可能并不适用。一方面,由于它的紧凑表示并且易于计算处理,当真实分布近似高斯分布时就假设为高斯性;另一方面,放宽高斯性条件,主要采用非参数密度和半参数密度估算方法,包括核密度、高斯过程网络、非参数回归模型、copula 密度函数、截断指数混合、多项式混合和截断基函数的一般混合。然而,这些用于学习和模拟的模型仍然处于起步阶段,还有许多悬而未决的问题有待解决。

混合贝叶斯网络是指具有离散型和连续型随机变量的贝叶斯网络。在**条件线性高斯网络**(conditional linear Gaussian networks,CLGs)(Lauritzen et al.,1989)中,一个连续型变量 x_i 可以有连续的 $v_1,\cdots,v_k$ 和离散的 $u_1,\cdots,u_m$ 父节点。对于其离散型父节点的每个配置 $\boldsymbol{u}=(u_1,\cdots,u_m)$,它的条件概率分布被称作连续父节点上的条件线性高斯函数,式(2.13)改写为

$$f_i(x_i \mid \boldsymbol{u},v_1,\cdots,v_k)\sim N\left(\mu_i^{\boldsymbol{u}}+\sum_{j=1}^{k}\beta_{ij}^{\boldsymbol{u}}(v_j-\mu_j),v_i^{\boldsymbol{u}}\right)$$

在条件线性高斯网络中离散型变量不会有连续的父节点。

2.5.2 贝叶斯网络推理

2.5.2.1 推理类型

推理或概率推理指根据一组变量值,计算所要查询变量 X_i(或一组变量)的条

件概率分布,称为**观察证据**,$\boldsymbol{E}=\boldsymbol{e}$,通常称为条件概率分布 $P(X_i|\boldsymbol{e})$。在 $\boldsymbol{X}$ 中有三种变量类型:查询变量 X_i(一个变量或一个向量)、证据变量 $\boldsymbol{E}$ 和其他未观测变量 $\boldsymbol{U}$。如果没有证据,则需计算先验分布 $P(X_i)$。贝叶斯网络推理可以结合来自 P.101
网络任意部分的证据并执行所有类型的查询。

反绎推理是一种重要的推理类型,能查找到用观察证据可以合理解释的一组变量值。在所有反绎中,求解 $\arg\max_{\boldsymbol{U}} P(\boldsymbol{U}|\boldsymbol{e})$ 可找到最优解。然而,局部反绎可通过求解 $\boldsymbol{u}$(解释集)中的变量子集来解决问题,称为部分最大后验。反绎推理与部分反绎的概率计算都是优化问题。求解监督分类问题,即,$\max_r P(C=c_r|\boldsymbol{x})$ 是获得最优解的一个特例。

举例:工厂生产(概率推理)

图 2.42(a)中的条形图显示了工厂生产实例(见图 2.38)的精确推理过程。例如,生产多工件的概率 $P(p)$ 是 0.39。采用 GeNIe[①] 输出所有的推理和数字(见 2.7 节)。

现在假设有一个拥有很多机器($M=m$)的工厂。如图 2.42(b)所示,根据证据更新概率,对节点 Y、E、P 或 F 的任意状态 x_i 有 $P(x_i|m)$。设定机器数为 m 的概率为 100%,则生产多工件的概率会很高:$P(p|m)=0.62$。对于有很少机器的工厂,$P(p|\neg m)=0.30$(图中未展示)。这是一个预测推理的例子,根据原因(机器数)预测结果(工件数)。

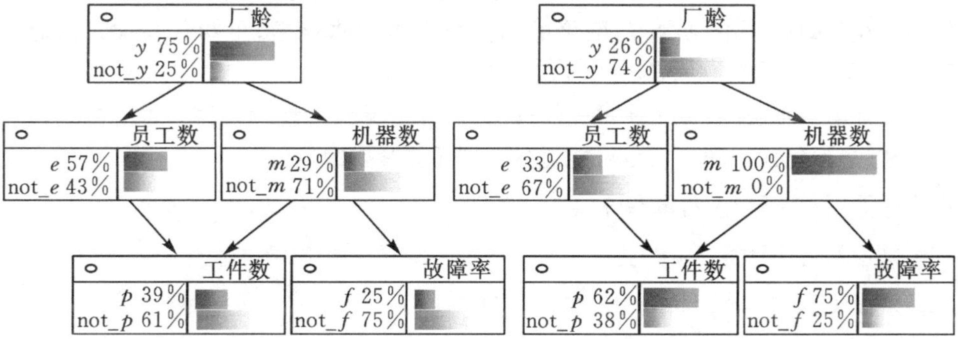

(a) 先验分布图　　(b) 后验分布图

图 2.42　工厂生产实例的精确推理

假设故障结果为 $F=f$,因为机器数越多导致发生故障的概率越高,$P(m|f)=0.86$。这是一个诊断推理的例子,就是根据结果来诊断原因。E 和 M 在 v 结构 E P.102
$\rightarrow P\leftarrow M$ 中是独立的,$P(e)=0.57$,$P(m)=0.29$(见图 2.42(a))。然而,如果工

① https://www.bayesfusion.com

件数已知，即可获得概率，它们就变得相关，也就是说，当已知结果 P 时，存在一种可解释性原因，会降低其他原因解释的可能性（已被解释清楚）。因此，如果我们知道工厂有很多员工（$E=e$），就可以合理解释为何机器少而工件 P 的产量却很高，即 $P(m|p,e)=0.32<P(m|p)=0.45$。这是一个因果推理的例子，是贝叶斯网络所特有的。

此外，我们可以找到失败工厂的最优解，就是求解 $\arg\max_{\{Y,E,M,P\}} P(Y,E,M,P|f)$，并得到（$\neg y,\neg e,m,\neg p$）的概率为 0.28。也就是说，失败不是因为工厂旧，而是由于员工数量减少导致机器和工件数量少。不存在其他可能的原因。最后，给定 f，寻找（减少的）解释集（Y,M）。由此，$\arg\max_{\{Y,M\}} P(Y,M|f)$ 的结果是（$\neg y,m$），概率为 0.63。应用反绎推理表明失败并不是由于工厂旧和机器少造成的。

2.5.2.2 精确推理

根据定义，任何概率的精确计算为

$$P(X_i|\boldsymbol{E}=\boldsymbol{e})=\frac{P(X_i,\boldsymbol{e})}{P(\boldsymbol{e})}\propto\sum_{\boldsymbol{U}}P(X_i,\boldsymbol{e},\boldsymbol{U}) \tag{2.14}$$

然而，这种暴力计算方法效率太低，因为求和项 $P(x_i,\boldsymbol{e},\boldsymbol{U})=P(x)$ 来源于联合概率分布，是由式（2.10）中的因子相乘而得出的。若使用完全联合概率分布而不是贝叶斯网络的因子分解，则花费时间呈指数级增加。事实上，图模型中的精确推理是 NP 难问题（Cooper，1990）。幸运的是，许多情况可以采用下面的算法有效解决。在这些算法中，贝叶斯网络的局部分布被看作函数，也叫作势能。因此，$P(E|Y)$ 是一个函数 $f_E(E,Y)$，且通常 $P(X_i|Pa(X_i))=f_i(X_i,Pa(X_i))$。

变量消除算法（Zhang et al.，1994）用于对必要因素进行（局部）求和的分配。当求和（边际化）时，和值被尽可能地“推入”无关紧要的位置。

举例：工厂生产（暴力推理）

采用暴力法计算 $P(P)$ 为

$$\begin{aligned}P(P)&=\sum_{Y,E,M,F}P(Y,E,M,F,P)\\&=\sum_{Y,E,M,F}P(Y)P(E\mid Y)P(M\mid Y)P(P\mid E,M)P(F\mid M)\end{aligned}$$

P. 103 然而，这个表达式可重写为下列有效形式：

$$P(P)=\sum_{Y}P(Y)\sum_{E}P(E\mid Y)\sum_{M}P(M\mid Y)P(P\mid E,M)\sum_{F}P(F\mid M)$$

其中，公式分配律可避免重复计算。

考虑到这一点，将变量消除算法用于计算 $P(X_i)$。首先选择包含除 X_i 之外的所有变量的消除顺序。然后按照顺序，对于每个 $X_k,k\neq i$，计算 $g_k=\sum_{X_k}\prod_{f\in\mathcal{F}_k}f$，其中求和(边际化 X_k)是在获得与 X_k 相关的所有函数(集合 $\mathcal{F}_k$)乘积后计算得到的。对于不同的目标分布 $P(X_j)$，重复整个过程。

举例：工厂生产(变量消除推理)

采用消除顺序为 F-M-E-Y。对于 F，计算函数 $g_1(M)=\sum_F P(F\mid M)$。对于 M，计算函数 $g_2(Y,E,P)=\sum_M P(M\mid Y)P(P\mid E,M)g_1(M)$。函数 $g_3(Y,P)=\sum_E P(E\mid Y)g_2(Y,E,P)$，消除 E。最后消除 Y，$\sum_Y P(Y)g_3(Y,P)$ 生成最终结果，即

$$
\begin{aligned}
P(P) &= \sum_Y P(Y)\sum_E P(E\mid Y)\sum_M P(M\mid Y)P(P\mid E,M)g_1(M)\\
&= \sum_Y P(Y)\sum_E P(E\mid Y)g_2(Y,E,P)\\
&= \sum_Y P(Y)g_3(Y,P)
\end{aligned}
$$

在数值计算方面，$g_1(M)\equiv 1$，$g_2(y,e,p)=0.456$，$g_2(y,\neg e,p)=0.135$，$g_2(\neg y,e,p)=0.876$，$g_2(\neg y,\neg e,p)=0.399$，$g_3(y,p)=0.359$ 和 $g_3(\neg y,p)=0.494$。结果为 $P(p)=0.39$，$P(\neg p)=0.61$(见图 2.42(a))。与暴力法相比，其操作(乘法和加法)更简捷。

任何不同于 F-M-E-Y 的消除顺序都可获得相同的结果，但可能需要不同的计算成本。许多启发式算法用于寻找更好的顺序，因为寻求最优的消除排序是 NP 难问题(Bertelè et al.，1972)。

上面的例子在没有任何观察证据的情况下计算先验分布。为了得到 $P(X_i|\boldsymbol{e})$，我们将变量消除算法应用于 $\boldsymbol{E}=\boldsymbol{e}$ 所示例的函数中，并消除与 X_i 和 $\boldsymbol{E}$ 不同的变量，计算出非标准化的分布 $P(X_i,\boldsymbol{e})$。然后用式(2.14)中的 $P(\boldsymbol{e})$进行数据标准化处理，输出条件概率。因此，如果 X_i 是二进制的，在式 $P(x_i\mid\boldsymbol{e})=\frac{P(x_i,\boldsymbol{e})}{P(x_i,\boldsymbol{e})+P(\neg x_i,\boldsymbol{e})}$中，其概率可通过变量消除算法得到。

实现变量消除的另一种方法是联合树算法(Shafer et al.，1990；Lauritzen et al.，1988)。它是在一个称为**联合树**或**团树**的辅助结构上运行的一种**消息传递算法**。它适用于一般的贝叶斯网络或多个连通的贝叶斯网络，在其中任意一对节点之间存在多个无向图中的路径。工厂生产的贝叶斯网络具有多连通性，如节点 P 和 Y 有两条连接路径：Y-E-P 和 Y-M-P。 P. 104

多连通贝叶斯网络的联合树算法有四个步骤：

1. 端正化贝叶斯网络并输出端正图。
2. 对端正图进行三角剖分并输出团(联合树的节点)。

3.创建联合树并为每个团分配初始势能。

4.对联合树运用消息传递算法。

端正化贝叶斯网络(步骤 1)指将所有的父节点和一个共同的子节点连接起来(“结合”)。删除方向后的无向图称为端正图(见图 2.43(b))。

三角图或**弦图**是无向图,其中所有的具有四个或更多顶点的环都具有一个弦,该弦是一条连接环的两个顶点的边,不是环的一部分。**单连通贝叶斯网络**,也称为多树,即没有回路的有向无环图(或无向图中的环),由于其端正图已经进行了三角化处理,所以没有必要再对多树进行三角剖分。多树在贝叶斯网络早期非常流行,因为最初的推理算法是相对于简单树的 Pearl 消息传递算法(Pearl,1982),也称为**信念传播**或**和-积消息传递**,后来扩展为多树(Kim et al.,1983)。

三角化图形的基本算法(步骤 2)是按照消除顺序迭代地消除节点。消除节点 X 意味着:(1)加边,使所有与 X 相邻的节点(如果它们没有相邻)都两两相邻;(2)删除节点 X 及其邻边。被加入的边称为填充边。最优的三角校正应该是加入最少的边,这是一个 NP 难问题(Arnborg et al.,1987)。研究人员已提出了许多启发式算法寻找好的三角关系(Flores et al.,2007)。如果 C 是完全的(所有节点都是两两连接的)和最大的(它不是另一个完全集的子集)一组顶点集合,则称为**团**。术语“团”也可以直接指代子图。由于在消除 X 时,通过加边保证 X 及其邻节点给出的子图完整,所以团是联合树的节点并可以从填充过程中检索。

下面创建联合树(步骤 3),团 C_j 作为节点且满足交运算特性:给定两个节点 C_j 和 C_k,在 C_j 和 C_k 之间路径中的所有节点必须包含 $C_j \cap C_k$。两个相邻团 C_j 和 C_k 的分离 S_{jk} 是它们的交集:$C_j \cap C_k = S_{jk}$。图 2.43(a)显示了建模工厂生产的贝叶斯网络结构。图(b)是它的端正图,其中加入的新边连接两个父节点 E、M
P. 105 和一个共同的子节点。图(c)显示了工厂生产例子的联合树。分配给每个团 C_j 的

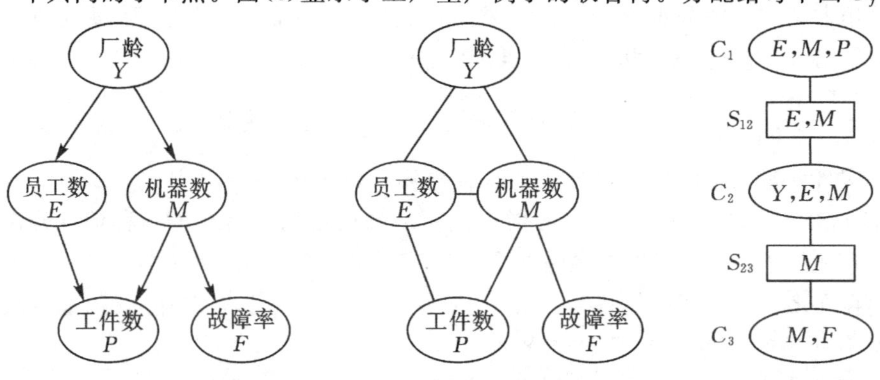

(a) 贝叶斯网络结构　　(b) 端正图　　(c) 联合树

图 2.43　工厂生产的贝叶斯网络结构及其端正图和联合树

势能 ψ_j 必须在新结构中被识别。该联合树具有三个团 $C_1=\{E,M,P\}$，$C_2=\{Y,E,M\}$，$C_3=\{M,F\}$ 及它们对应的分离，则分配给每个团的势能是 $\psi_1(E,M,P)=P(P|E,M)$，$\psi_2(Y,E,M)=P(E|Y)P(M|Y)P(Y)$，$\psi_3(M,F)=P(F|M)$。

贝叶斯网络中的每个势能与一个包含其域的团连接。如果某个团与之相连接的有多个团，则该势能是多个势能的乘积。如果一个团没有附加势能，则附加函数的常数项是 1。

在消息传递算法中(步骤 4)，一个节点收集来自其相邻节点的传入消息(因子)、执行一些乘法和加法，并将结果作为传出消息发送到其相邻节点。选择任一节点作为根节点，所有消息流沿着(唯一的)路径从叶节点"向上"流向根节点，将第一轮消息称为"收集证据"；然后第二轮消息从根节点传递到叶节点，此步骤称为"分发证据"。当所有叶节点都收到消息时，该过程就完成了。一个从团 C_j 到团 C_k 的消息 $M^{j\to k}(S_{jk})$ 在 S_{jk} 上定义为

$$M^{j\to k}(S_{jk})=\sum_{C_j\setminus S_{jk}}\psi_j\prod_{l\in(Nb_j\setminus\{k\})}M^{l\to j}(S_{lj})\tag{2.15}$$

其中，Nb_j 是 C_j 相邻节点的索引集。因此，在团 C_j 中，所有传入消息 $M^{l\to j}$ 与其势能 ψ_j 相乘。当消息传递结束时，每个团 C_i 包含

$$P(C_i,\boldsymbol{e})=\psi_i\prod_{l\in Nb_i}M^{l\to i}(S_{li})\tag{2.16}$$

也就是团边际化。为了计算特定变量 X 的边际(非标准化)分布，我们可以选择一个包含 X 的团，并把这个团里的其他变量加起来。 P. 106

简而言之，联合树算法基于与变量消除算法相同的原理，尽管采用了复杂的缓存计算策略，但多变量消除算法运用此策略可以比单独运行更为有效。

举例：工厂生产(联合树算法的精确推理)

假设目标分布为 $P(P|m)$，即如果工厂有很多机器，工件生产的概率(很多记为 p，很少记为 $\neg p$)。将式(2.15)应用到式(2.16)中，可得

$$\begin{aligned}P(C_1,e)&=P(E,m,P)\\&=\psi_1(E,m,P)M^{2\to 1}(E,m)\\&=P(P|E,m)\sum_Y\psi_2(Y,E,m)M^{3\to 2}(m)\\&=P(P|E,m)\sum_Y\psi_2(Y,E,m)\sum_F P(F|m)\\&=P(P|E,m)\sum_Y P(E|Y)P(m|Y)P(Y)\end{aligned}$$

因为 $\sum_F P(F|m)=1$。按此计算，$M^{2\to 1}(e,m)=0.095$，$M^{2\to 1}(\neg e,m)=$

0.019，可推导出 $P(E,m,P)$。计算 $P(P\mid m)=\dfrac{\sum_{E}P(E,m,P)}{\sum_{E,P}P(E,m,P)}$，得到结果 $P(p|m)=0.62$ 和 $P(\neg p|m)=0.38$。

如果我们要寻找所有的 $P(X_i|m)$，可以设一个节点作为根节点，命名为 C_1。然后向上传递消息 $M^{1\to2}$ 和 $M^{2\to3}$，向下传递消息 $M^{3\to2}$ 和 $M^{2\to1}$。经过这两个阶段后可获得 $P(C_i,\boldsymbol{e})$，其中 $i=1,2,3$，然后通过边际化 $P(P|m)$就可推导 $P(X_i|m)$。所有结果如图 2.42(b)所示。

由于所有条件和边际分布都服从高斯分布，因此在高斯贝叶斯网络中的推理很直观。从而，密度函数 $f(x_i|\boldsymbol{e})$用近似解析表达式(Lauritzen et al.，2001)更新均值和标准差两个参数，

$$\text{mean}=\mu_i+\boldsymbol{\Sigma}_{X_iE}\boldsymbol{\Sigma}_{EE}^{-1}(\boldsymbol{e}-\boldsymbol{\mu}_E)$$

$$\text{variance}=v_i-\boldsymbol{\Sigma}_{X_iE}\boldsymbol{\Sigma}_{EE}^{-1}\boldsymbol{\Sigma}_{X_iE}^{\mathrm{T}}$$

其中，$\boldsymbol{\Sigma}_{X_iE}$ 是 $\boldsymbol{E}$ 中变量 X_i 的协方差向量，$\boldsymbol{\Sigma}_{EE}$ 是 $\boldsymbol{E}$ 的协方差矩阵，$\boldsymbol{\mu}_E$ 是 $\boldsymbol{E}$ 的绝对均值。

一般贝叶斯网络采用非参数密度估计法，只能在节点数较少的网络上进行推
P. 107 理(Shenoy et al.，2011)。然而在推理过程中存在一个问题，就是使用一个分布族的分布 $P(X_i|Pa(X_i))$乘以或边际化因子后，生成的中间因子不一定是同一个分布族的成员。针对此种情况，可使用近似推理方法来解决。

2.5.2.3 近似推理

近似推理方法能够平衡结果精度和模型处理复杂性，但精确推理很难解决此问题。与精确推理一样，近似推理在一般贝叶斯网络(Dagum et al.，1993)中也是 NP 难问题。最成功的思想是基于蒙特卡罗方法的随机模拟技术。贝叶斯网络用于从联合概率分布中生成大量样本(完整样本)。概率是通过计算样本中观察到的频率来估计的。样本越多，精确概率的近似性越好(依据大数定律)。

概率逻辑抽样(Henrion，1988)是一种著名的方法，是遵循祖先节点顺序(前抽样)来实现的。它先从无父节点抽样，再从被抽取的子节点的所有父节点中抽样。每个节点的值是固定的，用于调整下一次抽样。从所有节点抽样后，获得样本 $P(X)$，即联合概率密度。然后对此过程重复多次，用观察到的频率来近似概率。从离散分布 $P(X|Pa(X))$中抽样较为容易，而连续分布 $f(X|Pa(X))$方法相对比较高效但更加复杂(Law et al.，1999)。

举例：工厂生产(概率逻辑抽样的近似推理)

假设我们有一个拥有很多机器的工厂($M=m$)，对于来自 M 的所有不同 X_i

的目标分布估计是 $P(X_i|m)$。

概率逻辑抽样从 $P(Y)$（其中取 y 值的概率为 0.75，见图 2.38）模拟开始，假设得到 y。首先从 $P(E|y)$（取 e 值的概率是 0.70）模拟并产生 $\neg e$，然后从 $P(M|y)$（$M=m$ 的概率是 0.10）模拟，得到 m。接下来，从 $P(P|\neg e,m)$ 得到 P 值（取 P 值的概率是 0.45）。最后，从 $P(F|m)$ 模拟，返回 $\neg f$。因此，对于（Y,E,M,P,F）产生的抽样是（$y,\neg e,m,P,\neg f$）。通过对此过程的大量重复，可使用相对观测频率估算概率 $P(X_i|m)$。例如，由 100 个样本可模拟得到 $P(P|m)\approx 0.733$，1000 个样本可模拟得到 $P(P|m)\approx 0.656$，10000 个样本可模拟得到 $P(P|m)\approx 0.618$。$P(P|m)$ 精确值为 0.62（见图 2.42(b)）。注意，其中包括拒绝和丢弃 $M=\neg m$ 的采样，因为它们与 $M=m$ 不相容。 P. 108

因此，如果证据不可靠，那么概率逻辑抽样就会浪费很多样本。**似然加权**方法解决了这一问题（Fung et al.，1990；Shachter et al.，1989）。**吉布斯抽样**是另一种强大的技术（Pearl，1987），通常称为**马尔可夫链蒙特卡罗**（markov chain monte carlo，MCMC）方法。马尔可夫链蒙特卡罗方法建立一个马尔可夫链，其平稳分布是推理过程的目标分布。因此，链（收敛时）的状态用作所需的样本分布。它们易于实现，并且广泛适用于非常普遍的网络（包括无向网络）和分布。

2.5.3 从数据中学习贝叶斯网络

贝叶斯网络 $\mathcal{B}=(\mathcal{G},\boldsymbol{\theta})$ 学习任务包括两个组件：结构 $\mathcal{G}$（一个有向无环图）及其参数 $\boldsymbol{\theta}$（条件概率表中的条目）。

2.5.3.1 学习贝叶斯网络参数

对于参数学习，我们需要有结构。设 R_i 是 Ω_{X_i} 的基数，即变量 X_i 的可能取值个数。$q_i=|\Omega_{Pa(X_i)}|$ 是 X_i 父节点可能的组合数目，每个组合表示为 pa_i^j，即 $\Omega_{Pa(X_i)}=\{pa_i^1,\cdots,pa_i^{q_i}\}$。从而 X_i 的条件概率表包含参数 $\theta_{ijk}=P(X_i=k\mid Pa(X_i)=pa_i^j)$，即父节点取其第 j 个值，X_i 取给定的第 k 个值的条件概率。因此，X_i 的条件概率表需要估计参数 $\boldsymbol{\theta}_i$，它是 R_iq_i 分量的向量。$\boldsymbol{\theta}=(\boldsymbol{\theta}_1,\cdots,\boldsymbol{\theta}_n)$ 包括贝叶斯网络中的所有参数，即 $\theta_{ijk}(\forall i=1,\cdots,n,j=1,\cdots,q_i,k=1,\cdots,R_i)$ 是 $\sum_{i=1}^{n}R_iq_i$ 分量的一个向量。

参数 θ_{ijk} 是从数据集 $\mathcal{D}=\{\boldsymbol{x}^1,\cdots,\boldsymbol{x}^N\}$ 中估算出来的，其中 $\boldsymbol{x}^h=\{x_1^h,\cdots,x_n^h\}$，$h=1,\cdots,N$。令 N_{ij} 为 $\mathcal{D}$ 中观察到 $Pa(X_i)=pa_i^j$ 的样本数，N_{ijk} 是 $\mathcal{D}$ 中 $X_i=k$ 且 $Pa(X_i)=pa_i^j$ 时的样本数，此时 $N_{ij}=\sum_{k=1}^{R_i}N_{ijk}$。

最大似然估计(见 2.2.2 节)$\hat{\boldsymbol{\theta}}^{\mathrm{ML}}$ 可求出给定模型数据的最大化似然值：

$$\hat{\boldsymbol{\theta}}^{\mathrm{ML}} = \arg\max_{\boldsymbol{\theta}} \mathcal{L}(\boldsymbol{\theta} \mid \mathcal{D},\mathcal{G}) = \arg\max_{\boldsymbol{\theta}} P(\mathcal{D} \mid \mathcal{G},\boldsymbol{\theta}) = \arg\max_{\boldsymbol{\theta}} \prod_{h=1}^{N} P(\boldsymbol{x}^{h} \mid \mathcal{G},\boldsymbol{\theta}) \tag{2.17}$$

在贝叶斯网络中，式(2.17)中的概率 $P(\boldsymbol{x}^h \mid \mathcal{G},\boldsymbol{\theta})$ 依据$\mathcal{G}$进行因式分解，即 $P(\boldsymbol{x}^h \mid \mathcal{G},\boldsymbol{\theta}) = \prod_{i=1}^{n} P(x_i^h \mid pa_i^h,\boldsymbol{\theta})$。我们进行**全局参数独立性**和**局部参数独立性**假设(Spiegelhalter et al.,1990)。全局参数独立性指在网络结构中与每个变量相关
P. 109 联的参数都是独立的，局部参数独立性指与父节点每个状态相关的参数是独立的。因此，得出

$$\mathcal{L}(\boldsymbol{\theta} \mid \mathcal{D},\mathcal{G}) = \prod_{i=1}^{n} \prod_{j=1}^{q_i} \prod_{k=1}^{R_i} \theta_{ijk}^{N_{ijk}} \tag{2.18}$$

式(2.18)中的参数最大似然函数可通过相对频率估算：

$$\hat{\theta}_{ijk}^{\mathrm{ML}} = \frac{N_{ijk}}{N_{ij}}$$

对于稀疏数据集，通常应用数据平滑技术以解决 N_{ij} 为 0 或基于较少样本估计的情况。例如，**拉普拉斯估计**(实际上是贝叶斯估计，参见 2.2.2.1 节)得出

$$\hat{\theta}_{ijk}^{\mathrm{Lap}} = \frac{N_{ijk}+1}{N_{ij}+R_i}$$

如果$\mathcal{D}$有不完整样本(具有缺失值)，则首先采用最大期望值算法进行估值(见 2.3.5 节)，该算法首次被 Lauritzen(1995)应用于贝叶斯网络中。一个更复杂的方法是结构化的最大期望值算法(Friedman,1998)，其中在每次进行最大期望值算法迭代中同时更新参数和结构。

在式(2.11)中，高斯贝叶斯网络代表了多元高斯，$\boldsymbol{\theta}=(\boldsymbol{\mu},\boldsymbol{\Sigma})$ 作为参数。它们的最大似然估计值分别为：数据的样本均值向量 $\frac{1}{N}\sum_{i=1}^{N} x^i$ 和样本协方差矩阵 $\boldsymbol{S} = \frac{1}{N}\sum_{i=1}^{N}(x^i-\bar{x})(x^i-\bar{x})^{\mathrm{T}}$。在表示为条件高斯密度乘积的高斯贝叶斯网络中，见式(2.13)，基于样本 $X_1,\cdots,X_{i-1}$ 进行回归分析，参数 v_i 与 β_{ij} 的估计值分别为 X_i 的样本条件方差和 X_i 与 X_j 的相关系数。

举例：贝叶斯网络中的参数 $\boldsymbol{\theta}_{ijk}$ 及其估值

图 2.44(a)显示了一个贝叶斯网络结构，其具有 4 个节点且 $\Omega_{X_i}=\{1,2\}, i=1,3,4, \Omega_{X_2}=\{1,2,3\}$。由图可知，$q_1=q_2=0, q_3=6, q_4=2$。

θ_{ijk} 的 21 个参数如表 2.8 所示。

设我们有一个数据集(见图 2.44(b))用于估计这些参数。估计 $\theta_{11}=P(X_1=$

1)，我们在 X_1 列的 6 个样本中找到 4 个，因此 $\hat{\theta}_{11}^{ML}=\frac{2}{3}$。估算 $\theta_{322}=P(X_3=2|X_1=1,X_2=2)$，我们没有发现满足 $X_1=1,X_2=2$ 条件的样本，包括 $X_3=2$ 或 $\hat{\theta}_{322}^{ML}=0$(这是 $N_{ijk}=0$ 的情况)。估算 $\theta_{361}=P(X_3=1|X_1=2,X_2=3)$，我们发现 $\hat{\theta}_{361}^{ML}$ 未被定义，因为没有 $X_1=2,X_2=3$ 的样本(即 $N_{ij}=0$)。然而，拉普拉斯估计得出结果 $\hat{\theta}_{322}^{Lap}=\frac{1}{4}$，$\hat{\theta}_{361}^{Lap}=\frac{1}{2}$。 P.110

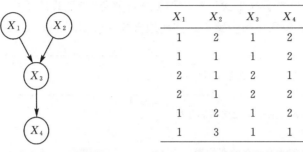

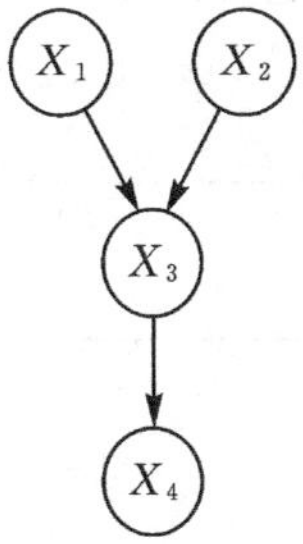

X_1	X_2	X_3	X_4
1	2	1	2
1	1	1	2
2	1	2	1
2	1	2	2
1	2	1	2
1	3	1	1

(a) 有4个节点的贝叶斯网络　(b) 从图(a) 中学习到的贝叶斯网络数据集

图 2.44　贝叶斯网络示例及其数据集

表 2.8　图 2.44 中贝叶斯网络的参数 $\boldsymbol{\theta}_{ijk}$

参数	均值
$\boldsymbol{\theta}_1=(\theta_{11},\theta_{12})$	$(P(X_1=1),P(X_1=2))$
$\boldsymbol{\theta}_2=(\theta_{21},\theta_{22},\theta_{23})$	$(P(X_2=1),P(X_2=2),P(X_3=3))$
$\boldsymbol{\theta}_3=(\theta_{311},\theta_{312},\cdots,\theta_{361},\theta_{362})$	$(P(X_3=1\|X_1=1,X_2=1)$,
	$P(X_3=2\|X_1=1,X_2=1),\cdots$,
	$P(X_3=1\|X_1=2,X_2=3)$,
	$P(X_3=2\|X_1=2,X_2=3))$
$\boldsymbol{\theta}_4=(\theta_{411},\theta_{412},\theta_{421},\theta_{422})$	$(P(X_4=1\|X_3=1),P(X_4=2\|X_3=1)$,
	$P(X_4=1\|X_3=2),P(X_4=2\|X_3=2))$

2.5.3.2　学习贝叶斯网络结构 P.111

结构学习主要有两种方法：一种方法是基于三元组变量之间的条件独立性进行测试，另一种方法是对每个候选结构评分并搜索得分最佳的候选结构。

基于约束的方法利用数据对三元组变量之间的条件独立性进行统计检验。其目标是构建一个能够代表绝大部分已识别的且满足条件独立性约束(尽可能全部)的有向无环图。**PC 算法**(Spirtes et al.,1991)具有最佳过程。假设数据分布与有向无环图一致,即条件的独立性和 d 或 u 分离是等价的(也就是说有向无环图是 p 的完美映射)。PC 算法起始于边连接的所有节点,然后进行如下三步操作:步骤 1 输出图中的邻接关系,即学习结构框架;步骤 2 识别分割集(节点 X 处的分割或聚合连接为 $Y \rightarrow X \leftarrow Z$);步骤 3 确定方向和边,输出完全部分有向无环图及有向无环图的马尔可夫等价类。这里我们对步骤 1 进行解释,参见算法 2.6,其中 Adj_i 表示 X_i 的邻接集合。步骤 2 和步骤 3 在其他地方描述(Spirtes et al.,1991)。

算法 2.6 PC 算法的第一步:框架估计的伪代码

输入:变量$\{X_1,\cdots,X_n\}$的完全无向图和排序 σ
输出:学习结构的框架$\mathcal{G}$
节点$\{X_1,\cdots,X_n\}$上形成完全无向图$\mathcal{G}$
$t=-1$
repeat
    $t=t+1$
    repeat
        在$\mathcal{G}$中使用排序 σ,选择一对邻节点 X_i、X_j
        在$\mathcal{G}$中使用排序 σ 查找满足$|S|=t$(如果任何)的 $S \subset \mathrm{Adj}_i \setminus \{X_j\}$
        当且仅当 X_i 和 X_j 是条件独立时,在给定 S 下,从$\mathcal{G}$中删除无向边 X_iX_j
    until 检测完所有的邻节点有序对
until 在$\mathcal{G}$中所有相邻对 X_i、X_j 都满足$|\mathrm{Adj}_i \setminus \{X_j\}| \leqslant t$

在正确情况下,条件独立和 d 或 u 分离是等价的。因此,如果我们通过假设检验(如卡方检验,见 2.2.2 节)发现 $I_P(X_i,X_j|S)$对于某些 S 成立,则移除边 X_iX_j。如果对于所有的 S,$\neg I_P(X_i,X_j|S)$成立,则结论为 X_i 和 X_j 是直接相邻的。幸运的是,并非所有可能的 S 集合都需要被检查。更确切地说,将 X_i 或 X_j 的邻接变量作为条件就足够了。

因此,PC 算法的第一次迭代检查所有节点对(X_i,X_j)的边际独立性,即 $S=\varnothing$。S 的基数 t 是逐个增加的(先是 S 的两个节点,然后是三个节点,依此类推),
P. 112 以检查每个有序对(X_i,X_j)在$\mathcal{G}$中是否一直保持相邻,并检查对于 $\mathrm{Adj}_i \setminus \{X_j\}$的大小为 t 的任何 S,原假设 $I_P(X,Y|S)$具有独立性而未被拒绝。当且仅当发现保持 X_i 和 X_j 条件独立性的一个集合 S,则移除边 X_iX_j。直到对具有 t 个变量的

所有集合都搜索失败才会开始搜索具有 $t+1$ 个变量的集合 S。图变得越来越稀疏直至用完所有可能性(直到 $n-2$ 个变量),没有邻接点需要检查。请注意,伴随 PC 算法的处理过程及 S 包含了更多变量,检查条件独立性的统计检验可靠性会降低(用于测试的样本数更少)。

基于评分搜索的方法使用与数据相关的得分函数衡量每个候选贝叶斯网络的优度,最优结构的得分函数值最大。此类方法具有三个主要特点:(1)搜索可被找到的贝叶斯网络结构空间;(2)可为每个结构的优度指派分数;(3)搜索方法可在搜索空间中实现智能移动(见图 2.45)。

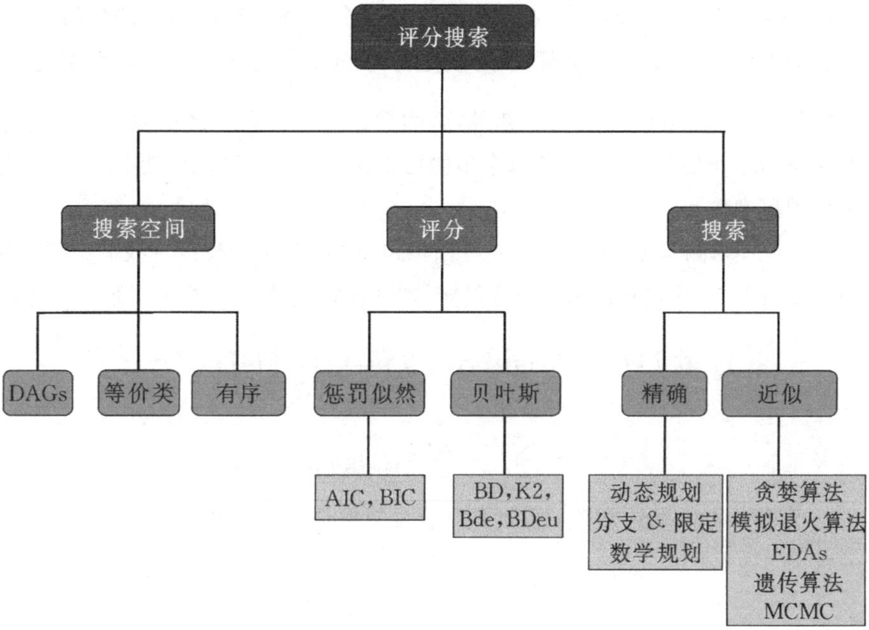

图 2.45　基于评分搜索的贝叶斯网络结构学习方法

存在三种可能的搜索空间:(1)有向无环图空间;(2)马尔可夫等价类空间;(3)有序空间。有向无环图空间的基数在节点数量上是超指数的,具有 n 个节点的贝叶斯网络结构数目 $f(n)$ 可由递推公式得出: P. 113

$$f(n)=\sum_{i=1}^{n}(-1)^{i+1}\binom{n}{i}2^{i(n-i)}f(n-i),\ n>2$$

用 $f(0)=f(1)=1$ 实现初始化(Robinson,1977)。即使限制每个节点的父节点数不超过两个,发现一个可优化分数的网络结构仍是 NP 难的组合优化问题(Chickering,1996)。由于无法评估所有可能的结构,因此使用启发式搜索算法非常合适,如下所述。

马尔可夫等价类空间小于有向无环图空间，因为所有的马尔可夫等价有向无环图都是由一个唯一结构所代表，如完全部分有向无环图或基本图。在这个新的空间内移动可以避免在同一等价类中从一个有向无环图跳到另一个有向无环图，因为当同一等价类中的所有有向无环图标记得分相等时跳转是无效的（函数是等价的）。仿真结果中有向无环图数量与完全部分有向无环图数量的比值趋近于3.7的渐近线（Gillispie et al.，2002），这表明空间大小只是适度地减少。此外，当在空间内移动时，必须花时间检查结构是否属于等价类。

在变量有序空间中移动的基本原理是，一些学习算法仅按固定顺序执行，假设只有在排序中位于给定变量之前的变量才是其父变量（例如，下面解释的 K2 算法）。与排序一致的最好网络评分应该是排序分数。给定一个顺序，就会产生 $2^{\frac{n(n-1)}{2}}$ 种可能的贝叶斯网络结构。此外，必须搜索 $n!$ 种情况，才能发现一个好的顺序。有序空间工作更具优势，因其每个步骤可以比在有向无环图中更具全局性，陷入局部最优的概率较小。

得分 $Q(\mathcal{D},\mathcal{G})$测量了数据集$\mathcal{D}$的贝叶斯网络结构$\mathcal{G}$的拟合优度。我们试图寻找具有最高分数的$\mathcal{G}$。一个简单的分数是在给定贝叶斯网络下估计数据的对数似然值：

$$\lg \mathcal{L}(\hat{\theta}\mid\mathcal{D},\mathcal{G})=\lg P(\mathcal{D}\mid\mathcal{G},\hat{\theta})=\lg\prod_{i=1}^{n}\prod_{j=1}^{q_i}\prod_{k=1}^{R_i}\hat{\theta}_{ijk}^{N_{ijk}}$$

$$=\sum_{i=1}^{n}\sum_{j=1}^{q_i}\sum_{k=1}^{R_i}N_{ijk}\lg\hat{\theta}_{ijk}$$

其中，θ_{ijk} 为$\mathcal{D}$中的频率计数值，通常采用最大似然估计法求得，即

$$\hat{\theta}_{ijk}=\hat{\theta}_{ijk}^{\mathrm{ML}}=\frac{N_{ijk}}{N_{ij}}$$

这种方法存在分数随模型复杂度单调递增（称为结构过拟合）的问题，如图2.46 所示。最优结构是完全图。一组惩罚对数似然分数通过惩罚网络复杂度来解决这个问题。一般表达式是

P. 114

$$Q^{\text{pen}}(\mathcal{D},\mathcal{G})=\sum_{i=1}^{n}\sum_{j=1}^{q_i}\sum_{k=1}^{R_i}N_{ijk}\lg\frac{N_{ijk}}{N_{ij}}-\dim(\mathcal{G})\mathrm{pen}(N)$$

其中，$\dim(\mathcal{G})=\sum_{i=1}^{n}(R_i-1)q_i$ 表示模型维度（贝叶斯网络中所需参数的数目），$\mathrm{pen}(N)$ 是非负惩罚函数。分数根据 $\mathrm{pen}(N)$ 而不同：如果 $\mathrm{pen}(N)=1$，则分数被称为赤池信息量准则（Akaike's information criterion，AIC）（Akaike，1974）；如果 $\mathrm{pen}(N)=\frac{1}{2}\lg N$，分数被称为贝叶斯信息准则（Bayesian information criterion，BIC）（Schwarz，1978）。

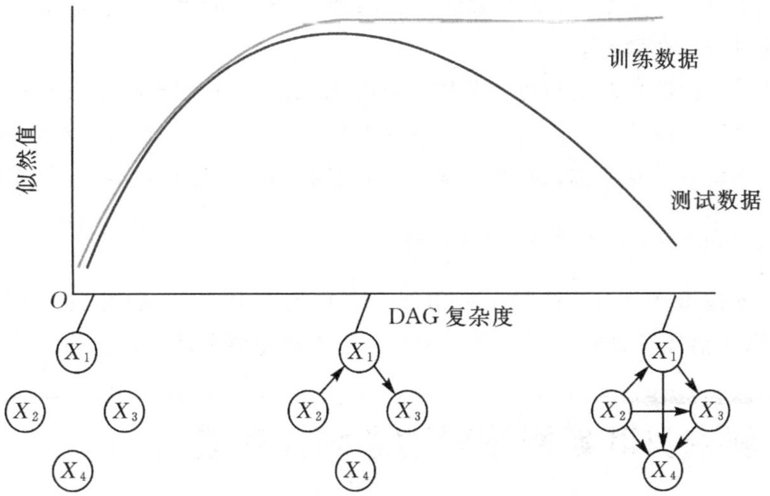

图 2.46　结构过拟合：密度曲线图中，测试数据似然值随训练数据似然值的增加而降低

贝叶斯网络结构也可以用贝叶斯方法估计。目标是在给定数据下找到后验概率最大化的$\mathcal{G}$，即求$\underset{\mathcal{G}}{\arg\max} P(\mathcal{G}|\mathcal{D})$。利用贝叶斯公式：

$$P(\mathcal{G}|\mathcal{D}) \propto P(\mathcal{D},\mathcal{G}) = P(\mathcal{D}|\mathcal{G})P(\mathcal{G})$$

第二个因子，$P(\mathcal{G})$是结构的先验分布。第一个因子，$P(\mathcal{D}|\mathcal{G})$是数据的边际似然，定义为

$$P(\mathcal{D} \mid \mathcal{G}) = \int P(\mathcal{D} \mid \mathcal{G},\boldsymbol{\theta}) f(\boldsymbol{\theta} \mid \mathcal{G}) \mathrm{d}\boldsymbol{\theta}$$

其中，$P(\mathcal{D}|\mathcal{G},\boldsymbol{\theta})$是在给定贝叶斯网络下的数据似然值（结构$\mathcal{G}$和参数 $\boldsymbol{\theta}$），并且 $f(\boldsymbol{\theta}|\mathcal{G})$是参数的先验分布。依据 $f(\boldsymbol{\theta}|\mathcal{G})$，可以得到不同的分数。如果设置了一个狄利克雷分布，即$(\theta_{ij}|\mathcal{G})$服从狄利克雷参数 $\alpha_{ij1},\cdots,\alpha_{ijR_i}$，则可得贝叶斯狄利克雷分数（Bayesian Dirichlet score，BD score）。对于所有的 i、j、k，狄利克雷分布由超参数 α_{ijk} 所确定。 P. 115

K2 评分（Cooper et al.，1992）指定 $\alpha_{ijk}=1$，对于所有的 i、j、k，有

$$Q^{\mathrm{K2}}(\mathcal{D},\mathcal{G}) = P(\mathcal{G}) \prod_{i=1}^{n} \prod_{j=1}^{q_i} \frac{(R_i - 1)!}{(N_{ij} + R_i - 1)!} \prod_{k=1}^{R_i} N_{ijk}!$$

K2 算法使用贪婪搜索算法和 K2 评分。用户指定节点顺序和任何节点允许拥有的最大父节点数。算法从空结构开始，按照节点排序，将每个节点 X_i 之前的节点集合逐渐增加，父节点的增长函数为

$$g(X_i|Pa(X_i)) = \prod_{j=1}^{q_i} \frac{(R_i - 1)!}{(N_{ij} + R_i - 1)!} \prod_{k=1}^{R_i} N_{ijk}!$$

当添加某一父节点，分数不会进一步增加时，不再向节点 X_i 添加父节点，并按顺序移到下一个节点。

似然等价的贝叶斯狄利克雷分数(likelihood-equivalent Bayesian Dirichlet score, BDe score)(Heckerman et al.,1995)设置超参为 $\alpha_{ijk}=\alpha P(X_i=k, Pa(X_i)=pa_i^j \mid \mathcal{G})$。等价类样本容量大小 α 表示用户先验网络中的信任度。在似然等价的贝叶斯狄利克雷分数(Buntine,1991)中 $\alpha_{ijk}=\alpha\dfrac{1}{q_iR_i}$。

巨大的搜索空间为结构学习提出了许多启发式算法，包括贪心搜索、模拟退火、分布算法估计(EDAs)、遗传算法和马尔可夫链蒙特卡罗方法。

2.6 利用贝叶斯网络对动态场景建模

2.6.1 数据流

近年来，硬件技术的进步推动了数据采集方法的不断发展。在许多应用程序中，数据量太大，已无法采用磁盘进行存储。此外，即使可以存储数据，输入数据量也可能大到无法处理。因此，机器学习算法应运而生，其发展更具挑战性。

互联网通信、多卫星对整个地球上多个陆地、大气和海洋表面持续采集的观测
P. 116 数据，与证券和期权相关的金融交易流，以及传感器持续采集的与物理观测相关的数据，如温度、压力、人体肌电/心电/脑电图信号或制造业中产生的振动信号，都是典型的数据流场景。在这些场景中收集的数据集太大，以至无法存储在主存储器中，需要其他辅助存储设备进行存储。然而，对这些数据集的随机存储非常昂贵。数据流挖掘的一个目标(Gama,2010)就是创建一个按照样本数目线性增加的学习过程。此外，随着新数据不断地产生，先前引入的模型不仅需要合并新信息，而且还要消除过时数据产生的影响。

数据流具有内在特性，比如可能是无量纲、具有时间顺序和动态变化性。对于静态数据集的机器学习算法可以无限次扫描数据集和内存资源，并产生相对准确的结果。此外，数据流的机器学习方法可以在满足约束的条件下产生近似的结果，如单通道、实时响应、限定存储与概念漂移检测(Nguyen et al.,2015)。数据流中的每个样本最多接受一次检查且不能回溯。可以略微放宽**单通道**约束，允许算法在短期内记住样本。许多数据流应用程序需要**实时**数据处理和决策响应。**有限内存**约束涉及这样一个事实，即只能存储和计算数据流的一小部分摘要，其余数据必须被删除。最后，**概念漂移**指当出现基础数据分布随着时间而改变的情况时，必须更新当前模型。

由于数据流可能是无限的，因此在实际应用程序中较为常见的是只处理整体数据流的一部分，这部分被定义为数据样本的时间窗。有四种时间窗类型：(1)**界标窗口**，覆盖从开始到现在的整个数据流；(2)**滑动窗口**，只考虑最近的样本；(3)**衰减窗口**，根据从最近到最远的到达时间，将不同的递减权重逐步分配给样本；(4)**倾斜时间窗口**，将时间刻度从最近到最远分成不同的时间片，最近的时间片能提供更多细节。

除了时间窗变量之外，对数据流建模还有两个主要的计算变量：增量学习和在线-离线学习。增量学习建模以增量方式演进，用于适应输入数据中的概念漂移。模型的自适应性可以遵循数据样本或时间窗策略。在线-离线学习把建模过程分为两个阶段，在在线阶段实时更新数据摘要，在离线阶段按需存储摘要。 P. 117

监督分类数据流模型可由 2.4.1 节中解释的性能评价方法验证，适用于数据流的时间场景。因此，为保持验证方法的适应性，考虑将数据样本聚类成块。为了更新模型，必须先对数据块做数据测试，然后该数据块才可用于训练模型。当数据块大小为一个样本时，是留出法的一个特例，称之为**前序验证**(Gama et al.，2013)。

Nguyen 等人(2015)对数据流聚类和监督分类算法进行了综述。在此，我们简要介绍一些技巧。关于聚类方法，**STREAM**(O'Callaghan et al.，2002)是数据流的一个分区聚类方法，使用分治策略扩展了 k 中心聚类算法[①]并逐步执行聚类。数据流被分解为块，每个块在主存储器中都具有可管理的存储大小。对于每个块，STREAM 使用 k 中心聚类算法选择存储 k 个质心(中位数)。下一个块重复此过程。当质心点的数量超过主存储量时，运用聚类的第二层，即 STREAM 以多层级方式运行。**CluStream**(Aggarwal et al.，2004)是一种用于数据流的层次聚类算法，该方法使用微类(聚类特征向量的时间扩展)来捕获有关数据流的信息摘要。CluStream 采用在线-离线学习方法。处于在线阶段时，它不断在数据流中维护微类。当创建一个新的微类时，删除异常微类或合并两个相邻的微类。处于离线阶段时，它运行 k 均值算法对存储的微类进行聚类。**SWEM**(Dang et al.，2009)是一种采用衰减窗口基于有限混合模型的数据流概率聚类算法(见2.3.5 节)。SWEM 将每个高斯混合表示为一个参数向量，包括混合权重、平均值和协方差矩阵。对于第一个数据窗口，SWEM 应用最大期望算法直到参数收敛。在增量阶段，SWEM 使用数据样本的前一个窗口的收敛参数作为新混合模型的参数初始值。表 2.9 概述了数据流聚类算法。

---

① k 中心聚类算法是 k 均值算法(见 2.3.2 节)的一种变体，其类质心计算采用中位数而不是均值。

P. 118

表 2.9 数据流聚类算法

算法	方法
STREAM	k 中心聚类法
CluStream	层次聚类法
SWEM	概率法

就监督分类而言，**按需流**（Aggarwal et al.，2006）是一种 k 近邻分类器（见 2.4.3 节），它扩展了 CluStream 算法，并联合了微类结构、倾斜时间窗和在线-离线学习方法。

微类通过类标签进行扩展，只接受具有相同类标签的样本。它的离线分类过程开始寻找一个良好的数据样本窗口。按需流执行 1 近邻分类并为测试样本分配最相近的微类标签。**Hoeffding 树**（Domingos et al.，2000）是一种数据流的分类树（见 2.4.4 节）。一个 Hoeffding 树使用 Hoeffding 约束在足够数量的接收样本中选择最佳分裂变量。Hoeffding 约束为分裂变量的选择提供了概率保证。该算法是增量的，满足单通道约束。对于接收到的每一个新数据项，它都使用 Hoeffding 约束检查最佳的分裂变量是否能够创建下一级子节点。已有研究指出应用**粒子人工神经网络**（Leite et al.，2010）对数据流进行分类，它是通过粒子连接形成间隔来建立人工神经网络结构的（见 2.4.6 节）。该网络有两个模型学习阶段，第一个阶段，构造输入数据的信息粒子；第二个阶段，在信息粒子上而不是原始数据上建立神经网络。支持向量机（见 2.4.7 节）也适用于数据流场景，**核心向量机**算法（Tsang et al.，2007）使用最小闭合球，基本上是超球面，来表示它们所包含的数据样本，从而扩展了支持向量机算法。具体做法是，先应用算法找到一个具有代表性的最小闭合球集作为原始数据集的最佳近似值，再对该集合进行优化，以直接找到最大间隔。**RGNBC**（Babu et al.，2017）是一个粗糙的高斯朴素贝叶斯分类器（见 2.4.9 节），用于对具有重复概念漂移的数据流分类。粗糙集理论用于检测概念漂移，然后修改当前的高斯朴素贝叶斯分类器，以处理新的隐藏数据分布。**在线装袋**和**在线提升算法**（Oza et al.，2005）是对传统装袋和提升算法的改进（见 2.4.10 节）。应用在线装袋算法时，每个数据样本根据参数为 1 的泊松分布重新采样，而不是采用自举法的均匀分布。泊松分布考虑了具有无限个样本的情况。而应用在线提升算法时，根据当前分类器错误率调整输入数据样本和基分类器。表 2.10 概述了数据流监督分类算法。

表 2.10　数据流监督分类算法 P. 119

算法	方法
按需流	k 近邻
Hoeffding 树	分类树
粒子人工神经网络	人工神经网络
核心向量机	支持向量机
RGNBC	高斯朴素贝叶斯
在线装袋和在线提升	装袋和提升

2.6.2　动态、时间和连续时间贝叶斯网络

有三种基本的贝叶斯网络模型(Barber et al.,2010)适用于动态过程:动态贝叶斯网络、时间节点贝叶斯网络和连续时间贝叶斯网络。

动态贝叶斯网络(Dean et al.,1989)是基于状态的模型,它以离散的时间间隔表示每个变量的状态。该结构由一系列时间片组成,其中每个片段包含给定时间内的每个变量值。时间被离散化后,对于每个时间片重复相同的贝叶斯网络模型。弧可以连接同一时间片内的节点,称为**瞬时弧**。此外,不同时间片节点之间的弧是**转移弧**,其指定了变量从一个时间点到另一个时间点的变化过程。转换弧只能在时间片内前进,因为在一个时间点的变量状态是由先前时间点的其他变量状态决定的,这也保证了图的非循环性。先验贝叶斯网络指定初始条件。

在形式上,动态贝叶斯网络表示 n 个变量向量的离散时间的**平稳随机过程**①,$\boldsymbol{X}[t]=(X_1[t],\cdots,X_n[t]),t=1,\cdots,T$。例如,在自动视觉检测系统中,从 t 时刻的像素值中提取的用于对钢瓶激光表面热处理过程质量控制的统计量值取决于前一时刻的值(见第 6 章)。一个常见的假设是考虑一阶马尔可夫转移模型,即 P. 120

$$P(\boldsymbol{X}[t]|\boldsymbol{X}[t-1],\cdots,\boldsymbol{X}[1])=P(\boldsymbol{X}[t]|\boldsymbol{X}[t-1])$$

对于稀疏的动态贝叶斯网络:

$$P(\boldsymbol{X}[1],\cdots,\boldsymbol{X}[T])=P(\boldsymbol{X}[1])\prod_{t=2}^{T}P(\boldsymbol{X}[t]|\boldsymbol{X}[t-1])$$

其中,$P(\boldsymbol{X}[1])$ 是初始条件,根据先验贝叶斯网络结构分解因子。$P(\boldsymbol{X}[t]|\boldsymbol{X}[t-1])$ 在每个 $X_i[t]$ 上分解为 $\prod_{i=1}^{n}P(X_i[t]\mid Pa[t](X_i))$,其中 $Pa[t](X_i)$ 为 X_i 的父变量,可能位于同一时间片上或上一时间片中。在连续域中,通常假设

① 平稳过程是一个随机过程,其联合概率分布不会随时间而改变。

$P(\boldsymbol{X}[1])$ 为多元高斯分布，$P(X_i[t] \mid Pa[t](X_i))$ 为单变量条件的高斯分布。

高阶马尔可夫模型（t 时刻的概率取决于两个或更多个以前的时间片）适合更复杂的时间过程，尽管它们在结构和参数估计方面具有挑战。

举例：动态贝叶斯网络结构

图 2.47 说明了一阶马尔可夫模型假设的动态贝叶斯网络结构，其具有四个变量和三个时间片。

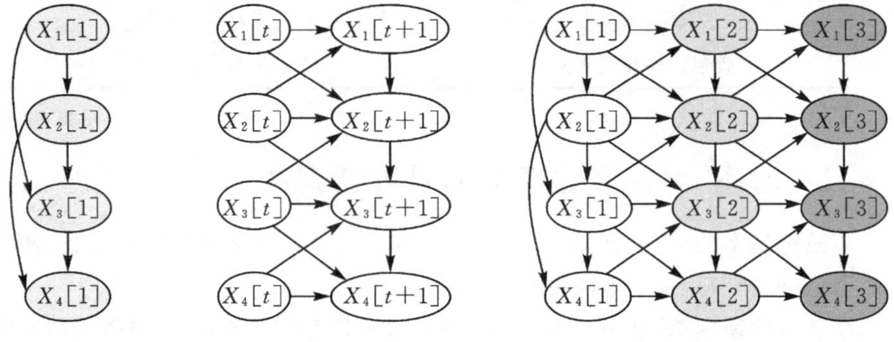

(a) 先验贝叶斯网络　(b) 转换网络　(c) 动态贝叶斯网络

图 2.47　具有四个变量 X_1、X_2、X_3、X_4 和三个时间片（$T=3$）的动态贝叶斯网络结构

如果转换网络按时间展开构成单个网络，则动态贝叶斯网络的推理更容易一些。图 2.47(c)中 $T=3$ 的联合概率分布因式分解为

P.121

$$
\begin{aligned}
& P(\boldsymbol{X}[1],\boldsymbol{X}[2],\boldsymbol{X}[3],\boldsymbol{X}[4]) \\
= & P(X_1[1])P(X_2[1] \mid X_1[1])P(X_3[1] \mid X_2[1],X_1[1])P(X_4[1] \mid X_3[1],X_2[1]) \\
& \prod_{t=2}^{3}\Big(P(X_1[t] \mid X_1[t-1],X_2[t-1]) \cdot P(X_2[t] \mid X_1[t],X_1[t-1],X_2[t-1],X_3[t-1]) \cdot \\
& P(X_3[t] \mid X_2[t],X_2[t-1],X_3[t-1],X_4[t-1]) \cdot P(X_4[t] \mid X_3[t],X_3[t-1],X_4[t-1])\Big)
\end{aligned}
$$

2.5.3 节中提出的基于约束和评分搜索学习算法可适用于学习一阶马尔可夫动态贝叶斯网络。可从 $t=1$ 时刻包含样本的数据集中学习获得先验网络，从包含来自 $t-1(t=2,\cdots,T)$ 时刻样本的数据集中学习转换网络，其有 $2n$ 个变量。

Friedman 等人(1998b)发展了一种适应动态环境的评分搜索学习算法。**动态爬山**(dynamic hill-climbing，DHC)算法是基于爬山搜索过程迭代地提升先验网络和转换网络的贝叶斯信息评分准则。Trabelsi(2013)改进了**最大最小爬山**(max-min hill-climbing，MMHC)算法(Tsamardinos et al.，2006)，是一种基于约束的学习算法，可动态设置，发展为**动态最大最小爬山**(dynamic max-min hill-climbing，DMMHC)算法。动态最大最小爬山算法由三个阶段组成。第一阶段，算法测试条件独立性，以便为每个节点识别候选父节点和子节点(邻节点)集合。第二阶段，运用三步法识别每个节点的候选邻节点：(1)同一时间片 t 中的变量候选邻节点；(2)时间片 t 中的变量在过去的时间片 $t-1$ 中的候选父节点；(3)时间片 t 中的变量在未来的时间片 $t+1$ 中的候选子节点。第三阶段，在考虑时间约束的情况下，进行爬山搜索。

时间节点贝叶斯网络(Galán et al.，2007)包含两个节点类型：瞬时节点和时间节点。时间节点由一组状态集合所定义，其中每个状态由有序对(λ,τ)确定，λ表示随机变量的值，$\tau=[a,b]$为状态发生变化的时间间隔。没有为任何状态定义间隔的节点称为瞬时节点。

举例：时间节点贝叶斯网络结构

假设在 $t=0$ 时检测到机器中的故障 F。有三种可能的故障类型：轻度、中度或重度。考虑机器有两个部件 C_1 和 C_2 的情况，故障会触发 C_1、C_2 或 C_1 和 C_2 同时发出一个故障响应。因此，F、C_1、C_2 三个节点是瞬时节点，可使其他两个节点产生变化。第一个部件的故障响应可能会产生油 O 和/或水 W 泄漏。第二个部件的故障可能导致油 O 泄漏。故障的严重性和第一个部件的正确性会影响漏水所需的时间，油泄漏所花时间取决于三个瞬时节点。图 2.48 显示了该时间节点贝叶斯网络结构。 P. 122

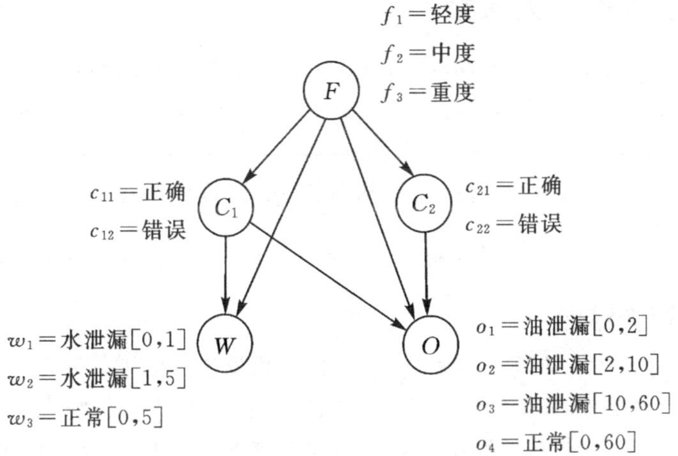

图 2.48　时间节点贝叶斯网络结构示例

时间节点贝叶斯网络结构可以从数据中学习(HernándezLeal et al.，2013)。

连续时间贝叶斯网络(Nodelman et al.，2002)通过计算特定事件随时间变化的概率分布来明确表示过程的动态，从而克服了动态贝叶斯网络和时间节点贝叶斯网络的局限性。连续时间贝叶斯网络的节点表示随时间连续演变的随机变量。因此，每个变量的演变取决于图结构中其父节点的状态。

$X_1,X_2,\cdots,X_n$ 上的连续时间贝叶斯网络由两部分组成:(1)指定贝叶斯网络的初始概率分布 $P^0(X_1,X_2,\cdots,X_n)$;(2)将连续转换模型指定为有向(可能是循环)图,对于每个变量 X_i(可能取值 $x_{i1},\cdots,x_{iR_i}$),条件强度矩阵定义为

P. 123

$$Q_{X_i}^{pa(x_i)}=\begin{bmatrix} -q_{x_{i1}}^{pa(x_i)} & q_{x_{i1},x_{i2}}^{pa(x_i)} & \cdots & q_{x_{i1},x_{iR_i}}^{pa(x_i)} \\ q_{x_{i2},x_{i1}}^{pa(x_i)} & -q_{x_{i2}}^{pa(x_i)} & \cdots & q_{x_{i2},x_{iR_i}}^{pa(x_i)} \\ \vdots & \vdots & & \vdots \\ q_{x_{iR_i},x_{i1}}^{pa(x_i)} & q_{x_{iR_i},x_{i2}}^{pa(x_i)} & \cdots & -q_{x_{iR_i}}^{pa(x_i)} \end{bmatrix}$$

X_i 的父节点变量 $Pa(X_i)$ 的实例为 $pa(x_i)$,对角元素 $q_{x_{ik}}^{pa(x_i)}=\sum_{x_{ij}\neq x_{ik}} q_{x_{ik},x_{ij}}^{pa(x_i)}$ 被解释为不同于 x_{ik} 的 X_i 瞬时概率,非对角元素 $q_{x_{ik},x_{ij}}^{pa(x_i)}$ 表示从 X_i 的第 k 个可能值 x_{ik} 转换到第 j 个可能值 x_{ij} 的瞬时概率。

连续时间贝叶斯网络可以处理点证据和连续证据。点证据是指在特定时刻观察得到的变量值,而连续证据是指在整个时间间隔内的变量值。Shelton 等人(2010)开发了基于数据的推理和学习算法。

2.6.3 隐马尔可夫模型

隐马尔可夫模型(hidden Markov model,HMM)(Rabiner et al.,1986)是一种重要的用于序列处理的机器学习模型。此模型基于马尔可夫链,马尔可夫链通常由以下组件指定:(1)一个具有 N 个状态的集合 $\{q_1,q_2,\cdots,q_N\}$;(2)由元素 a_{ij} 构成的转移概率矩阵 $\mathbf{A}$,每个元素表示从状态 q_i 转移到状态 q_j 的概率,即 $a_{ij}=P(q_j\mid q_i)$,$\sum_{j=1}^{N}a_{ij}=1$;(3)特定起点 q_0 与终点 q_F 的状态与观察变量无关。

举例:马尔可夫链图

图 2.49 显示了一个马尔可夫链,为工厂中机器生产的零件质量序列指派概率值。起始状态是节点 0,终止状态是节点 5,而其他四个状态分别表示为节点 1 至节点 4。图中每条弧都有与之相关的一个转移概率。零件质量具有四个可能值:非常高、高、中和低,这四种状态及起始和终止状态在图中表示为节点。节点之间弧的注释表示转移概率。

在一阶马尔可夫链中,特定状态的概率完全取决于先前的状态。有时采用马尔可夫链的另一种表示,即不依赖于起始或终止状态,而是表示初始状态和一组接受状态的概率分布。当我们需要在实际问题中计算所观察到的一系列事件的概率时,马尔可夫链非常有用。然而,所关注的事件通常在实际问题中不能直接观察到。因此,采用隐马尔可夫模型能够计算观察变量和隐事件的概率,我们认为在概

P. 124

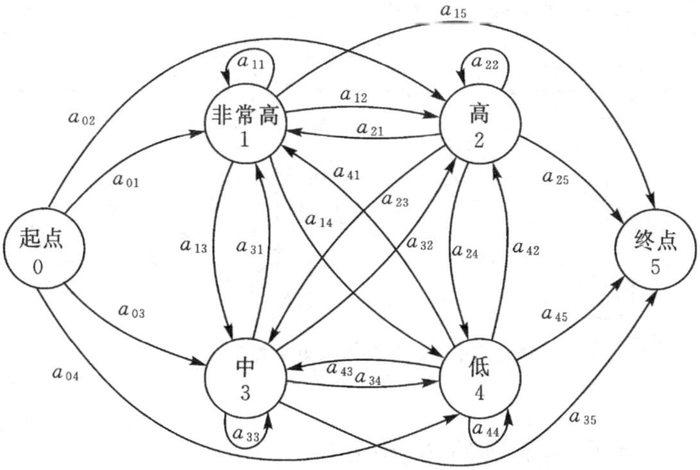

图 2.49　马尔可夫链图示例

率模型中两者存在因果关系。

隐马尔可夫模型由下列组件指定：(1) 隐变量 H 的一个 h 隐状态集合$\{1, 2, \cdots, h\}$；(2) 具有元素 a_{ij}、大小为 $h \times h$ 阶的转移概率矩阵$\boldsymbol{A}$，每个元素表示从状态 i 转移到状态 j 的概率，即 $a_{ij}=P(H_t=j \mid H_{t-1}=i)$ 且 $\sum_{j=1}^{h} a_{ij}=1$；(3) T 的观察序列为 $\boldsymbol{o}=(o_1, \cdots, o_T)$；(4) 发射概率 $b_i(o_t)$ 序列表示从隐状态 i 发出的观察值为 o_t 的概率，即 $b_i(o_t)=P(O_t=o_t \mid H_t=i), t=1, \cdots, T, b_i(o_t)$ 为 $h \times K$ 阶的发射概率矩阵 $\boldsymbol{B}$ 中的元素，其中 K 表示不同观察值的数目；(5) 初始状态的初始概率分布为 $\boldsymbol{\pi}=(\pi_1, \cdots, \pi_h)$。隐马尔可夫模型可由 $\boldsymbol{\theta}$ 来描述，即 $\boldsymbol{\theta}=(\boldsymbol{A}, \boldsymbol{B}, \boldsymbol{\pi})$。

一阶隐马尔可夫模型基于两个简化假设。第一，作为一阶隐马尔可夫链，特定隐状态的概率仅取决于先前的状态：$P(H_t \mid H_{t-1}, \cdots, H_1)=P(H_t \mid H_{t-1})$；第二，输出观察值 $O_t=o_t$ 的概率仅取决于隐状态 $H_t=h_t(h_t \in \{1,2,\cdots,h\})$所产生的观测概率，而不是任何其他状态或任何其他观察值：$P(o_t \mid h_1, \cdots, h_t, \cdots, h_T, o_1, \cdots, o_t, \cdots, o_T)=P(o_t \mid h_t)$。

举例：一阶隐马尔可夫模型 P.125

图 2.50 显示了具有两个隐状态的一阶隐马尔可夫模型示例，两个隐状态表示机器组件正确与否（正确、错误），其初始概率分别为(0.97, 0.03)；转移矩阵的元素值为 $a_{11}=0.95, a_{12}=0.05, a_{21}=0.10, a_{22}=0.90$；发射概率为 $b_1(o_1)=0.80, b_1(o_2)=0.20, b_2(o_1)=0.08, b_2(o_2)=0.92$，$o_1$ 和 o_2 分别表示机器的常速和慢速。

给定一个观察序列 $\boldsymbol{o}=(o_1, \cdots, o_T)$，隐马尔可夫模型需要解决三个基本问题：(1)评估观察序列的似然性；(2)找到最优的隐状态序列；(3)学习隐马尔可夫模型

参数 $\boldsymbol{\pi}$、a_{ij} 和 $b_i(o_t)$。在下面进行探讨。

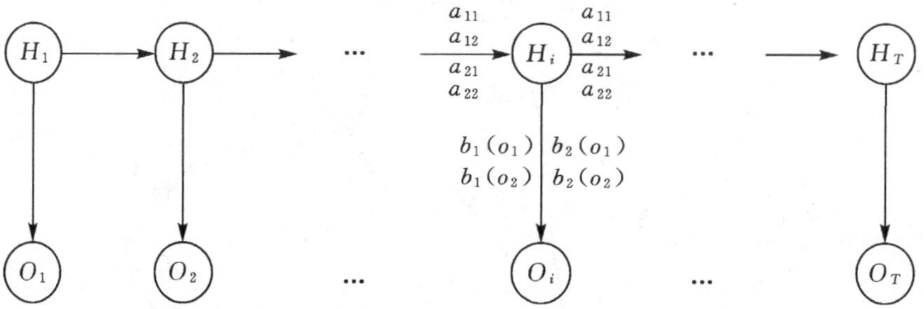

图 2.50　一阶隐马尔可夫模型示例

2.6.3.1　评估观察序列的似然性

继续上面的例子，我们想计算观察序列“常速、慢速、常速”的概率，但并不知道隐状态序列。对于一个给定的隐状态序列（如“正确、错误、正确”），可较容易地计算出上述观察序列的似然值。因此，考虑 $P(\boldsymbol{o}|\boldsymbol{h})=\prod_{i=1}^{T}P(o_i|h_i)$，得

P(常速,慢速,常速|正确,错误,正确)$=P$(常速|正确)$\cdot P$(慢速|错误)$\cdot P$(常速|正确)

由特定观察序列 $\boldsymbol{o}$ 产生的特定隐状态序列 $\boldsymbol{h}$ 的联合概率计算为

P. 126

$$P(\boldsymbol{o},\boldsymbol{h})=P(\boldsymbol{o}|\boldsymbol{h})P(\boldsymbol{h})=\prod_{i=1}^{T}P(o_i|h_i)\prod_{i=1}^{T}P(h_i|h_{i-1})$$

可以通过对所有隐状态序列求和计算观察序列的总概率：

$$P(\boldsymbol{o})=\sum_{h}P(\boldsymbol{o},\boldsymbol{h})=\sum_{h}P(\boldsymbol{o}|\boldsymbol{h})P(\boldsymbol{h})\tag{2.19}$$

然而，此计算过程非常低效且计算成本很高。对于一个具有 h 个隐状态和 T 个观察序列的隐马尔可夫模型，存在 h^T 个可能的隐序列。如果 h 和 T 值都较大，则隐状态序列的数目会非常巨大。因此，通过计算和对每个隐状态序列独立观察似然值求和获得观察序列的似然值是不可行的。

前向算法计算观察序列的似然值仅需要 h^2T 次运算。该算法在构建观察序列概率时存储了中间值。$\alpha_t(j)=P(o_1,\cdots,o_t,H_t=j)$表示基于前 t 个观察值的隐状态 j 的概率。$\alpha_t(j)$对可能导致这一观察序列及隐状态值的所有路径进行求和计算。$\alpha_t(j)$的计算利用以下递归方程：

$$\alpha_t(j)=\sum_{i=1}^{h}\alpha_{t-1}(i)a_{ij}b_j(o_t)\tag{2.20}$$

0 和 F 分别表示起点和终点。前向算法的初始化由 $\alpha_1(j)=\pi_j b_j(o_1)$ 给出，且 $a_{0j}=\pi_j,j=1,\cdots,h$。递归终止时 $\alpha_T(h_F)=\sum_{i=1}^{h}\alpha_T(i)a_{iF}$。$P(o_1,\cdots,o_T,H_T=$

h_F）在式(2.19)中引入。

2.6.3.2 解码

对于包含隐变量的任何模型，确定哪个隐变量序列（具有最高概率）是来自某个观察序列的任务称为**解码任务**。给定观察序列“常速、慢速、常速”，解码器的任务是找到可被视为潜在来源的最佳（最可能）机器质量隐序列。

解决此问题的朴素方法是令每个可能隐状态序列运行前向算法，并选择具有最高概率的序列。如上解释，可能的隐序列数目为 h^T，每条序列的前向算法需要 h^2T 次操作。隐马尔可夫模型最常用的解码算法是**维特比算法**（Viterbi，1967）。P. 127 与前向算法一样，维特比算法是一种动态规划过程，$v_t(j)$ 表示在知晓前 t 个观察值并且最可能的状态序列是 $h_0,h_1,\cdots,h_{t-1}$ 时，隐马尔可夫模型处于第 j 个隐状态的概率。从形式上看，

$$v_t(j)=\max_{h_0,h_1,\cdots,h_{t-1}} P(h_0,h_1,\cdots,h_{t-1},o_1,o_2,\cdots,o_t,H_t=j)$$

最可能的路径为所有可能的具有最大值的先前状态序列。维特比算法递归计算 $v_t(j)$ 的值，

$$v_t(j)=\max_{i=1,\cdots,h} v_{t-1}(i)a_{ij}b_j(o_t)$$

注意，维特比算法与前向算法基本相同，唯一不同之处在于计算 $v_t(j)$ 时，维持比算法选择具有最大值的先前路径，而前向算法则取所有先前路径的总和。

2.6.3.3 隐马尔可夫模型训练

第三个问题是根据给定的一个观察序列和可能的状态集合学习隐马尔可夫模型参数 $\boldsymbol{\theta}=(\boldsymbol{A},\boldsymbol{B},\boldsymbol{\pi})$。训练隐马尔可夫模型的标准算法是前向-后向算法，又称为鲍姆-韦尔奇（Baum-Welch）算法（Baum et al.，1970），它是最大期望算法的一种特例（见 2.3.5 节）。Baum-Welch 算法可发现局部最大值 $\boldsymbol{\theta}^*=\arg\max_{\boldsymbol{\theta}} P(o_1,o_2,\cdots,o_T|\boldsymbol{\theta})$。该算法首先计算初始估值概率，然后用它来重复迭代改进估计值。

因此，算法随机初始化 $\boldsymbol{\theta}=(\boldsymbol{A},\boldsymbol{B},\boldsymbol{\pi})$，可设定参数的先验信息（如果可获得），此先验信息可以加速算法收敛并可获得局部最大值。Baum-Welch 算法的每次迭代都基于两个过程：前向和后向。在执行两个过程后更新参数 $\boldsymbol{\theta}=(\boldsymbol{A},\boldsymbol{B},\boldsymbol{\pi})$。

前向过程递归地发现 t 时刻观察序列 $o_1,\cdots,o_t$ 的概率及其隐状态 i，即 $\alpha_t(i)=P(o_1,\cdots,o_t,H_t=i)$，如前向算法（式(2.20)）：$\alpha_t(i)=\sum_{j=1}^{h}\alpha_{t-1}(j)a_{ji}b_i(o_t)$。用公式 $\alpha_1(i)=a_{0i}b_i(o_1)$ 初始化，且 $a_{0i}=\pi_i$。

后向过程采用与前向过程相同的方法计算 $\beta_t(i)=P(o_{t+1},\cdots,o_T,H_t=i)$，采用如下的递归公式：$\beta_T=1$ 且 $\beta_t(i)=\sum_{j=1}^{h}\beta_{t+1}(j)a_{ij}b_j(o_{t+1})$。更新 $\boldsymbol{\theta}$，需要引入两

个辅助变量：

$$\gamma_t(i)=P(H_t=i \mid o_1,\cdots,o_T)=\frac{P(H_t=i,o_1,\cdots,o_T)}{P(o_1,\cdots,o_T)}=\frac{\alpha_t(i)\beta_t(i)}{\sum_{j=1}^{h}\alpha_t(j)\beta_t(j)}$$

P. 128 此变量是在给定观察序列$(o_1,\cdots,o_t)$和参数 $\boldsymbol{\theta}=(\boldsymbol{A},\boldsymbol{B},\boldsymbol{\pi})$的条件下，在 t 时刻状态为 i 的概率。

$$\begin{aligned}\xi_t(ij)&=P(H_t=i,H_{t+1}=j \mid o_1,\cdots,o_T)\\&=\frac{P(H_t=i,H_{t+1}=j,o_1,\cdots,o_T)}{P(o_1,\cdots,o_T)}\\&=\frac{\alpha_t(i)a_{ij}\beta_{t+1}(j)b_j(o_{t+1})}{\sum_{k=1}^{h}\sum_{l=1}^{h}\alpha_t(k)a_{kl}\beta_{t+1}(l)b_l(o_{t+1})}\end{aligned}$$

此变量是在给定观察序列 $o_1,\cdots,o_T$ 的条件下，分别在 t 时刻和 $t+1$ 时刻，隐状态为 i 和 j 的概率。$\gamma_t(i)$与 $\xi_t(ij)$的分母代表观察序列 $o_1,\cdots,o_T$ 的概率(给定参数 $\boldsymbol{\theta}=(\boldsymbol{A},\boldsymbol{B},\boldsymbol{\pi})$)。

隐马尔可夫模型中的参数更新为

- $\pi_i=\gamma_1(i)$，表示在时刻 $t=1$，隐状态 i 的期望概率。
- $a_{ij}=\dfrac{\sum_{t=1}^{T-1}\xi_t(ij)}{\sum_{t=1}^{T-1}\gamma_t(i)}$，表示序列从 $t=1$ 到 $t=T-1$ 时刻，状态 i 到状态 j 的转移期望值之和与隐状态 i 下的期望值求和的比值。
- $b_i(o_t)=\dfrac{\sum_{t=1}^{T}I(O_t=o_t)\gamma_t(i)}{\sum_{t=1}^{T}\gamma_t(i)}$，其中 $I(O_t=o_t)$ 是指示函数，即

$$I(O_t=o_t)=\begin{cases}1, & \text{如果 } O_t=o_t\\0, & \text{否则}\end{cases}$$

且 $b_i(o_t)$是观察序列为 o_t、隐状态为 i 的期望值与隐状态 i 的总期望值之比。

上述三步(前向过程、后向过程、更新参数 $\boldsymbol{\theta}=(\boldsymbol{A},\boldsymbol{B},\boldsymbol{\pi})$)迭代重复执行，直到满足收敛条件为止。

2.7 机器学习工具

本节将介绍一些最流行的机器学习软件工具的特性，这些工具可用于聚类、监督分类、贝叶斯网络和动态场景。

对于聚类和监督分类，我们选择如下的五种软件工具：WEKA[①]、R[②]、scikit-learn[③]、KNIME[④] 和 RapidMiner[⑤]。 P.129

WEKA（Hall et al.，2009）是一个基于 Java 的开源机器学习平台，由新西兰怀卡托大学开发。根据 GNU / GPL 3 许可证，该软件是免费的，用于非商业目的。它很受欢迎的主要原因是用户界面友好且可以获得大量实现的算法。WEKA 提供四种用户界面选项：命令行界面、探索者、实验者和知识流。首选项是探索者，它可用于定义数据源、数据预处理、执行机器学习算法和可视化。实验者主要用于比较同一数据集上不同算法的性能。知识流对于使用连接的可视组件指定数据流非常有用。大规模在线分析（massive online analysis，MOA）（Bifet et al.，2012）基于 WEKA 框架，包括许多用于改进数据流的在线学习算法。

开源的编程工具 **R** 语言（Lafaye de Micheaux et al.，2013）是 S 语言的更新迭代，S 语言最初是 20 世纪 70 年代由贝尔实验室开发的一种统计语言。R 的源代码是用 C＋＋、Fortran 和 R 自身编写的，它是一种解释型语言，主要优化了矩阵计算。该工具仅提供一个简单的图形用户界面，其中包含用于输入的命令行。由于所有命令都必须以 R 语言输入，因此它不仅是一个用户友好的环境，而且 RStudio 代码编辑器使 R 更容易使用。对于机器学习项目，Rattle（Williams，2009）为 R 提供了一个较好的类似于 WEKA 探索者的图形用户界面。所有算法都有大量的在线文档。

scikit-learn（Pedregosa et al.，2011）是一个免费的 Python 包。它有一个命令行界面，需要一些 Python 编程技巧。其主要优点是拥有精心编写的在线版本。

KNIME（Berthold et al.，2008）是 Konstanz Information Miner 的首字母缩写，最初由德国康斯坦茨大学开发，后由瑞士公司进行开发和维护。KNIME 是开源的，其商业许可证适用于需要专业技术支持的公司。KNIME 最大的优势之一是它整合了 WEKA 和 R。

RapidMiner（Hofmann et al.，2013）是一款基于 Java 的工具，目前由德国 RapidMiner 公司开发。早期的版本是开源的。RapidMiner 提供了一个集成环境，具有视觉吸引力和用户友好的图形用户界面。RapidMiner 还提供了应用程序向导选项，可根据所需的项目目标自动构建机器学习过程。

表 2.11 列出了五种工具支持的聚类和监督分类方法。 P.130

---

① https://www.cs.waikato.ac.nz/ml/weka/

② https://www.r-project.org/

③ http://scikit-learn.org/stable/

④ https://www.knime.com/

⑤ https://rapidminer.com/

表 2.11 聚类和监督分类的机器学习工具

机器学习算法	WEKA	R	scikit-learn	KNIME	RapidMiner
层次聚类	√	√	√	√	√
k 均值	√	√	√	√	√
谱聚类	—	√	√	—	—
近邻传播	—	√	√	—	—
概率聚类	√	√	√	—	√
特征子集提取	√	√	√	√	√
k 近邻	√	√	√	√	√
分类树	√	√	√	√	√
规则归纳	√	√	—	—	√
人工神经网络	√	√	√	√	√
支持向量机	√	√	√	√	√
逻辑回归	√	√	√	√	√
贝叶斯网络分类	√	√	√	√	√
元分类器	√	√	√	√	√

注：符号√表示在各种软件中机器学习方法是可用的。

对于贝叶斯网络，本书选择了以下五种软件工具：HUGIN[①]、GeNIe、Open-Markov[②]、gRain 和 bnlearn[③]。HUGIN(Madsen et al.,2005)是由丹麦奥尔堡的 HUGIN EXPERT 公司开发的一款软件包，用于构建和部署决策支持系统，在不确定的情况下进行推理和决策。HUGIN 软件是基于贝叶斯网络和影响图技术设计的。HUGIN 软件包由 HUGIN 决策引擎(HDE)、图形用户接口(GUI)和应用程序接口(API)组成，利于将 HUGIN 集成于应用程序中。GeNIe 建模器(Druzdzel,1999)是一个图形用户接口，它提供了一个用于构建和学习贝叶斯网络的交互式模型，与 SMILE(结构建模推理和学习引擎)相连，提供了精确和近似的推理算法。它基于美国匹兹堡大学的研究，如今由 BayesFusion 有限责任公司开发。Open-Markov(Arias et al.,2012)是一种软件工具，它实现了基于约束和评分搜索
P.131 的学习算法和近似推理方法，由马德里国立远程教育大学开发。gRain (Højsgaard,2012)是一款 R 包，由奥尔堡大学开发，用于在概率图模型中进行证

① https://www.hugin.com/

② http://www.openmarkov.org/

③ http://www.bnlearn.com/

据推理。bnlearn(Scutari,2010)是一款 R 包,包括几种算法,用于从具有离散型或连续型变量的数据中学习贝叶斯网络结构和参数,它实现了基于约束和基于评分的算法,还具有并行计算功能。

表 2.12 列出了贝叶斯网络推理方法和与之对应的五种软件。

表 2.12　用于贝叶斯网络的软件

贝叶斯网络	HUGIN	GeNIe	Open-Markov	gRain	bnlearn
精确推理:					
联合树	√	√	—	√	—
近似推理:					
概率逻辑采样	√	√	√	—	√
基于约束学习:					
PC 算法	√	√	√	—	√
评分搜索:					
K2 算法	√	√	√	—	√

注:符号√代表在各软件中可用的推理或结构学习方法。

2.8　机器学习的前沿信息

最近美国国家科学院和英国皇家学会(National Academy of Sciences and The Royal Society,2017)的研究人员关于机器学习举办了主题会议,论述了人工智能学科的未来发展方向。下面总结了制约机器学习在我们生活中应用的主要问题。

社会必须面对的主要挑战之一是使用各种类型的数据,并以不同方式管理这些数据,需要具有一定的道德规范。例如,刑事司法中的案例,基于机器学习的评分系统已被应用于预测重复犯罪的可能性。假设设计算法时不考虑种族、性别或社会经济状况等因素的社会假设。但是,这些系统的输出能够反映出训练数据情况。如果训练数据体现出当前社会的偏见或不平等问题,则机器学习系统将复现这些偏见。

关于人类和机器学习系统如何相互作用,以及随着机器学习系统日益普及我们面临的社会挑战等问题逐渐显现。在第一次工业革命期间,人们不得不适应新的沟通、旅行和工作方式。如今,我们想知道人类是否能够适应由机器学习的发展而带来的对生活各方面的影响。 P.132

目前的教育障碍使机器学习系统无法在社会上普及。早在小学阶段,学生就可以在科学、技术、工程和数学技能方面获得更多的鼓励。但在高等教育课程中，通常只强调传统数学，不包括任何类型的计算和沟通技巧。虽然众多公司正在积极招聘机器学习方面的新型人才，但只有为数较少的人在数据科学、统计学和机器学习方面受过培训。从这个意义上说，经验可以帮助人们理解数据，而且受到欢迎，比如自动统计学家项目[①]旨在为数据科学构建人工智能。

机器学习提供的建模功能为隐私管理带来了新的挑战。机器学习有时使用包含敏感信息的数据，而在其他情况下，机器学习可能会从看似无关的数据中敏锐地发现其中的关联关系。机器学习工具应该有潜力使数据和推理更具透明度，并且应该用于检测、消除或减少人为偏差，而不是强化它。机器学习预测模型必须具有透明度和可解释性，只有人们了解模型正在做什么及将要做什么，才能对模型实施部署。

为了推动机器学习方法不断向前发展，应促进统计学家、工程师、数据科学家、计算机科学家和数学家在不同领域获得各自的利益：社会学家注重讨论道德和社会技术问题；心理学家可为我们提供有关人类与技术互动方式的宝贵意见；联合会和工业心理学家能够指出劳动力需求发生哪些改变；政策制定者和监管者可以致力于自治和公平信息原则的实施；历史学家的工作重心是研究曾经有价值的技术变革。

同时，为了规范机器学习行为（通常指人工智能），出台合理的管理制度是必要的。但是，不同时期需要考虑不同的风险因素。政策制定者应该意识到，在不同领域和不同时期各行业需要相应的法规。

---

① https://www.automaticstatistician.com/index/

第 3 章

机器学习在行业中的应用

本章采用了富时罗素(FTSE Russell)行业分类标准[①],为领域和行业的分析结果提供了一个最全面详细的行业分类系统。 P.133

3.1 能源领域

如今,机器学习已经成为大多数油气公司运营的重要组成部分,利用机器学习可将包括大量实时信息在内的数据集转化为可操作的方法:提供低价格的商品环境、节约时间、降低成本、提高效率和安全指数,这些都是机器学习在油气运营中取得的重要成果。

油气行业中普遍存在的一个问题是寻找一种非侵入性技术,用来估算海上油气钻井运行中采用管道运输的油气比例。常用方法是,让一束伽马射线透过管道壁,再观察物质间相互作用时的衰减情况,这种方法能提供有关材料密度的信息,尤其是当使用不同的波长、能量和几何形状的多光束时,会得到更多详细且准确的相关信息。机器学习模型需要根据光束提供的数据来预测材料性能,如果机器学习模型中的光束数量与新材料中的光束数量相匹配,则可用 2.4 节描述的监督分类方法进行预测分析。但是如果未标识的新材料光束数量与机器学习方法中的不匹配,则需要对机器学习方法进行调整。与此问题密切相关的人工神经网络方法已经被开发出来,通过使用可以测量漏磁信号的传感器来定位和测量油气管道中不同的缺陷类型(Mohamed et al.,2015)。

另一个常见问题是油藏开发中的不确定性。当我们试图弄清楚引发水力劈裂时致密岩层的响应机制时,有较高的不确定性。但可通过机器学习,利用复杂的历史油藏数据对这一过程进行建模。

现代钻井技术是基于实时信息进行采集与分析的,这些实时信息是钻井平台在作业过程中由大量传感器所采集的,包括与船舶作业相关的众多参数,以及有关 P.134

① http://www.ftserussell.com/

井下钻井环境的信息。利用机器学习进行先进的基于计算机的视频解析，可以连续地、稳健地、准确地评估工作中出现的不同现象。

机器学习在油气行业中的应用并不局限于勘探和生产领域。目前，石化炼油行业的许多运营商依靠这些算法不断提高其设施的整体性能，并能更有效地维护其设备。

3.1.1 石油

作为当今世界主要燃料的原油，其价格对于全球环境、经济，以及石油勘探开发行业都有着重大影响。石油价格预测对产业部门、政府和个人都非常重要。影响石油市场的主要因素有：市场需求、石油供给、人口数量、地缘政治风险和经济状况。由于原油价格预测的高波动性，使得机器学习方法具有很大的挑战性。针对石油价格预测，业内人士已经提出了多种机器学习技术。

Nwiabu 和 Amadi(2017)开发了一个包含供求变量的朴素贝叶斯分类器，用于预测价格的上行和下行走势。Xie 等人(2016)用支持向量机解决了这一问题，基于 1970 年—2003 年西得克萨斯中质原油(West Texas Intermediate，WTI)的月现货价格，采用多层感知器人工神经网络和自回归滑动平均模型进行了实验比较。Yu 等人(2008)基于人工神经网络进行了原油价格估计。首先，将初始原油现货价格序列分解成有限组块；然后利用单隐层感知器为每种数据块建模；最后联合另一种人工神经网络预测所有模型结果。之后，用 WTI 原油和 Brent 原油价格序列检测这种方案的有效性。Gao 和 Lei(2017)注意到，原油价格序列不一定是平稳过程的结果，并提出在 WTI 数据集中使用数据流学习算法。

近年来，针对船舶和油用设施的海盗袭击越来越频繁和严重。针对此问题，Bouejla 等人(2012)从整个处理链角度提出了一种创新解决方案，即从检测潜在威
P. 135 胁到迅速响应的实施方案。利用贝叶斯网络，可以在威胁特征、潜在目标、现有保护工具和环境约束等 20 个相关变量之间发现其内在关联关系。最初的贝叶斯网络是根据国际海事组织的海盗行为和武装抢劫数据库自动生成的，该数据库详细记载了海盗袭击的历史数据(可以追溯到 1994 年)。这个初始模型后来在本领域专家的不断努力下得到了进一步完善。

贝叶斯网络也已应用于钻井作业管理(Fournier et al.，2010)。采油公司负责钻井平台的运营，将石油的勘探和开采权出租给石油公司。钻机的使用非常昂贵。通常情况下，墨西哥湾海上钻井平台每天运营成本在 40 万～60 万美元之间。所使用的数据集由 ODS-Petrodata 有限公司提供，数据涵盖了 25 年以来积累的钻井历史资料，每个钻井记录涉及从操作数据(水深、钻井进尺、持续时间等)到技术数据(悬臂能力、水深等级、使用年限等)大约 1000 个变量。领域专家们从这个庞大数据集中选出 17 个关键变量，并针对这个较小数据集采用评分(K2 度量)和搜索

(遗传算法)方法建立贝叶斯网络模型。

3.1.2 天然气

油中溶解气体分析是一种通过识别溶解气体浓度的异常模式来检测变压器绝缘油健康状况和预测故障的研究工具。故障预测问题可以看作是对溶解气体浓度样本的变压器使用年限、额定功率和电压等特征进行的机器学习任务,目前有二进制分类和故障时间回归两种分析方法。Mirowski 和 LeCun(2018)综述和评价了此类问题的 15 种分类和回归模型,如 k 近邻、分类树、人工神经网络和支持向量机等。

管道运输是运输危险物品(尤其是天然气)最常用和最有效的方法之一。然而,城市燃气管道和站点的快速发展对公共安全和财产构成了严重威胁。已有专家使用贝叶斯网络开发了一种用于天然气运输系统(尤其是天然气站)事故情景和风险分析的综合方法(Zarei et al.,2017)。相关领域专家对故障模式与影响因素进行了综合考虑,确定了将 43 种变量应用到贝叶斯网络模型中用于预测。这些变量主要包括故障模式、产生原因和对系统的影响、影响的严重程度、检测级别和风险优先级编号等信息。

3.2 基础材料领域 P.136

基础材料包括化学品和基础资源两个方面(见图 3.1)。

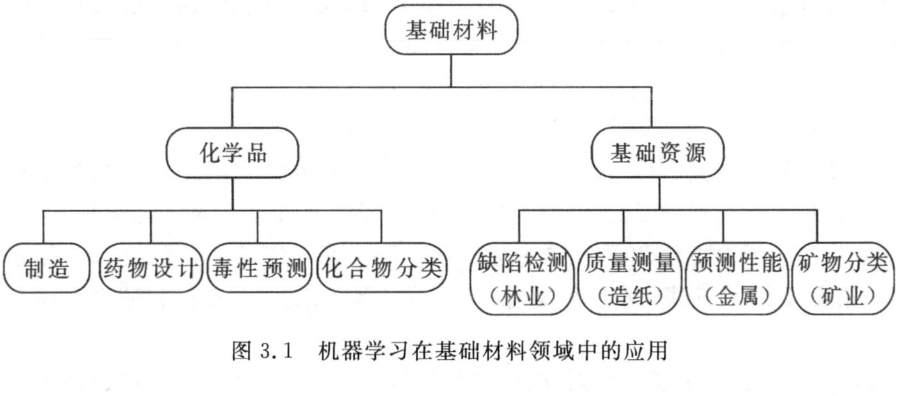

图 3.1　机器学习在基础材料领域中的应用

3.2.1 化学品

与其他行业一样,化工行业正处于全球市场的激烈竞争之中,为了增强公司实力,市场中的兼并与收购屡见不鲜。机器学习同样会为该行业带来巨大机遇。

化工行业中机器学习主要应用于 4 个方面:(1)制造;(2)药物设计;(3)毒性预测;(4)化合物分类。在化学药剂制造过程中,用于优化、监管和控制方面的数据量持续增长(Wuest et al. ,2016)。机器学习对加快流程、寻找更加持续、更经济的解决方案具有重要意义,存在巨大创新空间。因此,Ribeiro(2005)利用支持向量机和人工神经网络通过分析生产过程中的数据对注塑机实现质量监控。

药物设计的目的是对选定药物靶点具有显著活性的先导化合物进行识别。药物靶点是一种蛋白质,可通过化合物间的相互作用调节蛋白质活性,从而控制疾病。在药物发现阶段先确定先导化合物,然后在药物开发阶段实现优化,并在此过程中产生可以在人体临床试验中进行评估的少量化学物质。在药物发现阶段,机器学习用于构建函数,按照化学物质对已知目标活性的概率进行排序,并预测配体和受体的亲和力、靶向结构和新药的副作用,以及靶向对细胞甚至给药系统的目标筛选(Bernick,2015)。Lima 等人(2016)对随机森林、决策树、人工神经网络和支持向量机等新药筛选技术进行了综述。而 Lavecchia(2015)则增加了 k 近邻和朴素贝叶斯算法。此外,机器学习的另一个重要用途是预测化合物的药物代谢动力学和毒理学特征,即 ADME-Tox(吸收、分布、代谢、排泄和毒性)(Maltarollo et al. ,2015)。

机器学习在毒性检测和预测方面有着广泛的应用。化学毒性预测是环境和药物开发领域的一个重要课题。常用体外生物测定数据预测体内化学毒理。Judson 等人(2008)将 k 近邻、人工神经网络、朴素贝叶斯、分类树和支持向量机与基于过
P. 137 滤的特征选择方法进行了比较。机器学习在药物开发中被用来监测毒性,如肝毒性、肾毒性和耳毒性。很少有研究人员关注心脏毒性和神经毒性,而恰恰在这两个领域中存在着新的机遇(Bernick,2015)。REACH 是关于化学品注册、评估、授权和限制的欧洲法规,这项新法规增加了对在欧洲联盟(EU)生产或进口的化学品毒性数据的硅含量预测。QSAR(quantitative structure-activity relationships)是一项被广泛应用的基于人工神经网络的预测方法(Dearden et al. ,2015)。

在遗传毒性预测方面,机器学习技术比体内试验更快、更便宜。其目的是检测对人类遗传过程有不利影响的化合物。它们可以收集许多不同的化学物质,这些化学物质的分子由指纹和分子描述符表示。Fan 等人(2018)分别使用 6 种分类器:朴素贝叶斯、k 近邻、C4.5 分类树、人工神经网络、支持向量机和随机森林实现遗传毒性预测。

最后,利用监督分类方法对**化合物**进行**分类**。将数千个化合物自动分类为不同的类别。Smusz 等人(2013)使用 WEKA 工具比较 11 种分类器(包括 4 个元分类器),而 Lang 等人(2016)使用主动机器学习方法减少用于训练的化合物数量。主动机器学习迭代地处理标记数据,以避免手工收集信息昂贵、易出错和耗时等问题。这种类型的信息通常由化学家提供或者来自实验室。Li 等人(2009)利用支持向量机对聚合物进行分类。Böcker 等人(2005)选择层次聚类和 k 均值算法对大量化合物库进行了分析。

举个例子，在化工行业中，更为实际的应用目标是帮助其生产出具有良好技术（不伤皮肤，用过几个月后不变色）、味道好且市场中独一无二的新型香水。香水大师通常要经过 10 年培训才能掌握这种技术。Goodwin 等人（2017）利用不同的分 P. 138
类器预测一组未知香水的特征和等级，所有特征由一组香水符号标记出来；同时，利用一种非线性降维技术，即 t 分布邻域嵌入算法（t-distributed stochastic neighbor embedding，t-SNE）（Van der Maaten et al.，2008）将数据投影到二维空间中。由此发现没有数据的香水类和自由空间，这意味着有一些尚未被发现但却可能存在的香水组合。Xu 等人（2007）设计了一种新的基于人工神经网络的颜料混合方法，能够模拟真实的颜料组合，利用这种方法可以开发出新的人工颜料。

3.2.2　基础资源

在林业领域中，硬材原木的内部缺陷检测非常重要，因为它关系到最终木制品的商业价值。Sarigul 等人（2005）利用硬材原木的计算机断层图像构建人工神经网络，并根据“结”“裂”和“树皮”等特征对每个像素进行初步分析。

在**造纸生产**中，卡帕值是测量纸浆质量的一个重要指标。然而，使用传感器在线直接测量纸浆质量是非常困难的。Li 和 Zhu（2004）发明了一种应用支持向量机方法从监测周围环境的传感器测量值中推断卡帕值的方法，此方法优于人工神经网络。Iglesias 等人（2017）利用多层感知器、支持向量机和分类回归树方法预测纸浆性质，即利用树木的边材和心材在原料中的比例获取纸浆得率、卡帕值、感光度、纤维长度、纤维宽度等数值。

在**工业金属**中，Pardakhti 等人（2017）利用分类树、支持向量机和随机森林方法，通过化学和结构描述符预测金属有机骨架对甲烷的吸附性。Rosenbrock 等人（2017）研究了“晶界”（grain boundaries，GB）的原子结构。晶界对冰晶材料的许多物理性能（强度、延展性、耐蚀性、裂纹反应和导电性）有重大影响。经过训练，支持向量机和分类回归树可以独立预测晶界的三种不同性质：晶界能量、高温迁移和剪切耦合晶界迁移。这有助于生产物理性能更强、腐蚀性更小的金属。不仅在木材行业中，机器学习在钢铁行业中的缺陷检测方面也有应用（Bürger et al.，2014）。在这些行业中，首先对数据使用主成分分析法进行预处理，然后使用不同核函数的支持向量机、随机森林和人工神经网络进行识别。此外，贝叶斯网络（见 2.5 节）预测了热金属中硅含量的变化趋势（Wang，2007）。Gosangi 和 Gutierrez-Osuna（2011）利用动态贝叶斯网络（见 2.6.2 节）对经过电压阶跃调制的金属氧化物传感器的瞬态响应进行建模，它描述了传感器输入和输出之间的动态关系，便于我们更 P. 139
好地理解其基本工作原理。

最后，在**采矿业**中，机器学习应用也十分广泛，可用于评估地下和露天采矿中矿石的破碎程度，以及识别剥落、裂缝喷射混凝土和板块变形等情况。Carey 等人

(2015)利用机器学习进行矿物分类。Harvey 和 Fotopoulos(2016)利用朴素贝叶斯、k 近邻、随机森林和支持向量机方法构建地质图,利用完整的地面验证信息正确识别区域内的地质岩石类型,改进了繁琐的常规野外勘探技术。

3.3 工业领域

工业领域包括工业材料、商品和服务的设计、制造、装配、分销和零售。在这个涉及面很广的工业领域,机器学习技术的应用主要针对工业产品和工艺(见图 3.2)。

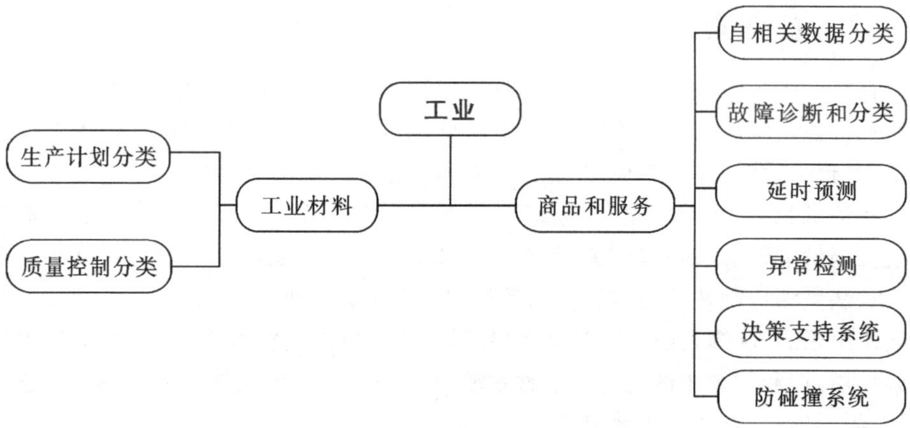

图 3.2 机器学习在工业领域中的应用

工业品制造主要与重工业有关,有时也与航空航天工业中高度自动化和一体化的过程相关。因此,这一领域中几乎所有的产业都需要大量的原材料和资源来实现增值。为了盈利,公司需要高效运营,尽量争取低停机时间(即由于意外故障或维修时间长,机器无法正常工作)、高可用性(即机器的生产时间尽可能接近机器总运行时间)和废料最小化(即存在质量问题的零件数量比例明显低于零件总数)。例如,用于生产水泥和其他建筑骨料的重型制造机械需要消耗大量的能源,从而导致生产成本很高。如果因为故障而停产,生产成本会因为维修成本而增加,利润相应大幅下降。此外,飞机制造需要大量的原材料,其中一些材料极其昂贵。如果在飞机零部件制造过程中存在较高的废钢比率,那么飞机的最终成本可能会高得令人望而生畏。

由于稳健性和高效能是关键需求,这些行业都需要从产品和过程数据中获得可行解,以确保产品和工艺的利润。从传统意义上讲,这些见解是通过繁琐的统计
P. 140 工具或统计过程控制技术获得的,这些工具或技术的应用受到所处理的数据量限

制。然而,随着计算机性能的提高,机器学习技术开始在许多工业部门得到成功应用。尽管如此,从实验室和其他工业部门引进的机器学习技术仍然存在一些障碍,有很多严重的问题需要解决,如恶劣的环境及有限的可用通信设施等。

针对上述问题,Hansson 等人(2016)研究了适用于重工业的多种机器学习工具。他们分析了特征子集选择(见 2.4.2 节)、聚类(见 2.3 节)、人工神经网络(见 2.4.6 节)、支持向量机(见 2.4.7 节)、分类树(见 2.4.4 节)和元分类树(见 2.4.10 节)等方法的工业应用,获得了可行的解决方案,所以本部分中所解释的其他技术也可以同时加以应用。然而将这些算法部署到实际环境中仍是一项颇具挑战性的工作,在应用领域中要根据通信能力、数据存储能力、计算能力及其他需求的限制选择最优算法。第四次工业革命正在着力解决算法及基础设施需求之间的整合问题,并通过集成信息技术和操作技术将机器学习应用于工业部门。下面总结了一些例子。

3.3.1　建筑和材料 P. 141

在**工业材料生产**中,由于真实材料与用户将材料应用于化学过程后存在差异性,所以机器学习常被应用于不同的生产阶段。例如,结构钢是建筑和其他应用领域中最常见的材料之一。然而,世界钢铁协会的数据显示,全球有 3500 多种不同物理和化学性能的钢材。因此,钢铁制造业需要根据钢材的等级、宽度、厚度、特殊要求及误差量大小来正确识别相关生产流程。Stirling 和 Buntine(1998)描述了钢铁制造商如何运用机器学习技术来获取钢厂加工流程。通常情况下,公司每天收到 60 多个订单,其中与产品说明相关的条目多达 7500 个,产品说明定义了获取所需产品的不同流程组合,这些组合的总数超过 10000 个。为此,公司开发了一套系统,采用规则归纳(见 2.4.5 节)、ID3 和 C4.5(见 2.4.4 节)决策树方法,结合运营经验,从质量和交付率两个方面获得最佳的制造流程。同样在结构钢的制造中,Halawani(2014)描述了如何实现分类树的集成,如随机森林,应用于制造过程中的故障检测。此外,还使用特征子集选择技术寻找生产流程中最有价值的特征。

3.3.2　工业产品和服务

工业电子制造中最具代表性的例子是电子半导体制造,在此过程中,应用机器学习解决了许多难题,如测试阶段的最终产品调度规则。Wang 等人(2005)将分类树和人工神经网络相结合,寻找测试规则。此外,Hsu 和 Chien(2007)应用人工神经网络来提高半导体制造的产量。

如上所述,传统上,工业部门以统计过程控制为基础。然而,Chinnam(2002)指出,统计工具并不适用于高度自动化的制造业,例如电气和电子设备中存在自相关数据(以数据本身的延迟副本作为延迟函数)。自相关数据在控制过程中会产生误报或者较低的真阳性检出率,特别是控制系统可以根据报警使设备停止运行。
P. 142 因此,Chinnam(2002)证明了支持向量机是一种有效的技术,它可以在提高准确性的同时,使由于误报和真阳性检出率产生的错误最小化。

在**工业工程领域**中,应用涉及工业设备或部件,如泵、发动机、压缩机、轴承和电梯。在此领域应用中,Kowalski 等人(2017)描述了基于面向故障诊断的单隐层前馈神经网络的船用发动机应用。另一个例子是从数据流(见 2.6.1 节)到辅助电梯制造和维护(Herterich et al.,2016)的异常检测技术应用。

在**航空航天行业**中,有两个层次的应用:组件制造和解决方案,如飞行控制或决策支持系统。机器学习主要应用于航空零部件制造中的质量控制,要求 100% 的检测准确率。这些应用在方法上与其他组件制造类似。然而,也有一些值得关注的应用,如在飞行过程中协助飞行员的自动地平线检测装置。Fefilatyev 等人(2006)描述了支持向量机、C4.5 分类树和朴素贝叶斯分类器的具体应用情况。在这种情况下,仅使用少量的图像集合就能达到较高的准确率。除了分类任务外,他们还采用了基于图像变换的特征子集选择技术和基于像素值的特征子集排序技术。

在**国防装备制造领域**中,产业重点集中在网络防御方面,设计了防火墙和其他设备用于检测来自不同级别的各种威胁。最有效的网络防御方法是异常检测(偏离正常行为):在采用机器学习技术时使用不同变体形式。通过学习正常信号的通信规则来检测异常信号。此外,技术上也有一些改进,如 Lane 和 Brodley(1997)描述的与不同用户配置文件相关的异常检测。在这种情况下,用户配置文件是从不同用户执行操作的特征序列中学习。为了检测异常情况,系统首先计算序列相似性,对用户行为进行分类。然而,其他的机器学习技术,如人工神经网络、朴素贝叶斯、k 近邻和支持向量机,则是根据威胁将其应用于网络防御(Buczak et al.,2016)。

机器学习技术在金融管理服务中的应用与网络防御一样,主要应用于检测欺诈行为。Bose 和 Mahapatra(2001)分析了最常见的技术:规则归纳、人工神经网络和基于案例的推理,所有这些技术都应用数据挖掘技术对电子交易中不同类型的欺诈和威胁进行预测或分类。

对于**工业运输**而言,机器学习主要应用于管理港口和机场交通。在这些地方,大量交通、繁忙调度和存在许多潜在危险的主干运输网交织在一起。在一些船舶
P. 143 港口,开发了基于人工神经网络的避免碰撞系统。正如 Simsir 等人(2014)所描述的一个决策支持系统,帮助交通管理者指挥交通避免事故发生。对于机场,宗磊等人(2008)描述了一种大规模的航班延误报警系统,该报警系统使用聚类技术(见 2.3 节)来减少机场的数据量,以便能够快速处理可用数据。在这种情况下,使用 k 均值算法(见 2.3.2 节)查找每个记录所在类,对检测到的类运用贝叶斯分类器、分类树、人工神经网络和诱导规则等监督分类模型进行测试,构建了基于贝叶斯分类器的报警系统。

3.4 消费服务行业

本部分包括机器学习在零售业、媒体和旅游业中的应用实例(见图 3.3)。

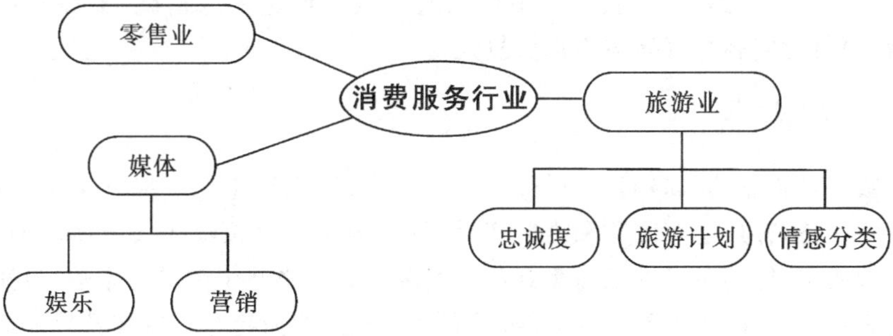

图 3.3　机器学习在消费服务行业的应用

3.4.1 零售业

机器学习方法可以为食品零售商提供竞争优势,能够避免因新鲜食品库存过多或过少而造成损失,对商家来说,及时补给新鲜食品都有一些秘诀。此外,零售商不仅可以根据历史销售数据做出需求预测,还可以参考广告活动、开店时间、当地天气和公共假日等其他影响因素做销售预测。

3.4.2 媒体 P.144

机器学习有助于娱乐、广播、电影和电视等领域的发展。例如:(1)对焦虑、怪诞、恐惧和喜爱等情绪的视频分析跟踪,以及对音乐和声调的音频分析;(2)对广播节目的实时索引和分析,可为广告合作伙伴提供更大的能见度、透明度,使其更具影响力;(3)获知、开发客户感兴趣的系统,并根据客户群体喜好推荐电视节目、电影;(4)改进视频编码器,为移动终端提供超清图像[①]。

上述(3)中的一个实例是 Netflix 奖项,这是一个公开的竞赛,它是预测电影用户评级的最佳算法。此奖项于 2006 年启动,有个团队将 Netflix 算法性能提升了 10%,于 2009 年 9 月获得了 100 万美元大奖。

市场营销也可以利用大量数据来进行实时分析(Sterne,2017)。Tableau[②] 和 Qlikview[③] 提供了高级的数据可视化智能分析工具,可广泛用于市场调研。对于

① 1 in=2.54 cm。——编者注

② https://www.tableau.com

③ https://www.qlik.com

一个成功的营销活动来说，了解哪些单词、短语、句子甚至内容、格式能够引起特定客户的共鸣非常关键。机器学习算法可以应用于所有活动的数据处理场景，通过电子邮件向每位客户发送最佳文本介绍，从而增加成功的可能性。其他的例子包括对移动客户行为的分析，以帮助应用程序发布者识别最忠实的客户，并预测客户流失量。有了这样的工具，营销人员可以通过数字渠道采取措施，提高客户参与率，或在保留特定客户群体方面加大投入。

3.4.3 旅游业

忠诚度是企业的战略营销目标之一。企业可以通过忠诚度提升竞争优势，获得明显的效益，客户愿意回购和推广产品，可以为企业增长收入和增加市场份额，同时降低成本，提高员工的工作满意度。**旅游**忠诚度受几个因素的影响，包括员工提供给客户的服务、旅游网站的功能、消费者对当地旅游特色的感知及故地重游时的客户忠诚度。Hsu 等人(2009)应用贝叶斯网络从具有旅游经验的游客那里收集数据，整理收集出对目的地的客服、网络设施和当地旅游特色有更好评价的游客，其旅游忠诚度更高，这可能会促使他们重新参观或向他人推荐。Wong 和 Chung(2008)运用分类树，分析乘客对国内航空公司的忠诚度，区分忠诚和不忠诚的乘客组。

P. 145 选择旅游景点是旅游规划的重要组成部分。虽然在过去的十年中，各种在线旅游推荐系统已经开发出来，为用户提供了旅游规划方面的支持，但是很少有系统关注推荐定制旅游景点。Huang 和 Bian(2009)基于贝叶斯网络，考虑不同用户的旅游行为，对陌生城市的旅游景点进行个性化推荐。

互联网旅游应用的迅速发展导致大量与旅游相关的个人评论信息发布在网上，这些舆论会以不同形式出现，如博客、百科或论坛。这些评论信息对制定旅游计划很有价值。情感分类技术可从旅行日志中挖掘个人评论。Ye 等人(2009)比较朴素贝叶斯和支持向量机两种方法，对美国和欧洲 7 个热门旅游目的地的旅游博客评论进行了情感分类。

旅游业中其他一些重要问题包括估计入境旅客数、酒店价格和季节性价格，以及判断影响旅客就餐满意度的决定性因素。

3.5 健康服务行业

健康相关数据的爆炸性增长为改善患者健康提供了前所未有的机遇。健康相关数据有不同的来源，包括但不限于个别患者的健康记录、基因组数据、可穿戴健康监测设备数据、医生的在线评论、临床文献和医学图像等方面。在健康服务行业中应用的机器学习(Dua et al.，2013；Jothi et al.，2015；Wiens et al.，2016；Jiang et al. ,2017；Khare et al. ,2017；Natarajan et al. ,2017)，由于其中各种问题相互交织在一起而充满了挑战性。首先是数据类型的绝对数量和多样性，包括从波形到非结构化文本。其次，对该领域的研究跨越了从问题形式到特征选择、模型学习和输出的整个学习过程。在输出的每个阶段，都存在与各种问题相关的挑战，包括数据缺失、类标签失衡、时间不一致性和任务异质性。最后，仅仅开发精确的模型是不够的，若要产生影响则该技术必须被临床医生或生物医学研究人员所采用。

使用复杂算法从大量医疗数据中学习模型，然后依据由此产生的结论辅助临床实践，证明其具有很明显的优势。机器学习可以帮助减少临床实践中不可避免的诊断和治疗错误。此外，机器学习系统可以从大量患者的病例中提取有用信息，P. 146
为健康风险评估和健康结果预测提供实时推断。Darcy 等人(2016)认为，机器学习在护理患者的应用中将有巨大的机遇。对于刚刚开展电子病历的医学来说，需要在数字革命中奋勇前进。

根据 PubMed 列出的文献(Jiang et al. ,2017)将监督算法按照受欢迎程度排序如下：支持向量机、神经网络、逻辑回归、判别分析、随机森林、朴素贝叶斯、k 近邻、分类树和隐马尔可夫模型。

本节围绕以下主体展开：癌症、神经科学、心血管疾病、糖尿病和肥胖症，见图 3.4。生物信息学作为一门跨学科的预测工具，被广泛应用于健康服务行业。

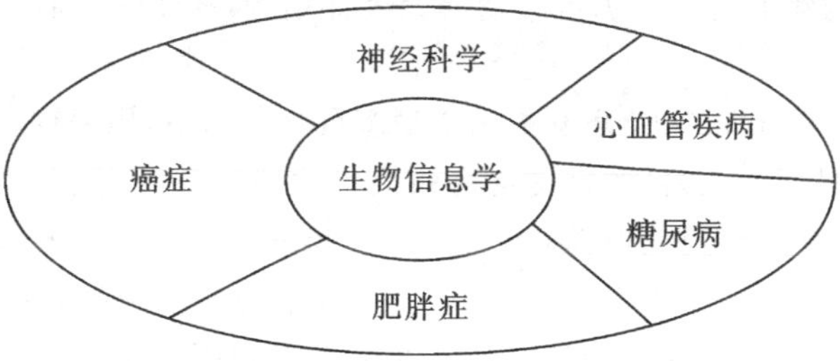

图 3.4　机器学习在健康服务行业中的应用

3.5.1　癌症

癌症是由许多不同亚型组成的异质性疾病。癌症的早期诊断和预后是癌症研究的重要环节，可以促进患者的后续临床管理。将癌症患者分为高和低两个风险组可为诊断和预后提供明显依据，同时对癌症状况的进展和治疗进行建模(Kourou et al. ,2015)。

机器学习算法需解决三类重要问题：(1) 预测癌症易感性(风险评估)，比如乳腺癌风险评估(Ayer et al. ,2010)。其中，人工神经网络已经成功应用于一个包括 4.8 万张乳房 X 光检查结果、人口风险因素和肿瘤特征的数据集，利用 ROC 曲线 P. 147

下的面积来评价模型的判别能力。(2)基于临床、组织图像和基因组数据将贝叶斯分类器、人工神经网络、支持向量机、分类树、随机森林,以及用于特征子集选择的多元过滤和封装方法进行比较,预测口腔癌复发的概率(Exarchos et al.,2012)。(3)癌症生存预测(Park et al.,2013),评估乳腺癌患者的生存率,模型中以生存率作为分类变量,指的是存活或死亡的患者。

贝叶斯网络在癌症研究中得到了广泛应用。Sesen 等人(2013)基于英国肺癌数据库,使用贝叶斯网络对 2006 年—2010 年间确诊的 12.6 万多名患者进行了个性化癌症生存预测,包括治疗时间和治疗方式的选择推荐。当一个新患者就诊寻求治疗策略时,就可以在一组相关变量的基础上构建此模型。结构学习既可以手动(由专家引导)进行,也可以自动(使用 K2 算法和模拟退火相结合的评分和搜索算法)进行,自动方法优于手动方法。Cruz-Ramírez 等人(2007)研究了几种贝叶斯网络分类器(朴素贝叶斯和几种变体,以及无限制性的贝叶斯网络分类器)在乳腺癌精确诊断中的有效性。Gevaert 等人(2006)从数据中学习了贝叶斯网络分类器,通过整合临床数据(包括年龄、肿瘤直径、肿瘤分级、雌激素、孕激素受体状态和淋巴细胞浸润)和微阵列数据(每位患者大约为 25000 个基因的 mRNA 表达水平)预测乳腺癌。这两类变量取值分别对应较差和较好的预后。较差预后是指确诊后 5 年内复发,较好预后是指至少 5 年内无不良反应。利用 K2 搜索算法,结合贝叶斯狄利克雷评分标准,构建了基于马尔可夫毯的分类器结构,参数估计服从狄利克雷先验分布。

Onisko 和 Austin(2015)开发了一个动态贝叶斯网络,用来预测女性患宫颈原位癌及浸润癌的风险。其目的是确定宫颈癌发病率较高的女性,以及与指南中描述情况不同的女性。该数据根据 8 年间(2005 年—2012 年)79 万多名患者的两项筛查测试(Pap 和 hrHPV)的结果整理而成。收集的其他数据是一些诊断或治疗过程、患者以往相关数据和统计学变量。在每个时间周期中需要重复测量来获得数据。根据美国宫颈癌指南,该模型的时间周期为一年。

P.148 3.5.2 神经科学

神经科学研究神经系统,属于生物学的一个多学科分支,主要研究神经元和神经回路的解剖学、生物化学、分子生物学和生理学。例如,近来飞速发展的技术,可利用成像方法或电极对大脑相对较小区域的成百上千的细胞活动以高时空分辨率的形式进行记录。这些大数据为机器学习提供了机会,使人们更好地了解健康和患病大脑的差异性,以期获得更高的治愈率(Landhuis,2017)。Bielza 和 Larrañaga(2014a)综述了贝叶斯网络在神经科学中的应用。

以下是机器学习应用于神经解剖学、神经外科、神经影像学和神经退行性疾病方面的一些重要文献。

在神经解剖学中，DeFelipe 等人(2013)运用机器学习算法对神经元的分类有了新的见解，对神经元类型提出了一些行业认可的专业术语。我们使用了一个基于网络的交互系统，从神经解剖学的几位专家那里收集了一组关于皮质间神经元术语选择(普通型、马尾型、枝状型、锥状神经型、普通竹篮型、拱廊型等)的数据。这些神经元的三维重建被用来测量每个神经元的形态特征。除逻辑回归外，所有 2.4 节引入的监督分类方法均被采用。选取单变量和多变量过滤作为特征子集选择方法。此外，专家们建议使用贝叶斯网络进行建模。

Celtikci(2017)对 50 多项神经外科疾病的分类研究做了综述，涉及的疾病包括脑积水、深度脑刺激、呼吸血管、癫痫、胶质瘤、放射外科、脊柱、创伤性脑损伤等。这里应用了 6 种分析算法，包括神经网络、贝叶斯分类器、支持向量机、分类树、逻辑回归和判别分析。

神经影像学是一种在认知神经科学中被广泛应用的技术。其中有几种成像技术，它们在解剖学覆盖范围、时间采样和血流动力学成像等方面存在差异。最主要的使用形式有：功能性磁共振成像、磁共振成像和脑电图。Abraham 等人(2014)报道了 scikit 学习软件在不同神经成像任务中的使用情况(见 2.7 节)。该软件阐述了如下几个问题：解码大脑观察事物后生成的心理表征，编码大脑活动并解码图像，以及实现静息期的功能连接分析。他们采用独立成分分析(主成分分析的一种变体)中的单变量过滤方法实现特征子集选择、层次聚类、*k* 均值、逻辑回归和支持向量机等算法来解决这些问题。Bielza 和 Larrañaga(2014a)对关于贝叶斯网络在神经成像中应用的 40 多篇文献进行了综述。动态贝叶斯网络已经被应用于功能性磁共振成像、磁共振成像和脑电图等图像识别问题中。

神经退行性疾病和脑功能障碍给发达国家的经济造成了巨大损失。例如，大脑疾病在 2010 年给欧洲造成的经济损失大约为 7980 亿欧元(Olesen et al.，2012)。帕金森病和阿尔茨海默病是财政支出最高的两种神经退行性疾病。最近，*k* 均值算法用于从一个大的、多中心、国际化、特征良好的帕金森病患者队列中搜索处于不同运动阶段的所有患者的亚型，该算法结合了运动特征(运动迟缓、僵硬、震颤、轴向体征)和特定的基于评分的非运动症状量表(Mu et al.，2017)。Borchani 等人(2014)进行了帕金森病问卷(PDQ－39)调查，并运用多维贝叶斯分类器(Bielza et al.，2011)对问卷中与欧洲人相关的五维条目(ED－5D)进行了生活质量预测，其中五维条目包括流动性、自我保健、日常生活、疼痛/不适和焦虑/抑郁等内容。转录因子间的相互作用网络集成了贝叶斯分类器，为阿尔茨海默病研究提供了新的候选转录本(Armañanzas et al.，2012)。Bind 等人(2015)综述了与帕金森病预测相关的监督机器学习算法(人工神经网络、*k* 近邻、支持向量机、朴素贝叶斯、随机森林、装袋法和提升法)。而 Tejeswinee 等人(2017)对阿尔茨海默病和帕金森病数据集采用了单变量和多变量特征子集选择方法与分类树、朴素贝叶斯分 P.149

类器、支持向量机、k 近邻、随机森林和提升法相结合的算法。

3.5.3 心血管疾病

作为患者护理服务的一部分，**心血管**医学产生了大量的生物医学、临床和操作数据。这些数据通常存储在不同的数据库中，不利于开展心血管研究。然而，机器学习技术在心血管疾病中的应用早有尝试，在过去几年中，PubMed 文献检索平台列出的包括“心脏病学”和“机器学习”术语在内的出版物数量呈指数级增长(Shameer et al.，2018)。心脏病学数据可以使用成像技术进行采集，如超声心动图、磁共振成像、单光子发射、计算机断层扫描、近红外光谱、血管内超声、结合分子
P. 150 实体的光学相干断层成像技术(基因组学、转录组学、蛋白质组学)；此外，数据也可来自临床试验。聚类方法可以帮助人们处理心血管医学中常见的慢性复杂疾病亚型，而监督分类则有助于区分生理心脏和病理心脏。Tylman 等人(2016)开发了以硬件实现的贝叶斯网络，从输入信号(如温度、血压、脉搏血氧饱和度、超声心动图和阻抗心动描记术)中实时预测急性心血管疾病事件。

3.5.4 糖尿病

糖尿病是一种代谢紊乱疾病，对全世界的人类健康造成了重大影响。机器学习已被用于糖尿病的预测与诊断，以及糖尿病并发症、遗传背景与环境、医疗与管理等领域，其中预测与诊断是最受欢迎的一类。根据 Kavakiotis 等人(2017)的综述，监督分类算法占 85%，聚类算法占 15%。支持向量机是应用最成功、最广泛的算法。

3.5.5 肥胖症

如今，**肥胖症**研究人员可以获得丰富的数据。传感器和智能手机应用数据、电子病历、大型保险数据库和公开的公共健康数据为机器学习提供了数据来源，机器学习算法可以将数据转化为数学模型。DeGregory 等人(2006)对逻辑回归、人工神经网络和分类树进行了实证比较，从美国国家健康标准与营养调查数据集中提取了 25000 多份患者记录作为样本，再从样本中提取人体测量指标预测体脂率等级。

3.5.6 生物信息学

Larrañaga 等人(2006)综述了机器学习在不同**生物信息学**主题上的应用，其中生物信息学被视为一个跨学科领域，并相应开发了理解生物数据的方法和软件工具。综述内容包括基因组学、蛋白质组学、系统生物学、文本挖掘和其他应用，并讨论了过滤、封装和混合特征子集选择方法。文献中综述的聚类方法包括层次聚

类、k 均值聚类和概率聚类。除了规则归纳外，在 2.4 节中对所提到的其他监督分类算法都进行了论述，同时也考虑了贝叶斯网络和隐马尔可夫模型。

3.6　消费品行业 P. 151

机器学习在消费品上的应用主要涉及三类：车辆、食品和饮料、个人用品和住宅建筑（见图 3.5）。

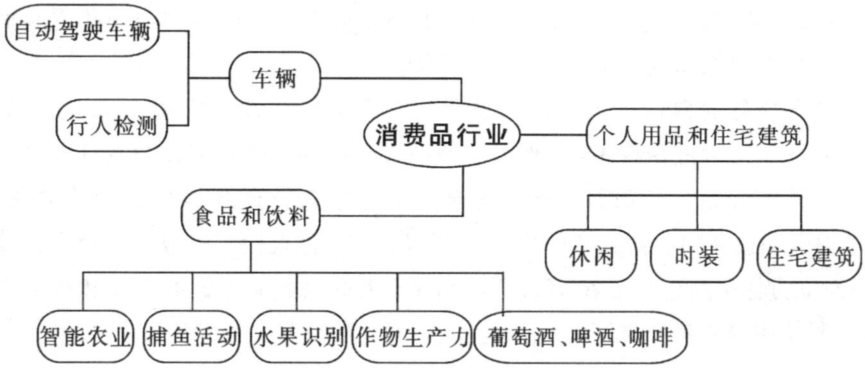

图 3.5　机器学习在消费品行业的应用

3.6.1　车辆

美国人每年开车行驶里程约 4.828 万亿千米，纵观全球，这个数字还在显著增长。全球每天由于交通事故丧生的人数超过 3000 人，绝大多数事故都是因人为操作失误造成的，这意味着人们花在交通上的时间很长并存在潜在危险。自动驾驶技术能够精准控制汽车规范行驶，增强运输系统的安全性和效率，并将运输转变为任何人、任何时间都可以使用的公用事业。这就要求在车辆自主能力的许多方面取得技术进步，包括从车辆设计到控制、感知和规划，以及协调人车的互动等方面。Schwarting 等人（2018）综述了自动驾驶车辆规划和决策方面的最新进展，重点关注：（1）车辆如何决定下一步行进路线；（2）车辆如何利用传感器提供的数据做出短期和长期规划；（3）与其他车辆相互协调时如何改变其行为；（4）车辆如何从自身历史数据和人类驾驶经验中学到驾驶技能；（5）如何确保车辆控制和规划系统正确且安全；（6）如何确保道路上的多辆车在同一时间得到协调和管理，从而最有效地将人员和货物运送到目的地。该综述包含了一些基于机器学习方法的预测和应用，主要是卷积神经网络和贝叶斯深度学习方法（深度学习和贝叶斯概率论的交叉范式）。概率方法，如部分可观察的马尔可夫决策过程，被应用在行为感知运动规划 P. 152
的方法中。此外，作者认为用于计划和决策的机器学习方法需要进一步开发、评价和集成。

对于自动驾驶车辆来说，在动态变化的交通场景中驾驶是一项具有挑战性的任务，尤其是在城市道路上更是如此。在此场景中，对周围车辆行驶行为的预测发挥着至关重要的作用。Geng 等人(2017)将隐马尔可夫模型应用于每个可能的交通场景驾驶行为中，并考虑了道路元素、行人及其相互关系。隐马尔可夫模型用于学习每个驾驶行为的连续特征，并在模型中利用场景数据的先验知识(交通规则、驾驶经验)，设计了一种基于规则的推理方法来制定关于不同场景的每个候选模型、输入特征和先验概率。根据训练后的隐马尔可夫模型(后验概率)的先验概率和测试结果对目标车辆的未来行为进行预测。

基于传感器的**自动行人检测系统**是一项具有挑战性的应用。Navarro 等人(2017)提出了一种应用程序，主要用于处理 Velodyne HDL-64E 激光雷达产生的信息。该传感器是为地面自主行驶车辆导航及船舶障碍物检测而设计的，提供360 度视野和极高的数据点率(每转 100 多万点)。行人检测一般先选择立方体形状，再对立方体中所包含点在 XY、XZ 和 YZ 上的投影应用机器视觉和机器学习算法。所使用的监督分类算法有 k 近邻、朴素贝叶斯和支持向量机。

3.6.2 食品和饮料

在食品方面，我们将讨论来自农业、渔业、水果、蔬菜和茶叶市场的一些例子。

Wolfert 等人(2017)综述了智能农业中大数据的应用现状，此综述的目的是寻找相关社会经济的挑战并使其得以解决。这表明，大数据在智能农业中的应用已经超出了初级生产范围，并正在影响整个食品供应链。大数据分析可预测农业运营情况，驱动实时运营决策，并为改变运营的商业模式重新设计业务流程。此外，预计大数据将会导致当前食品供应链网络中不同参与者的角色和利益关系发生重大变化。作者认为，智能农业的未来可能会在两种极端情况之间形成连续统
P. 153 一体：(1)封闭的专有系统，该系统中农民是高度集中的食品供应链中的一部分；(2)开放的协作系统，在这个系统中，农民和网络中的所有其他利益相关者都可以基于技术和食品生产选择业务伙伴。

在前人经验的基础上，Shakoor 等人(2017)开发了孟加拉国农业预测分析智能系统。该系统建议，在种植过程之前，按区域将经济作物排名。六种主要作物有：澳大利亚稻、阿曼稻、米堡稻、马铃薯、黄麻和小麦。这些作物可通过分析《农业统计年鉴》(*Yearbook of Agricultural Statistics*)和孟加拉国农业研究委员会提供的作物数据集获得，根据种植面积，使用分类树和 k 近邻机器学习算法进行预测。

研究渔业对生态及其养护的影响，是为了更好地了解全球渔业行为，并在全世

界范围内优化、增强渔业管理和养护措施。目前，在绝大多数远洋船舶上安装了基于卫星的自动信息系统(S-AIS)，作为探索实时捕鱼行为的新工具。De Souza 等人(2016)针对 S-AIS 数据提出了捕鱼活动的识别方法，主要采用三种渔具类型：拖网、延绳钓和围网。他们利用 2011 年—2015 年的全球渔船航行轨迹大型数据集，开发出一种探测和定位渔猎行为的隐马尔可夫模型。

由于水果的颜色、大小、形状和质地各异，Shukla 和 Desai(2016)对九种不同类别的水果进行识别。利用计算机视觉进行**水果自动识别**是一项具有挑战性的任务。首先，要对水果图像进行预处理，删除背景，提取代表水果的像素点；然后，将视觉特征、颜色组合、形状和纹理作为预测变量，使用 k 近邻和支持向量机算法进行识别。

农作物产量在印度经济中扮演着重要角色。在特定气候条件和栽培期，一年四季都可以种植蔬菜。蔬菜可能会受到病毒、细菌和昆虫的影响，监测作物对控制疾病传播具有重要意义，因此 Tippannavar 和 Soma(2017)提出了一种从叶片图像中识别蔬菜叶片和异常检测的机器学习技术。通过阈值和形态学从背景中分割出叶片部分，再通过分形特征和彩色图形分别提取纹理特征和颜色特征。利用 k 近邻和人工神经网络算法实现蔬菜分类(识别六种不同类型的蔬菜)和病害分类(识别异型叶片和正常叶片)。

Bakhshipour 等人(2018)给不同类型的红茶分类。使用计算机视觉系统获得和处理三种类型的预测变量(18 个颜色变量、13 个灰度图像纹理变量和 52 个小波结构变量)，采用相关特征选择、模拟退火等启发式搜索算法与分类树、贝叶斯网络分类器和支持向量机等算法相结合的方式来实现分类。

在饮料行业中，机器学习主要应用于葡萄酒、啤酒和咖啡领域，用作对质量和 P. 154
价格预测、产地标识、缺货预测和咖啡植物病害的识别。

如今，**葡萄酒行业**正在利用产品质量认证来推广自己的产品。这是一个耗时的过程，需要该领域专家进行评估，使得整个过程成本非常高。Gupta(2018)探索了机器学习技术的应用，如线性回归、人工神经网络和支持向量机在两个阶段预测葡萄酒质量。首先，线性回归用于选择关键预测变量，针对选定变量利用人工神经网络和支持向量机算法进行葡萄酒质量预测。在葡萄酒数据集实验中，包括白葡萄酒(约 5000 个样本)和红葡萄酒(约 1500 个样本)。这两种葡萄酒的每种样品都包含多种物理和化学变量：固定酸度、挥发性酸度、柠檬酸、残留糖、氯化物、游离二氧化硫、总二氧化硫、pH 值、硫酸盐、酒精浓度和质量评级。由至少三名评酒师通过感官测试进行质量评级，从 0(最差)到 10(最好)共划分为 11 个质量等级。

Yeo 等人(2015)将**高斯过程**①回归和**多任务学习**②用于预测葡萄酒价格。实验使用了 Liv-Ex100 指数中 100 种葡萄酒的历史价格数据。首先,根据自相关性将葡萄酒分成两类;其次,对高斯过程回归模型和自回归滑动平均模型的聚类结果进行比较。与高斯过程相比,带核的多任务学习模型能提供更优的预测结果。Acevedo 等人(2007)使用紫外可见分光光度计(UV-160A)输出了直接紫外可见分光光度变量,并根据产地标识来区分葡萄酒。数据集中包括大量西班牙红葡萄酒和白葡萄酒。*k* 近邻、人工神经网络和支持向量机等算法与序列后向特征选择方法相结合,用于解决此类问题。

啤酒的质量主要取决于其颜色、发泡性和泡沫稳定性,这些性能受产品的化学成分如蛋白质、碳水化合物、氢和酒精含量所影响。传统的评估特定化合物的方法通常既耗时又费钱。Gonzalez-Viejo 等人(2018)利用机器学习算法,基于机器人倒酒器输出的 15 个泡沫和颜色相关变量,以及近红外光谱的化学指纹来预测啤酒质量。人工神经网络预测化学计量目标,如 pH 值、酒精浓度和最大泡沫体积。Li (2017)基于历史数据,对丹麦啤酒厂精酿啤酒供应链早期的订单积压问题提出了预测方法。这些历史数据包含所要预测信息前 8 周的订单信息。数据集中只有不到 1%的产品是延期交货的,这会导致两种类别的数量非常不平衡。此过程主要使用 *k* 近邻、分类树、逻辑回归、支持向量机等算法。

P. 155

咖啡的种子被称为咖啡豆。在全世界,尤其是埃塞俄比亚,都有种植。影响咖啡树叶片的咖啡病害主要有三种:咖啡叶锈病、咖啡霉病和咖啡枯萎病。Mengistu 等人(2016)应用成像和机器学习技术开发了一种病害自动识别系统,利用去除低频背景噪声、对图像强度进行归一化、去除反射、应用滤波器降低图像噪声等方法,对 9000 多幅咖啡树图像进行预处理。将遗传算法应用于多变量过滤特征选择,结果表明颜色特征通常比纹理特征更有相关性。在此类应用中可以使用 *k* 近邻、人工神经网络和朴素贝叶斯方法等监督分类算法。

3.6.3 个人用品和住宅建筑

最后,介绍机器学习在住宅建筑、休闲和个人用品方面的应用。

机器学习使建筑领域获益良多。欧特克公司的 BIM 360 项目 IQ 团队侧重于获取与安全问题相关的行为和环境信息,应用于生成设计、风险评估、风险规避及施工安全等方面。**生成设计**的目标是在设计中模仿自然界的进化方式,利用遗传算法从大量可行的设计方案中尝试找到最佳方案。施工现场每天都要运用风险评

① 高斯过程是随机过程,即由时间或空间索引的随机变量组合成集合,这些随机变量的每个有限集合具有多元正态分布特性。

② 多任务学习是机器学习的一个子领域,利用任务之间的共性和差异可同时解决多个学习任务。

估和规避策略。不仅有数百个分包商同时从事不同的行业，而且会产生成千上万的需要处理的问题，这些问题是动态变化的。BIM 360 IQ 项目重点关注建筑经理、项目经理和监督人员在日常工作中面临的挑战，以便处理这些问题，并探索如何运用机器学习算法基于历史数据实现过程改进。机器学习方法为项目中的每个分包商指派一个"风险评分"，用于度量他们当前在项目中暴露的风险程度。这有助于建筑经理更好地安排时间，与团队更紧密地合作。**施工安全**是所有工地的头等大事。BIM 360 IQ 侧重于记录与安全问题相关的行为和环境，然后将其提供给安全经理，提醒他注意相关事项。应用程序会自动扫描工地上所有的安全问题，然后在这些问题上附加一个标签，标明此问题是否存在可能导致死亡的潜在危险。P. 156
需要特别注意致命的四个事故高发问题：高空坠落、物体打击、坍塌和触电。

电子游戏市场已经成为一个成熟、不断增长的全球休闲娱乐行业。严肃游戏是最有趣的领域之一。一个严肃游戏不仅要具有教育性，还要有很强的趣味性和娱乐性。因此，一个好的严肃游戏必须被设计成有吸引力，有广泛的参与者，能满足特定的教育目标。Frutos-Pascual 和 García-Zapirain(2017)回顾了 2005 年 1 月至 2014 年 9 月发表的决策和机器学习技术在严肃游戏方面应用的论文，共有 129 篇综述。从机器学习角度来看，收录率较高的算法有朴素贝叶斯(13 篇)、人工神经网络(12 篇)、k 近邻(10 篇)和支持向量机(5 篇)。

在**时装业**中，Dadoun(2017)分析了 Apprl 数据集，并运用机器学习算法进行了预测。Apprl 网络成员由博主和在线杂志组成，每月会监测对在线零售商进行访问的数十万访问者，每个人都生成独特的数据片断。Apprl 从 2017 年开始收集这些数据，现在存储了 300 多万条记录。这个数据集中的变量包括产品品牌、类别(鞋子、衬衫等)、颜色、货币支付、客户性别、股票信息(产品是否上市)、供应商出售产品、产品名称、产品正常价格、出版产品的出版商名称、产品售卖日期、产品销售额、产品点击率和产品流行度计算，等等。最后三个变量是机器学习模型的预测目标。这三个预测问题中分别使用了 k 近邻、分类树、逻辑回归、随机森林和提升等算法。

3.7　通信行业

通信行业的信息交流功能，使其成为 21 世纪的核心产业。通信行业需要处理大量数据，由此机器学习的应用尤为重要。扩展趋势包括智能手机使用量的增加，可穿戴设备或物联网等其他技术的稳步发展。如果没有通信行业的持续发展，这些都是不可能的。其他工业部门也将从数据共享程度的不断提高中获益，如供应链的协调和便捷的云分析等。图 3.6 概述了机器学习在通信行业中的应用。P. 157

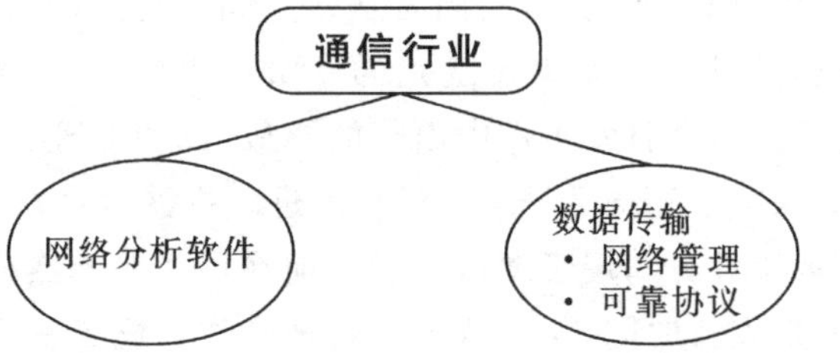

图 3.6　机器学习在通信行业中的应用

3.7.1　网络分析软件

网络分析软件在通信行业中最早的应用之一是**检测垃圾邮件**。朴素贝叶斯分类器(见 2.4.9 节)是垃圾邮件过滤应用中最常见的机器学习算法之一。Apache SpamAssasin 项目是一个经典的反垃圾邮件应用,将朴素贝叶斯算法与垃圾邮件中一组常见规则相结合,计算垃圾邮件得分。如果垃圾邮件得分大于设定阈值,则将该电子邮件视为垃圾邮件。谷歌是电子邮件主要服务商之一,它结合了分类树(见 2.4.4 节)、逻辑回归(见 2.4.8 节)和优化方法等技术创建了独特的垃圾邮件过滤器(Taylor et al.,2007)。谷歌的垃圾邮件过滤有非常严格的要求:

- 它要每天对数百万条消息进行分类,因此必须适当地扩展算法。
- 它应适用于不同的语言。
- 它应该是可解释的,以便理解分类器的基本决策标准。
- 它不仅可以检测垃圾邮件,还可以检测其他恶意意图,如网络钓鱼攻击。

3.7.2　数据传输

机器学习在通信行业中的另一个应用是**无线移动网络管理**。随着无线网络(如 5G)新部署的展开,对快速、安全和可靠的移动网络的接入需求不断增加,移动
P. 158 网络运营商的网络管理也变得越来越复杂。部署自组织网络(self-organizing networks,SONs)是改进网络管理的主要方法之一(Klaine et al.,2017)。自组织网络可以自动安排必要行为来保持网络的最佳运行状态。机器学习算法有助于网络运营商采取正确的行为建设更智能的系统。机器学习算法可以使用运营商定期收集来的大量数据进行训练,以监控移动网络的状态。多种机器学习算法已经应用于自组织网络模型中:

- 无监督分类(见 2.3 节),用于参数配置、缓存、资源优化、负载平衡、故障检测等。
- 监督分类(见 2.4 节)用于用户移动预测、资源分配、负载平衡、故障分类等。

- **强化学习**是一个机器学习领域,系统在学习中决定采取哪种最佳行为。然而,它不是由数据训练而获得的,而是由监督者指出该组的最佳行为。相反,机器学习算法在动作完成后会根据动作是否成功而得到奖励或惩罚。系统要根据先前动作得到的奖励或者惩罚来决定最优决策。强化学习应用于自组织网络,进行参数配置、高速缓存、负载平衡、资源优化和回程优化等。
- 马尔可夫模型(如马尔可夫链和隐马尔可夫模型,见 2.6.3 节)用于故障检测、资源优化等。
- **迁移学习**属于机器学习领域,使用已知数据集进行模型学习,然后用于不同(但类似)的实际应用中。迁移学习已经应用于自组织网络的高速缓存、资源优化和故障预测等方面。

数据传输过程中的可靠链接是通信行业关注的问题。在通信行业,一种常见的技术是使用前向纠错码。前向纠错码对包含冗余信息的消息进行编码,使接收方能够在传输过程中检测到所有错误。前向纠错码一个最常见的例子是 Turbo 码,它已被用于数字视频广播——回传信道卫星标准。该标准使卫星通信能够支持因特网访问。已经证明(McEliece et al. ,1998)Turbo 码是贝叶斯信念网络传播算法的一个实例(见 2.5.2 节)。

3.8　公用事业行业 P. 159

公用事业行业包括向用户提供煤气、电力和水等公用事业的生产和分配。可以应用机器学习解决该领域中的一些重要问题,如电力需求与生产预测、电厂故障检测、配电网设计等(见图 3.7)。

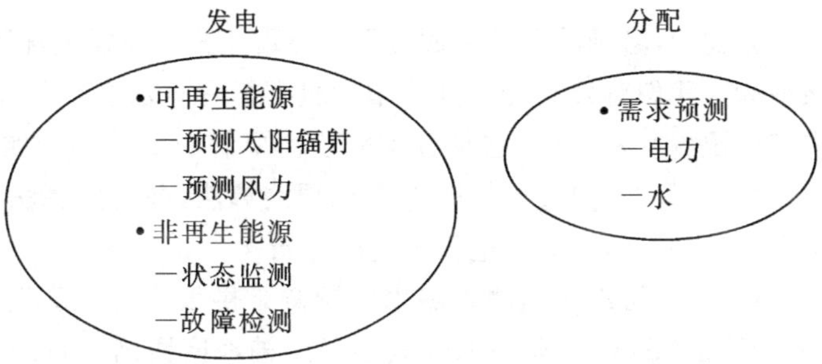

图 3.7　机器学习在公用事业行业的应用

3.8.1　公用事业发电

在与发电有关的活动中,电力是主要的公用事业之一。请注意,由于电力不易储存，所以在这个行业中，始终要保持能源需求和生产之间的良好平衡。关于机器学习技术在发电过程中的应用有大量文献可查。我们可以根据发电来源将电能分类为可再生能源和不可再生能源。可再生能源发电系统性能通常受外部因素影响更大，尤其是天气。因此，有大量文献关注可再生能源预测研究。例如，太阳辐射预测(Voyant et al.，2017；Inman et al.，2013)尝试预测太阳能发电站产量。通常，太阳辐射预测包括天气预报，如由卫星图像和地面测量引导的云形成和移动。
P. 160 传统上，这个问题是用动态大气模型来解决的，但是机器学习算法在此领域中表现很好。监督分类算法(k 近邻、分类树、人工神经网络、支持向量机、贝叶斯分类器)和非监督分类算法(k 均值、层次聚类)都适用于解决此类问题。

风力发电预测(Foley et al.，2012；Zhang et al.，2014)是机器学习在可再生能源领域的又一应用。与太阳辐射一样，风是另一种大气现象，需要通过预测来估计发电量。此外，风速和发电量之间的关系并不是线性相关的(Marvuglia et al.，2012)。所以，即使有准确大气信息，风电产量预测也极具挑战性。人工神经网络和支持向量机是风力发电预测中最常用的算法，与传统大气模型相结合可预测风速。

用于发电的主要不可再生能源通常是化石燃料和核能。对于可再生能源，一些文献尝试使用不同的机器学习算法预测联合循环发电厂的发电量(Tüfekci，2014)，如人工神经网络、支持向量机、装袋法和回归算法。然而，考虑这类电厂具有更大的可预测性，机器学习算法主要解决**故障检测**和**状态监测**等问题。例如，支持向量机已经用于火电厂故障检测(Chen et al.，2011)。此外，对支持向量机进行概率改进的方法已经应用于核电厂状态监测(Liu et al.，2013)。

3.8.2 公共资源分配

在公共资源分配中，必须将公共资源分配给终端用户。要提供优质服务，生产和需求就必须平衡。我们对公共资源分配中的机器学习算法进行了相关研究，发现对资源需求进行预测非常重要，它是分配阶段需要解决的关键问题。Niu 等人(2010)提出了一种基于支持向量机的电力需求预测算法，并将此算法与传统的支持向量机算法和人工神经网络算法进行了比较分析。

同样，**水资源需求**也可以被预测。需水量预测是供水公司正确规划和调度的必要条件。Tiwari 和 Adamowski(2015)利用人工神经网络结合自助采样预测城市区域的用水需求，得出置信区间。Herrera 等人(2010)将几种机器学习算法(如人工神经网络和随机森林)应用于城市区域需水量预测。

3.9 金融服务行业

P. 161

在过去几年中，一系列技术的发展使金融服务行业中的电子交易平台数量激增，产生了大量高质量的市场交易数据，这些数据大多以结构化类型存储，由此使金融服务行业实现了信息化。机器学习算法可以直接与之交互，对众多的销售订单能够实现自动决策，减少了人工干预。

最近，金融稳定委员会①针对人工智能和机器学习在金融服务中的应用问题发表了一份报告。本节中，我们把这些应用分成四种类型(见图 3.8)：(1)客户管理，包括信用评分、保险和面向客户的对话机器人；(2)运营管理，包括资本优化、模型风险管理和市场影响分析；(3)对金融市场交易和投资组合的管理；(4)金融机构对法规执行进行监管(见图 3.8)。

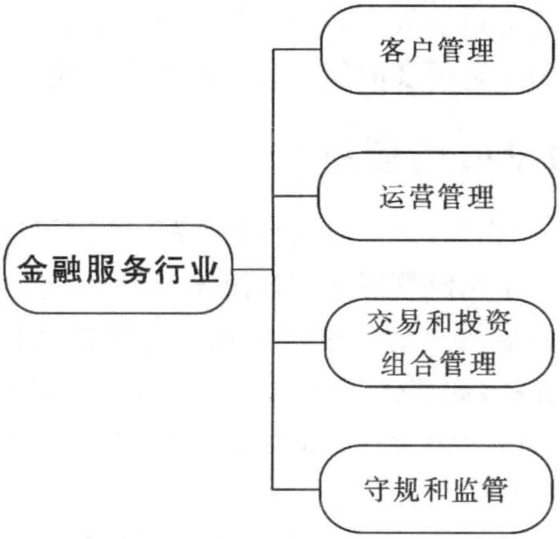

图 3.8　机器学习在金融服务行业的应用

3.9.1 以客户为中心的应用

机器学习方法已经应用于金融机构前台管理。客户数据被输入到机器学习算法中，用来评估信贷质量，从而为贷款合同提供定价。保单的风险评估和定价也可以自动进行。最后，对话机器人可以增加与客户间的互动，为用户提供虚拟帮助。 P. 162

基于机器学习的**信用评分**工具能够加快信贷决策进度，同时防止风险增加。过去，来自金融机构交易和支付历史的结构化数据是大多数信用评分模型的基础。而如今，银行和其他信贷机构越来越多地使用非结构化和半结构化数据，如使用社交媒体、短信活动和手机使用情况来获取与信用相关的信息。使用机器学习技术

① http://www.fsb.org/2017/11/artificial-intelligence-and-machine-learning-in-financial-service/

进行信用评分的优势是:可以快速地分析大量数据;降低评估信用风险成本;通过对个人信用风险的有效预测增加贷款的用户量。主要缺点是:一些机器学习范式不透明,这使得它不可能为最终的信用决策提供合理的解释。Lessmann 等人(2015)针对此问题对机器学习分类器(运用 8 个学分评分数据集中的 41 种分类方法)进行了大量比较。除了规则归纳和封装特征子集选择外,涵盖了 2.4 节中解释的所有监督分类算法。

保险业可以利用机器学习的自然语言处理来改进承保过程,识别风险较高的案例,降低索赔风险,提高盈利能力,确定维修成本,鉴定车祸损害的严重程度,预防车祸(Chong et al. ,2005)。

聊天机器人是通过自然语言(文本或语音)与客户进行交流的虚拟助手,帮助机构解决交易中的问题。利用机器学习算法可使聊天机器人得到不断改进。尽管金融行业目前使用的一代聊天机器人还很简单,但是随着机器人使用范围的扩大(尤其在年轻人当中),聊天机器人会越来越智能化。目前的聊天机器人更倾向于提供实时的保险建议,为上述提及的保险业务减少人工成本。

3.9.2 以运营为中心的应用

金融机构已经在许多操作(或后台)应用程序中使用了机器学习技术。这些应用包括银行资本优化、模型风险管理和市场影响分析。

资本优化,即采用元启发式优化技术实现资本稀缺条件下的利润最大化(见
P. 163 2.4.2 节)。演化计算方法,如遗传算法[①],已被用于衍生品保证金优化领域,例如保证金价值调节量(margin valuation adjustment,MVA)。MVA 用于确定衍生品交易初始保证金的融资成本。

近年来,随着越来越多地使用压力测试,**模型风险管理**对银行提出了挑战。此外,监督机器学习算法有能力准确评估金融信贷风险并预测业务的未来经营状况。参见 Chen 等人(2016)对该主题进行的最新综述。

市场影响分析包括评估公司自身交易对市场价格和流动性的影响。近来使用人工神经网络和支持向量机算法实现了成本预测(Park et al. ,2016)。聚类算法已被用于识别一些消费行为相似的群体。

3.9.3 交易和投资组合管理应用

金融公司也使用机器学习来设计交易和投资策略。

应用机器学习进行**交易执行和决策**的速度比任何人都快。此外,避免了人类情绪对交易决策的影响(Kearns et al. ,2013)。

---

① http://dx.doi.org/10.2139/ssrn.2921822

投资组合管理是由 Markowitz(1952)建立的。它可以被看作是一种根据特定的标准来决定各种资产中哪个比例能使投资组合优于任何其他资产的过程。Ban 等人(2016)将正则化(见 2.4.2 节)应用于投资组合优化。

3.9.4 守规和监管应用

受监管的机构和管理层分别使用机器学习算法进行守规和监管。

法规遵从性涉及对交易员的行为监控,以及有关透明度和市场行为间的沟通。机器学习算法可以通过对输入数据(如,电子邮件、语音、即时消息、文档和元数据等方式)的解释对此问题提供帮助。

交易**监管**属于统计(Bolton et al.,2002)和监督的机器学习算法领域。在这里,朴素贝叶斯、逻辑回归和 k 近邻(Awoyemi et al.,2017)等算法被用来检测欺诈行为。这个问题受到两方面的挑战:首先,正常的情景模式和欺诈行为不断变化(需要概念漂移检测,见 2.6.1 节);其次,信用卡欺诈数据集中的类别标签存在高度不平衡问题。

3.10 信息技术行业

P.164

信息技术部门包括多个行业,通常与计算机科学领域相关,如计算机硬件、软件、互联网、半导体和办公/电信设备等(见图 3.9)。由于这个行业的一些任务(例如,互联网应用)是以数据为中心,所以机器学习技术非常适用于信息技术行业。

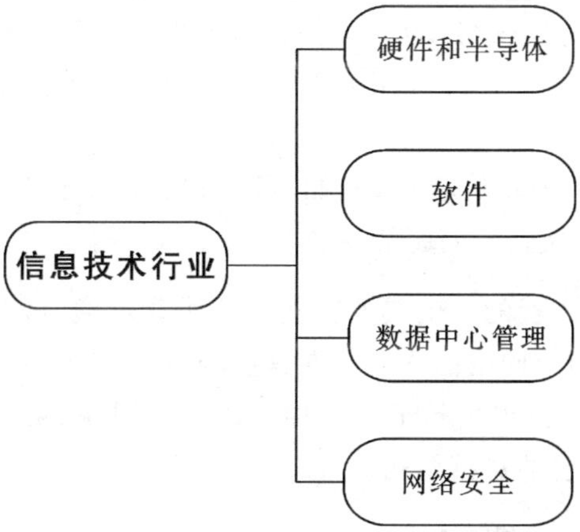

图 3.9　机器学习在信息技术行业的应用

3.10.1 硬件和半导体

半导体生产是一个敏感且涵盖广泛的过程。如果在生产阶段没有及早发现有缺陷的晶圆，可能会增加生产成本。有些文献(Kim et al.，2012；Lee et al.，2017)强调了机器学习技术在检测缺陷晶圆方面的实用性。英特尔是主要的半导体制造公司之一，其设计了一种基于深度学习(特别是卷积神经网络)来检测**硅封装故障**的智能系统。硅封装是一个复杂且成本较高的过程，英特尔所用方法已经达到了与人类检测接近的假阴性率。

同样，硬件故障检测也在文献中进行了大量研究(Murray et al.，2005)。一家主要生产硬盘的企业"西部数据"报告了他们已经使用机器学习技术进行硬盘缺陷检测，并及时发现了生产中的错误。

P. 165

3.10.2 软件

软件开发人员还可以利用机器学习技术来改进研究成果。Zhang 和 Tsai (2003)对应用机器学习技术解决软件工程问题进行了概述。机器学习可以完成以下任务：

- 软件项目进度的预测/评估：软件质量、开发成本、维护工作、软件可靠性、可重用性。利用人工神经网络、k 近邻、分类树和贝叶斯网络对该问题进行了研究。
- 属性和模型发现：识别软件实体的属性。这一问题已经使用了人工神经网络得以解决。
- 转换：自动修改软件以获得收益。例如，通过把串行程序转换为并行程序来帮助开发人员。这一问题已经利用人工神经网络和一种基于近邻的聚类算法得以解决。
- 重用/维护：帮助维护软件项目，例如，通过在软件中找到可以重用的组件。k 近邻和分类树是解决这一问题的主要算法。

系统开发是软件工程的一个典型案例。这个领域通常涉及底层的软件项目，比如操作系统、编译器或网络的开发。在这些项目中，性能是一个重要的问题。最近，Kraska 等人(2017)提出用基于人工神经网络的更快、更节省内存的学习型索引结构可能会取代传统的数据结构。

3.10.3 数据中心管理

大型计算机系统的管理也可以通过机器学习来优化。谷歌通过训练人工神经网络将其数据中心的冷却费用降低了 40%。人工神经网络利用数据中心数千个传感器的历史数据(包括温度、功率、泵速等)进行训练。然后，他们训练了三组人工神经网络：一组人工神经网络用来尝试预测未来平均电力使用效率；另外两组人工神经网络负责预测数据中心的温度和压力。这些人工神经网络算法可以模拟数据中心的任务，从而为冷却系统找到最佳参数集，同时使数据中心保持正确的运行条件。

3.10.4 网络安全

P.166

网络安全是互联网中应用机器学习的一个重要例子。在这个领域中，最常用的解决方案就是使用杀毒软件。网络安全和杀毒软件供应商卡巴斯基正在使用决策树系统来提高其产品的检测性能，其性能也在不断更新当中得以验证。该公司还宣布使用深度机器学习模型分析可疑文件的执行日志，以达到监测恶意软件的目的。

另一个与网络安全相关的活动是互联网应用中的**欺诈检测**，特别是在使用信用卡的支付程序中(Dorronsoro et al.，1997；Srivastava et al.，2008)。据报道，Visa 是最大的信用卡支付机构之一，正在使用机器学习系统(如人工神经网络和其他自我完善的算法)来进行欺诈检测。而 PayPal(贝宝)是当前全球运营在线支付最重要的服务商之一，它使用了人工神经网络和深度学习等机器学习技术。

第 4 章

组件级案例研究：轴承剩余使用寿命预测

P.167 ## 4.1 概述

如 3.3 节所述，轴承(见图 4.1)在机械加工过程中发挥主要作用，但它是最弱的伺服电机部件。轴承使用寿命受诸多因素影响，如机械负载、疲劳、共振、热负荷、材料质量等。如果在轴承复杂的机械系统内部发生故障，就会造成生产线、时间和金钱方面的重大损失。因此，精确预测轴承的剩余使用寿命(remaining useful life，RUL)是非常重要的。

如果已知轴承的剩余使用寿命，则可以按照计划更换轴承，以避免发生事故。如果错误地预测剩余使用寿命，则存在与成本相关的两种情况：轴承更换前发生故障，或者过早的更换轴承，都将导致机械过程提前终止。因此，准确预测 RUL 很重要。

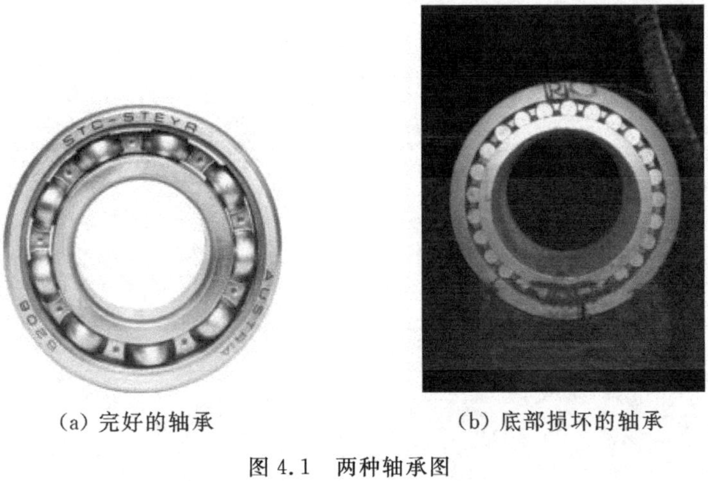

(a) 完好的轴承　　(b) 底部损坏的轴承

图 4.1　两种轴承图

如今，振动传感器和热传感器可采集轴承的实时数据，这些指纹和前期的传感器读数为轴承剩余使用寿命的连续预测提供了保障。但是，使用原始信号可能会导致数据量过大而难以处理，因此采用特征提取方法减小数据集来克服此问题。

本章后续内容分为 5 节。在 4.2 节中，概述了当前数据驱动的滚珠轴承预测技术，及此案例研究所需的轴承数据集。在 4.3 节中，研究了可以从原始信号中提取哪些特征，频域在采样振动现象中的作用，怎样过滤原始信号，以及这些滤波技术如何在提取特征时发挥作用。这一节还解释了所选择的退化模型及其参数，以及 RUL 估计的理论背景及其假设。在 4.5 节中，总结和讨论了所提出模型的实验结果。最后，在 4.6 节中，概述了本案例研究的结论，以及该领域的空白和未来研究方向。

4.2　滚珠轴承预测 P.168

4.2.1　数据驱动技术

假设医生接收了一名就诊患者，其自述有多种症状，用适当的仪器为该患者做检查，并根据自己的经验和知识，评估患者患有某种疾病的可能性，这就是我们所说的诊断。在工业环境中，该示例中的患者是轴承，用于确定其健康状态的仪器是传感器和信号分析工具。现在任何一名称职的医生都会告诉患者没有得到正确和及时治疗的后果：他们的健康状况发展趋势以及病情恶化所需时间。这就是我们所说的预测。在工业环境中，从现在到设备状况（此处指滚珠轴承）恶化的时间即为 RUL。良好的诊断和预测可以充分确定轴承当前和未来的状况。在本节中，我们将简要介绍用于确定 RUL 的现有数据驱动技术。

可将 RUL 的数据驱动技术划分为两类：统计模型和机器学习模型。估计 RUL 的统计模型有：

- 马尔可夫模型。假设机械退化过程在符合马尔可夫属性的有限状态空间中演化，然而，这些模型假设可以直接观察健康状态，但通常情况下这种假设在机床中并不适用。为了描述这些未知状态的退化过程，将隐马尔可夫模型（hidden Markov model，HMM）（见 2.6.3 节）应用于机械预测（Tobon-Mejia et al.，2012）。 P.169
- 自回归模型（autoregressive model，AR）。该模型假设机器的未来状态是依赖于过去状态的线性函数。Qian 等人（2014）使用了 AR 模型估计 RUL 值。
- 随机系数模型。假设退化模型服从正态分布，通过在退化模型中增加退化系数对退化过程的随机性进行描述。Lu 和 Meeker（1993）以这种模型估计了 RUL 值。

- 高斯过程回归。高斯过程是随机变量的累积损伤过程,随机变量服从多元高斯分布。Saha 等人(2010)使用了高斯过程回归方法估计 RUL 值。
- 逆高斯过程模型(inverse Gaussian process models,IGPM)。假设机械退化过程增量是独立的并且遵循逆高斯分布。Wang 和 Xu(2010)使用 IGPM 估计 RUL 值。
- 伽马过程模型。假设退化过程以不相交的时间间隔递增,此时间间隔是服从伽马分布的独立随机变量。van Noortwijk(2009)将伽马过程模型应用于退化估计。
- 维纳过程模型。该模型通常采用漂移项加上布朗运动后的扩散项的形式,这是最常用的随机过程模型之一。Doksum 和 Hbyland(1992)使用维纳过程来估计 RUL 值。

现有的机器学习模型有:

- 人工神经网络(见 2.4.6 节)。前馈神经网络是 RUL 估计中最常见的方法。Sbarufatti 等人(2016)使用蒙特卡罗人工神经网络方法来估计 RUL 值。
- 神经模糊网络(neural fuzzy networks,FN)。这是模糊逻辑系统[①],其推理结构由专业知识确定,隶属函数通过人工神经网络进行优化。Wang 等人(2004)使用神经模糊网络估计 RUL 值。
- 支持向量机(support vector machines, SVM)(见 2.4.7 节)。Dong 和 Luo(2013)使用 SVM 估计系统的退化过程。

P.170 在此案例研究中采用隐马尔可夫模型,通过隐状态表示轴承退化的演变过程,有助于理解估计的参数。在实际中,未知的轴承健康状况与隐状态完全符合。

4.2.2 PRONOSTIA 测试平台

2012 年,美国电气与电子工程师学会(IEEE)可靠性协会与 FEMTO-ST 研究所合作,推出了 IEEE 预测与健康管理(prognostics and health management, PHM)2012 数据挑战赛。挑战包括在恒定和非恒定条件下估计滚珠轴承的 RUL 值。实验在 PRONOSTIA 测试平台上进行,此平台是由交流电机驱动的轴承系统,使用加速度计和电阻温度检测器分别提取振动信号和温度信号,当电机使操作系统按一定角速度旋转时,水平臂放大的气顶在滚珠轴承上施加径向力使轴承使用寿命缩短,参见 Nectoux 等人(2012)的文献可了解更多详情。向参与者提供的故障运行数据集,包括当加速度计记录的力大于等于 20 g 时的滚珠轴承故障。符号 g 表示标准重力加速度,其值约为 9.80665 m/s^2。在这种情况下,包括三种运行条件的振动信号和温度信号:

---

① 模糊逻辑扩展了经典的布尔逻辑,将 0 到 1 之间的任意实数赋值给命题变量。

1. 运行条件 1：1800 r/min 和 4000 N。
2. 运行条件 2：1650 r/min 和 4200 N。
3. 运行条件 3：1500 r/min 和 5000 N。

数据集不包括有关故障模式的信息。运行条件 1 和 2 有两个训练数据集和五个测试数据集，并且两个训练数据集中的其中一个作为运行条件 3 的测试数据集。原始数据集标签如表 4.1 所示。

表 4.1　RUL 估计方法采用的训练数据集和测试数据集

数据集	运行条件	标签	目的	样本量	数据量
1	1	轴承 1 - 1	训练	2803	7188231
2	1	轴承 1 - 2	训练	871	2228889
3	1	轴承 1 - 3	测试	1802	4613120
4	1	轴承 1 - 4	测试	1139	2915840
5	1	轴承 1 - 5	测试	2302	5893120
6	1	轴承 1 - 6	测试	2302	5893120
7	1	轴承 1 - 7	测试	1502	3845120
8	2	轴承 2 - 1	训练	911	2331249
9	2	轴承 2 - 2	训练	797	2039523
10	2	轴承 2 - 3	测试	1202	3077120
11	2	轴承 2 - 4	测试	612	1566720
12	2	轴承 2 - 5	测试	2002	5125120
13	2	轴承 2 - 6	测试	572	1464320
14	2	轴承 2 - 7	测试	172	440320
15	3	轴承 3 - 1	训练	515	1317885
16	3	轴承 3 - 2	训练	1637	4189083
17	3	轴承 3 - 3	测试	352	901120

在 0.1 s 内记录振动信号(垂直和水平)的样本，其采样频率为 25.6 kHz。每个样本记录 10 s 内的 2560 个数据(以重力 g 测量)。表 4.2 显示了测试数据集的实际 RUL 值。

P.171

4.3　振动信号的特征提取

本节将介绍几种常用的振动信号分析技术。当应用传感器测量物理事件时，输出的是携带相关信息的信号。乍一看，这种原始信号无法提供正在发生的事情的任何细节，因此必须提取潜藏在所捕获的物理现象背后的隐藏特征。

表 4.2 所用数据集的实际 RUL 值

数据集	实际 RUL 值/s
3	5730
4	339
5	1610
6	1460
7	7570
10	7530
11	1390
12	3090
13	1290
14	580
17	820

我们首先观察时域和频域。假设有一个周期为 $T\in\mathbb{R}$的信号 $f(t)$。该信号由几个频率分量组成，这些频率分量包含与信号相关的重要信息。但是，这些频率分量在 $f(t)$中并不明确，因此需要对它们转换后再进行识别和测量。傅里叶变换通常将信号分解为频率分量。式(4.1)定义了信号的傅里叶变换 $\hat{f}(z)$①：

$$\hat{f}(z)=\int_{-\frac{T}{2}}^{\frac{T}{2}} f(t)\mathrm{e}^{-2\pi i z t}\,\mathrm{d}t \tag{4.1}$$

假设 $f(t)$ 满足条件$\int_{-\frac{T}{2}}^{\frac{T}{2}} |f(t)|^2\mathrm{d}t<\infty$。我们假定 $f(t)$ 属于特定的向量空间 $L^2([-\frac{T}{2},\frac{T}{2}])$ 或区间$[-\frac{T}{2},\frac{T}{2}]$ 中的平方可积函数。这个空间包括一组特殊的函数 $E=\{\mathrm{e}^{2\pi i\frac{n}{T}t}\}_{n\in\mathbb{Z}}$，可产生任一向量 $\boldsymbol{g}\in L^2([-\frac{T}{2},\frac{T}{2}])$。该向量通过数列 $\{c_n\}_{n\in\mathbb{Z}}$ 的线性组合(Rudin，1976) 生成：

P. 172

$$f(t)=\sum_{n\in\mathbb{Z}} c_n \mathrm{e}^{2\pi i\frac{n}{T}t} \tag{4.2}$$

等式右边称为 $f(t)$的傅里叶级数。此外，欧拉公式表示为 $\mathrm{e}^{i\theta}=\sin\theta+i\cos\theta$，

① i 表示求解方程 $x^2+1=0$ 的解或 $i=\sqrt{-1}$。

这意味着 $f(t)$ 可以分解为周期函数。系数 $\{c_n\}_{n\in\mathbb{Z}}$ 表示周期函数或频率在 $f(t)$ 中的重要性。请注意，只有在我们知道 $\{c_n\}_{n\in\mathbb{Z}}$ 的情况下才能重建函数 $f(t)$。因此，$f(t)$ 完全由系数来确定。

我们试图获得系数 $\{c_n\}_{n\in\mathbb{Z}}$ 的值，则空间 $L^2([-\frac{T}{2},\frac{T}{2}])$ 的内积①为 $\langle f,g\rangle=\frac{1}{T}\int_{-\frac{T}{2}}^{\frac{T}{2}}f(t)g^*(t)\mathrm{d}t$ ②。依据内积定义，任意两个不同向量 f、$g\in E$ 具有如下属性：$\langle f,g\rangle=0$ 且 $\langle f,f\rangle=1$。遵从上面的属性，系数 c_n 可表示为

$$c_n=\langle f(t),\mathrm{e}^{2\pi\mathrm{i}\frac{n}{T}t}\rangle=\frac{1}{T}\int_{-\frac{T}{2}}^{\frac{T}{2}}f(t)\mathrm{e}^{-2\pi\mathrm{i}\frac{n}{T}t}\mathrm{d}t \tag{4.3}$$

注意，在计算时可以把 c_n 当作在 $\frac{n}{T}$ 处 $f(t)$ 的傅里叶变换进行处理，即 $c_n=\frac{1}{T}\hat{f}(\frac{n}{T})$。由此得出结论，系数 $\{c_n\}_{n\in\mathbb{Z}}$ 可使用傅里叶变换直接进行计算。图 4.2 说明了 $\hat{f}(z)$ 和 $f(t)$ 之间的关系，显示了 $f(t)$ 如何分解成更简单的周期函数。 P.173

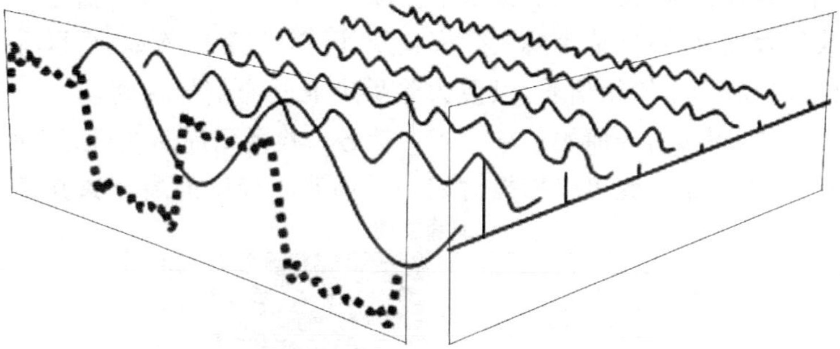

图 4.2　$\hat{f}(z)$ 和 $f(t)$ 之间的关系。虚线表示信号 $f(t)$，实线表示 $\hat{f}(z)$。$f(t)$ 可被分解为简单的周期函数。每个简单周期函数的振幅决定了其频率的相关性

在这一点上，我们需要用到奈奎斯特-香农采样理论（Shannon，1949）。该定理建立了定义周期性物理现象的采样频率标准。假设 $f(t)$ 是一个信号且 $\hat{f}(z)$ 在频域 $[-W,W]\subset\mathbb{R}$ 上是非零的，将 $f(t)$ 信号固定在有限频率 W 上。因此，如果在

---

① 在向量空间 L^2 上的内积为双线性函数 $<\cdot,\cdot>$，对任意 $u,v,w\in L^2$ 且 $\lambda\in\mathbb{R}$ 具有如下属性：

a. $\langle\lambda u+v,w\rangle=\lambda\langle u,w\rangle+\langle v,w\rangle$；

b. $\langle u,\lambda v+w\rangle=\lambda\langle u,v\rangle+\langle u,w\rangle$；

c. 当且仅当 $u=0$ 时，$\langle u,u\rangle=0$；

d. $\langle u,u\rangle\geqslant 0$。

② $g^*(t)$ 是 $g(t)$ 的复共轭，如果 $g(t)=x(t)+\mathrm{i}y(t)$，则 $g^*(t)=x(t)-\mathrm{i}y(t)$。

至少$\frac{1}{2W}$的频率上采样，则可完全确定 $f(t)$。在不应用采样定理的情况下，可能出现易混淆或者传感器信息不准确等情况，导致特征提取结果较差。

在了解了奈奎斯特-香农采样定理和傅里叶级数分解所阐明的频域和时域之间相互作用的基础上，我们便可以从原始信号中提取特征。

重要的是要考虑时域的统计特征，如方差、偏度和峰度。这些功能在 2.2.1 节中已描述。另一个重要的时间特征是均方根(root mean square，RMS)值。RMS 值将一个非常数信号变换为常数信号。假设 $f(t)$是定义在时间间隔$[T_1,T_2]\subset\mathbb{R}$中的函数，RMS 的数学公式表示为

$$\mathrm{RMS}(f(t))=\sqrt{\frac{1}{T_2-T_1}\int_{T_1}^{T_2}|f(t)|^2\mathrm{d}t} \tag{4.4}$$

注意，滚珠轴承是旋转机械元件。轴承部件中的任何故障都将导致特征频率发生变化(可参见 5.2.2 节)。因此，频谱(基于频率)特征可以提供关于轴承当前健康状态和可能故障模式的信息。P. 174

与时域一样，统计特征可以从频谱中提取出来。然而，可以对信号频谱应用更深层的变换和处理，以更好地理解失效模式及其演化过程。例如，可以将数字滤波器和模拟滤波器应用于原始信号，以便去除噪声或改变信号频谱。另一个重要的方法是谱峰度法，用于清洗原始信号。当在信号中检测到周期性瞬态力时，峰度值增加。因此，该方法是找到可以捕捉时域中最高时间峰度的最佳滤波器。一些传

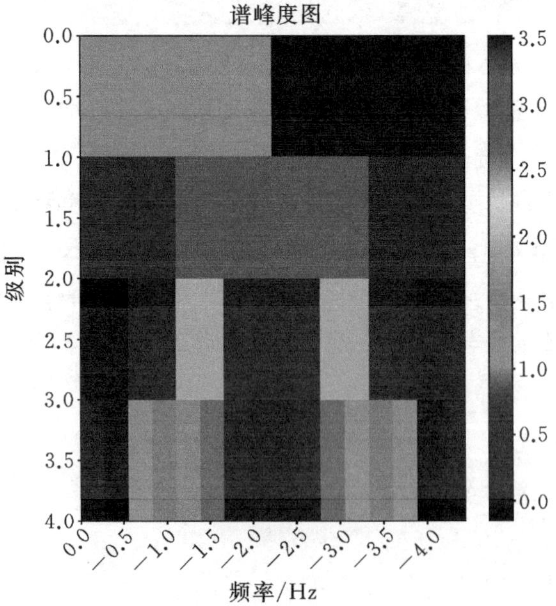

图 4.3 快速谱峰度图示例(参见彩图 2)

统的策略，如快速谱峰度图(见图 4.3)用于设计这种过滤器。频谱被分成 2^k 个因子，其中 $k\in\mathbb{N}$ 是分解级别。应用带通滤波器来滤波 2^k 部分的每个区域。针对每个滤波信号计算峰度，并选择具有最高峰度值的信号滤波器。

傅里叶变换的主要问题是它假设输入信号是静止的或其内部参数总是恒定 P.175
的。但是，这种假设并不适用于实际应用，由此发展了时频表示法。例如，短时傅里叶变换(short-time Fourier transform，STFT)①，对于信号 $f(t)$，$\widetilde{f}(t,z)=\int_{-\infty}^{+\infty}x(\tau)w(\tau-t)\mathrm{e}^{-2\pi iz\tau}\mathrm{d}\tau$。该变换应提取每个时间点的频率，如图 4.4 所示。当研究非平稳信号时，其频率将随时间而变化。STFT 可以识别和跟踪这些频率。

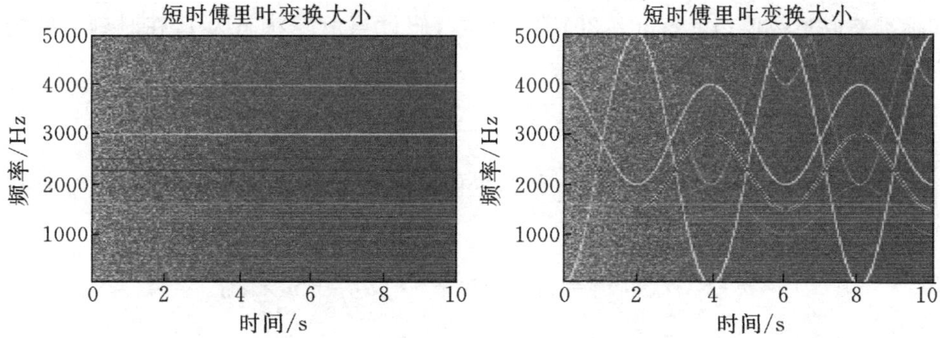

(a) 稳态信号，其频率不随时间变化　　(b) 非稳态信号，其主频随时间变化

图 4.4　短时傅里叶变换的时频表示法(参见彩图 3)

4.4　基于隐马尔可夫模型的 RUL 估计

在本节中，我们引入隐马尔可夫模型对 RUL 估计的运行条件建模，将学习模型与隐状态的编码一起呈现，然后介绍用于估计 RUL 的策略和假设(Le et al.，2015)。最后，报告并讨论 RUL 估计结果。

想象一下，我们可以根据需要使同一台机器多次运行。如果在每次测试中，测量机器发生故障时的 RUL 值，可在过程结束时发现 RUL 是一个随机变量 D，
RUL 期望值为 $E[\mathrm{RUL}]=E[D]$，其中 E 是期望运算符。随机变量 D 可以分解为 h P.176
个隐状态。此外，假设在机器的每次测试中，可以确定在每个隐状态中花费的时间。因此，每个状态将具有一个随机变量 D_i，则 $D=\sum_{i=1}^{h}D_i$，RUL 期望值为 $E[D]=$

① $w(t)$ 称为窗函数。最常见的窗函数是高斯或汉宁窗。

$\sum_{i=1}^{h} E[D_i]$。

为了确定每个时刻上的 RUL 值，假设隐状态具有时间顺序性。换言之，给定任意两个隐状态，都可知晓轴承使用情况。$S=\{1,2,\cdots,i,i+1,\cdots,h\}$是隐状态的有序集合。假设当前隐状态为 i，在 t 时刻随机变量的 RUL 值为

$$\mathrm{RUL}(t)=D_i^t+\sum_{j=i+1}^{h} D_j \tag{4.5}$$

其中，D_i^t 是一个随机变量，定义为 $D_i^t=D_i-D_i(t)$。D_i^t 表示状态 $i(D_i)$的总花费时间与状态 i 到时刻 $t(D_i(t))$所花时间的差值。如果假设每个 $D_i \sim N(\mu_{D_i},\sigma_{D_i})$，可以推导出 D_i^t 服从均值为 $\mu_{D_i}-D_i(t)$，标准差为 σ_{D_i} 的高斯分布，其均值和标准差取整数值(Le et al.，2015)。总之，假设当前隐状态为 i，在时刻 t 处的 RUL 期望值计算公式为

$$E[\mathrm{RUL}(t)]=\mu_{D_i}-D_i(t)+\sum_{j=i+1}^{h} \mu_{D_j} \tag{4.6}$$

当处理分布时，RUL 估计可以作为置信区间给出。我们引入 $E[\mathrm{RUL}_u(t)]$和 $E[\mathrm{RUL}_b(t)]$作为其上下界：

$$E[\mathrm{RUL}_u(t)]=\mu_{D_i}-\bar{D}_i+\sum_{j=i+1}^{h} \mu_{D_j}+\eta\sum_{k=i}^{h} \sigma_{D_k} \tag{4.7}$$

$$E[\mathrm{RUL}_b(t)]=\mu_{D_i}-\bar{D}_i+\sum_{j=i+1}^{h} \mu_{D_j}-\eta\sum_{k=i}^{h} \sigma_{D_k} \tag{4.8}$$

上下界值计算考虑了每个隐状态持续时间的平均偏差。式(4.7)和式(4.8)分别高估和低估了 RUL 值，因此在两个公式中加入置信度参数 η(Tobon-Mejia et al.，2012)。对于此案例，参数设置为 $\eta=0.5$。

在式(4.7)和式(4.8)中，需要为每个隐状态找到 μ_{D_i} 和 σ_{D_k}。在此使用隐马尔可夫模型。假设我们有 M 个训练数据集。对于每个数据集，使用维特比算法估计

P. 177 隐状态，并计算每个隐状态 i 和每个数据集 j 的持续时间 d_{ij}。可以使用式(4.9)和式(4.10)估计 μ_{D_i} 和 σ_{D_i}，分别为

$$\hat{\mu}_{D_i}=\frac{1}{M}\sum_{j=1}^{M} d_{ij} \tag{4.9}$$

$$\hat{\sigma}_{D_i}=\sqrt{\frac{1}{M-1}\sum_{j=1}^{M} (d_{ij}-\hat{\mu}_{D_i})^2} \tag{4.10}$$

Python 中的 hmmlearn 库用于本案例研究。可以使用该库构建、定义隐马尔可夫模型，从模型中采样，并使用前向-后向算法、维特比算法(见 2.6.3 节)。

回忆一下，一个隐马尔可夫模型由一个元组($\boldsymbol{A},\boldsymbol{B},\boldsymbol{\Pi}$)构成，其中 $\boldsymbol{A}$ 是转移矩

阵，$\boldsymbol{B}$ 是刻画发射密度①的参数向量，$\boldsymbol{\Pi}$ 是隐状态的初始概率。在 RUL 估计问题中，隐状态被解释为轴承的健康状态。假设每个状态 $i \in \boldsymbol{B}$ 的发射密度服从正态分布，对应已知均值和标准差的分布为 $N(\mu_i, \sigma_i)$。因此，$\boldsymbol{B}=(\mu_1, \cdots, \mu_h, \sigma_1, \cdots, \sigma_h)$。对于提供的数据集，有三种不同的运行条件，所以需要为每个条件建立模型。在本案例研究中，我们将使用 RMS 值(见 4.3 节)对学习参数进行合理的解释。RMS 值对于轴承剩余使用寿命预测非常重要，因为 RMS 值会受到轴承故障的影响而增加(Caesarenda et al.，2017)。$f(t)$是一个振动信号，其值随着轴承故障的加剧而增大。因此，将每个数据集的每个样本转化为其 RMS 值，输出每个训练集的 RMS 值序列。值得注意的是，由于从每个样本中提取了 RMS 值，使得隐马尔可夫模型的观察数据量减少。例如，数据集 1 从 7188231 个数据减少到 2803 个 RMS 值。

我们在模型中使用三种状态，$S=\{$良好，一般，差$\}$。考虑隐状态，使用 2.6.3 节中介绍的鲍姆-韦尔奇(Baum-Welch)算法来确定模型参数 $\boldsymbol{A}$、$\boldsymbol{B}$ 和 $\boldsymbol{\Pi}$。在理论上，隐状态越多越能更好地表示轴承退化的动态演变过程(Rabiner，1989)。然而，由于计算限制，我们选择一组有限的状态。

式(4.11)显示了 HMM 描述的运行条件 1 的学习参数。 P.178

$$
\begin{gathered}
\boldsymbol{A}_1=\begin{bmatrix} 0.953 & 0.044 & 0.002 \\ 0.037 & 0.961 & 0.002 \\ 0.000 & 0.010 & 0.990 \end{bmatrix} \\
\boldsymbol{\Pi}_1^{\mathrm{T}}=(1 \quad 0 \quad 0) \\
\boldsymbol{\mu}_1^{\mathrm{T}}=(0.578 \quad 0.375 \quad 1.291) \\
(\boldsymbol{\sigma}_1^2)^{\mathrm{T}}=(0.012 \quad 0.001 \quad 0.634)
\end{gathered} \tag{4.11}
$$

这些矩阵和向量无法表示每个隐状态的对应参数，必须解码学习参数来识别隐状态。注意，向量 $\boldsymbol{\Pi}_1$ 中第一个条目的概率是 1，这意味着如果从这个模型中采样，将从此状态开始；因此，它被归类为良好状态。对于转移矩阵 $\boldsymbol{A}_1$，轴承保持良好状态的概率是 $a_{11}=0.953$，表示了轴承的良好度：该值越高，轴承保持良好状态的时间越长。故障越严重其 RMS 值越大。请记住，发射概率假设服从高斯分布，观测值是 RMS 值，其中向量 $\boldsymbol{\mu}_1$ 表示每个状态的 RMS 平均值。然后得出结论，差状态对应于第三个条目，因为它具有最高的 RMS 值。如果检查 a_{33} 或轴承保持在差状态的概率，发现它的值几乎为 1($a_{33}=0.99$)，这是合理的，因为轴承一旦出现故障就会保持这种状态。由此得出结论，良好状态对应于学习参数的第一个条目，

---

① 在 2.6.3 节中定义的是发射概率，由于观察变量是连续的，所以在此指发射密度。

一般状态对应于第二个条目,差状态对应于第三个条目。请注意,轴承状态通常不会像本例中的如此明确;对学习参数的正确解释和读取是解码学习参数的关键因素。

式(4.12)显示了运行条件 2 的学习模型参数。

$$
\begin{gathered}
\boldsymbol{A}_2=\begin{bmatrix}0.994 & 0.005 & 0.001\\ 0.009 & 0.991 & 0.000\\ 0.008 & 0.000 & 0.992\end{bmatrix}\\
\boldsymbol{\Pi}_2^{\mathrm{T}}=(0\quad 0\quad 1)\\
\boldsymbol{\mu}_2^{\mathrm{T}}=(1.018\quad 1.553\quad 0.508)\\
(\boldsymbol{\sigma}_2^2)^{\mathrm{T}}=(0.011\quad 0.157\quad 0.006)
\end{gathered}
\tag{4.12}
$$

对隐状态解码。$\boldsymbol{\Pi}_2$ 的第三个条目概率为 1,它被认为是良好状态。我们发现向量 $\boldsymbol{\mu}_2$ 中第二个条目对应的 RMS 值最高,因此它被认为是差状态。由此得出结论,第三个条目表示良好状态,第一个条目表示一般状态,第二个条目表示差状态。

P. 179 式(4.13)显示了运行条件 3 的学习模型参数。

$$
\begin{gathered}
\boldsymbol{A}_3=\begin{bmatrix}0.996 & 0.001 & 0.003\\ 0.000 & 0.962 & 0.038\\ 0.029 & 0.009 & 0.962\end{bmatrix}\\
\boldsymbol{\Pi}_3^{\mathrm{T}}=(0.5\quad 0.0\quad 0.5)\\
\boldsymbol{\mu}_3^{\mathrm{T}}=(0.422\quad 1.516\quad 0.549)\\
(\boldsymbol{\sigma}_3^2)^{\mathrm{T}}=(0.001\quad 0.506\quad 0.002)
\end{gathered}
\tag{4.13}
$$

我们期望轴承状态自开始以后始终是好的。然而,从向量 $\boldsymbol{\Pi}_3$ 来看,没有概率为 1 的条目。因此,根据该标准没有一个状态可以被归类为良好状态。检查向量 $\boldsymbol{\mu}_3$ 以确定良好状态,选择具有最小 RMS 值的条目作为良好状态,将具有最高值的条目选为差状态。由于第一个条目具有最小值,因此它被认为是良好状态。此外,第二个条目具有最高值,因此被解码为差状态,而第三个条目为一般状态。

注意,这种编码对于 RUL 估计是必要的,因为我们需要一个状态的有序集合,它可以明确显示轴承的最佳状态。

4.5 结果分析

本节包含 RUL 估计结果,将隐马尔可夫模型的输出结果与实际 RUL 值进行比较。对于每个运行条件,选择一个对应的测试数据集。数据集 6、11 和 17 分别用于运行条件 1、2 和 3。

4.5.1 RUL 结果

图 4.5 显示了某种运行条件下测试数据集的 RUL 值估计结果。实线表示实际的 RUL 值，点线表示在该运行条件下测试数据集的 RUL 估计值（点线在图 4.5(a)至(c)中分别代表数据集 6、11 和 17 的 RUL 估计值）。实线与点线越接近，预测结果越好。对每个测试数据集计算 RUL 估计值的相对误差如表 4.3 所示。由 RUL 的实际值和估计值差的绝对值除以 RUL 实际值可得到相对误差。使用汉宁窗计算相对误差：

$$\text{RUL 相对误差} = \frac{1}{T}\sum_{t=1}^{T} w(t)\,\frac{|\text{RUL}(t) - \widehat{\text{RUL}}(t)|}{\text{RUL}(t)} \tag{4.14}$$

其中，$w(t) = \sin\frac{\pi t}{T}$，$T$ 必须满足 $\text{RUL}(T)=0$。当 $\text{RUL}(t)$ 接近 0 时，汉宁窗能够避免相对误差的过度使用。 P.180

表 4.3　每个测试数据集的相对误差

数据集	RUL 估计值的相对误差
6	10.67
11	1.72
17	362.74

图 4.5(a)显示了运行条件 1 下的实验结果，RUL 估计值略高于实际值。如表 4.3 所示，相对误差为 10.67%。

图 4.5(b)显示了运行条件 2 下的实验结果，RUL 估计值与实际值在整个轴承寿命期间非常接近。由于相对误差非常低，这种运行条件下所付出的资金与时间成本代价较低。

图 4.5(c)显示了运行条件 3 下的实验结果。RUL 估计值较高，特别是从 $t=0$ s 到 $t=700$ s，在 $t=700$ s 时，RUL 估计值突然减小并且接近 RUL 实际值直到结束。由于 RUL 实际值一直不在置信区间内，因此这种情况是不可取的，产生的相对误差高于 100%，如表 4.3 所示。请注意，只有在预测值被高估的情况下才能获得高于 100%的相对误差。

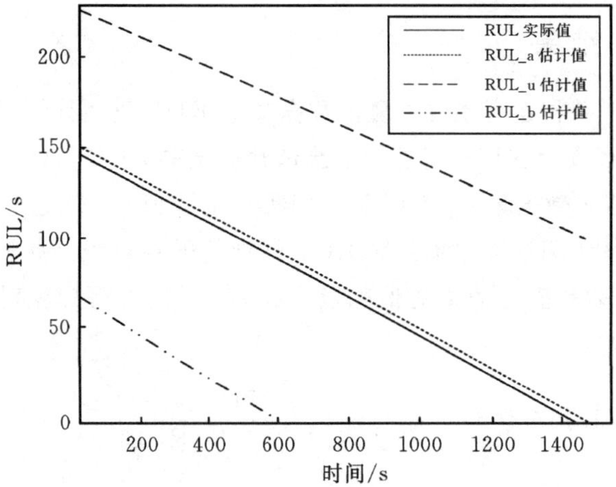

(a) 运行条件 1

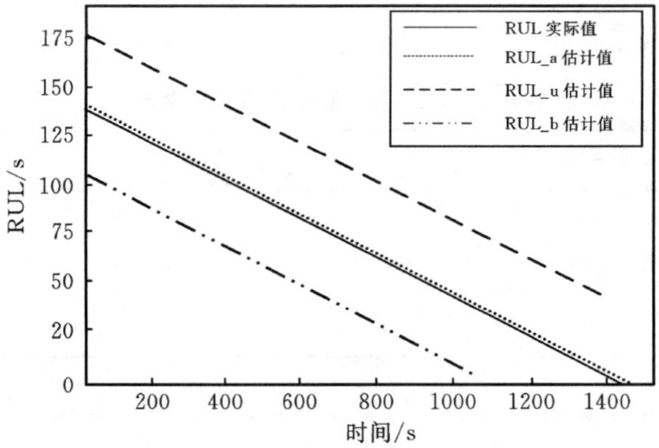

(b) 运行条件 2

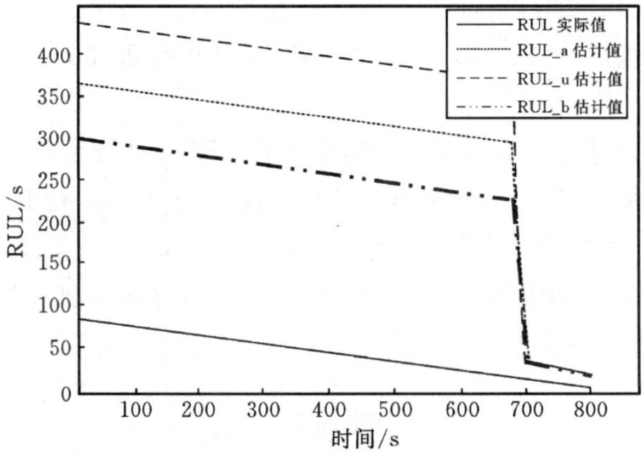

(c) 运行条件 3

图 4.5 不同运行条件下测试数据集的 RUL 估计值

4.5.2 退化模型的解释

这里实现的退化模型期望滚珠轴承故障不断加剧，并期望轴承不会恢复到先前的状态。因此，只添加前向状态的平均时间期望 $E[D_i]$ 和当前状态的剩余时间期望值(式(4.6))。这个条件限定转移矩阵 $\boldsymbol{A}$ 是上三角形，如式(4.15)，概率为 $\sum_{j=1}^{h} a_{ij}=1, \forall i=1,\cdots,h$，且如果 $i<j$，则 $a_{ij}=0$。假设转移矩阵 $\boldsymbol{A}$ 为上三角形(式(4.15))是一种理想状态，可以在式(4.11)至式(4.13)中验证。如果这个假设不成立，主要原因可能是在运行条件 3 下表现不佳。

$$\boldsymbol{A}=\begin{bmatrix} a_{11} & a_{12} & a_{13} & \cdots & a_{1h} \\ 0 & a_{22} & a_{23} & \cdots & a_{2h} \\ 0 & 0 & a_{33} & \cdots & a_{3h} \\ \vdots & \vdots & \vdots & & \vdots \\ 0 & 0 & 0 & \cdots & a_{hh} \end{bmatrix} \tag{4.15}$$

另一方面，需要大量的训练数据集从式(4.9)中的 $\hat{\mu}_{D_i}$ 和式(4.10)中的 $\hat{\sigma}^2_{D_i}$ 来更好地估计转移矩阵。在这种情况下，每种运行条件仅有两组训练数据集。然 P.181
而在某些情况下，不足以获得准确的估计。我们发现若 RUL 估计值较为准确，则有助于诊断。

4.6 结论和未来研究

4.6.1 结论

隐马尔可夫模型可用于理解隐变量，如轴承的健康状态。然而，准确估计隐马尔可夫模型中的所有参数需要大量的训练数据集。另外，大量的数据集会导致计算问题(可用于隐状态估计中参数学习的存储是有限的)。为了更好地理解轴承的健康状态，必须解释训练模型的参数。维特比算法是估计轴承状态的重要方法。对隐状态的估计是 RUL 估计的关键问题。由 RUL 模型提出的假设在实际应用中是无法实现的。尽管存在此缺点，但我们仍可实现准确的 RUL 估计。

特征提取对于参数估计至关重要。我们必须首先确保物理特征已被正确采样。如果需要，可以使用滤波器来衰减噪声或加强某些频率。一旦存在重要信号，就可以将其特征提取出来。在本案例中使用了 RMS 值，因为已有文献表明在 RMS 值与故障演变之间存在直接的比例关系。但是，我们可以使用其他统计量，如峰度、方差或具有所有这些特征的多维观测值。尽管如此，我们必须能够对估计的参数进行解释并推导出相应的隐状态。

4.6.2 未来研究

轴承中任何裂纹的演变取决于其先前的状态。然而,HMM 方法认为当前观察值仅依赖于前面的观察结果,在某些情况下这些依据是不够的。因此,Chen 等人(2018)采用了自相关 HMM 来估计 RUL 值;他们假设观察序列中的变量之间存在依赖关系。而与 HMM 中过去状态相关的观点相结合,Petropoulos 等人(2017)提出了一种新的 HMM 方法,称为变量依赖性跳跃 HMM。类似地,Liu 等人(2015)提出了连续时间隐马尔可夫模型(CT-HMM)。CT-HMM 是任意时刻
P. 182 的隐状态都可与观察变量发生转换的一种隐马尔可夫模型。在轴承为健康状态的情况下,这是合理的假设。除此之外,Cartella 等人(2015)使用了隐半马尔可夫模型,其中隐状态的持续时间与模型相关并且可以修改转移矩阵 **A**。因此,他们修改了前向-后向和维特比算法,用于考虑状态持续时间。还需要说明,轴承故障可能存在多种故障模式,并且每种故障模式导致不同的退化过程。Le 等人(2015)开发了一种多分支的隐半马尔可夫模型,其中每个分支包含代表故障模式的一个 HMM。

在现实情况下,单一的马尔可夫性质存在不一致的问题。所以该领域的研究趋势是通过修改最大期望值算法、维特比和前向-后向算法来弱化马尔可夫假设。另一个重要问题是在线确定故障模式以获得对退化模型更精确的描述,其中混合滤波(如 kurtogram)有助于预后方法诊断。

对于本案例研究,我们仅使用 RMS 值来学习模型参数。由于仅使用一个特征来训练 HMM,因此模型参数容易解释且模型配置清晰;但是,如果使用更多时

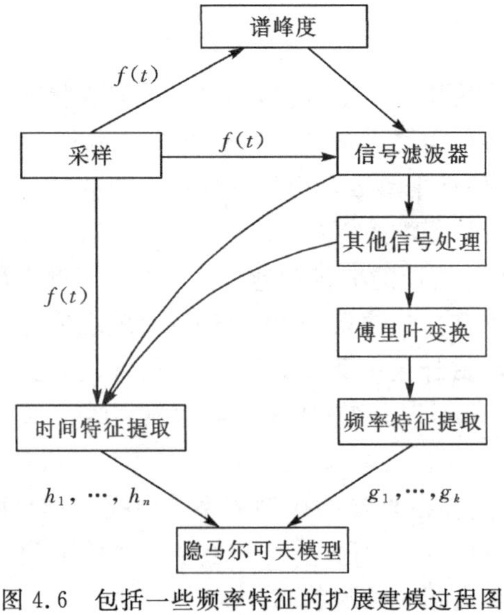

图 4.6 包括一些频率特征的扩展建模过程图

间或频率特征(可以如图 4.6 所示提取),则模型及其参数可能更难以理解和解释。

建模的想法是不仅使用时间特征 RMS 值来训练 HMM,而且还应使用信号频谱的特征。在该图中,考虑了谱峰度的输出,并且可以使用更复杂的信号处理技术去除信号中的噪声。一旦处理了信号,就可以从频谱中提取 $g_1,\cdots,g_k$ 特征。此外,HMM 可以用隐半马尔可夫模型或自回归 HMM 替换。因此,在研究中若能获得更多的知识,则会生成更多准确而翔实的模型。

第 5 章

机器级案例研究：工业电机指纹

5.1 概述

P. 185 如今，由于无法确切知道泵、伺服电机或主轴等产品的安装位置以及具体操作条件，因此它们的通用性能模型都是基于理论、经验或在实验室条件下开发的。此外，在实际应用中，产品需要适用于不同的运行条件，其产品性能要满足标称值。

在机器层面上，第四次工业革命提供了来自不同制造业的数据，从中可收集有价值的信息，对相似组件的性能实现比较分析。例如，特定的边界条件对生产时间的影响或运行条件对组件退化的影响。此外，基于特征的知识可以从机器级推广到其他级别，例如底层的机器组件和顶层的制造工厂。

Lee 等人(2014)指出，具有相同维护级别的机器在执行相同任务时存在相似性，如果机器具有相似的运行状况和性能，就可能具有潜在有用的模式。

工业物联网(industrial internet of things，IIoT)技术能够将理论模型和仿真模型研究转变为数据模型研究，人们基于数据的模型方法所获得的见解，有利于对机器性能和机器维护各方面的信息进行分析，从而对工厂的整体利用率产生直接的积极影响，进而提高生产率。

为了阐述此概念模型，本案例侧重对机器组件的研究，尤其是具有驱动机床功能的轴伺服电机。因为它会受到与定位控制系统相关的高水平冲击，根据其使用情况会产生高强度的压力，从而导致内部组件的过早退化。另外，伺服电机是旋转机械，据此可以直接推断出其他旋转组件(例如，主轴或泵)的运行情况。

5.2 工业电机指纹性能 P. 186

5.2.1 改进指纹的可靠性模型

必须保证机器组件在一定的运行条件下能够正常工作。运行条件通常在早期设计阶段被定义、描述和量化。耐受性是机器组件的一种内在特性，称之为强度，它取决于所选材料的机械性质、化学性质等。此外，运行条件是衡量机器组件负载能力（拉伸、压缩、剪切、弯曲、扭转）的集合（Shigley et al.，1956）。

然而，材料（其具有不同的化学成分、产量、各向异性）强度和具体使用条件都存在不确定性。随着时间的推移，机器组件的性能会受到不同程度的损害，即影响其可靠性。通常情形下，可靠性是指在规定的条件下和规定的时间内，机器组件稳定完成功能的程度或性质。

可靠性是衡量组件变化模式的一个统计指标，该模式是指与组件相关的稳定状态（Shigley et al.，2004）。但是，获得的测量结果中往往夹杂着系统误差与随机误差。因此，需要采用统计模型将两种结果分离出来，并产生一个与可靠性等同的近似模式。

为了对组件的可靠性建模，需要收集其行为证据。传统情况下，破坏性测试用于检验材料在运行条件下的强度。但是，测试是在受控条件下进行的，这可能会绕过特定的运行条件，并对性能产生严重影响。例如，在设计阶段，当定义了标称值和最大条件后，需依据规定条件在目录中选择伺服电机，规定条件通常由设计阶段收集的信息来决定。但在此阶段，由于实际运行条件存在随机性，所以无法实现精确估计。因此，伺服电机在运行时可能会超出商业目录描述的标称值范围。如果运行条件长时间超出标称值，机器可能会过早产生退化，从而降低机器使用寿命。

破坏性测试是建立组件可靠性模型的必要手段。然而，这种测试成本较高，且有时是不可行的（例如，核电站或航空航天设备）。因此，工程师通常通过定义一组组件来推断可靠性模型，即具有相同特定材料和装配公差的组件被定义为一组相同的组件，这意味着从相同目录资料中所选择的伺服电机都是相同的。

如 1.1 节中所述，利用在第四次工业革命环境下开发的基于实际运行数据的 P187
模型概念，使用从先进传感器收集的真实运行数据来获得拟合模型，根据此拟合模型便可预测出组件或资产的变化模式，以测量材料和运行条件的真实值。这种模式在设计阶段（伺服电机选择）或在生产阶段对产品的质量控制（在标称值附近的平均性能）非常有用。

以下是设计阶段的一个示例，在 100 ℃下，伺服电机使用 27 N · m 的标称扭矩在铣床的 x 轴上移动。图 5.1 绘制了实际操作中测量的平均扭矩和温度。由

于铣削过程使用的 x 轴取决于工作产品的需要，因此生产过程不一定是在其标称值条件下运行的。在这种情况下，平均扭矩和温度总是远低于其标称值，表明更小更便宜的电机将是更好的选择。此外，它说明了运行条件随着时间推移具有稳定性。因伺服电机不太可能出现过早退化的情况，所以很难通过检测其运行状态实现成本最小化。

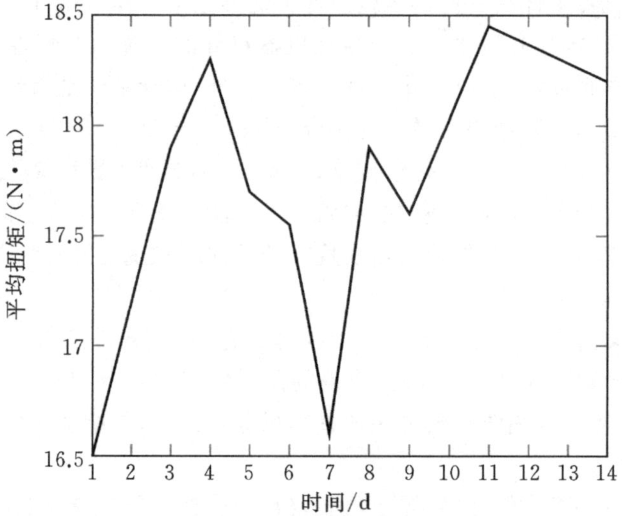

(a) 伺服电机的平均扭矩

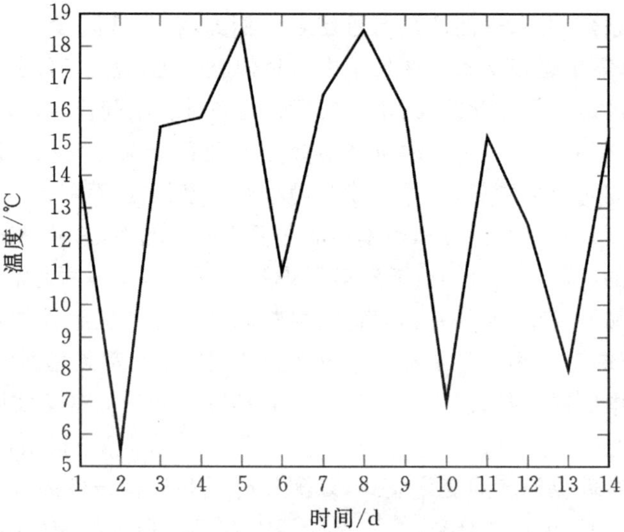

(b) 伺服电机的平均温度

图 5.1　在 100 ℃标称值为 27 N·m 的情况下，实际运行中测量的伺服电机值

关于质量控制，在安装前了解一个特定组件的可靠性是非常重要的，也就是说必须在组装机器之前控制伺服电机的质量。这意味着在运行条件下获取每个组件行为参数微调后的性能值是不可行的。因此，采用某种变异模式作为有效检查性能的基准是非常有用的。 P. 188

在本案例研究中，将变异模式定义为资产指纹，能够实现 Lee 等人(2015)所述的自我比较，即资产性能与资产指纹相当。该指纹方法是使用聚类技术将一组特征划分为更小的子集。根据 2.3 节中详述的聚类算法进行聚类。

由于组件的各向异性导致正常性能存在偏差，所以存在可接受的制造公差，即标称性能误差。如果仅使用一个组件的数据构建指纹，则会产生较高的废品率，导致一些好的组件被报废。因此，必须使用具有相同参数的更多组件的实际应用数据构建更广义的指纹，才能将所有可能的正常性能偏差考虑进来。

共识组件指纹的一般识别过程如图 5.2 所示。可以将多个组件指纹连接起来创建一个类，该类同时考虑了所有组件的自身形状。

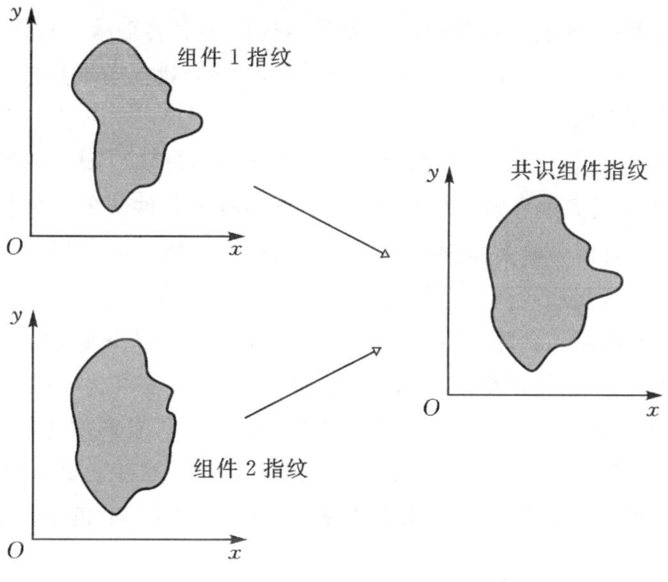

图 5.2　共识组件指纹的识别过程

5.2.2　工业物联网联盟测试台

如前所述，在整个制造业中普遍使用的旋转机械是本案例的重点研究对象。由于轴和轴承是旋转机械内部可能退化的主要机械部件(见图 5.3)，所以我们所研究的用于定位机床轴伺服电机的方法很容易推广到其他组件之中，如主轴或电机。 P. 189

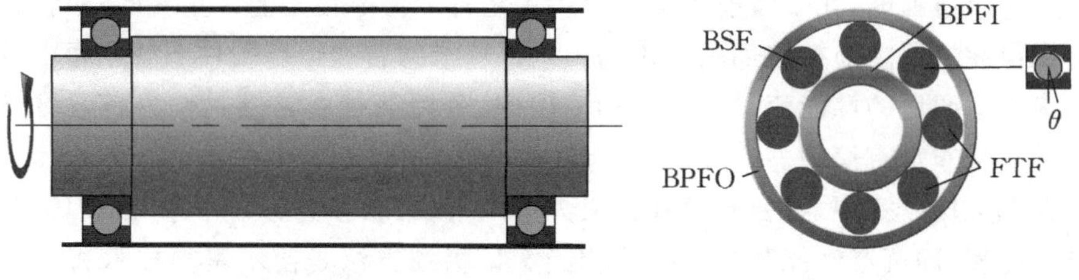

(a) 轴和轴承部件　　(b) 轴承的构造

图 5.3　轴和轴承

关于伺服电机研究的一个重要问题是，将其全新时的性能作为起始条件，推断其是否具有足够的安装可靠性。基于这个原因，如 Siddique 等人(2005)所述，在实验室条件下研究电机内部旋转组件的性能无需专门的操作，就能提供滚珠丝杠、导轨、电缆支架等组件完整而清晰的图像。

P. 190 通常，全新伺服电机的运行误差是由内部滚珠轴承故障引起的。轴承是最脆弱的伺服电机组件，我们在目录中选择满足标称期望值的轴承。目录是破坏性测试产生的轴承行为结果的集合。糟糕的是，轴承行为可能是非线性的，而这些行为无法通过实验室测试进行完整建模。

通常，在选择过程中使用设计因子($\bar{n}_d$)来降低非线性行为产生的不确定性。$\bar{n}_d$ 的主要作用是远离边界值。也就是说，如果在特定条件下的组件行为已知，则 $\bar{n}_d=1$；否则 $\bar{n}_d>1$。一般来说，此安全系数是依据实验室和基于经验的专业知识进行设定的。轴承制造商拥有广泛的专业知识，但是装配中由其他组件引起的外部因素可能会影响产品性能，导致全新的机器组件运行状态不稳定。

在本案例研究中，使用全新的伺服电机开发指纹，在安装之前确定统一的参考标准，便于伺服电机间的分析比较。为了避免受到外部因素影响，测试将在空载条件下进行，测量四个变量：轴角速度、功耗、温度和振动。这些变量通常用于分析行业内与轴承和轴强度直接相关的旋转机械性能。因此，它们的值可以提供以下信息：

- 轴角速度 Ω，即轴每分钟的转数。轴角速度是由伺服电机驱动器和数控单元(numerical control unit，NCU)控制的变量，可用作测试参考。
- 功耗 P，当稳态下其值变化很大时，表明组件内部存在异常。例如，如果某一轴承发生故障，其将干扰伺服电机的正常旋转，伺服电机则需要更大功耗来保持其转速。
- 温度 T，与功耗一样能够捕获内部异常。如果行为异常，温度会受到影响。例如，轴承中的故障对其摩擦系数具有负面影响，导致热电偶检测到的以热量形式消散的能量会增加。

- 振动，是用于检测内部性能的传统指标之一，因为它能够提前显示出故障行为。然而，对振动的解释较难，需要更多专业知识来帮助用户理解其在故障组件中的行为。在本案例研究中，我们只研究了轴和轴承的振动值。为此，将振动变量分解如下：
    - ◆与轴相关的振动：必须监控伺服电机的旋转频率，以确定轴振动值。例如，如果伺服电机以 3000 r/min 运行，用 F 表示频率，则轴的旋转频率（F_{shaft}）将为 $3000\ \text{r/min}\times\dfrac{1\ \text{min}}{60\ \text{s}}=50\ \text{Hz}$。因此，称振动值是在监测频率为 50Hz（$A_{\text{shaft}}$）处的峰值或均方根（RMS）值。在此频率处振幅值的变化一般提示存在与轴平衡或屈曲有关的异常。 P. 191
    - ◆与轴承相关的振动：轴承的振动值根据四个不同的监测频率进行分解，因为它是一个组装的机械组件，这四个频率分别是：轴承保持架损坏频率（fundamental train frequency，FTF）［式（5.1）］，滚珠通过内圈频率（ball pass frequency of the inner ring，BPFI）［式（5.2）］，滚珠通过外圈频率（ball pass frequency of the outer ring，BPFO）［式（5.3）］和滚珠自旋频率（ball spin frequency，BSF）［式（5.4）］，其中 Ω 是轴角速度，Bd 是球直径或滚子直径，Nb 是球或滚子的数量，Pd 是节径，θ 是与滚动路径（外圈或内圈）的接触角，如图 5.3 所示。因此，这些频率处的峰值或均方根值代表每个轴承部件的振动。通过数据分析能够确定轴承的哪个部分不能正常工作。

$$\text{FTF}=\frac{1}{2}\cdot\frac{\Omega}{60}\left(1-\frac{Bd}{Pd}\cos\theta\right)\tag{5.1}$$

$$\text{BPFI}=\frac{Nb}{2}\cdot\frac{\Omega}{60}\left(1+\frac{Bd}{Pd}\cos\theta\right)\tag{5.2}$$

$$\text{BPFO}=\frac{Nb}{2}\cdot\frac{\Omega}{60}\left(1-\frac{Bd}{Pd}\cos\theta\right)\tag{5.3}$$

$$\text{BSF}=\frac{Pb}{2Bd}\cdot\frac{\Omega}{60}\left[1-\left(\frac{Bd}{Pd}\right)^2\cos\theta\right]\tag{5.4}$$

我们在实验室采用伺服电机测试台演示指纹识别方法。图 5.4 为测试台基础设施，包括机器及其全部子系统，展示了从数据采集到分析全过程的真实行为。

在这种情况下，将其在不同转速场景下的变量均配置为空载。用于测试的三个伺服电机型号是西门子 1FK7042－2AF71，其特性如表 5.1 所示。

这些伺服电机配有两个型号为 6204 的轴承，其特性如表 5.2 所示。

P. 192

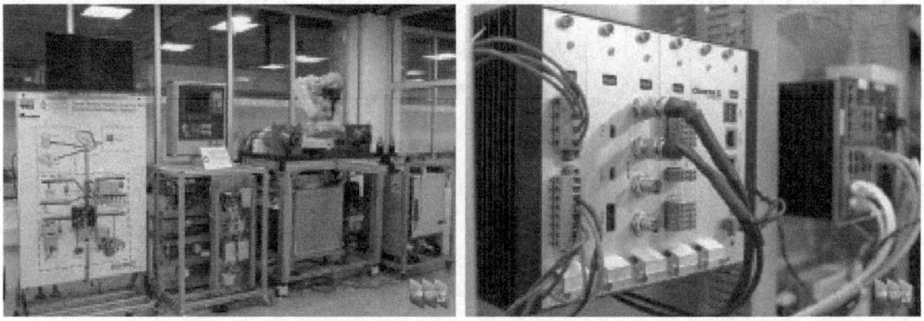

(a)工业物联网联盟测试台　　(b) 使用网络物理系统的数据采集系统

图 5.4　测试台基础设施

表 5.1　伺服电机规格①

特性	值
额定转速	3000 r/min
静态扭矩	3.0 N·m
失速电流	2.2 A
额定扭矩	2.6 N·m
额定电流	2.0 A
转子转动惯量	2.9 kg·m^2

表 5.2　型号为 6204 的滚珠轴承规格：$Bd = 0.312$ mm，$Nb = 8$ 个滚珠，$Pd = 1.358$ mm，$\theta = 0°$

振动类型	值/(r/min)
FTF	23.4
BPFI	295.2
BPFO	184.8
BSF	123.6

P. 193 用于采集轴承和轴振动信号的加速度计的频率范围为 0.2 Hz 至 10000 Hz，变化范围为±3 dB。此外，功率和温度值直接从数控单元中收集，这里数控单元具

① 数据来自西门子 SIMOTICS S-1FK7 伺服电机目录。

体是指西门子 SINUMERIK 840D，将来自可变存储空间的值存储在由采集系统收集的特定数据库中。

5.2.3　测试台数据集的描述

我们编写了一个专门的数控单元循环程序，可实现在相同条件下移动伺服电机，由此获得一个与每个伺服电机都相关的具有足够信息的数据集。因此，这里开发了一个 NC 代码程序（见表 5.3），以最大速度将伺服电机移动到指定位置，再返回到初始位置。具体而言，三个伺服电机将以 83.120 mm/min 的进给率（F）移动到位置 5.000 mm 处，相当于 2.400 r/min，然后返回到位置 0 mm 处重新启动循环。该循环说明了每个伺服电机在顺时针和逆时针旋转期间以接近最大速度运转的行为。

表 5.3　用于伺服电机测试台的 NC 代码程序

NC 代码
INI
G01　X5000　Y5000　Z5000　F83120
G01　X0　Y0　Z0
GOTO　INI
M30

测试台获得的数据集是使用图 5.4(b)所示的网络物理系统（cyber-physical system，CPS）从数控单元获取的。它的工作是收集转速、功率和温度值，并将它们发送到远程数据库。

此外，网络物理系统从每个伺服电机中的加速度计获取信号，内部现场可编程门阵列计算信号的快速傅里叶变换①。根据伺服电机转速定义轴和轴承的监控频率后，网络物理系统使用快速傅里叶变换方法计算每个部件的加速度幅值（见图 5.5）。这些值也会发送到远程数据库并与数控单元中的值同步。

由于变量代表的行为不同，为了简化数据集，将采集时间变量设置为最小值 480 ms。这种简化有助于避免在进行数据分析之前执行预处理或传感器融合步骤。

对于本案例研究，我们构建了一个涵盖一周操作的数据集，以获得具有代表性的样本数。每个伺服电机有 13 个变量，总计 39 个变量，构建了 1462585 个样本： P.194

① 快速傅里叶变换是一种在一段时间（或空间）内对信号进行采样并将其划分为频率分量的算法。

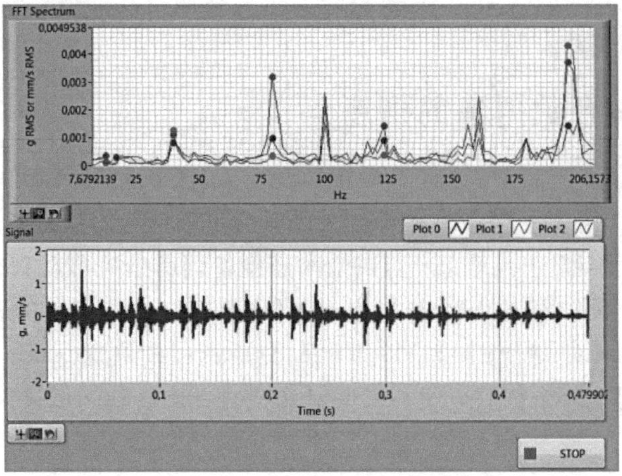

图 5.5　加速度计仪表板：基于时间的信号和快速傅里叶变换（参见彩图 4）

- 转速：Ω
- 功率：P
- 扭矩：τ
- 振幅：A_{shaft}，A_{FTF}，A_{BPFI}，A_{BPFO}，A_{BSF}
- 振动频率：F_{shaft}，FTF，BPFI，BPFO，BSF

5.3 指纹识别的聚类算法

由于我们无法预先获知指纹的类别，因而需要采用无监督学习算法（见 2.3 节）识别 5.1 节中定义的伺服电机指纹。可以将代表伺服电机变异模式的样本与自然群组样本相混合，用于指纹识别（Xu et al.，2015）。我们列出了五种不同的聚类方法加以说明和比较，如表 5.4 所示，简要说明如下。

P. 195 **表 5.4　本案例研究中使用的聚类方法和算法**

聚类方法	算法
层次聚类法	凝聚层次聚类算法
划分法	k 均值算法
谱聚类法	Shi 和 Malik 算法（SM）
近邻传播法	近邻传播算法（AP）
概率法	高斯混合模型算法（GMM）

5.3.1　凝聚层次聚类算法

凝聚算法是一种自底向上或升序层次聚类算法,其假设每个样本为一个类,然后在层次结构上移时两两类合并。

凝聚层次聚类算法使用的参数有连接方法的类型、聚类数目 k、连通矩阵和距离度量。

- 连接方法:连接准则是应用算法计算两个类间距离来寻找最优合并。我们使用沃德方法计算两个类 Cl_i 和 Cl_j 之间的差异性,即计算两类合并后的点到质心的距离平方和与每个类内点到质心的距离平方和之差。
- 聚类数目 k:根据专家意见选择。
- 根据沃德方法和欧几里得(Euclidean)距离计算连通矩阵和距离度量。

5.3.2　k 均值算法

k 均值算法是一种基于最小平方误差和准则,将一组 n 维数据点 $D=\{x^1,\cdots,x^n\}$ 划分为 k 类 $Cl_1,\cdots,Cl_k$ 的算法。

k 均值算法的参数有聚类数目 k、类初始化和距离。具体说明如下:

- 聚类数目 k:确定最佳聚类数目是最主要的挑战,因为没有统一完善的数学标准来选择 k 值(Tibshirani et al., 2001),可根据专家意见进行选择。为了完整性,我们使用三个不同的 k 值分析结果:3、5 和 7。
- 类初始化:因为 k 均值算法可能收敛于局部最小值,所以算法对初始化很敏感。 P.196
  关于类初始化最常见的策略是随机选择 k 个样本,然后使用具有最小平方误差和的样本作为类质心。但是,无法保证算法不会陷入局部最优状态,算法收敛速度也可能会受到影响。由此提出 k-means++算法(Arthur et al., 2007),它改进了初始化策略,可提升收敛速度。这种初始化算法的主要思想是从数据集 D 中选择一个类质心 Cl_1,每个样本根据其到类质心的距离平方和进行加权,并根据到已确定聚类中心的权重值依次从大到小选择 $k-1$ 个新质心。此策略可确保质心在数据空间中分布良好,从而减少由于局部最优而导致的错误,并减少了由聚类产生的额外计算。
- 距离:我们选择了欧几里得距离。这意味着 k 均值算法将在数据集中找到球形或球状簇(Jain, 2010)。

5.3.3　谱聚类算法

谱聚类目标(von Luxburg,2007)是找到由 $G=(V, E)$ 定义的相似子图,其中不同子图之间的边权重较低,而子图内的边权重较高。本例中选用 Shi 和 Malik (SM)算法(Shi et al.,2000),该算法又称为二分算法,因为它将所有点分成两类,

直到形成 k 类为止。

SM 算法的参数是相似度图(相似度矩阵)和聚类数目 k。

- 相似度图,是利用数据集 D 中样本的成对相似性或成对距离构建的。在 2.3.3 节中,描述了三种不同的相似度图:ε 邻域图、k 近邻图和全连通图。在本案例研究中,我们使用了 k 近邻图。
- 聚类数目 k,与 k 均值算法的聚类数目选择相同。

5.3.4 近邻传播算法

近邻传播算法(affinity propagation,AP)(Frey et al.,2007)的主要目标是找到具有代表性的数据样本子集,将其作为潜在的聚类中心。为了识别这些样本,可按 2.3.4 节中描述的方法进行数据相似性度量。在本案例研究中主要是使用两种指标检查两点之间的近邻性:

- 吸引度(responsibility)$r(x^i, x^k)$,用来描述点 x^k 适合作为点 x^i 的聚类中心的程度。
- P. 197 归属度(availability)$a(x^i, x^k)$,用来描述点 x^i 选择点 x^k 作为其聚类中心的适合程度。

AP 算法的主要参数是参考度和阻尼因子。

- 参考度(preference)即 $s(x^i, x^i)$,是点 x^i 作为聚类中心的参考度。因此,参考度控制着要找到的聚类中心(类)数目。参考度值越大产生的聚类数目越多,反之参考度值越小产生的聚类数目越少。所以参考度设置为一个常量,通常为相似度矩阵的最小值或中位数。
- 阻尼因子(damping factor)的作用是在对吸引度和归属度(即信息)更新时防止过调现象发生,其中阻尼因子 λ 的取值范围为 $\lambda \in (0,1)$。因此,高阻尼因子使消息产生较小的变化,可能延长收敛时间。相反,低阻尼因子可能导致消息震荡较大,从而阻止收敛。

5.3.5 高斯混合模型算法

高斯混合模型(Gaussian mixture model,GMM)算法(McLachlan et al.,2004)使用概率分布来度量不确定对象之间的相似性,例如均值相同但方差不同的两个对象。本算法需要寻找一个合适的高斯混合模型 m,其子类具有相同的协方差矩阵(Biernacki et al.,2000)。

高斯混合模型算法的参数如下:

- 协方差类型:即要使用的矩阵模型。它可以是完全的,每个子类都有自己的协方差矩阵;关联的,子类共享相同的协方差矩阵;对角线的,每个子类都有自己的对角矩阵；或者是球形的，每个子类都有单独的方差。

- 初始化：与 k 均值算法一样，高斯混合模型算法对初始化很敏感，可能会收敛到不同的局部最优值。因此，我们使用两种初始化方法： P. 198
  - ◆ 随机法，随机选取一些点后，采用具有最小平方误差和的点作为初始的聚类中心。
  - ◆ k 均值算法，即使用 k 均值算法获取初始的聚类中心。
- 聚类数目：按照 k 均值算法的描述进行选择。

5.3.6 实现细节

我们使用 scikit-learn 库来实现每个聚类算法(Pedregosa et al.，2011)。由于本章的主要目的是说明如何运用聚类算法进行资产指纹识别(见 5.1 节)，因此算法效率不是首要考虑的问题。指纹识别实验使用了从原始数据集中随机抽取的 12000 个数据样本子集，此外由于三个伺服电机的角速度恒定在 2400 r/min，所以从 5.2.3 节中列出的 39 个变量中将其删除，选择了余下的 36 个变量，从而改善可视化结果。

各种算法使用的参数如下所述：

- 凝聚层次聚类算法：选择沃德方法作为连接准则，选择欧几里得距离作为距离度量。
- k 均值算法：使用 scikit-learn 中的 k-means＋＋方法，用默认参数进行聚类初始化并计算欧氏距离。
- 谱聚类算法：使用 kneighbors_graph 函数来计算邻接矩阵。使用了arpack 特征值分解策略，旨在更有效地解决大规模特征值问题。
- 近邻传播算法：阻尼因子(λ)设置为 0.75。本案例研究的参考度设置为最小输入相似度的 5 倍，以找到合适的聚类数目。使用 euclidean_distances 函数预估输入相似度。
- 高斯混合模型算法：协方差类型设置为完全的，使用 k 均值算法进行初始化。

为了验证聚类数目变化对算法的影响，分别将 k 值设置为 3、5 和 7 执行算法，这种 k 值的选择不适用于 5.3.4 节中所述的近邻传播算法。 P. 199

为了直观地观察 36 个变量在二维空间中的聚类结果，并有效地分析 k 值对算法的影响，我们进行了多维标度(MDS)分析(见 2.2.1.3 节)。

5.4 实验结果与讨论

如图 5.6 至图 5.8 所示的二维图形，代表 36 个伺服电机变量的点都高度集中在一个非常明确的区域,几乎没有任何异常值。直观地说,这个结果对于验证非常重要,因为它清楚地表明了高质量全新伺服电机的行为,在此基础上可以构建行为模式。

P. 200

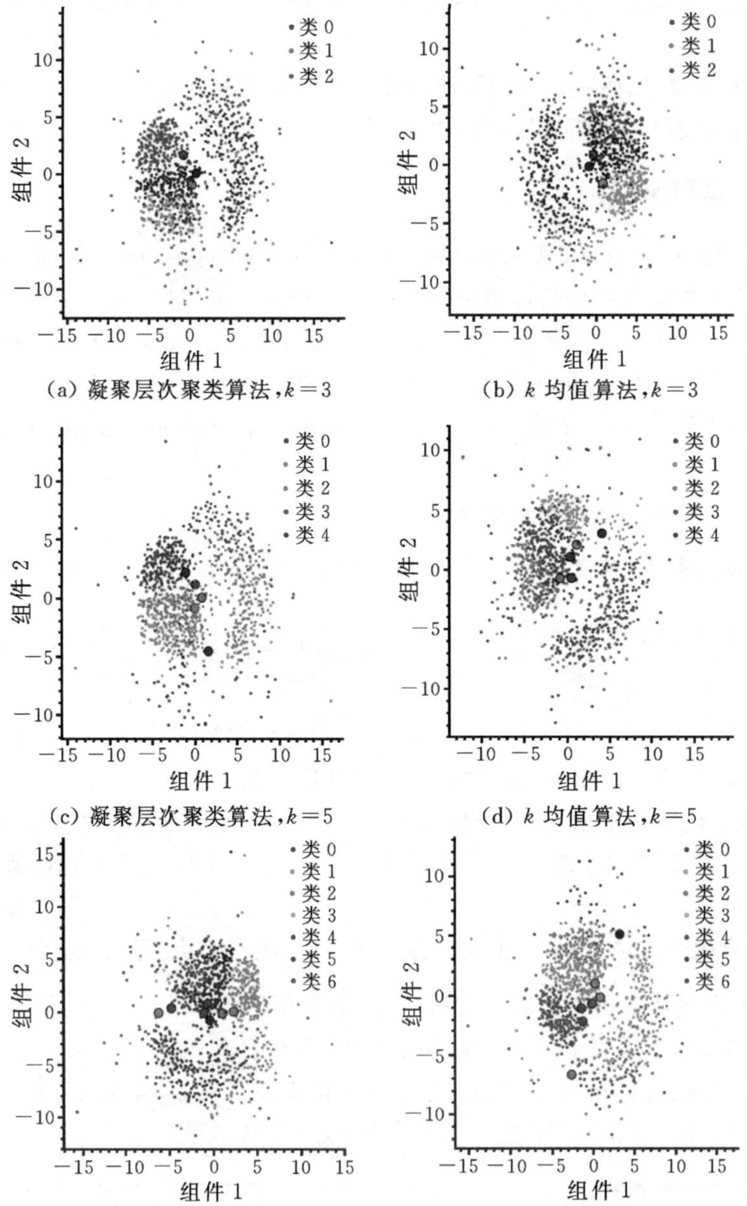

(a) 凝聚层次聚类算法,$k=3$　(b) k 均值算法,$k=3$

(c) 凝聚层次聚类算法,$k=5$　(d) k 均值算法,$k=5$

(e) 凝聚层次聚类算法,$k=7$　(f) k 均值算法,$k=7$

图 5.6　在不同 k 值下凝聚层次聚类算法和 k 均值算法的 MDS 分析(参见彩图 5)

P.201

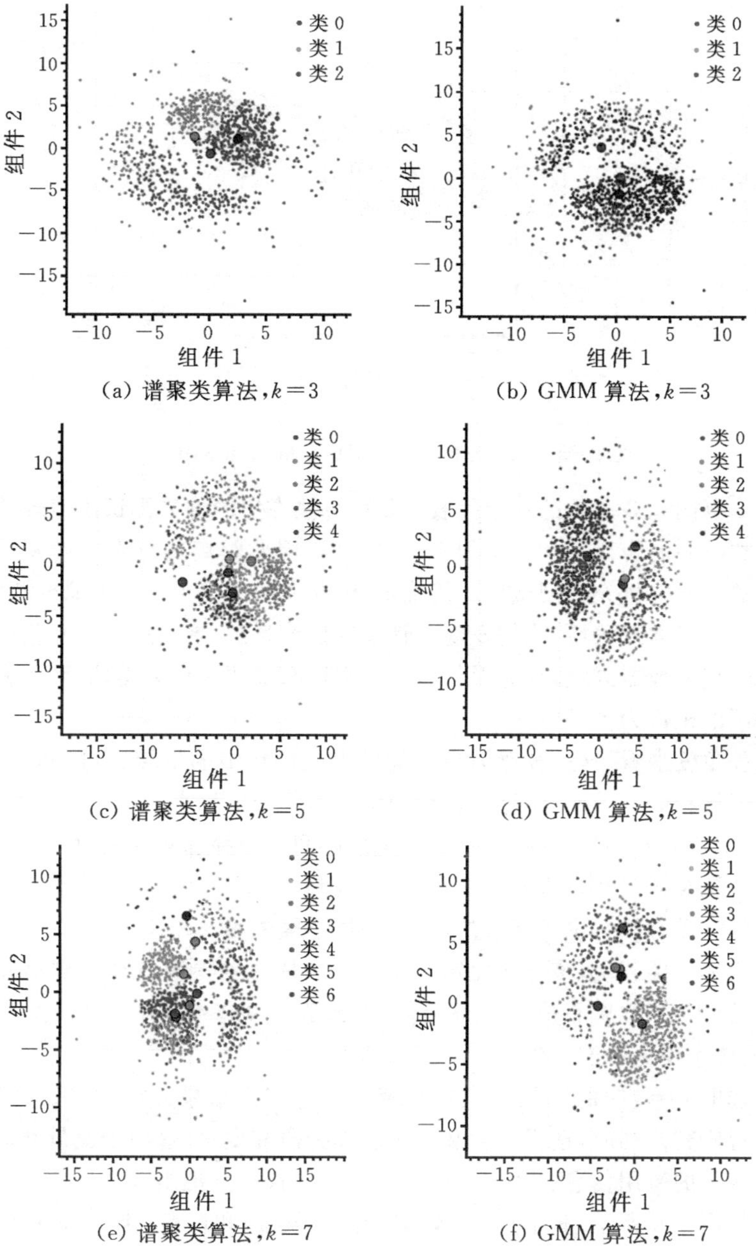

(a) 谱聚类算法,$k=3$　(b) GMM 算法,$k=3$

(c) 谱聚类算法,$k=5$　(d) GMM 算法,$k=5$

(e) 谱聚类算法,$k=7$　(f) GMM 算法,$k=7$

图 5.7　在不同 k 值下谱聚类算法和 GMM 算法的 MDS 分析(参见彩图 6)

P.202

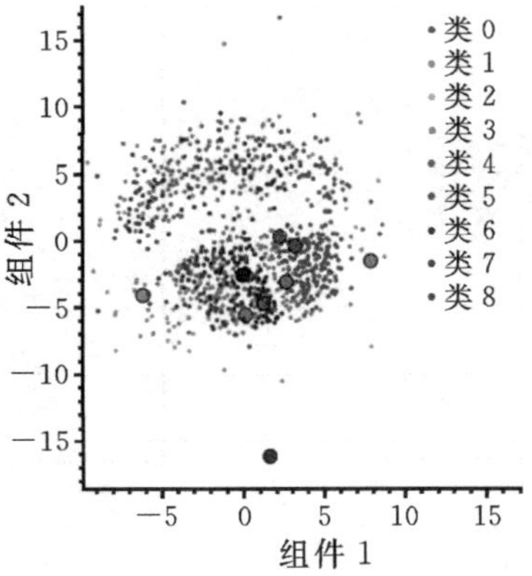

图 5.8　近邻传播算法的 MDS 分析(参见彩图 7)

图 5.6 至图 5.8 所示的点云代表了每种算法在实验性能测试中表现的准确程度。点到类质心的距离较大表示伺服电机异常,因此距离阈值必须对大量的具有相同参数的伺服电机充分测试后才能确定,但此方法超出了本章的研究范围。

运行五个聚类算法后,我们发现不管采用哪种算法,聚类形状都是相似的。特别是在较密集的数据区域,具有形状和分布都很明确的三个大类,分别代表了三种不同的伺服电机行为。

从工程角度来看,这三种行为应与伺服电机运行中的空转、恒速和加速/减速三种状态直接相关。因此,将这三种行为定义为伺服电机类。

然而,即使类质心位于同一区域,其类质心间的差异也较为明显。k 均值算法和凝聚层次聚类算法在某些 k 值上显示出相似性。$k=3$ 时,谱聚类算法与 GMM 算法选取的类质心位置也是相似的,质心均位于类中间。

对于近邻传播算法,该算法使用 5.3.6 节中描述的参数自动检测出九个不同类。它们的形状和类质心位置都很相似,但该算法对参数非常敏感,尤其是参考度,参数的微小变化可能产生完全不同的结果。

我们选取 $k=3$ 时的凝聚层次聚类算法进行聚类结果分析,对每个伺服电机的行为进行研究。同时,选择功耗和轴振动作为研究变量,这两个变量都提供了与电机性能相关的有用信息。我们也可以根据需要选择其他组合。

结果如图 5.9 所示,其中红色(类 0)、绿色(类 1)和蓝色(类 2)分别代表不同的功率水平,对多维标度分析检测到的三个伺服电机类进行验证。

P. 203

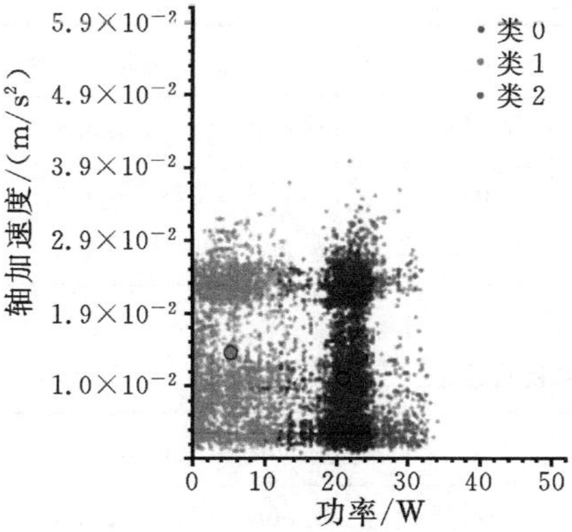

(a) x 轴伺服电机

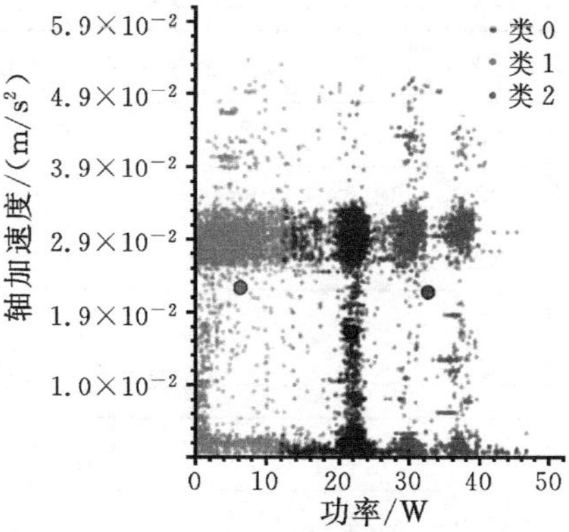

(b) y 轴伺服电机

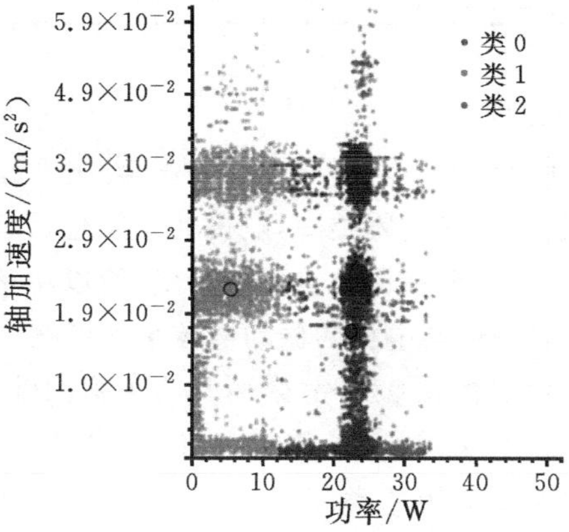

(c) z 轴伺服电机

图 5.9　功率与轴振动(参见彩图 8)

为做进一步分析,计算获得类质心坐标如表 5.5 至表 5.7 所示。

表 5.5　x 轴伺服电机类质心

类	P/W	T/℃	A_{FTF}/(m/s²)	A_{shaft}/(m/s²)	A_{BSF}/(m/s²)	A_{BPFO}/(m/s²)	A_{BPFI}/(m/s²)
0	4.5	36.3	0.029	0.014	0.0009	0.0004	0.0005
1	23.3	35.6	0.029	0.014	0.0009	0.0005	0.0005
2	20.3	38.0	0.039	0.012	0.0009	0.0004	0.0005

表 5.6 y 轴伺服电机类质心

类	P/W	T/℃	$A_{FTF}/(m/s^2)$	$A_{shaft}/(m/s^2)$	$A_{BSF}/(m/s^2)$	$A_{BPFO}/(m/s^2)$	$A_{BPFI}/(m/s^2)$
0	5.41	36.6	0.002	0.022	0.051	0.004	0.029
1	32.8	38.6	0.002	0.023	0.049	0.004	0.028
2	21.1	36.9	0.002	0.018	0.044	0.003	0.025

P.204

表 5.7 z 轴伺服电机类质心

类	P/W	T/℃	$A_{FTF}/(m/s^2)$	$A_{shaft}/(m/s^2)$	$A_{BSF}/(m/s^2)$	$A_{BPFO}/(m/s^2)$	$A_{BPFI}/(m/s^2)$
0	4.6	33.4	0.002	0.022	0.057	0.008	0.023
1	24.1	32.8	0.002	0.023	0.056	0.008	0.022
2	21.6	34.7	0.002	0.018	0.049	0.007	0.020

对三个类进行分析发现：

- 类 0(cluster 0)代表低功率，功率范围 0～10 W，类质心范围 4.4 ～5.4 W，这意味着此类与空闲类相关。在空闲类中，电机处于停止状态时功耗最小。由于伺服电机需要一定的功率才能在原位置保持不变，所以功率不是期望的 0 W。与其他伺服电机相比，x 轴伺服电机的振动值较小。可在 y 轴和 z 轴伺服电机中发现类质心的 A_{shaft} 取值为 0.022 m/s^2 时具有更强的轴振动。
- 类 1(cluster 1)代表高功率，在 y 轴伺服电机中表现突出。由于它需要最大功率来执行操作，所以该类与恒速类相关。起点约为 25 W。y 轴伺服电机的最大功率为 48 W，这意味着该伺服电机需要更大功率才能执行相同的操作。三类伺服电机功率的类质心完全不同，即 x 轴、y 轴和 z 轴伺服电机的功率分别约为 23 W、33 W 和 24 W。但是，y 轴和 z 轴伺服系统的轴振动是相同的。
- 类 2(cluster 2)中样本的功率大约为 20 W，此类中的点有所不同，从 10 W 到 15 W，其值与类 0 相混淆。该类与加速/减速类相关，具有中等功率，以及一些零星峰值，这些峰值是从空转状态切换至其他状态并克服伺服电机内部零件惯性所必需的。尽管 x 轴伺服电机的振动值存在差异，但类质心相似。当功率在 20 W 左右时，振动很小。

因此，在分析中可根据类的形状和类质心获得一些新信息，即类形状代表特定状态下(空转、恒速和加速/减速)伺服电机的指纹，类质心表示类内均值。形状和类质心方面的任何差异都可认为是异常情况，需要检查并找到引起异常的根本原因。

正如 Diaz-Rozo 等人(2017)所解释的那样，形状和类质心可以代表部件内部行为方面的知识发现。在金属切削过程中进行主轴分析，运用 GMM 算法获得了有价值的新发现。此外，在每个伺服电机指纹的案例分析中，k 均值算法或凝聚层次聚类算法也为专家提供了大量的有用信息。

例如，对伺服电机指纹间的比较，可以得到关于 x 轴伺服电机行为的信息，与其他伺机电机相比，其具有更小的振动，消耗更少的功率。轴振动可以提供有关轴不平衡或屈曲的信息。然而，轴振动顶部的功耗增加提示 y 轴和 z 轴伺服电机的轴和滚珠轴承可能发生失调问题。由于伺服电机在标称值范围内运行，所以此种情况的失调并不重要。但是当伺服电机的使用寿命达到 80%时，振动和功率上的差异可能是至关重要的，因为失调可能演变为过早退化。

5.5 结论与研究展望 P. 205

5.5.1 结论

正如本案例研究的实验结果所述，在机器级上，聚类算法对于机器行为模式检测或指纹识别都非常有效。在这种情况下，我们分析了三个具有相同参数的全新伺服电机，研究表明即使它们在理论上相同，但伺服电机在运行中仍存在较大差异，并且随着组件在运行过程中的逐步退化，差异会越来越大。

找到有助于开发组件的广义指纹模式，对在安装之前的组件状态进行基准测试非常有用。我们研究的是伺服电机，但这个程序可用于分析其他更关键的组件，例如机械主轴、泵等。

本案例研究发现，凝聚层次聚类算法是最有效的算法，该算法从工程的角度提供了更多可解释的结果。然而，还有其他可能的选择，例如 k 均值算法（处理时间最快的算法）或可产生稳健结果的高斯混合模型算法。

5.5.2 研究展望

因聚类算法较易实现，所以非常适用于指纹识别。但是为了优化算法，需要对算法进行大量的测试。而且某些算法对参数敏感，因此深入了解算法的特性是非常重要的。

此外，聚类算法需要预定义配置参数，如聚类数目。在这种情况下，必须从经验中收集关于组件行为的信息（例如，空转、恒速、加速/减速）。因此，无监督学习聚类算法的探索能力必须得到专家意见的补充，才能发现更多有用的知识。

第 6 章

生产级案例研究：激光自动视觉检测

6.1 概述

P. 207 机器学习为未来的智能工厂提供了一个重要机会，即对生产活动中产生的海量数据进行分析，分析结果能够检测工业过程中的无用情况和异常模式。其目的是在制造过程中自动检测出有缺陷的产品，使得产品质量得到提高，一旦在生产过程中发现残次品立刻留置并修正，这被称为过程质量控制。

传统上，视觉检测和质量控制由领域专家来完成，但为了提高系统的自动化程度，在制造过程中越来越多的自动视觉检测(automated visual inspection, AVI)系统被研发和应用(Golnabi et al., 2007)。Malamas 等人(2003)指出，尽管在视觉检测和质量控制的某些方面专家比机器的识别效果更好，但专家存在一定的局限性，如速度慢、易疲倦、结论不一致、无法同时对大量变量作出正确分析，并且存在数据查找、训练和维护困难等问题。此外，在制造业中若有快速或重复的分析要求，以及在危险环境中，自动视觉检测系统可有效取代人工检查。

一个典型的工业自动视觉检测系统，如图 6.1 所示。在充足的照明环境中，采用固定摄像机(或多个摄像机)捕获场景图像，然后对捕获的原始图像进行去除噪声、背景和反射等预处理操作。再从预处理后的图像中提取包含关键信息的一组特征。例如，对象的大小、位置、轮廓，或某些区域的特定测量。上述特征是事先已
P. 208 知的，为了优化感知，需要提前确定摄像机的位置及场景的照明，然后应用机器学习技术分析所提取的特征，并将分析结果传输给制造过程控制系统以便执行决策。应用于工业领域中的计算机视觉系统不能胜任领域中所有的分析任务，由此需要专门为具体应用设计软件程序进行特征提取和分析(Malamas et al., 2003)。需要在具体应用的硬件系统中进行软件开发，例如，数字信号处理器、专用集成电

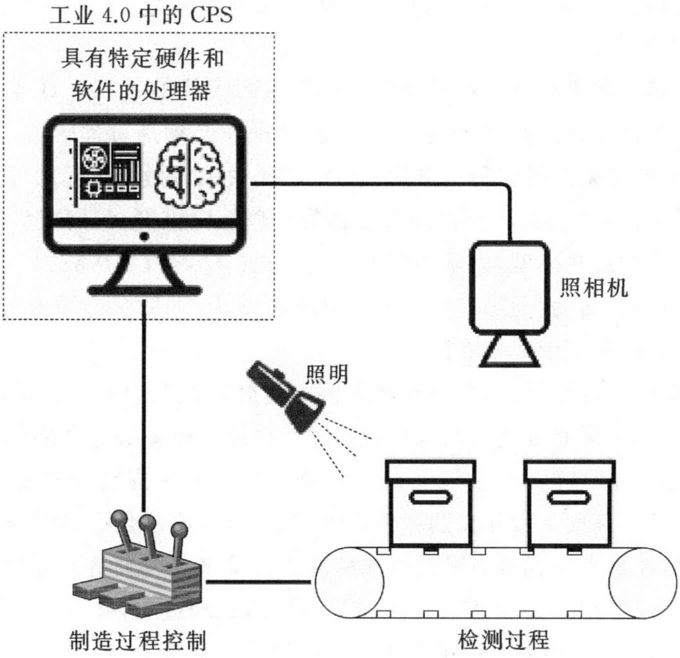

图 6.1 典型的工业自动视觉检测系统

路或现场可编程门阵列,能够在有时间限制和计算密集的过程中操作。在智能工厂中,这些专用处理器将成为信息物理系统(cyber-physical systems, CPS)的核心。

在本案例研究中,运用自动视觉检测系统实现钢表面激光热处理的质量控制[①]。因为所记录的热量值提供了有关过程稳定性和动态性的信息,所以在研究中强调了如何运用高速热像仪监测激光过程的输出结果来确定检测方法(Alippi et al., 2001; Jäger et al., 2008; Atienza et al., 2016; Ogbechie et al., 2017)。因此,记录的任何异常序列都与激光表面加热过程中的缺陷有关。 P. 209

然而,在自动视觉检测系统的构造中,我们发现正确处理的钢瓶是唯一可用的示例。由于在高效的工业生产过程中钢瓶很少出现明显的偏差,所以在制造检验中应用非常普遍(Timusk et al., 2008)。在此不能使用统计分析方法对系统实现自动化训练,因为统计分析方法需要包含故障情况的数据集,并尽可能与正常数据集的样本数相平衡(Jäger et al., 2008; Surace et al., 2010)。当在训练阶段没有报告错误时,可以使用单分类法实现产品的正常和异常分类任务。当所有标记的

① Gabilondo 等人(2015)给出了激光过程的详尽描述。

示例属于其中某一类时，单分类法可以解决二元分类问题，用于异常检测（Chandola et al.，2009）。

此外，现实问题中对具有可解释性的机器学习模型的需求正日益增长。一方面，模型不但要有良好的精度，还要求模型及其操作必须是可理解的，并能对机器学习模型产生的结果进行解释。有意义的模型是决策者做出选择的可靠工具。总之，按照 Sjöberg 等人（1995）提出的可解释的颜色编码级别，我们应该避开黑盒模型，寻找更透明的灰盒模型，以便能够更好地将机器学习模型从数据中获得的内容加以解释。另一方面，我们可使用基于先验理论知识（如微分方程系统）的白盒模型，但此模型的应用范围非常有限。

为了满足可解释性要求，我们在此案例中研究并测试自动学习模型是否能够
P. 210 在正常条件下捕获激光处理的物理特性和时空模式。模型的每个部分都应该有一个直观的解释，这种解释方法与 Lipton（2016）在研究中提到的透明度概念相一致。请注意，除了高度工程化或隐藏特征外，模型输入应该是可单独解释的。灰盒模型的一个常见缺点是通常以牺牲预测精度为代价来实现模型自检功能。

本章内容组织如下：6.2 节介绍了激光表面热处理过程，并解释了用于获取图像序列的方法；6.3 节描述了用于构建自动视觉检测系统的机器学习策略，该系统能够分析这些图像序列并自动执行过程质量控制；6.4 节报告并讨论了自动视觉检测系统的性能评价，还详细描述了从机器学习模型中推导出的激光处理过程的时空关系；最后，6.5 节概述了主要结论和未来研究方向。

6.2 激光表面热处理

工业中存在一个普遍需求，即通过改进钢制工件的表面机械性能来满足生产工艺或最终应用的要求。这些改进是通过对钢制工件进行加热和冷却循环的热处理来实现的。根据循环的冷却速度，有两种不同类型的热处理：退火和硬化。退火的特征在于材料的缓慢冷却可使材料更有柔韧性。相反，硬化采用快速冷却技术，产生马氏体，虽然材料实现了强化，但变得更加脆弱。图 6.2 中所示的时间-温度-转变曲线（time-temperature-transformation curve，TTT 曲线）显示了硬化热处理中可能的冷却轨迹，横坐标采用以 10 为底的对数刻度表示法。首先，必须将钢加热到足够高的温度（约 800 ℃），将其转化为奥氏体；然后，迅速冷却材料来淬火，以避免时间-温度-转变曲线从奥氏体转化为马氏体。

为了达到奥氏体化步骤中所需的温度，通常借助燃气炉或电炉为材料增加热能。然而，如果是选择性地对某部位（如，钢表面）进行热处理，则可以使用一些其他能量源，如火焰、电磁感应、高频电阻、电子束或激光束。电子束和激光束能够加

热小的局部区域,这两种技术的主要区别在于成本不同。 P.211

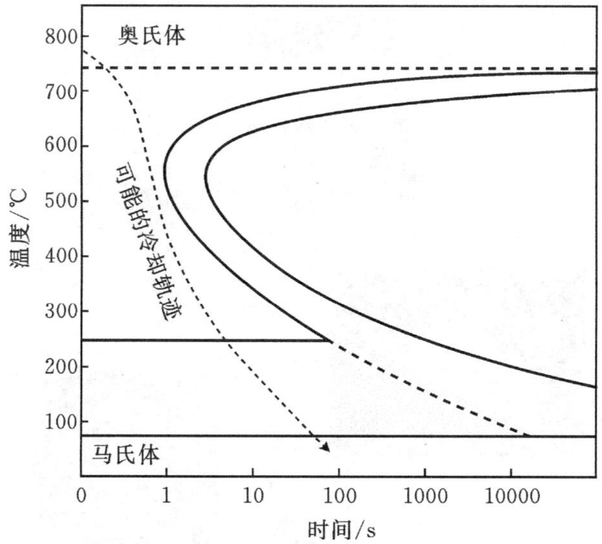

图 6.2 硬化过程中具有冷却轨迹的时间-温度-转变曲线

一方面,电子束需要惰性气体环境,及相对空间较小的处理室和昂贵的外围设备;另一方面,激光束能够在没有任何特殊大气要求的情况下工作,此技术具有很好的工业应用前景。

尽管热处理的动态变化相对较慢,但电子束和激光束产生的能量密度较高,完全可以实现快速的加热-冷却循环。由于高速热像仪能够记录这一过程中放射的热量,从而成为监控加热-冷却循环过程的关键技术。快速的循环过程会在短采样时间内收集由热像仪产生的多维数据,激光自动视觉检测系统需要对这些数据进行分析。这不仅对系统的计算能力提出了更高要求,还妨碍了及时反馈能力的提高。而信息物理系统具有嵌入式处理功能,能够较好地处理这种情况(Baheti et al., 2011)。 P.212

6.2.1 图像采集

本案例研究的数据集是在 2016 年 1 月(Diaz et al., 2016)收集的真实实验数据,其中包括了 32 个钢瓶的激光表面热处理记录。图 6.3 展示了一个钢瓶在其自身轴上旋转且其表面同时被激光束加热的实验。在此实验中,激光束(虚线)射向旋转钢瓶的表面,激光束光斑的面积小于钢瓶的宽度。因此,激光束根据预定的模式快速移动,以便加热钢瓶的整个表面。这种运动产生了一个热反应区,可由固定的高速热成像仪(实线)记录。

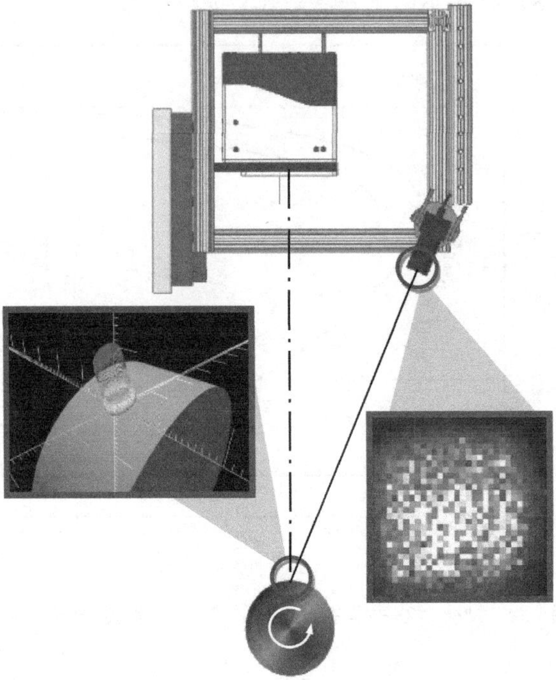

图 6.3　监控钢瓶表面热处理过程的物理结构(Diaz et al.，2016)

在钢瓶表面产生了一个热反应区(heat-affected zone，HAZ)，该区域由固定的热像仪监控。实验中使用的相机是高速热像仪，其记录速率为 1000 帧/s，关注区
P.213 域大小为 32×32 的像素，每个像素可以有 1024 种不同的颜色(每个像素 10 位)与温度读数成比例。图像的可视区域大约是 350 mm^2，而激光束光斑的面积是 3 mm^2。沿着钢瓶宽度方向移动，可产生 200 mm^2 的热反应区。每个钢瓶表面的一次完整旋转需用时 21.5 s。因此，每个处理过的钢瓶输出序列有 21500 帧。

在正常过程中产生的热反应区样本图像如图 6.4(a)所示，其中图像右上方的激光束光斑是非常明显的圆圈。将该光斑运动轨迹设计为按照某一模式沿钢瓶表面移动，如图 6.4(b)所示，以 100 Hz 的频率重复此模式。最终，相机在每个周期大约捕获 10 帧。

因为该过程不是静止的，所以序列分析存在困难。一方面，因为钢瓶初始温度为室温，在过程开始时有一个 2 s(2000 帧)的热瞬态，直到热反应区达到足够高的温度(见图 6.4(c))；另一方面，为了避开钢瓶表面上的障碍物，将光斑模式修改为 4 s(4000 帧)左右。根据障碍物的位置，有三种不同的光斑移动模式，模式变化如图6.5 所示。

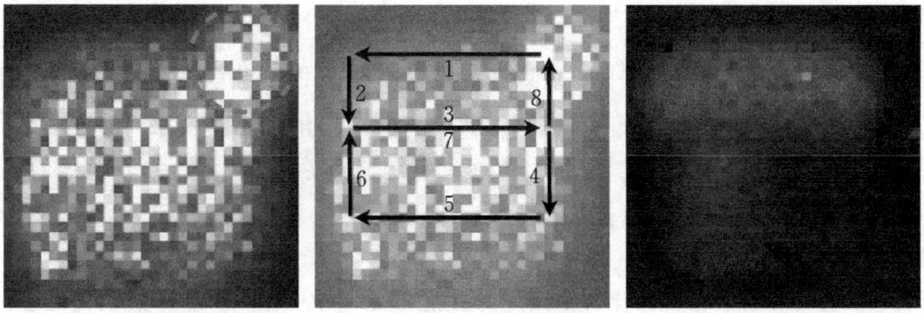

(a) 激光加工过程中高速热像仪在热反应区拍摄的示意图　(b) 被跟踪光斑在正常条件下产生热反应区的模式　(c) 过程开始时热反应区的热瞬态

图 6.4　在正常过程中产生的热反应区样本图像及光斑移动情况

P.214

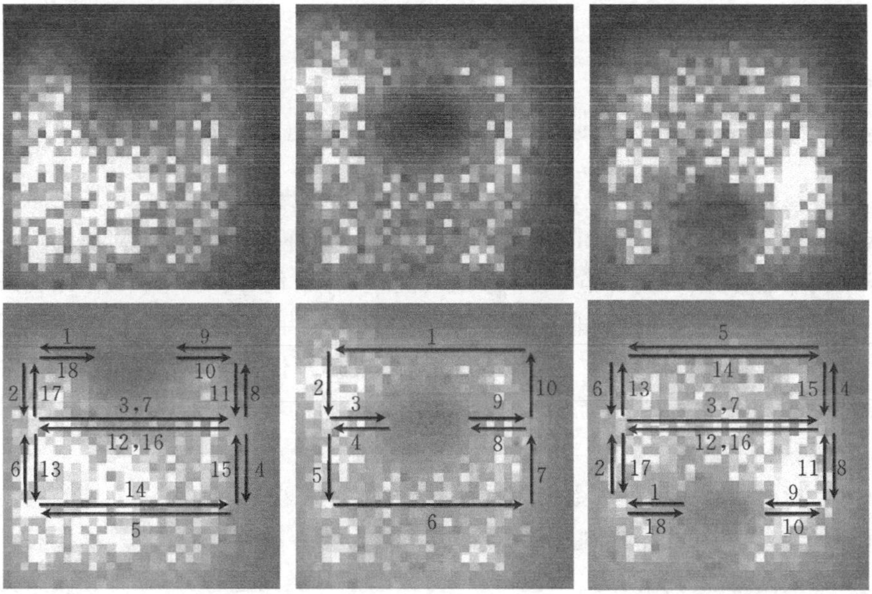

(a) 热反应区的顶部　(b) 热反应区的中部　(c) 热反应区的底部

图 6.5　在热处理过程中设计光斑运动轨迹以避开钢瓶表面的障碍物(参见彩图 10)

在实验中,有 32 个处理过的钢瓶没有检测到异常,它们被认为是正常的。而在大规模生产行业中,通常期望机器每天不停地制造出数千个无误差工件。基于这个原因,专家们决定在 32 个正常序列中模拟两个不同的缺陷,以评价自动视觉检测系统对异常响应的性能[①]：

- 在激光电源装置方面的缺陷(负偏移)：激光扫描仪控制装置负责调整光束沉积在热反应区上的能量。如果电源装置出现故障，可能会导致无法达到正确处理钢瓶表面所需的足够高的温度。这种缺陷是通过在像素值上引入负偏移量而模拟得到的。负偏移量首先设置为像素值范围的 3.5%，然后设置为 4%(分别为 36 和 41 个单位)。
- 相机传感器磨损(噪声)：由于热量、火花和烟雾使传感器逐渐被玷污或损坏，导致相机在肮脏的条件下工作，从而产生噪声。模拟的噪声服从均值为实际像素值的高斯分布。该噪声的标准差设定为像素值范围的 2.5%(26 个单位)。

P.215 ### 6.2.2 响应时间要求

专家在应用程序中将所需的过程响应时间定义为 3 s，这是为生产过程中的下一个制造步骤做准备所需的最短时间。

6.3 基于异常检测的自动视觉检测系统

异常检测是机器学习的一个分支，负责解决在数据中发现的与预期正常行为不一致的模式问题。Chandola 等人(2009)指出，这些模式通常由于对应的应用领域不同而命名各异，如离群点、不一致的观测量、异常值、畸变、意外、特殊性或污染。异常检测与新颖性检测非常相似，两者经常被混用。尽管两个任务中使用的技术都是相同的，但是它们有一个细微的区别：在新颖性检测中发现的模式不一定与系统中的负面情况有关，而可能是系统正常行为的某种演变模式(Pimentel et al., 2014)。

异常检测问题中的训练数据集具有不平衡性，在这些数据集中，正常行为能被很好地采样，异常行为采样却严重不足(很少甚至不存在)。图 6.6 显示了特征空间中二维数据集的分类问题。图 6.6(a)为一个多分类问题，其中三种正常行为用类标签($C=c_1, C=c_2, C=c_3$)表示。同时，图 6.6(b)为一个单分类问题，其中正常行为仅用一个标签($C=c_1$)表示。二分类问题的目标是区分正常与异常行为(a_i)。单分类属于二分类问题，然而在多分类问题中，需要确定观测量的正常行为类型。在任何情况下，分类任务就是使用训练集来寻找一个边界，该边界可在特征空间内以最佳方式实现不同类的分离。然后，将训练模型应用于测试集实现分类。

Pimentel 等人(2014)指出，单分类方法常应用于一些关键领域，如航天器故

① 在 6.4.1 节中提到，所选择的用于模拟正确加工钢瓶过程中缺陷的百分比是合理的。

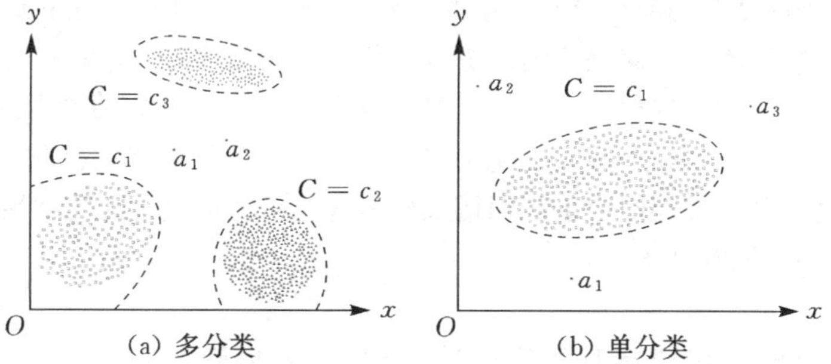

(a) 多分类　　　　(b) 单分类

图 6.6　将二维数据集分类为正常样本($C=c_i$)和异常样本(a_i)

障检测、信用卡欺诈检测、计算机网络入侵、疾病诊断等。对于这些情况，获取系统故障样本非常昂贵且困难(He et al.，2009)。因此，分类框架是从已获得的正常 P. 216
训练数据中学习得到的正常模型。然后使用此模型将异常分数分配给未知的测试数据，相对于正常模型而言，其中较大的异常分数意味着异常度较高。最后，必须定义异常阈值来建立决策边界，以便在异常分数高于异常阈值的情况下将新样本分类为“异常”，否则分类为“正常”。

6.3.1　图像处理中的异常检测算法

在图像处理中，当我们试图找到一段时间内图像序列发生的任何变化或静态图像中出现的异常区域时，异常检测非常有用。Chandola 等人(2009)指出，当运动、插入异物或仪器仪表错误引起异常情况发生时，需要同时考虑图像的空间和时间特征。然而，处理图像时的一个主要问题是，图像是由大量的像素所组成的，从每个像素中可以提取一些属性的连续变量值，如颜色、亮度和纹理，所以输入数据量非常大。

Pimentel 等人(2014)认为，目前从大量可获得的视频流中提取新数据变得越来越重要，但目前缺乏从中提取重要细节的自动化方法，所以从视频流中提取新数据变得越来越重要。在本节中，我们将介绍图像处理中实现异常检测的主要机器学习技术。它们可分为四个不同的类别，即概率、基于距离、基于重建和基于域的异常检测技术(Pimentel et al.，2014)。

6.3.1.1　概率异常检测算法

概率异常检测算法是以数据服从正态分布的概率密度函数建立的统计模型为基础。因此，根据正态分布模型生成的低概率值来识别异常，这就需要定义一个阈值，但阈值的设定往往非常困难。

区分两种不同类型的概率异常检测方法有参数法和非参数法。前者假设正态 P. 217

分布的概率是由已知的参数分布生成的。此外,在正态分布模型建立后,保留少量信息即可实现,而不必存储完整的训练数据集。在实际情况下,如果预测的正态分布模型不适合数据时,这种假设可能会产生较大的偏差。相反,非参数方法更加灵活,因为它们没有对数据的概率分布作出任何假设,而是根据数据估计其概率分布。但是,这两种情况都倾向于利用增大模型规模来适应数据的复杂性,即参数估计需要更大的训练数据集。

参数方法

状态空间模型在处理时间序列数据时,常采用隐马尔可夫模型(hidden Markov model,HMM)(见 2.6.3 节)进行异常检测。在模型中,通常先设定一个阈值,然后确定观测序列在所给定的正常模型中的似然值(Yeung et al., 2003),或者准确定义隐马尔可夫模型中的"异常"状态(Smyth,1994)。例如,Jäger 等人(2008)提出的隐马尔可夫模型,用于检测工业激光焊接过程中记录的异常图像。

非参数方法

异常检测中最常用的非参数技术是**核密度估计**(kernel density estimators, KDE),它对每个数据点运用核函数(通常采用高斯核),并聚合数据点建立正常行为的概率密度函数。例如,Atienza 等人(2016)提出的核密度估计方法可通过跟踪激光束光斑的运动,在高速热像仪记录的激光表面热处理过程中检测异常。

6.3.1.2 基于距离的异常检测算法

基于距离的异常检测算法假定正常数据被分组在特征空间的特定区域中,而异常情况远离这些分组。在此前提下,异常检测依赖于距离度量的定义,可正确评
P. 218 估测试样本与正常组之间的相似程度。基于距离的异常检测算法有两种,即最近邻法和聚类法。

最近邻法

最常用的技术是 k 近邻法,计算数据点与 k 个近邻之间的距离(通常采用欧几里得距离)。如果距离值很小,就认为这个点是正常点;否则,距离值较大就认为是异常点(Zhang et al., 2006)。但是,此方法必须首先找到 k 个最近邻,因此需要存储完整的训练数据集。此外,在高维问题中,考虑到在所有的特征空间上,计算点与其邻域间所有点的距离值是很复杂的,因此采用启发式函数减少子空间。使用这种方法时,参数 k 和异常阈值的选择至关重要。更具体地说,当数据点在属性空间中非均匀分布时,若建立异常阈值,有必要使用基于密度的策略,如局部异常因子(local outlier factor,LOF)算法(Breunig et al., 2000),充分考虑了数据的局部属性。Pokrajac 等人(2007)使用了局部异常因子算法寻找监控视频中的异常轨迹。

聚类法

聚类算法在属性空间中通过减少原型点来描述系统的正常行为。然后，测试样本与其最近原型点的距离，有助于区分它是“正常”点还是“异常”点。基于聚类的不同算法其区别在于它们定义原型的方式不同，k 均值算法是分析数据流最常用的算法。基于聚类算法的一个优点是，它们只需要存储原型点的信息，而不需要存储完整的训练数据集。此外，它们还允许构建增量模型，在这些模型中，新的数据点可以构成新类或可能更改现有原型的属性。然而，与最近邻法一样，聚类算法会受到高维数据的影响，其性能在很大程度上取决于类数目的正确选择。Zeng 等人(2008)采用了聚类算法，从新闻、娱乐、家庭和体育视频中提取关键帧。

6.3.1.3　基于重构的异常检测算法

重构技术能够以灵活自主的方式对训练数据集进行回归分析建模。从异常检测的角度来看，基于重构的方法从输入数据中学习正常模型，并将其与新的测试样本进行对比，识别出显示较大重构错误的异常值，即测试样本与模型输出结果之间 P.219
差异较大。需要注意的是，基于重构的技术依赖于定义模型结构的参数，由于结果对参数极其敏感，所以需要对参数优化处理。

人工神经网络(见 2.4.6 节)常用于基于重构的模型之中，并且在许多异常检测中已成功应用(Markou et al.，2003)。例如，Markou 和 Singh(2006)采用了一种基于人工神经网络的图像序列新颖性检测算法。此外，Newman 和 Jain(1995)及 Malamas 等人(2003)提到人工神经网络非常适合用于自动视觉检测。近来，Sun 等人(2016)采用人工神经网络对热融合图像实现了自动检测。

6.3.1.4　基于域的异常检测算法

基于域的异常检测算法根据正常训练数据创建边界，以此构建一个正常域。此类方法具有对目标类的特定采样和密度“不敏感”的特点。为了对新的测试样本进行分类，故只考虑其相对于正常域的位置(Pimentel et al.，2014)。基于域模型的一个优点是，它们只需要存储负责定义边界区域的训练数据。但是，选择定义此边界区域大小的合理参数是很复杂的。

最常用的基于域的异常检测方法是基于支持向量机的方法(Cortes et al.，1995)，即单分类支持向量机(Schölkopf et al.，2000)和支持向量数据描述(Tax et al.，1999)。例如，Diehl 和 Hampshire(2002)提出了一种基于支持向量机的分类框架，以帮助用户从监控视频中检测人或汽车的异常行为。此外，Huang 和 Pan 等人(2015)发现，支持向量机在半导体行业的自动视觉检测应用中具有非常好的效果。Xie 等人(2014)提出了一种光学检测技术，该技术使用支持向量机检测和识别印刷电路板和半导体晶片的噪声图像中的常见缺陷。

6.3.2 提出的方法

本章涉及的自动视觉检测系统由一个分类框架组成，用于分析钢瓶激光表面热处理中记录的图像序列，并在过程中确定未知序列是否得到正确处理。但是，正
P. 220 如前面提到的，在训练阶段只有无差错序列的示例。在此情况下，可以使用单分类方法，包括对可用的正常序列的正常行为进行建模，然后确定未知序列是否与学习到的正常行为有显著差异。

图 6.7 为基于异常检测的自动视觉检测系统示意图。第一步是对图像序列进行预处理，提取少量特征，以便准确地表示随机过程中的正常行为。由于图像是高维数据，所以在计算机视觉中进行降维处理至关重要。但是，特征子集选择(见 2.4.2 节)必须遵守变量可解释性，以保持模型的透明度。这就是我们为何放弃采用计算机视觉中常用的特征提取技术的原因，如主成分分析法(见 2.2.1.3 节)。有关如何实现特征子集选择的详细内容将在 6.3.2.1 节中阐述。

从训练序列中提取的特征用于表示该过程的正常行为。在 6.3.1 节中列出了用于异常检测的一些常用技术。根据 Barber 和 Cemgil(2010)所述，隐马尔可夫模型是用于建模时间序列最常用的概率图模型。但是，隐马尔可夫模型使用的隐变量并无物理意义。因此，我们提出使用动态贝叶斯网络(dynamic Bayesian networks，DBN)方法，参见 2.6.2 节(Dean et al.，1989)。动态贝叶斯网络是隐马尔可夫模型的推广，是对贝叶斯网络的自然时间扩展，可为不确定知识提供可解释的表示方法(Friedman et al.，2000；Koller et al.，2009)。实际上，已经证实了在不同的应用领域中动态贝叶斯网络在不使用隐变量的情况下，能够成功地描述被监测的随机系统的时空关系。例如，神经科学中应用动态贝叶斯网络学习大脑区域的时间连接(Rajapakse et al.，2007)，生物信息学中用于推断 DNA 微阵列的相互作用(Husmeier，2003)，以及应用动态贝叶斯网络检测自主航天器中的工程故障(Codetta-Raiteri et al.，2015)。有关动态贝叶斯网络实现的更多详细信息，有兴趣的读者可以参见 6.3.2.2 节。

P. 221 在学习了正常模型后，可根据与正常序列的距离实现对异常图像序列的检测，异常检测中使用异常分值进行判定。Pimentel 等人(2014)指出，在概率方法中分值的常见选择是观察 $\boldsymbol{o}$ 序列(在这种情况下是图像序列)关于正常模型 M 的对数似然函数 $\lg \mathcal{L}(\boldsymbol{o}|M)$。似然函数 $\mathcal{L}(\boldsymbol{o}|M)$ 表示给定模型 M 下观察序列 $\boldsymbol{o}$ 的概率，对数变换用于处理小概率情况。总之，对数似然函数的值是一个负值，若此值趋于零，表示可能为正常；若值趋于负无穷大，表示可能为异常。因此，我们使用对数似然函数的负数作为异常分数：

$$\mathrm{AS}(\boldsymbol{o}) = -\lg \mathcal{L}(\boldsymbol{o}|M) = -\lg P(\boldsymbol{o}|M) \tag{6.1}$$

图 6.7 所示的自动视觉检测系统采用单分类法，从激光处理过程中获得的数

据仅对应于其正常行为。因此，我们模拟一些缺陷加入到数据集中。然后对数据集进行预处理，从图像中提取有意义的特征，并将数据分为训练集和测试集。在训练集中只有正常序列，而测试集包括正常和异常序列。使用预处理过的正常图像序列作为训练集来学习动态贝叶斯网络模型。我们必须建立异常阈值，以区分序列是否远离正常值，并参照了其他研究者的建议（Yeung et al.，2003；Bishop，1994；Zorriassatine et al.，2005）。根据训练集中最短的正常序列计算出的异常分数（anomaly score，AS）来确定异常阈值（anomaly threshold，AT）。之后，自动视觉检测系统通过计算测试序列的异常分数，将其与异常阈值进行比较，从而实现对新的测试序列分类：如果异常分数大于异常阈值，则将序列分类为异常（正类），否则将其分类为正常（负类）。最后，使用最初获得的正常序列和模拟的异常序列评价自动视觉检测系统性能。上述方法将在6.3.2.3 节中详细解释。

P.222

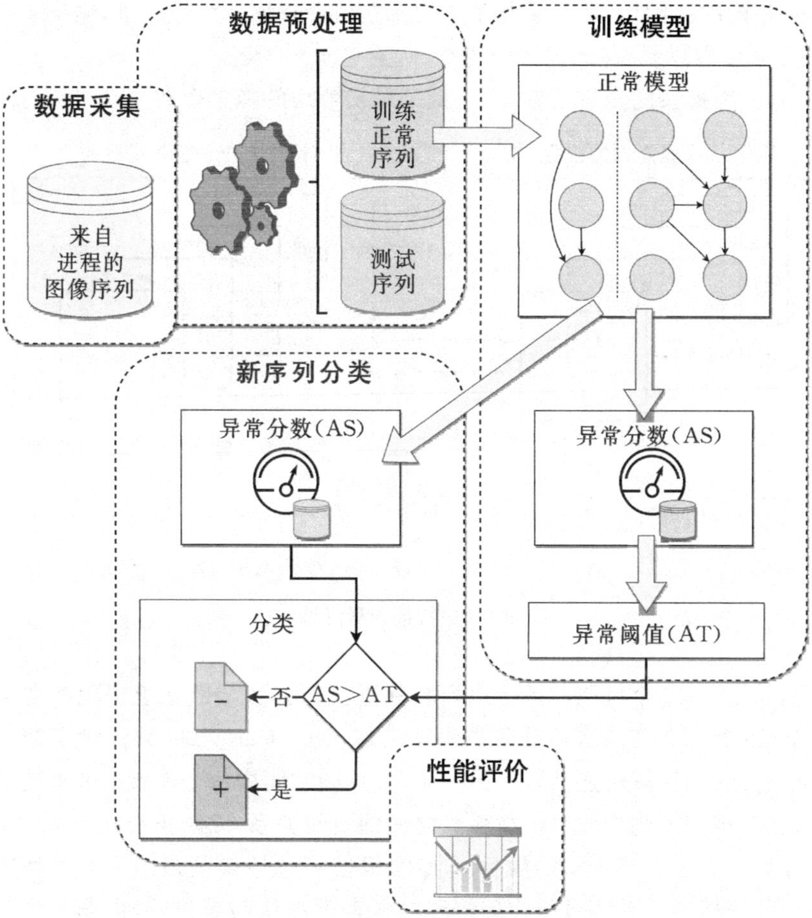

图 6.7　自动视觉检测系统的流程示意图

6.3.2.1 特征提取

在 t 时刻视频记录的帧由 m 个像素(本例中 m 为 1024)组成,可以表示为特征向量 $\boldsymbol{R}[t]=(R_1[t],\cdots,R_m[t])$。因此,视频中的帧形成了一个多变量时间序列$\{\boldsymbol{R}[1],\cdots,\boldsymbol{R}[T]\}$,其中 1 和 T 分别是观察到的起始时间和终止时间(本例中为 21500)。计算机视觉问题中的 m 值通常非常大,因此对每个像素的时间序列进行建模是一个高维过程。考虑到我们需要自动视觉检测系统在过程中的响应,以这种方式对问题进行建模比较耗时并且计算量较大。因此,使用特征子集选取技术减少特征数量。

图 6.8 说明了基于像素空间关系的相关性策略。首先,将高度相关的像素分组为 k 个类,即具有相似行为的热反应区。为了简便,假定视频序列中所有帧的区域都是相同的。然后,通过从每个类的像素值中提取 s 个统计量,输出 t 时刻帧的新特征向量,$\boldsymbol{Q}[t]$。在此过程中,特征向量 $\boldsymbol{Q}[t]=(Q_1[t],\cdots,Q_{k\cdot s}[t])$的维数大幅减小,因为提取的变量总数 $k\cdot s$ 低于最初考虑的像素个数 m。

P. 223

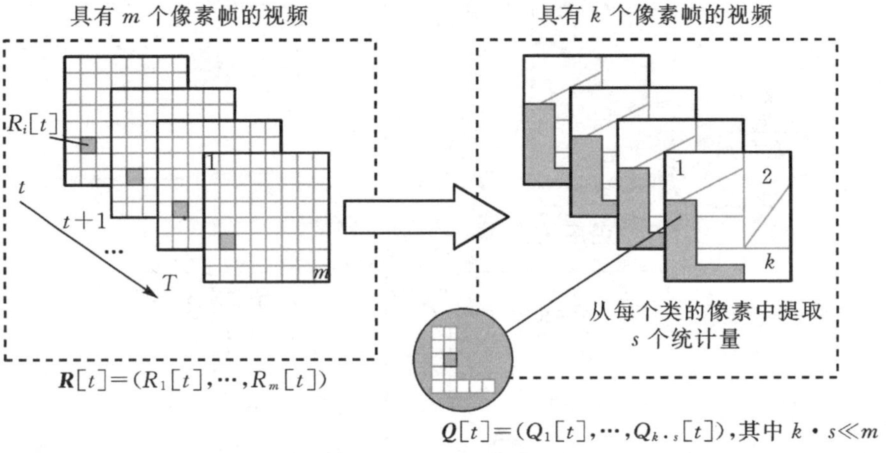

图 6.8 特征向量降维

我们采用了 32 个可用的图像序列和基于沃德方法与欧几里得距离的凝聚层次聚类算法(见 2.3 节),将帧分割成多个区域(Xu et al., 2015)。除了帧中的像素颜色信息之外,该算法还获取了另一条信息:帧空间中每个像素的邻域构成了一个连通矩阵,该矩阵的作用是保持像素之间的空间关系,以防止在同一类中包含未连接的像素。为了选择聚类的数目 c,专家根据不包括误差帧的最大聚类数目来定义一个阈值标准。无法进行物理解释的像素类被认为是误差,即非常小的区域或分散在未连接区域中的类。凝聚层次聚类算法在图像内识别出 14 个无误差类,即框架被分成 14 个不相交的区域。帧的分区结果如图 6.9(a)所示。对于与图像边缘相邻的区域(类 1、2、11、13 和 14),由于它们的可变性低并且在该过程中没有表现出显著的活性,所以被认为是背景而将其丢弃。因此,剩余的 9 个类($k=9$)对应不同的热反应区。

从每类的像素值中提取 4 个有意义的统计量($s=4$):中位数可以表示该区域的一般温度,其值不受异常值影响;标准差表示该区域温度的均匀度;最大值和最小值反映该区域的极端温度。

P. 224

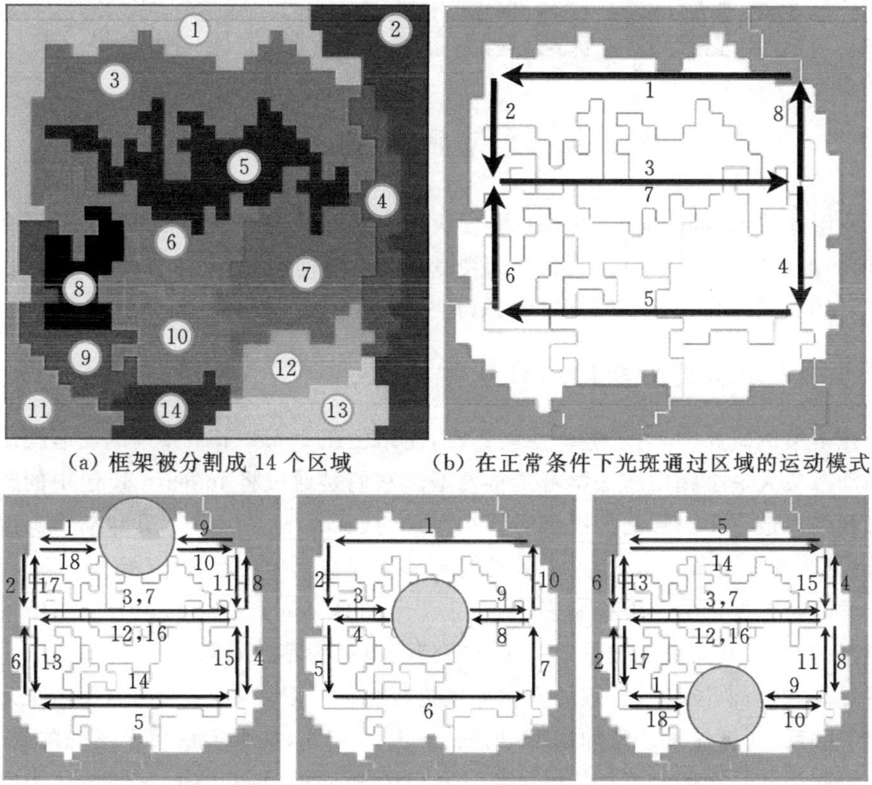

(a) 框架被分割成 14 个区域　(b) 在正常条件下光斑通过区域的运动模式

(c) 热反应区的顶部　(d) 热反应区的中部　(e) 热反应区的底部

图 6.9　凝聚层次聚类算法(参见彩图 11)

所有这些特征用与温度成比例的颜色值所代表。每个像素 R_i 的可能颜色值(离散值)为 $\mathrm{Val}(R_i)$,通常大于统计模型可处理的类别数。因此,必须将颜色集成到可供分析的少量区间中。更具体地,本案例研究中的相机颜色值 $\mathrm{Val}(R_i)$ 是 1024,即像素能够采用与热反应区的表面温度成比例关系的 1024 种不同颜色。专家们将可提取的 4 种统计量的 1024 种颜色值分到 10 个区间中($\mathrm{Val}(Q_i)=10$)。

为了构建 10 个区间，首先采用一个简单的近似，即使用等宽离散化算法（见 2.2.1.5 节），其中每个区间大约有 102 种颜色值（Catlett, 1991）。该算法如图 6.10 所示。

P. 225

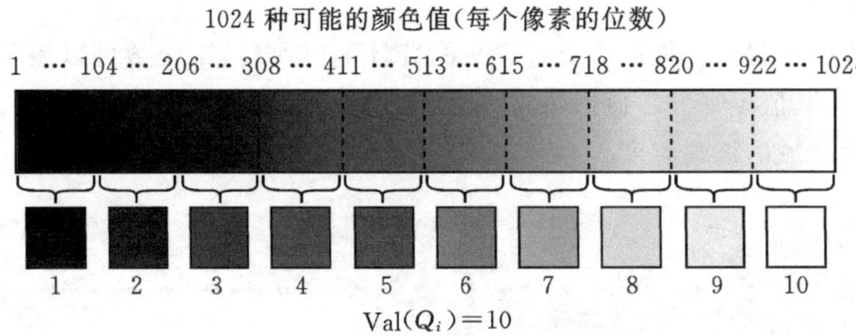

图 6.10 等宽离散化算法（参见彩图 12）

使用此技术，特征向量 $\boldsymbol{R}[t]$ 的维数从 $m=1024$ 个变量减少到 $k \cdot s=36$ 个变量，值的离散区间为 $\{1,\cdots,10\}$。自动视觉检测系统使用此新特征向量 $\{\boldsymbol{Q}[1],\cdots,\boldsymbol{Q}[T]\}$ 的时间序列，其中 $T=21500$，对加工后的钢瓶进行分析和分类。

6.3.2.2 动态贝叶斯网络实现方法

在本案例研究中，为了进行性能比较，使用已在 2.6.2 节中介绍的动态爬山算法和动态最大最小爬山算法学习正常模型。它们是通过将 bnlearn R 包中的爬山算法和最大最小爬山算法扩展到时域来实现的（Scutari, 2010）。贝叶斯信息准则评分（见 2.5.3.2 节）用于学习先验结构和转移网络。参数点估计（见 2.2.2.1 节）用于学习每个变量的条件概率表（见 2.5.1 节），因为它产生了与最大似然估计方法类似的结果，并避免了数据集中未观察情况概率为零的问题。

然而，在对热反应区分割的不同区域进行特征提取时，为了输出这些特征之间的相关关系，对弧施加了附加约束（见图 6.11）。首先，如果变量属于不同的类，则
P. 226 只允许同类变量之间有弧相连。如果这些弧在相同的时间片中，它们被称为**瞬时区域间弧**（f），而如果它们连接不同时间片中的变量，则称为**时间区域间弧**（d）。其次，允许从同一区域连接变量的任何弧（例如，最小中位数）。如果这些弧连接同一时间片中的变量，它们被称为**瞬时区域内弧**（e），而如果它们连接不同时间片中的变量，则它们被划分为连接相同变量类型的**持久性弧**（a），以及连接不同变量类型的**时间区域内弧**（c）。此外，将每个变量可能的父变量数目限制为两个，以降低模型复杂性并增强结果的可解释性。

图 6.11 为动态贝叶斯网络算法实现中变量之间的弧线约束设置情况。变量由数字和图案表示。标有相同数字的变量属于同一区域，标有相同图案的变量属

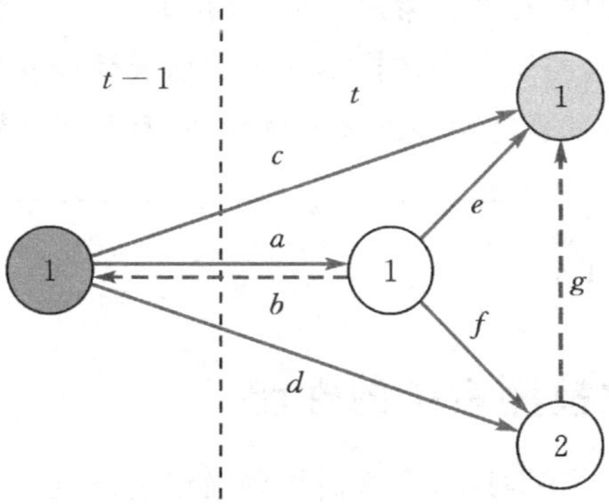

图 6.11　变量之间的弧线约束设置情况

于从区域提取的相同特征。这些变量可以在过去帧($t-1$)或当前帧(t)中观察到。此外,允许的弧线为实线,禁用的弧线为虚线。时间流在正常情况下是从过去时刻指向现在时刻,所以禁止存在相反方向的弧线(b)。对于这个特定的应用,还禁止在来自不同区域(g)的不同类型的变量间连接弧线。允许存在其他弧,即持久性弧(a)、时间区域内弧(c)、时间区域间弧(d)、瞬时区域内弧(e)和瞬时区域间弧(f)。

最后,为了研究用动态贝叶斯网络学习的正常模型中出现的因果关系,我们做出了上述必要的假设。

6.3.2.3　性能评价 P.227

为了评价自动视觉检测系统在不触发假警报的情况下检测到异常序列的性能,我们使用了 32 个正常图像序列和 64 个模拟的异常序列,其中包括 32 个具有负偏移的异常序列和 32 个具有噪声的异常序列。

与任何分类问题一样,我们构建了一个混淆矩阵,将分类结果与序列的真实标签进行比较。此种情况为二分类问题,包括正常序列的负类(N)和异常序列的正类(P)。下面从混淆矩阵中提取两个指标来评价自动视觉检测系统性能:

$$\text{灵敏度}=\frac{\mathrm{TP}}{\mathrm{TP}+\mathrm{FN}},\ \text{特异性}=\frac{\mathrm{TN}}{\mathrm{FP}+\mathrm{TN}} \tag{6.2}$$

其中正确分类的序列是真阳性(TP)和真阴性(TN),错误分类的序列是假阴性(FN)和假阳性(FP)。特异性为自动视觉检测系统能够正确分类而得到正常序列的百分比。相反,灵敏度(基于正常图像序列模拟的每种缺陷类型)为自动视觉检测系统能够正确检测到异常序列的百分比。

为了计算灵敏度,我们学习了 32 个正常序列的正常模型,而模拟的异常序列用于测试。而对于特异性，在对正常序列分类时，如果我们使用不重复的数据集来训练和测试系统性能，会由于可用的样本量小而出现高可变性结果。因此，采用 k 折交叉验证法来估计自动视觉检测系统的特异性，专家将参数 k 设置为 8。

6.4 结果和讨论

6.4.1 自动视觉检测系统的性能

在自动视觉检测系统学习中，专家们需要确定正常过程产生的数据最小扰动，至少有一个动态贝叶斯网络算法能够在 80%以上的案例中检测到异常。高斯噪声标准差的最小百分比和满足该要求的负偏移分别为 2.5%和 3.5%。专家们发
P. 228 现这些结果是令人满意的。此外，百分比越大，异常越明显，更易被自动视觉检测系统检测到，从而提高灵敏度。通过将负偏移异常增加到 4%来证明这一点。表 6.1 列出了在自动视觉检测系统中，运用所提出的动态算法识别正常与异常序列图像的特异性和灵敏度。

表 6.1 自动视觉检测系统采用动态爬山算法和动态最大最小爬山算法，学习正常模型的特异性(正常)和灵敏度(噪声和负偏移)

动态贝叶斯网络算法	正常序列	噪声序列(2.5%)	负偏移序列(3.5%)	负偏移序列(4%)
动态爬山算法	93.8%	100%	78.1%	100%
动态最大最小爬山算法	90.6%	62.5%	81.3%	100%

动态爬山算法正确分类了 93.8%的正常序列，而动态最大最小爬山算法的准确率仅达到 90%以上。因此，在分类正常序列时，动态爬山算法的分类性能稍好一些。当检测到高斯噪声产生的异常时，动态爬山算法的分类性能远超动态最大最小爬山算法(在这种情况下有更显著的差异性)，动态爬山算法的灵敏度为 100%，而动态最大最小爬山算法只有 62.5%。然而，检测由负偏移产生的异常时，情形则相反。尽管两种算法都能 100%地检测到负偏移为 4%的异常序列，但动态最大最小爬山算法在较低干扰下的效果更好，负偏移为 3.5%下的灵敏度达到 81.3%，而动态爬山算法仅为 78.1%。

在工业应用中，检测到大多数具有异常(高灵敏度)的序列而不触发错误警报(高特异性)至关重要。高灵敏度可确保及早发现错误，识别有缺陷的工件，阻止其继续运行；然而，高特异性避免了生产线的意外关闭，提高了生产线的可用性。这对于工厂管理人员来说尤其重要，因为如果检测中有太多的误报情况发生，他们就

会对监控系统失去信心，往往为避免停机而将系统关闭。特异性或灵敏度的重要程度视具体应用而定。在这种特殊的激光应用中，需要权衡这两个指标。因此，最好的选择是使用动态爬山算法来学习自动视觉检测系统的正常模型。对于各类异常情况，此算法都可确保较高的特异性，且灵敏度高于 78%。

自动视觉检测系统是在配置为英特尔酷睿 i7 处理器和 16GB RAM 的 PC 机上实现的。在这里，所提出的方法满足了分类要求，即用动态爬山算法和动态最大最小爬山算法能在小于 3 s 的时间内完成对新序列分类。如表 6.2 所示，两种算法都能在 2 s 左右的时间对新序列进行分类[①]。

表 6.2　自动视觉检测系统中采用动态爬山算法和动态最大最小爬山算法，对新序列分类后计算其平均时间和标准差(重复该过程 1000 次后报告的结果)　(单位：s)　P.229

动态贝叶斯网络算法	平均时间	标准差
动态爬山算法	2.034	0.021
动态最大最小爬山算法	2.020	0.017

最后，请注意，异常检测方法适用于制造业的原因不仅仅是由于普遍缺乏异常示例。事实上，在具有不确定性的工业实践应用中，有更多情况可能会出错，而尝试学习每种可能情况的模型是非常困难的。对质量控制的普遍性需求是通过对正常过程进行建模，然后检测偏离正常的情况。

6.4.2　正常模型的解释

我们已经看到，动态爬山算法学习得到的正常模型表现最佳且最接近正常激光处理过程的动态行为。我们现在关注的问题是动态贝叶斯网络算法能够直接从数据中学习哪种热过程的时空特性。确切地说，我们想知道在跨越热反应区不同区域的正常行为中，算法能否正确表达光斑的运动模式。为此，首先分析动态贝叶斯网络结构，然后分析其参数。我们不必研究由先前网络所代表的激光处理过程在初始阶段的关系，因为第一帧总是属于钢瓶表面处于室温的瞬态阶段。因此，我们只重点分析转换网络。

6.4.2.1　动态贝叶斯网络结构中的关系

图 6.12 显示了动态爬山算法中学习的转换网络结构。节点标签对应于图6.9 中指定的区域编号。节点颜色代表变量的类型(中位数(med)、标准差(sd)、最小值(min)和最大值(max))。

① 在图像获取过程中执行预处理是常见方法。

P. 230

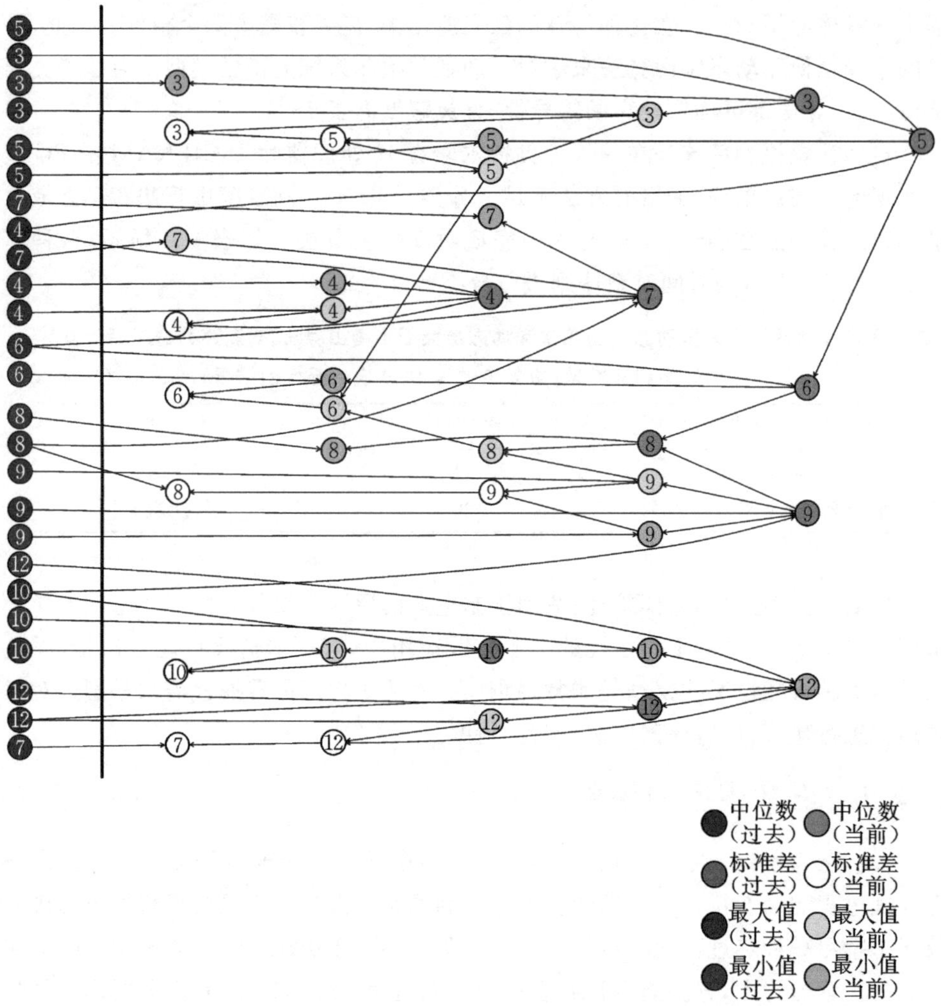

图 6.12　动态爬山算法学习的转换网络，垂直线分隔过去帧和当前帧（参见彩图 13）

P. 231　图 6.12 左列中的深色节点表示过去帧中变量的状态，浅色节点表示当前帧中变量的状态。72 条弧中只有 61 条弧在图中表示出来，因为过去帧中有 9 个变量是独立的，即没有出度与入度。表 6.3 列出了网络中出现的弧数，按其生成的关系类型进行了细分。请注意，所有变量的父变量数为两个，这是为了降低模型复杂性所允许的最大数量。

表 6.3　根据直接关系类型，列出了用动态爬山算法学习得到的网络弧数量（在括号中）。当弧连接两个相同类型的变量时，它们按变量类型细分，这种情况仅适用于持久弧和区域间弧。例如，从 *med_4_ past* 到 *med_5_ present* 的弧是通过中位数连接两个区域（区域间）的非持久时间弧 P. 232

<table>
<tr><td rowspan="14">总数(72)</td><td rowspan="5">瞬间(42)</td><td colspan="3">区域内(29)</td></tr>
<tr><td rowspan="4">区域间(13)</td><td colspan="2">中位数(5)</td></tr>
<tr><td colspan="2">标准差(3)</td></tr>
<tr><td colspan="2">最大值(4)</td></tr>
<tr><td colspan="2">最小值(1)</td></tr>
<tr><td rowspan="9">时间(30)</td><td rowspan="4">持久的(23)</td><td colspan="2">中位数(7)</td></tr>
<tr><td colspan="2">标准差(0)</td></tr>
<tr><td colspan="2">最大值(7)</td></tr>
<tr><td colspan="2">最小值(9)</td></tr>
<tr><td rowspan="5">非持久的(7)</td><td colspan="2">区域内(3)</td></tr>
<tr><td rowspan="4">区域间(4)</td><td>中位数(4)</td></tr>
<tr><td>标准差(0)</td></tr>
<tr><td>最大值(0)</td></tr>
<tr><td>最小值(0)</td></tr>
</table>

可以从转换网络的结构信息中得出该过程的一些结论。一方面，在 85.2% 的样本中，中位数、最大值和最小值是持久变量。这与热处理的惯性特性一致，若未受到外部因素影响，区域的温度将趋于稳定。这一发现对于区域中位数的计算尤其重要，因为我们想要热反应区的温度稳定在足够高的值以达到奥氏体。然而，区域 7 和 8 的中位数不是持久的，并且在区域 6 和 8 的过去帧中及在区域 9 的当前帧中分别具有来自中位数的入弧。这意味着在这种情况下，相邻区域的温度中位数具有更大的影响。

另一方面，标准差不持久，通常取决于区域中当前帧中其他变量值的大小，即最大值和最小值，或最小值和中位数。另一种可能性（区域 3、7 和 8）是标准差受相邻区域（区域 5、12 和 9）的瞬时影响，这意味着根据第一个区域的无序程度可以推断第二个区域的无序程度。

此外，区域内的网络结构表示中位数是最小值和最大值的父变量。中位数、最小值或最大值通常是标准差的父变量。这些弧的方向与我们从热处理视角所期望的方向一致，因为最大值和最小值通常与区域中的平均热量成比例（在此由中位数表示）。另外，上述变量若有两个及两个以上的排列顺序不一致，可能表示该区域温度具有高度异质性，从而增大了标准差。通过这种方式，我们认为动态贝叶斯网络结构捕获的关系是合理的。

另一个值得注意的问题是，中位数是对网络结构影响最大的变量，因为它通常是当前帧中该区域其他变量的祖先。采用网络中心度指标对此结论进行验证，网络中心度根据节点的结构属性给节点分配分数（Zaman，2011）。事实证明，此种方法是对具有上千个节点和弧的复杂网络进行分析的强有力工具，如在因特网（Page et al.，1999）或社交网络（Bar-Yossef et al.，2008；Zaman，2011）中进行网页搜索。在特殊情况下，我们希望根据转换网络中的节点到达网络中其他节点的能力确定其重要性。

P. 233 回答此问题最重要的节点属性是出弧的数量和到其他节点的有向路径数量。基于这些结构特征，使用以下与网络中心度相关的评价指标对变量进行排序（见表6.4）：

- **出度**（outdegree）。这是一种最简单的评分指标，计算从节点发出的弧数量。在贝叶斯网络中，出度指直接受当前变量影响的子节点数。此分数的缺点是它只捕获单个节点的局部结构特征，而不提供全局网络结构的相关信息。
- **对外紧密度**（outgoing closeness）。紧密度捕获节点与网络中所有其他节点之间的紧密程度（Sabidussi，1966）。对外紧密度大意味着节点通过传出的定向路径能连接到绝大多数的节点，并且该路径很短。因此，节点的对外紧密度被定义为从节点到其他节点的最短路径的距离之和的倒数。在本案例研究中，所有相邻节点之间的距离设置为 1。此外，如果一个节点没有到另一个节点的直达路径，则距离是弧的总数（在这种情况下为 72）。请注意，关于对外紧密度我们进行了标准化处理，计算方法是用节点总数乘以对外紧密度。
- **中介性**（betweenness）。该分数衡量删除的节点对网络连接的影响程度（Freeman，1977）。节点的中介性定义为通过节点的最短路径的数量。因此，高中介性意味着大多数路径受该节点的影响。与其他评分指标相比，中介性不重视源节点或叶节点，因为没有路径通过它们。
- **反向网页排名**（reverse pagerank）。特征向量中心不仅重视可达节点的数量，还重视连接节点的重要性。例如，与许多不重要节点相连的节点其重要性可能低于与较少重要节点相连的节点。不同的特征向量中心方法主要通过它们定义节点重要性的方式来区分。对于网页排名（Page et al.，1999），节点传出弧价值较低，因此节点的重要性被定义为其出度的倒数。相比之下，反向网页排名会降低入弧的分值，尽管它与网页排名方法类似，但弧的方向为反向。Gleich (2015)指出，直观地说，反向网页排名建模服从入度连接而不是出度连接。换句话说，高反向网页排名表明图中有许多其他节点是可达的。因此，有研究人员提出(Bar-Yossef et al.，2008)，反向网页排名是一种很好的启发式算法，用于在网络中找到有影响的节点，即可以广泛传播受其影响的节点。

表 6.4　在转换网络中，根据出度、对外紧密度、中介性和反向网页排名等网络中心度相关指标对变量实现的重要性进行排名。过去帧和当前帧中的中位数都用粗体显示 P.234

排名	出度		对外紧密度		中介性		反向网页排名	
	节点	分数	节点	分数	节点	分数	节点	分数
1	**med_4_present**	3	**med_4_past**	0.018694	**med_5_present**	28	**med_5_present**	0.030161
2	**med_5_present**	3	**med_5_past**	0.017406	**med_6_present**	22.5	**med_4_past**	0.029133
3	**med_7_present**	3	**med_5_present**	0.017166	**max_3_present**	21	**med_9_present**	0.028343
4	**med_9_present**	3	**med_6_past**	0.017158	**med_8_present**	21	**med_10_past**	0.026918
5	*min_12_present*	3	**med_10_past**	0.016865	**med_3_present**	19	**med_6_past**	0.026287
6	**med_4_past**	2	**med_9_past**	0.016060	**med_9_present**	18	*min_12_present*	0.024846
7	**med_6_past**	2	**med_9_present**	0.015838	*max_5_present*	17.5	*max_12_past*	0.023990
8	**med_8_past**	2	*max_12_past*	0.015827	*max_8_present*	15.5	**med_7_present**	0.023100
9	**med_10_past**	2	*min_12_past*	0.015820	*min_12_present*	14	**med_8_past**	0.021193
10	*max_12_past*	2	*min_12_present*	0.015601	*max_6_present*	13	**med_5_past**	0.020801
11	**med_3_present**	2	**med_8_past**	0.015594	*max_9_present*	12.5	**med_9_past**	0.020029
12	*max_3_present*	2	**med_3_past**	0.015570	**med_4_present**	12	**med_6_present**	0.019968
13	*max_5_present*	2	**med_3_present**	0.015355	**med_7_present**	12	**med_4_present**	0.019603
14	**med_6_present**	2	**med_7_present**	0.015142	**med_10_present**	12	**med_3_present**	0.019399
15	**med_8_present**	2	**med_6_present**	0.015135	*min_10_present*	12	*max_3_present*	0.018878
16	*max_9_present*	2	*max_3_past*	0.015122	*sd_9_present*	7	*min_12_past*	0.018543
17	**med_10_present**	2	*max_9_past*	0.015122	*min_5_present*	6.5	*max_9_present*	0.018265
18	**med_3_past**	1	*max_3_present*	0.014913	*min_6_present*	6	*max_5_present*	0.017652
19	**med_3_past**	1	*max_9_present*	0.014913	*sd_12_present*	6	**med_8_present**	0.016823
20	*min_3_past*	1	*max_5_past*	0.014907	*sd_5_present*	5.5	**med_3_past**	0.016227
21	*max_4_past*	1	*max_5_present*	0.014700	*min_9_present*	5	**med_10_present**	0.016210
22	*min_4_past*	1	**med_8_present**	0.014697	**med_12_present**	5	**max_3_past**	0.016006
23	*med_5_past*	1	*min_10_past*	0.014691	*max_12_present*	5	*max_9_past*	0.015746
24	*max_5_past*	1	*med_12_past*	0.014688	*max_4_present*	1	*max_5_past*	0.015485
25	*min_5_past*	1	**med_4_present**	0.014493	*max_10_present*	1	*min_10_present*	0.014872
26	*min_6_past*	1	*min_10_present*	0.014487	**med_3_past**	0	*min_10_past*	0.014304
27	**med_7_past**	1	*min_5_past*	0.014484	*max_3_past*	0	**med_12_past**	0.013691

续表

P. 235

排名	出度		对外紧密度		中介性		反向网页排名	
	节点	分数	节点	分数	节点	分数	节点	分数
28	max_7_past	1	min_9_past	0.014484	min_3_past	0	min_5_past	0.013430
29	min_7_past	1	**med_12_present**	0.014484	**med_4_past**	0	min_9_past	0.013430
30	min_8_past	1	**med_10_present**	0.014286	max_4_past	0	**med_12_present**	0.013430
31	med_9_past	1	max_4_past	0.014283	min_4_past	0	max_4_past	0.012818
32	max_9_past	1	min_6_past	0.014283	**med_5_past**	0	min_6_past	0.012818
33	min_9_past	1	max_10_past	0.014283	max_5_past	0	max_10_past	0.012818
34	max_10_past	1	min_5_present	0.014283	min_5_past	0	min_5_present	0.012818
35	min_10_past	1	max_8_present	0.014283	**med_6_past**	0	max_8_present	0.012818
36	**med_12_past**	1	min_9_present	0.014283	min_6_past	0	min_9_present	0.012818
37	min_12_past	1	max_12_present	0.014283	**med_7_past**	0	max_12_present	0.012818
38	max_4_present	1	min_3_past	0.014085	max_7_past	0	min_3_past	0.011376
39	sd_5_present	1	min_4_past	0.014085	min_7_past	0	min_4_past	0.011376
40	min_5_present	1	**med_7_past**	0.014085	**med_8_past**	0	**med_7_past**	0.011376
41	max_6_present	1	max_7_past	0.014085	min_8_past	0	max_7_past	0.011376
42	min_6_present	1	min_7_past	0.014085	**med_9_past**	0	min_7_past	0.011376
43	max_8_present	1	min_8_past	0.014085	max_9_past	0	min_8_past	0.011376
44	sd_9_present	1	max_4_present	0.014085	min_9_past	0	max_4_present	0.011376
45	min_9_present	1	sd_5_present	0.014085	**med_10_past**	0	sd_5_present	0.011376
46	max_10_present	1	max_6_present	0.014085	max_10_past	0	max_6_present	0.011376
47	min_10_present	1	min_6_present	0.014085	min_10_past	0	min_6_present	0.011376
48	**med_12_present**	1	sd_9_present	0.014085	**med_12_past**	0	sd_9_present	0.011376
49	sd_12_present	1	max_10_present	0.014085	max_12_past	0	sd_9_present	0.011376
50	max_12_present	1	sd_12_present	0.014085	min_12_past	0	sd_12_present	0.011376
51	sd_3_present	0	sd_3_present	0.013889	sd_3_present	0	sd_3_present	0.007985
52	min_3_present	0	min_3_present	0.013889	min_3_present	0	min_3_present	0.007985
53	sd_4_present	0	sd_4_present	0.013889	sd_4_present	0	sd_4_present	0.007985
54	min_4_present	0	min_4_present	0.013889	min_4_present	0	min_4_present	0.007985
55	sd_6_present	0	sd_6_present	0.013889	sd_6_present	0	sd_6_present	0.007985
56	sd_7_present	0	sd_7_present	0.013889	sd_7_present	0	sd_7_present	0.007985
57	max_7_present	0	max_7_present	0.013889	max_7_present	0	max_7_present	0.007985
58	min_7_present	0	min_7_present	0.013889	min_7_present	0	min_7_present	0.007985
59	sd_8_present	0	sd_8_present	0.013889	sd_8_present	0	sd_8_present	0.007985
60	min_8_present	0	min_8_present	0.013889	min_8_present	0	min_8_present	0.007985
61	sd_10_present	0	sd_10_present	0.013889	sd_10_present	0	sd_10_present	0.007985

表 6.4 中的结果表明，网络中心度通常将中位数确定为最具影响力的变量类型，因为它在所有情况下都排名领先。更确切地说，如果我们关注反向网页排名，则会发现除了区域 12(最小值是最有影响力的变量)之外，在当前帧和过去帧中区域的中位数比任何其他类型的变量都更有影响力。事实上，在前 14 个序号中，12 个序号与 7 个不同区域的中位数相对应。 P.236

同样值得注意的是，对外紧密度分值与反向网页排序报告的结果相似。这是因为两者都考虑了每个节点可访问的节点数。另一方面，出度只能用于对网络的局部结构进行分析。例如，出度最有影响的节点是当前帧中区域 4 的中位数(*med_4_present*)，具有三个输出弧。然而，图 6.12 中的网络，那些指向叶节点的弧没有如此高的影响度。反向网页排名能够将此情况考虑在内，并将 *med_4_present* 排在第 13 位。考虑到中介性，我们发现过去帧中的所有节点(包括叶节点)都被评为零分，由于时间的非对称性，它们必须是父节点。然而，对于这个问题，衡量它们的影响度也很重要。这表明选择正确的网络中心度评价指标以获得有用的结论是非常重要的。

马尔可夫毯

直观地，我们期望邻近区域彼此具有热力学影响并且独立于远处区域。通过查询动态贝叶斯网络结构能够回答这些问题：给定变量是否属于另一个变量的马尔可夫毯(见 2.4.9 节)。

将这个概念转化到应用之中，我们想要确定它们过去帧或当前帧状态的最小区域数量，故屏蔽特定目标区域当前帧中的状态以免受其他区域状态的影响(即使它们相互独立)。由于每个目标区域由一个四变量集合组成，我们将目标区域的马尔可夫毯定义为其变量的马尔可夫毯并集。然后，即使过去帧或当前帧中只有一个来自不同区域的变量位于目标区域的马尔可夫毯中，我们也将该区域确定为目标区域的马尔可夫毯的一部分。

图 6.13 显示，对于每个目标区域(黄色)，从余下的区域(白色)中隔离出另一个区域(蓝色)。我们发现这些区域局部依赖于其他相邻或非常接近的区域。乍一看，我们可以猜到光斑的运动轨迹。例如，当它同时撞击几个区域时，如图 6.13(f)中与区域 8 相关的有区域 6 和 9；或者当它跨区域移动时，如图 6.13(g)中与区域 9 相关的有区域 10，或者图 6.13(e)中与区域 7 相关的有区域 6 和区域 8。

因果关系 P.237

通过仔细研究区域间弧的方向，我们能够确定区域之间的直接因果关系。更准确地说，我们想知道对每个区域都有直接影响的那些区域。如果在过去帧或当前帧中，至少有一个变量是目标区域变量转换网络中的父变量，则当前帧中我们将此区域定义为目标区域。图 6.14 显示了当前状态(黄色)中每个区域的父变量(绿

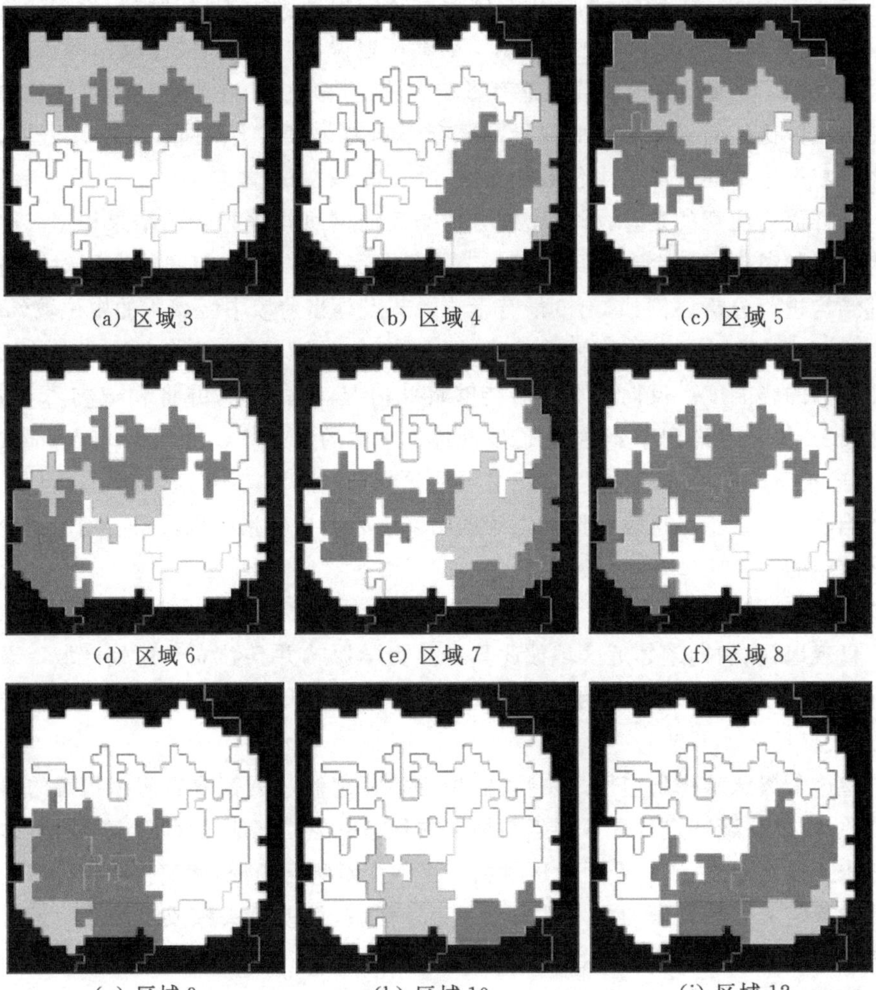

(a) 区域 3　(b) 区域 4　(c) 区域 5
(d) 区域 6　(e) 区域 7　(f) 区域 8
(g) 区域 9　(h) 区域 10　(i) 区域 12

图 6.13　带变量区域的图示(参见彩图 14)

色)。我们区分了两种类型的父关系:仅由瞬时弧产生的关系(浅绿色)和仅由时间弧产生的关系(深绿色)。在任何情况下,同一区域中不会存在两个目标区域。请注意,直接因果关系影响的结果与马尔可夫毯的特殊性情况一致,因为重点在于来自不同区域的目标区域的父变量。根据定义,它们也属于目标区域的马尔可夫毯。

我们首先分析了能够瞬间影响其他区域状态的区域(用浅绿色表示)。记录这一过程的图像表明,这些区域都是光斑同一时刻撞击的区域。由此,可采用某种方法从已知的相邻区域状态推断出目标区域状态。对于宽度较大的区域,光斑在连续帧中会撞击同一区域,使之变得高度相关。在这种情况下,某个区域的一些变量

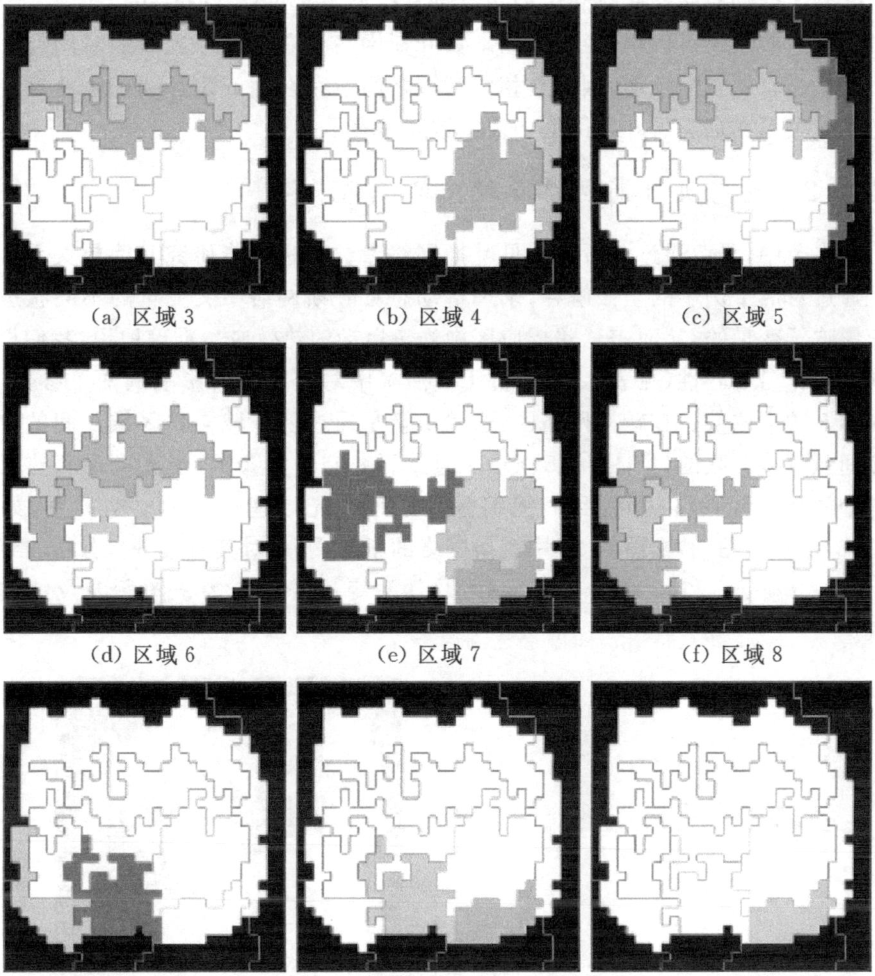

(a) 区域 3　(b) 区域 4　(c) 区域 5

(d) 区域 6　(e) 区域 7　(f) 区域 8

(g) 区域 9　(h) 区域 10　(i) 区域 12

图 6.14　带变量区域的图示(参见彩图 15)

是另一个区域的子变量，反之亦然，某些区域的变量可能同时是不同区域的子变量或父变量。如，区域 3、区域 5、区域 6 和区域 8 这几个高度相关的区域，在分割热反应区时动态贝叶斯网络误将它们检测为同一个区域。

然后，我们分析了对其他区域具有时间影响的区域，即这些区域过去的状态会 P.238
影响其子区域的当前状态。如与区域 5 相关的区域 4(见图 6.14(c))，与区域 7 相关的区域 8 和区域 6(见图 6.14(e))，以及与区域 9 相关的区域 10(见图 6.14(g))。在所有情况下，我们发现连通区域位于同一水平线上。实际上，它们与在正常条件下跟踪图案的中间和底部时的水平运动有关(分别为图 6.9(b)中的片段

3、7 和 5)。能够捕获这些时间区域间具有连接关系的变量类型是中位数。

根据这些结果可以得出结论，动态贝叶斯网络仅获知每个区域的时间特征不足以表达过程的热学性能，因为在相邻区域之间也存在由光斑运动产生的时空关系。这些关系在动态贝叶斯网络中由区域间弧表示。

P.239 6.4.2.2 动态贝叶斯网络参数中的关系

在本节中，我们通过分析动态贝叶斯网络参数来进一步研究其因果关系。目的是通过对两个例子的全面解释，来理解动态贝叶斯网络中父变量的不同状态是如何影响子变量的，从而表示热反应区中光斑运动的热效应。准确地说，我们根据反向网页排名中心性(见表 6.4)分析了当前帧中对变量最有影响的两个参数：区域 4 和 5 的中位数。在转换网络中，这些变量是通过从区域 4 到区域 5 间的时间区域间弧直接关联的(见图 6.15(a))。通过研究它们的参数，当光斑沿着热反应区的中间和右区域移动时，我们能够深入了解激光处理过程的时空关系，如图 6.15(b)所示。图(a)是图 6.12 中转换网络的子图，表示对其参数进行分析的节点(*med_5_ present* 和 *med_4_ present*)及其父变量；图(b)为子图所涉及的热反应区。

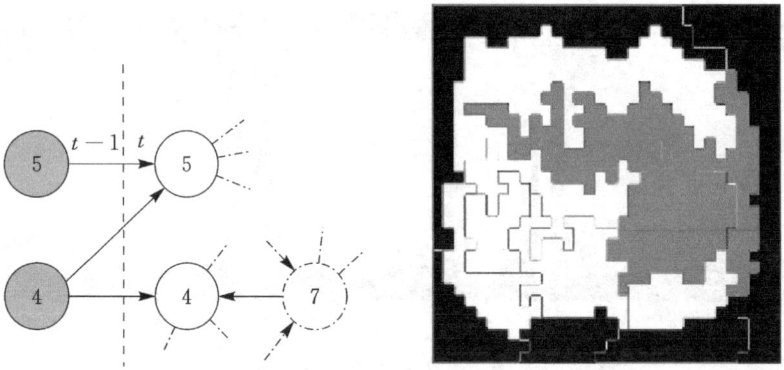

(a) 图 6.12 中转换网络的子图　　(b) 子图所涉及的热反应区

图 6.15　动态贝叶斯网络的参数关系

请注意，据调查可知，一般文献通常会忽略这种参数分析，可能是因为变量参数随其父变量数量呈指数增长。在本案例研究中，分析是浅显的，因为每个变量的父变量数量仅限于两个。事实上，我们发现当前帧中的所有变量都有两个父变量。因此，它们的参数 θ_X 回答了这样的问题：假设变量 X 的父变量 $Pa(X)=\{Y, Z\}$ 采用特定状态 pa_X^j，那么特定状态 $X=x_k$ 的概率是多少？如 2.5.1 节所述，分类变量由条件概率表表示。图 6.16 显示了一个特定的例子，其中 X 的域是 $\{x_1, x_2, x_3\}$，而父变量 Y 和 Z 的域是 $\{y_1, y_2, y_3, y_4\}$ 和 $\{z_1, z_2, z_3, z_4, z_5\}$。变量 X 的条件概率表有两个父变量，$Pa(X)=\{Y,\ Z\}$。这里，条件概率表采用三维表示形式。其中，对于每个状态 $X=x_k$，存在一个概率矩阵，条件为状态 Y 和 Z 的不同组合。 P.240

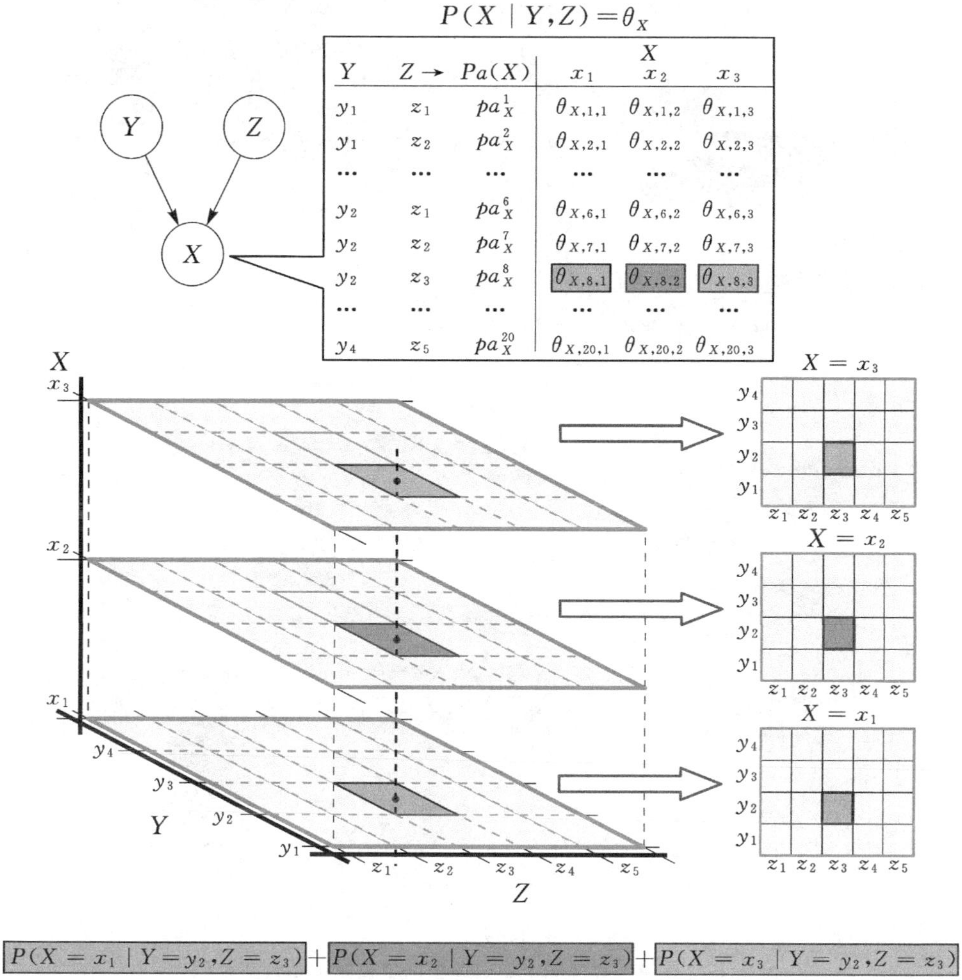

图 6.16　变量 X 的条件概率表

这里，条件概率表的每个元素 θ_{Xjk} 对应 $P(X=x_k \mid Pa(X)=pa_X^j)$，满足条件 $\sum_k P(X=x_k \mid Pa(X)=pa_X^j)=1$，其中 $k=1,\ 2,\ 3$(图 6.16 显示了 $Y=y_2$ 和 $Z=z_3$ 的示例)。由于对三个变量建模，所以可以用三维图形表示条件概率表。其中，对于每个状态 $X=x_k$，都对应一个关于 Y 和 Z 的条件概率矩阵。这些矩阵可以用不同颜色的热图来表示，用颜色梯度显示每个概率值，有关示例请参见图6.17。

P. 241

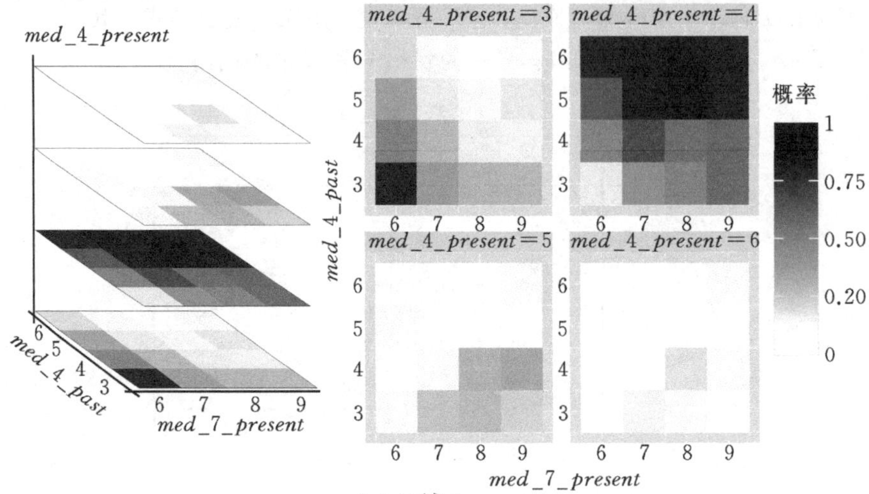

(a) 区域 4

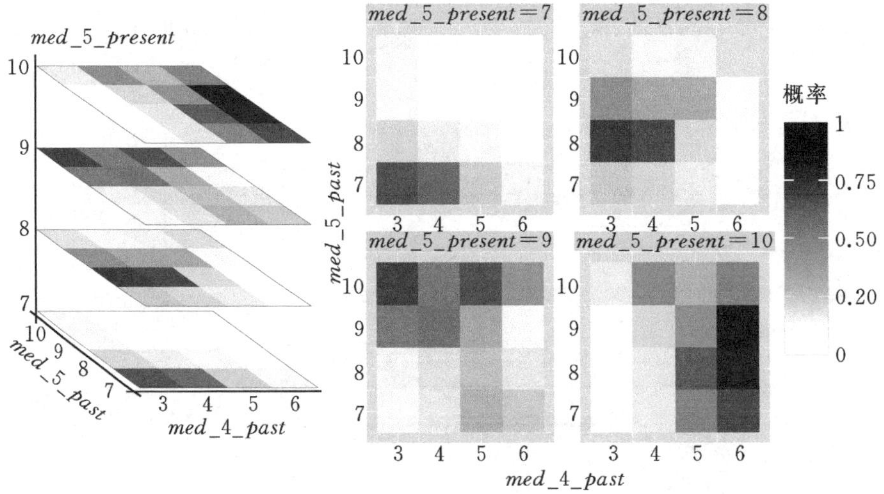

(b) 区域 5

图 6.17　区域 4 和区域 5 当前帧中的中位数的条件概率表

根据上述方法，我们运用图形分析区域 4 和区域 5 中当前帧的中位数。由于两者都是持久的，因此矩阵的行表示过去帧中变量的状态(如 Y)，矩阵的列表示其他父变量的状态(如 Z)。

P. 242　然而，我们对分析中位数的所有状态并不感兴趣，因为有些区域非常接近背景，在此过程中没有达到最高温度。我们已知中位数的较高状态是不太可能达到的，因此，它们的概率很小。另外，回顾图 6.4(c)，工件在工艺制作开始时处于室温状态，因此在热反应区中存在两秒钟的热瞬态，然后达到所需的稳定工作状态。动态贝叶斯网络能够通过学习知晓这种无用的热瞬态现象，并用较小的中位数值来表示。因此，我们仅考虑分析当前帧中四个最高的连续状态（在 40%的像素颜色范围内大约有 410 种不同的取值），可用热图直观显示出来。表 6.5 显示了每个分析区域的中位数取值范围。区域 4 和不太明显的区域 7 因连接或接近背景而没有达到最大状态。

表 6.5　设定不同分析区域的中位数在当前帧中观测到的最热状态范围

区域	4	5	7
状态范围	3～6	7～10	6～9

按照表 6.5 中设定的状态范围，图 6.17 显示了 *med_4_ present*（图 6.17(a)）和 *med_5_ present*（图 6.17(b)）的条件概率表。将条件概率表减少到表 6.5 中规定的状态。对父变量的不同状态，每个矩阵对应子变量固定状态的概率（由颜色梯度表示）。由于分析的变量是持久的，它们在过去帧中的状态总是位于矩阵的行中。根据分析变量的状态按从左到右和从上到下的升序对矩阵进行排序。不同概率的颜色梯度从白色（概率为 0）变为深色（概率为 1）。分析这些降低的条件概率表以检查光斑的运动模式是否可以反映因果关系，以及不同区域在未被光斑撞击时的行为是否稳定。

当前帧中区域 4 的中位数的条件概率表

图 6.18 显示了图 6.17(a)所示的 *med_4 _ present* 的条件概率表注释版本。 P.243

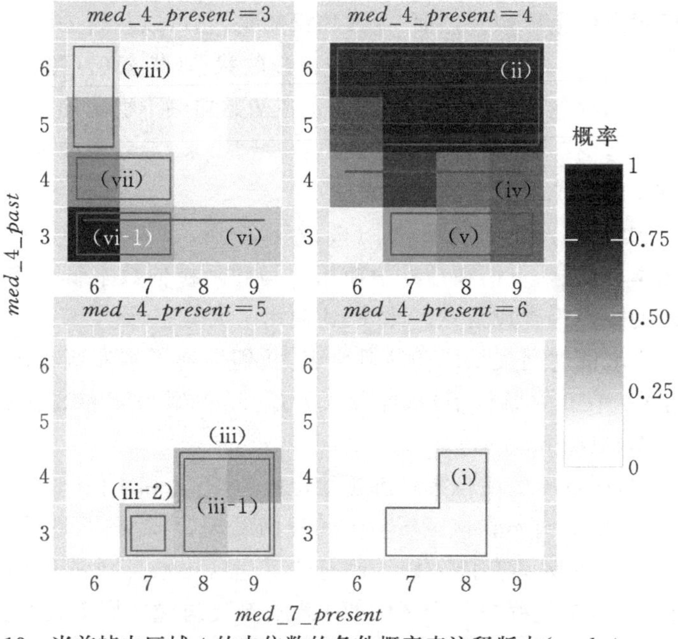

图 6.18　当前帧中区域 4 的中位数的条件概率表注释版本（*med_4_ present*）

下面在括号中使用罗马和阿拉伯数字组合作为索引来帮助读者在不同的矩阵中查找信息。

由于区域 4 与热反应区右侧的背景区相连，所以与其他区域相比，区域 4(状态 6)的最大中位数是最小的，并且当光斑在正常条件下完成第 3 段和第 7 段时，只撞击了区域 4 的部分区域，当光斑沿着第 4 段和第 8 段移动时，撞击到区域 4 的部分甚至更小(见图 6.9(b))。当区域 4 之前已冷却(处于状态 3 或 4)，并且区域 7 已变热(没有达到最热)时，中位数达到最大值状态(状态 7 或 8)(注释 i)。这与推断相符，即当光斑完成第 3 段或第 7 段时，只撞击区域 4 旁边的小部分区域 7，
P. 244 中位数便可达到最大值状态，但此时不能稳定在最高温度，因为它接近背景区域，所以会大概率地在下一帧中快速降到状态 4(注释 ii)。同样，状态 5 是下一个唯一从较低温度上升达到的最热状态，此时与区域 7 的中位数差异较大(注释 iii)。一方面，当中位数表示较热状态时(状态 8 和 9)(注释 iii-1)，表明该光斑位于第 4 段并将进入第 5 段。另一方面，当区域 4 和区域 7 的中位数表示较冷状态时(状态 3 和 7)(注释 iii-2)，表明该光斑位于第 7 段的末端，即将进入第 8 段。

区域 4 最稳定的中位数温度对应状态 4，因为它是在光斑经过后中位数下降达到的状态(注释 ii)。这是一个高度持久的状态，很有可能持续到下一帧(注释 iv)。如果区域 7 的状态不是绝对最小值(注释 v)，则可以从状态 3 到达。状态 3 也是高度稳定的(注释 vi)，具有在区域 7 的中位数的低值处持久的概率(注释 vi-1)。如果区域 7 的状态是冷的(状态 6 和 7)(注释 vii)，则可以从状态 4 到达，这意味着该光斑已远离两个区域。然而，令人惊讶的是，它可以从过去帧中最热的状态(状态 5 和 6)到达，区域 7 在当前帧中处于极冷的状态(状态 6)(注释 viii)，因为它意味着两个区域的温度突然下降。这可能是在初始加热不稳定的瞬间发生的一种情况，其中一个区域在光斑停止撞击之后迅速冷却下来，导致温度大幅下降。

当前帧中区域 5 的中位数的条件概率表

对于前一种情况，图 6.19 显示了图 6.17(b)中所示的 *med_5_ present* 的条件概率表注释版本。同样，下面在括号中使用罗马和阿拉伯数字组合作为索引来帮助读者在不同的矩阵中查找信息。此外，还使用了大写字母。

通过分析区域间时间关系的条件概率表，我们期望了解光斑在区域 4 和区域 5 上的移动情况。在正常条件下，从区段 1 开始，沿着区段 4 和 8 移动，结束于区段 3 和 7 的末端(见图 6.9(b))。

P. 245 在任何时间，区域 4 的中位数状态是稳定的(状态 3 和 4 位于每个矩阵的前两列并标有“S”)，表明光斑不在该区域上方。我们发现，当状态不是最大值时(注释 i)，区域 5 的中位数通常具有持久性。这与热反应区中心区域的局部化及其水平延伸形状一致，在整个过程中某个区域如果没有被光斑撞击则会具有稳定的温度。这一点得到了证实，即在没有大跳跃的情况下，通过从一个状态到下一个状态逐渐

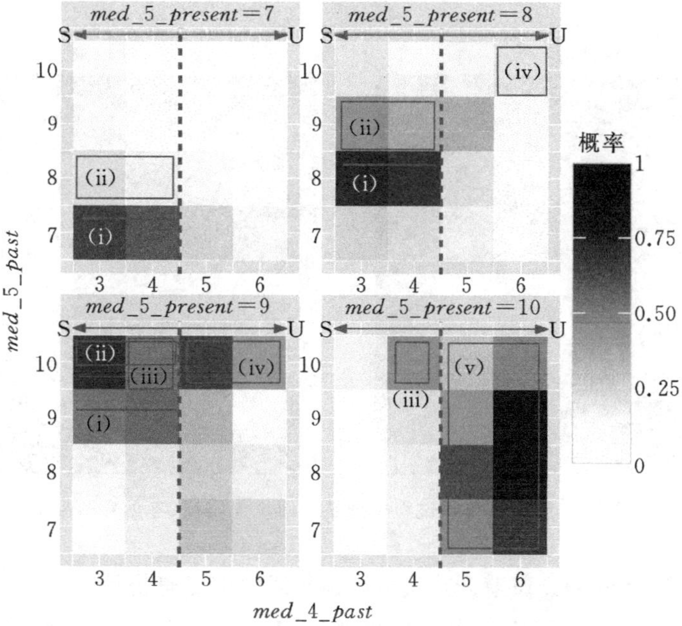

图 6.19　区域 5 当前帧中的中位数的条件概率表注释版本(*med_5_present*)

减少中位数来达到状态 7、8 和 9(注释 ii)。观察到在区域 5 的中位数达到最大值时及区域 4 的中位数稳定在状态 4 时(表明该光斑仅撞击区域 5),我们发现区域 5 的趋势是将其中位数降低到状态 9 或保持在最大状态(注释 iii)。这与在正常条件下光斑沿着运动轨迹的第 1、3 和 7 段移动的时间保持一致,因为有几帧持续停留在区域 5。

当光斑位于区域 4 上时,状态是不稳定的(状态 5 和 6 位于每个矩阵的最后两列并标有“U”),我们看到有可能在达到最大状态后,区域 5 冷却到状态 9 或 8(注释 iv)。这与第 3 段和第 4 段在开始时光斑的移动情况保持一致,因为光斑撞击区域 4 和区域 5 后离开了。然而,令人惊讶的是,当前一帧中区域 4 的中位数较高时,无论其过去的温度(注释 v)如何,都达到(或维持)区域 5 中的中位数的最大值。这揭示了在正常条件下不可能出现的问题,即从区域 4 到区域 5 的左右运动。

图 6.20 记录了激光处理过程中的两个连续帧,显示了光斑的正常运动模式是如何变化的,为避免热反应区底部的障碍物,从区域 4 和 7 变化到区域 5。确切地说,根据图 6.9(e)所示的运动模式,该光斑覆盖了第 19515 帧中的第 11 段和第 19516 帧中的第 12 段。

P. 246

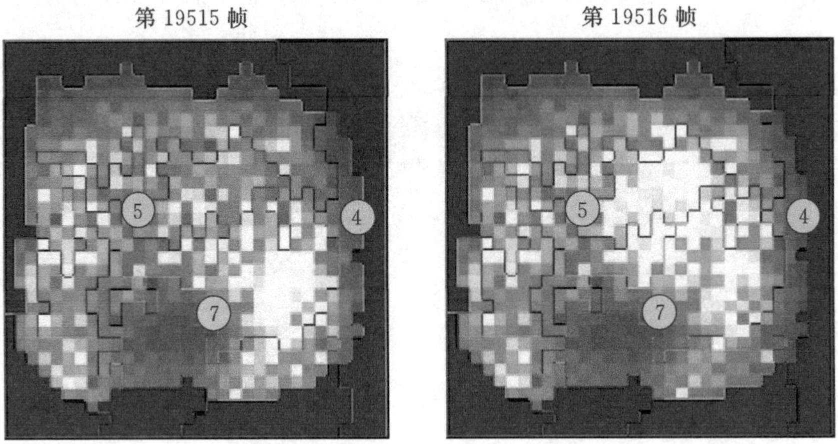

图 6.20 从激光处理过程中记录的两个连续帧(参见彩图 16)

然而,在帧之间的光斑避开热反应区顶部或底部障碍物是可行的(分别参见图 6.9(c)和图 6.9(e))。在那里,图案的水平方向被反转,从区域 4 移动到区域 5(例如,参见图 6.20)。专家指出,当障碍物位于热反应区的底部时,这种现象特别明显,因为光斑撞击区域 4 的时间越长,使其达到的温度越高。事实上,有证据表明,在这种情况下,区域 4 的中位数达到了状态 7 和 8,此情况在条件概率表的热图中看不到,发生概率很小。虽然它只发生在一小部分过程当中,但这是大多数激光工艺在避障时对条件概率表产生影响的显著例子。

6.5 结论和研究方向

6.5.1 结论

本案例研究报告了一个在生产控制过程中的自动视觉检测系统,运用动态贝叶斯网络和单分类技术学习大量的无差错序列,然后用于钢工件激光表面热处理
P. 247 中真实图像序列的异常检测。在生产线上实施此自动视觉检测系统,将提供有关过程质量的及时反馈,并最大限度地减少产品故障和浪费。准确地说,出现错误的工件将被立即标记并从生产线上将其移除,以便进行后续的人工检查。

过程的正常行为可通过动态贝叶斯网络学习,动态贝叶斯网络为激光处理过程的动态性提供了可解释的表示方法。我们通过观察动态贝叶斯网络结构可以知道特征之间的条件依赖和独立关系,便于理解特征之间如何实现交互。在限制性假设下,这些相互作用反映了在动态贝叶斯网络参数中的局部因果关系。我们使

用所有这些信息来验证机器学习模型是否准确地了解了激光工艺的固有模式。

如上所述，动态贝叶斯网络还可以通过找到以前未知的关系来发现新知识，从而使专家能够深入了解在激光束光斑移动的热反应区中发生的热力学空间性能。

此外，由于它们的透明性，我们可能在动态贝叶斯网络中检测发现错误或不合逻辑的关系，例如，测量中的噪声。在这些情况下，可以通过删除或添加结构中的弧或修改某些参数来“修复”动态贝叶斯网络。将专家先验知识添加到机器学习模型中是贝叶斯网络结构的一种重要功能，而这在诸如人工神经网络的黑盒模型中是无法达到的。

以上几点都突出表明，动态贝叶斯网络是用于深入分析动态过程的有效工具，在制造业中较为常见。

6.5.2 研究方向

我们观察到，动态贝叶斯网络自动学习的时空关系与正常条件下激光处理过程的特性一致，即光斑的运动方向和温度的稳定性。然而，我们还发现，在热反应区的初始加热和避障步骤过程中表现出的非平稳性会对结果产生影响。为了避免这种情况发生，我们可以为每个过程的不同稳态阶段学习一个动态贝叶斯网络，并根据过程的条件决定哪一个更适合。另一种方法是使用可以直接处理非平稳数据的模型，如 Robinson 和 Hartemink(2010)提出的动态贝叶斯网络方法。

在某些应用中，一阶马尔可夫假设可能不够充分，需要依赖过去事件。例如，在短时间内监控的过程，对于这种情况，k 阶时态贝叶斯网络可能是一种较好的选择(Hulst，2006)。

最后，单分类法适用于缺少错误样本的情况。但故障样本可提供更有价值的信息。因此，Jäger 等人(2008)提出在异常检测方法中使用增量模型。增量模型在框架中集成了已验证过的错误样本，可进一步提高对未知情况的检测性能。在确定多种错误原因后，将其用于诊断，即识别哪些新故障(多分类)是由已知原因引起的，甚至可检测到新故障是由尚未记录(新颖性检测)的某些原因引起的。这些是工业 4.0 和工业物联网模式中的关键功能，因为信息物理系统应该是自适应的，即能够从连续的信息流中自动更新任何过时的模型。 P.248

第 7 章

分销级案例研究：空运延误预测

7.1 概述

P. 249 在现实中，从加工原材料到生产出最终产品，并非所有工业过程都能在同一物理场所实施，所以可为大多数工业产出建立一个行业层级(通常称为供应链)。不同的行业都经过许多中间的行业加工过程，例如，从提取原材料的铁矿石开采到汽车装配，制造一部车大体需要经历冲压、焊接、涂装、总装四个主要步骤。因此，货物流通所涵盖的原材料、半成品和最终产品都会对工厂或工厂群的正常运营产生重大影响。

货物流通通常称为**物流**。美国供应链管理专业协会(Council of Supply Chain Management Professionals，CSCMP)将物流定义为

物　流

为满足客户需求，从原产地到消费地，对与货物(包括服务)和相关信息对应的高效运输、储存进行规划、实施和有效控制的过程。此定义包括入站、出站、内部和外部动态。

规划过程通常在实际运输之前制定交付计划。交付计划包括满足客户要求的路线设定和资源分配(例如，运输工具和人力资源)。规划还涉及其他类型的活动，例如，设计应急计划，建立异常状况处理预案。运输公司的物流规划可能相当复

P. 250 杂，因为需优化有限的资源，以提高盈利能力和客户服务质量。有时需短期和中期运输的货物量会存在一些不确定性。因此，良好的供应链计划对于满足约定的货运交付期限至关重要。物流实施过程需要通过采取必要措施来完成装运，这涉及实际运输、客户订单管理及材料处理。在实施期间可能发生意外情况，比如遇到恶

劣天气条件、机械故障、交通拥堵和盗窃等。对此类情况应采用应急计划，重新制订满足客户需求的运输计划。控制过程包括计划和实际结果的比较。如果实时控制能尽快检测出计划中的所有偏差，控制过程更容易成功。

根据美国供应链管理专业协会定义，物流的目的是满足客户需求。这些需求通常包括按时和无损地交付产品。请注意，通常满足的必要条件是订单按时发货，而不是尽快发货，两者的重要区别在于，如果资源短缺，收到客户订单时不急于发货可能是更好的策略。

机器学习可以帮助货物分销行业解决其中的一些问题，包括针对供应链中每个利益相关者的需求进行预测（Carbonneau et al.，2008），或提前进行延迟预测（Metzger et al.，2015；Ciccio et al.，2016）。

在本案例研究中，使用几种分类器（见 2.4 节）预测真实 Cargo 2000 数据的空运延误。为确保分类器之间比较的公平性，我们应用了多重假设检验（Demšar，2006；García et al.，2008）。作为一项额外的练习，我们用分类树、规则归纳和贝叶斯分类器等最常用模型，分析解释空运流程，从而进一步加强对案例的剖析。

本案例研究包含了多种不同的货物运输，且每个货运项目可能有多条可优化的运输线路。在物流中，如何同步多条运输线路是一个非常重要的问题，本案例研究展示了机器学习算法在此问题中的具体应用。

本章内容组织如下：7.2 节解释了空运交付过程，以及如何对数据进行预处理；7.3 节介绍了可影响分类器性能的机器学习算法参数；在完成分类器参数选择之后，7.4 节对所有分类器进行定量和定性比较，并且报告了在线分类结果；最后，7.5 节总结了本案例的主要结论和未来的研究方向。

7.2　空运过程 P.251

7.2.1　空运过程概述

本节介绍案例研究中使用的空运数据集。Metzger 等人（2015）引入该数据集，运用机器学习、约束求解和服务聚合技术实现空运延误预测，并对他们的预测性能进行了对比分析。此数据集是由国际航空运输协会（International Air Transport Association，IATA）的 Cargo 2000（2016 年更名为 Cargo iQ）集团所记录的真实数据，其目标是为航空货运业提供新的质量管理体系。

Cargo 2000 系统中的每次配送都会收到一份总体装运计划[①]。装运计划涉及规划跨越不同机场的运输路线，以及装运中每项运输服务预计完成的时间。当新

① http://www.iata.org

的运输服务完成时，货物代理商实时共享预定义的 XML Cargo 2000 消息。如果预计装运过程延迟，可以重新安排装运以避免延误，从而提高服务质量。

本案例研究中使用的数据集由 Metzger 等人(2015)提供[①]。图 7.1 展示了数据集中每个业务流程的 UML 2.0 活动图。此图描绘了一家货运公司的结构，将来自供应商的三批较少量的货物整合在一起，然后同时运送给客户，这不仅增加了货物安全性，而且可从运费中获得更高的收益(Metzger, 2015)。因此，每个业务流程由最多四条运输支路组成，最多三条入站运输支路和一条从货运集散中心开始的强制性出站运输支路。

P. 252

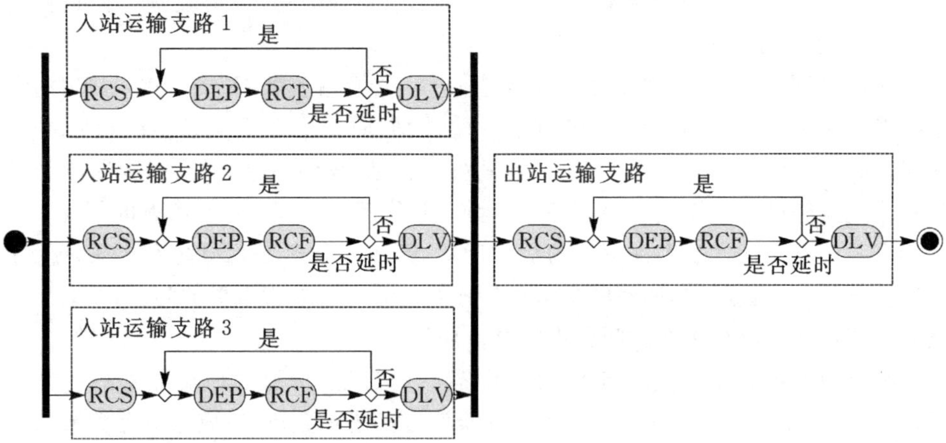

图 7.1 UML 2.0 业务活动图

每条运输支路涉及执行不同类型的运输服务，对应于不同的 Cargo 2000 消息：

1. 货物收运(received freight from shipper, RCS)：航空公司接收货物，在出库时交付和检查。
2. 货物离境(freight departure, DEP)：货物传送到飞机上，装机确认后飞机起飞。
3. 货物到达(received freight at destination, RCF)：货物空运到达目的地机场。抵达后，货物登记并存放在抵达仓库。
4. 货物交付(freight delivery, DLV)：货物从目的地机场仓库配送给客户。

如图 7.1 所示，从货物到达再返回到货物离境是一个循环回路(用线段表示)，实现了对中途停留机场的运输过程进行建模。每条运输支路最多可包含四个行
P. 253 程，但数据集中不包含任何超过三个行程的运输支路。该数据集包含 3942 个实际业务流程、7932 条运输支路和 56082 项运输服务。数据集中可用的信息是：

---

① http://www.s-cube-network.eu/c2k

- 运输支路的数量。
- 每条运输支路的行程次数。
- 每个运输行程的始发和目的机场的匿名代码。
- 每项运输服务的计划和实际时间。
- 每个业务流程和运输支路的唯一标识符。

数据集中总共有 98 个变量，由于数据集中的业务都已完成，所以其包含业务流程的所有实际完成时间。而业务流程的实际时间与 Cargo 2000 系统的时钟时间是同步共享的。在本案例研究中，我们模拟出这种业务行为，深入讲解当新的实时信息出现时，如何运用机器学习方法提高效率。

表 7.1 显示了每种类型的运输服务数量及违反计划时间的比率。请注意 26.6%的业务流程没有按时完成。大多数延迟运输服务发生在货物离境阶段。货物离境运输服务是最不可预测的，可能为外部因素，如影响飞机起飞的气象条件或机场交通拥堵。值得注意的是，虽然 84%的货物离境运输服务被延迟，但业务流程延迟率相对较低，主要有以下两个原因：

- 货物离境过程中的时间损失可以在剩余的运输服务中弥补。
- 如果因货物离境阶段的延时而导致入站支路延时，且该支路延时并没有导致整个运输阶段入站延时，那么认为整个运输业务流程并未延误。当最后一条入站运输支路到达集散中心并完成合并后，再进入下一个出站运输支路。

表 7.1　按类型分组的运输服务数量及其各自的实际违反率(Metzger et al., 2015) P. 254

类型	数据集样本量	实际违反率/%
RCS (货物收运)	11874	5.8
DEP (货物离境)	16167	84.0
RCF (货物到达)	16167	19.5
DLV (货物交付)	11874	24.0
业务流程	3942	26.6

7.2.2　数据预处理

运输支路的数量及每条运输支路的行程次数可能因不同的业务流程而异。我们不能提前对业务流程的结构作出任何假设。将缺少行程和运输支路信息的运输服务标记为缺失值。

由于为不存在的运输支路和行程分配计划时间和实际时间毫无意义，所以不对缺失值进行插补(见 2.2.1 节)。表 7.2 显示了数据集的两个样本。出站运输支路与入站运输支路类似，此处未显示。变量 *nr* 是每个业务流程的唯一标识符，

P. 255 **表 7.2 两个业务流程的入站运输支路数据**

运输支路	样本 1	样本 2	运输支路	样本 1	样本 2
nr	1	2	i1_hops	1	1
i2_hops	2	NA	i3_hops	NA	NA
i1_rcs_p	844	4380	i1_rcs_e	584	4119
i1_dep_1_p	90	90	i1_dep_1_e	297	280
i1_rcf_1_p	1935	905	i1_rcf_1_e	1415	547
i1_dep_2_p	NA	NA	i1_dep_2_e	NA	NA
i1_rcf_2_p	NA	NA	i1_rcf_2_e	NA	NA
i1_dep_3_p	NA	NA	i1_dep_3_e	NA	NA
i1_rcf_3_p	NA	NA	i1_rcf_3_e	NA	NA
i1_dlv_p	3780	3780	i1_dlv_e	5790	321
i1_dep_1_place	700	456	i1_rcf_1_place	431	700
i1_dep_2_place	NA	NA	i1_rcf_2_place	NA	NA
i1_dep_3_place	NA	NA	i1_rcf_3_place	NA	NA
i2_rcs_p	2964	NA	i2_rcs_e	2888	NA
i2_dep_1_p	180	NA	i2_dep_1_e	239	NA
i2_rcf_1_p	970	NA	i2_rcf_1_e	756	NA
i2_dep_2_p	160	NA	i2_dep_2_e	331	NA
i2_rcf_2_p	1080	NA	i2_rcf_2_e	1142	NA
i2_dep_3_p	NA	NA	i2_dep_3_e	NA	NA
i2_rcf_3_p	NA	NA	i2_rcf_3_e	NA	NA
i2_dlv_p	7020	NA	i2_dlv_e	6628	NA
i2_dep_1_place	257	NA	i2_rcf_1_place	149	NA
i2_dep_2_place	149	NA	i2_rcf_2_place	431	NA
i2_dep_3_place	NA	NA	i2_rcf_3_place	NA	NA
i3_rcs_p	NA	NA	i3_rcs_e	NA	NA
i3_dep_1_p	NA	NA	i3_dep_1_e	NA	NA
i3_rcf_1_p	NA	NA	i3_rcf_1_e	NA	NA
i3_dep_2_p	NA	NA	i3_dep_2_e	NA	NA
i3_rcf_2_p	NA	NA	i3_rcf_2_e	NA	NA
i3_dep_3_p	NA	NA	i3_dep_3_e	NA	NA
i3_rcf_3_p	NA	NA	i3_rcf_3_e	NA	NA
i3_dlv_p	NA	NA	i3_dlv_e	NA	NA
i3_dep_1_place	NA	NA	i3_rcf_1_place	NA	NA
i3_dep_2_place	NA	NA	i3_rcf_2_place	NA	NA
i3_dep_3_place	NA	NA	i3_rcf_3_place	NA	NA
延迟	False	False	—	—	—

为了加以区分,用后缀 _p 和 _e 分别表示计划时间和实际时间。每条运输支路有三个不同的 *dep_x* 和 *rcf_x* 变量,因为数据集中设定的航班最大中途停留次数是三次。此外,*_place 变量包含了代表每个货运行程的离境/到达机场(见 7.2.2.3 节)的匿名 IATA 代码。NA 值表示缺失数据。由于每个样本的运输支路数量和每条运输支路中的行程次数不同,表中把并不存在的支路和行程数据标记为缺失值。表中的样本 1 由两条运输支路组成,运输支路 1 有一个行程,运输支路 2 有两个行程。样本 2 只有一条运输支路,且该支路只包含一个行程。因此,样本 2 的其他行程和支路全部为缺失值,表示延迟的类变量可以由服务执行时间计算。给定业务流程的计划/实际时间由最长的入站运输支路中的计划/实际时间和最长的出站运输支路中的计划/实际时间相加获得。

在预处理步骤中应该处理以下四个主要问题:

1. 如何处理计划/实际时间的缺失值(见 7.2.2.1 节)。
2. 如何明晰每个变量的含义(见 7.2.2.2 节)。
3. 如何恰当地处理基数过大的机场代码变量(见 7.2.2.3 节)。
4. 如何归一化每个业务流程的执行时间(见 7.2.2.4 节)。

7.2.2.1　简化计划/实际时间 P.256

缺失值(见 2.2.1 节)很难处理,对其主要有三种解决方案:插补、完整案例分析及用分类器预测缺失值(通常涉及分类器训练数据插补,例如分类树)。在本案例研究中,由于对不存在的运输生成时间值是没有意义的,因此不进行数据的自动插补;又因为所有样本都存在缺失数据,所以对缺失值的完整案例分析也不可行。在 Cargo 2000 数据集中运用了多种分类器进行预测,但无法保证每种分类器都能处理缺失值。所提出的解决方案采用了手动插补策略,在尽可能少地改变业务流程结构的情况下(即,运输支路的数量和每条运输支路中的行程次数),使数据集均匀化。

将不存在的运输支路及相应的行程在数据集中标记为缺失值。有些分类器不适用具有缺失值的数据集。每个时间变量在任何样本中都可能没有缺失值,因此假设每条运输支路包含三个行程。但是,缺失值的插补不能改变业务流程结构。基于上述原因,对于每条现有运输支路中不存在行程的计划/实际时间用零值插补:

$$\left.\begin{aligned} &ij\_dep\_k\_p=0\\ &ij\_rcf\_k\_p=0\\ &ij\_dep\_k\_e=0\\ &ij\_rcf\_k\_e=0 \end{aligned}\right\}, \forall\ j,k \mid ij\_hops \neq \text{NA}, k > ij\_hops \tag{7.1}$$

其中 $ij\_dep\_k\_p$ 和 $ij\_rcf\_k\_p$ 分别是货物离境和货物到达服务的第 j 条入站

运输支路的第 k 次行程的计划时间。实际时间用后缀_e 表示。第 j 条运输支路的行程次数表示为 ij_hops。式(7.1)中的 $ij\_hops \neq \mathrm{NA}$ 用于检查运输支路的行程次数是否为空。此外,对满足条件 $k > ij\_hops$ 的不存在行程进行插补。出站运输支路的预处理方法与之相同。

零值不会更改任何运输支路或业务流程的持续时间。此外,由于实际时间等于计划时间,因此这种变换不会增加任何运输延时。

若所有运输支路上的运输服务时间都被标记为缺失值,则缺失数据插补方法不能解决不存在的运输支路插补问题。7.2.2.3 节提出了针对该问题的解决方案。

除此之外,对于不存在的行程无时间数据问题,还可采用其他解决方法。例如,可以将所有货物离境和货物到达变量相加以创建超级压缩的运输服务,其中包括每个离境和到达的所有计划和实际时间:

P.257

$$\text{collapsed}_j\_p = \sum_{k=1}^{ij\_hops} (ij\_dep\_k\_p + ij\_rcf\_k\_p)$$

$$\text{collapsed}_j\_e = \sum_{k=1}^{ij\_hops} (ij\_dep\_k\_e + ij\_rcf\_k\_e)$$

同样,即使不考虑缺失数据,分类器借助辅助变量 ij_hops 仍然可以确定每条运输支路中的行程次数。此外,这种变换为分类器生成了一组较小的变量。尽管如此,我们并未在本案例研究中使用这种数据表示形式,因为在所有中途停留航班结束之前,它不会更新相关业务流程状态。由于我们寻求关于运输流程更详细的分析,因此将货物离境和货物到达分离是更好的选择。

7.2.2.2 运输支路的重新排序

Cargo 2000 数据集中有许多变量的含义相似,例如,各支路的运输服务计划/实际时间。分类器将这些变量视为等同的,因为所有支路的入站运输服务都同等重要。如果给每条运输支路赋予不同的含义,则可以改善分类器的可解释性和预测能力。

货物在指定机场聚集,所有入站运输支路必须在业务流程的出站运输支路开始之前完成。由于三条入站运输支路中耗时最长的一条支路重要性最高,故将这条支路表示为瓶颈运输支路。在没有任何数据预处理的情况下,瓶颈运输支路可以是三条入站运输支路中的任何一条。我们按时间对运输支路重新排序。根据数据变换结果,$i1$ 始终为瓶颈运输支路,而 $i3$ 是用时最短的运输支路。请注意,这种重新排序不会更改业务流程的结构(运输支路或行程的次数)。然而,它明确了每条运输支路中变量的含义。例如,分类器给 $i1$ 运输支路赋予更高的权重是合理的,因为瓶颈运输支路的延迟可能会对业务流程产生更大的影响。

如何处理不存在的运输支路是一个亟待解决的数据预处理问题。在重新排序之后，更容易确定与瓶颈运输支路对应的变量，因为这条运输支路没有延迟空间，所以此支路对应的变量是最重要的，是提供给分类器的唯一变量。简化后的问题如图 7.2 中的 UML 业务活动图所示。使用这种表示及 7.2.2.1 节中描述的变换方法，我们可以确保数据集中无缺失值。 P.258

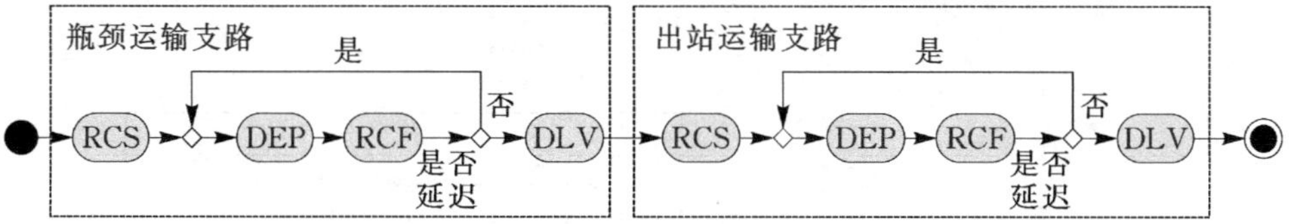

图 7.2　UML 2.0 业务活动图，仅考虑瓶颈运输支路

随着业务流程的推进，产生了越来越多的实际时间数据。我们再根据新的实际时间信息重新对运输支路排序。排序规则如下：如果有实际时间，则实际时间优于计划时间；当采用实际时间计算瓶颈运输支路时长时，该时长可能会在业务流程中发生变化。如果非瓶颈运输支路时间余量较少并且延迟较小时，改变瓶颈运输支路才可能有用。在线分类方法将在 7.4.2.2 节中介绍。

7.2.2.3　机场简化

机场代码变量的取值范围为[100, 816]，每个机场具有唯一的标识符。原始数据集中的 IATA 代码因考虑机密性而被屏蔽。如表 7.2 所示，离境/到达机场（分别标记为 $leg\_dep\_nhop\_place$ 和 $leg\_rcf\_nhop\_place$）记录在原始数据集中。请注意，$leg\_rcf\_1\_place$ 中的代码始终与 $leg\_dep\_2\_place$ 相同，而且 $leg\_rcf\_2\_place$ 中的代码始终与 $leg\_dep\_3\_place$ 相同。换言之，在整个行程中，离境机场是前一次行程中的到达机场。由此可避免重复值，并且对于每条运输支路，若不计入完全相同的信息，机场变量的数量可以最多减少到四个。确切地说，我们可以使用以下变量：$leg\_dep\_1\_place$，$leg\_rcf\_1\_place$，$leg\_rcf\_2\_place$，$leg\_rcf\_3\_place$，这一结论不考虑信息冗余问题就能降低数据集的维度。

此外，机场编码变量因其基数较大（717 种不同的可能值）而非常难以处理。 P.259
然而，如果我们计算每个 $*\_place$ 列的唯一值，会发现原始数据集中仅包含 237 个唯一机场，但此机场数目仍然很大，处理较为困难。例如，在对先前的 $*\_place$ 变量没有做任何预处理的情况下创建一个朴素贝叶斯模型（见 2.4.9 节）。节点 $i1\_dep\_1\_place$ 的结果如图 7.3 所示。查看节点 $i1\_dep\_1\_place$ 的条件概率表，发现该变量有 142 种不同取值。大多数行的概率值非常低（甚至为 0），即使采用拉普拉斯估计法将零概率去除（见 2.2.2.1 节），由于缺乏泛化性，所得到的模型也很难在实际中应用。例如,如果必须对所有机场的业务流程进行分类时,由于条件概率表中没有未知机场的条目信息,所以分类器将无法对未知机场的业务流程实现分类。

P.260

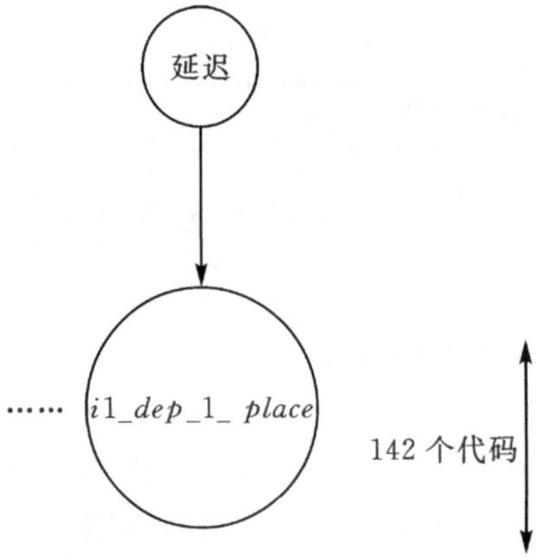

$P(i1\_dep\_1\_place \mid$ 延迟$)$

	延迟	
i1_dep_1_ place	0	1
101	0	0.0009
108	0.0003	0
⋮	⋮	⋮
815	0.1496	0.1011

图 7.3 朴素贝叶斯分类器中的 CPT 示例,用于具有高基数的变量

我们提出了一种能减少*_place* 变量基数的替代方法,此方法比原始数据集编码更通用,即我们采用一种已知准则对机场分组,以此降低机场基数。

由于原始 IATA 代码已被屏蔽,无法使用有关机场的信息。唯一已知的信息是每个机场在 Cargo 2000 数据集中的使用量。我们假设每个机场的使用频率代表其实际流量,这种流量水平会对服务时间产生影响。例如,交通拥塞的机场比低交通量的机场更有可能发生着陆和起飞延误的情况。

因此,我们创建了四种可能的机场标签:低流量(L)、中流量(M)、高流量(H)和不存在航班的缺失标签(NA)(在运输支路中少于三次行程)。机场使用量为每个匿名 IATA 机场代码的起飞和着陆服务的数量。那些总使用率不超过 33%的机场,用 L 来标记;其余没有被标记过的,但是总使用率不超过 66%的机场用 M 来标记;剩下的部分用 H 来标记。为了公平划分机场,选择等频离散化(见 2.2.1 节)算法。数据集中没有对某一标签过多标记(每个机场标签的频率大致相同),而是按照我们为机场定义的标准进行划分。图 7.4 显示了机场使用量累计总和,x 轴上的数值对应第 n 个使用量最少的机场。低/中/高流量机场分别用圆点/三角
P.261 形/菱形表示。水平虚线和实线分别标记为低/中流量机场的累计使用最大值。我们发现每个标签的机场数量明显不平衡:221 个低流量机场、13 个中流量机场和 3 个高流量机场。

机场信息的这种变换使得分类器的工作变得更加容易,因为每个*_place* 变量

的基数减少到 4。此外,如果要对新机场(不在数据集中)的样本进行分类,则机场将被标记为 L 并且可以对样本进行分类。此外,随着新数据的进入,每个机场的标签和使用次数都不断更新,从而使分类性能得到提高。

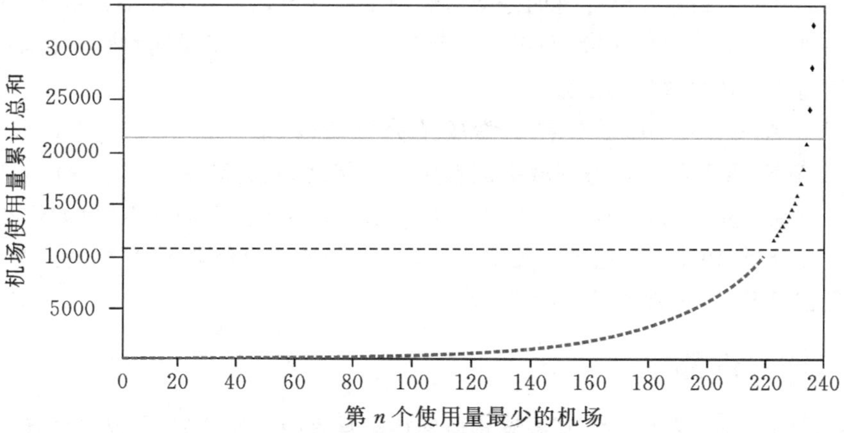

图 7.4　机场使用量总和

7.2.2.4　每个业务流程长度的归一化

每个航班或一组航班在执行每项服务(货物收运、货物离境、货物到达、货物交付)时花费的时间长度各不相同,这一般是受到了各种因素影响。例如,对于不同的业务流程,所运输的距离或不同货物的重量/体积之间存在较大差异。一方面,距离与货物到达时间相关联,距离越长货物到达时间越久;另一方面,较大重量/体积的货物可能使服务过程更难管理。因此,在整个业务流程中,使用绝对时间值检测服务延迟并无实际意义,相比而言,业务流程持续时间可能更重要。

想象一下,我们从欧洲某国家订购了一个国际邮件,若将货物的特定行程规定为 300 分钟,则整个业务流程都会延迟。300 分钟远远小于长途国际货运的延迟预期值,对于预测后续装运的延迟是否真的有意义?由于我们不知道每个机场在 Cargo 2000 数据集中的位置,无法考虑使用距离来校正绝对时间。相反,假设我们在上面的例子中使用了相对时间,我们会说国内运输行程占用了总计划业务流程时间的 80%。如果我们发现一个长途国际运输中的某一特定行程占到业务流程时间的 80%,则可以合理地将此国际货件归类为延迟,因为这不是国内或国际业务流程非延迟具有的普遍特征。 P.262

当然,这种修正并不完美,并且可能会低估/高估短途/长途航班或轻型/重型货物的预期时间,因为执行特定服务时搭载不同类型的航班可能会花费更多或更少的时间。然而,相对时间比绝对时间更合理一些,其取值范围为[0,1]。

7.3 预测延误的监督分类算法

我们将一些最常见最先进的分类器应用于经过预处理的 Cargo 2000 数据集，此数据集在 7.2 节中描述过，所用分类器已在 2.4 节中做了详细解释。在本章中会进行简要回顾并解释其参数。

WEKA(见 2.7 节)软件包中集成了分类功能(版本 3.8.1)(Hall et al., 2009)。WEKA 是机器学习领域中最常用的框架之一，它简单易用并提供了广泛的选择范围。除了监督分类外，WEKA 也可以执行其他类型的任务，例如聚类、变量相关性分析、特征子集选择或数据可视化。本章重点介绍监督分类任务，分类器参数可在 WEKA 软件中进行设置。

7.3.1 *k* 近邻

k 近邻常缩写为 *k*-NN，其假设相似的样本具有相同的分类。最相似的样本在特征空间中距离最近。算法的主要代价是计算每个样本到最近的 *k* 个近邻的距离，多类近邻所属类即为样本类标签。2.4.3 节提供了更多详细信息。

可以在 WEKA 软件中调整 *k* 近邻算法的下列参数：

P. 263 • *k* 值：最近邻数目。
• 搜索方法：算法寻找最近邻的方法。最常见的策略是线性搜索、*k-d* 树和球树。
• 距离函数：计算特征空间中的距离。可以使用不同的函数进行计算，最常见的距离函数是欧几里得、曼哈顿和闵可夫斯基距离(见 2.3 节)。
• 加权方案：用于表示最近邻在确定类标签时所起作用的大小程度。可选的加权方案有：无加权、逆距离和 1-距离。

7.3.2 分类树

分类树创建了一种对变量值有约束条件的树结构或层次结构。树中节点为满足条件的变量，节点分支对应于每个可能的测试路径，叶节点为分类标签。测试样本必须从根节点到叶节点对树完成遍历，满足测试条件的分支上的叶节点为分类结果。我们使用 C4.5 算法来构建分类树(Quinlan, 1993)。有关分类树的详细信息请参见 2.4.4 节。算法构建和剪枝方式可进行如下变换：

• 构建变换：
  ◆ 每个叶节点的最小样本数：此参数避免了没有足够样本的叶节点，因为这可能导致过拟合。应避免对样本少的叶节点进行分割。
  ◆二分法：节点至多有两个分支。

◆合并树:此参数将子树合并为从叶节点的父节点开始的一个节点,必须保证合并后没有增加训练错误。在剪枝之前应用此过程。

- 剪枝变换:
  ◆不剪枝:无剪枝阶段的训练。
  ◆剪枝的置信度阈值:如果应用剪枝,则需要考虑用叶节点替换子树是否会影响性能。该置信度阈值控制误差估计的好坏程度,确定剪枝是保守还是过度的。该阈值的变化范围是[0, 0.5]。较小的阈值意味着更大的误差估计,将导致更多的剪枝。
  ◆减少错误剪枝:参见 2.4.4 节。
  ◆子树提升:此参数决定是否用最大分支替换子树(具有更多样本的分支)来改 P.264
  善误差估计。如果子树被其最大的子树替换,所有不属于最大分支的子树样本都将在最大分支中重新定位。图 7.5 显示了一个子树提升转换的例子。最大分支 C 替换 B,并且叶节点 1 和 2 中的样本转换为节点 C 的子节点。

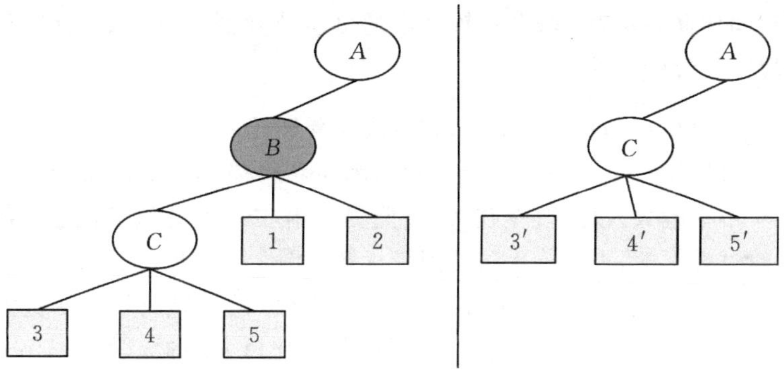

图 7.5　应用于节点 B 的子树提升

7.3.3　规则归纳

运用规则归纳方法推导出一组规则:

$$\text{IF } X_i = x_i \text{ AND } X_j = x_j \text{ AND } \cdots \text{ THEN } C = c$$

其中 $x_i \in \Omega_{X_i}$, $x_j \in \Omega_{X_j}$, $c \in \Omega_C$,人们通过分析规则可以提取有用的知识。我们使用 RIPPER 算法(Cohen, 1995)实现规则归纳。RIPPER 算法是由 IREP 算法演变而来的。

IREP 算法运用贪婪搜索策略来创建规则。规则归纳过程由规则的贪婪增长和贪婪剪枝两个阶段组成。在规则增长或剪枝阶段的每一步,规则都应该覆盖尽可能多的正向样本,同时试图最大化自定义标准。2.4.5 节提供了有关 IREP 算法和 RIPPER 算法的更多详细信息。

RIPPER 算法使用的参数是：

- 所需的最小权重：是每个规则覆盖的样本的总权重最小值。通常每个样本权重相同且等于 1，但是重要的样本权重可能会高一些。
- P. 265 优化运行次数：执行优化步骤的次数。
- 剪枝：根据剪枝规则训练。
- 错误率：设定错误率阈值为 0.5，大于错误率阈值则停止剪枝。

7.3.4 人工神经网络

人工神经网络是受生物学启发的一种方法，旨在模仿动物大脑行为（McCulloch et al.，1943）。神经网络用图形表示，其中节点代表神经元。神经元通过具有权重的边相互连接，并模仿动物大脑中的突触信号传递过程。每个边的权重表示两个神经元之间的连接强度，可以是负值。我们使用的人工神经网络叫作多层感知器。关于人工神经网络的内容细节见 2.4.6 节。

利用反向传播算法对 WEKA 软件中的多层感知器进行训练，反向传播算法在训练阶段中设置的一些参数如下：

- **学习率(η)**：此值的范围为[0, 1]，它可改变神经元之间每个连接权重的更新速度。若学习率值太小，权重更新会很小，因而获得局部最优解可能需要很长的时间。学习率越大，权重改变越大，可能更快地收敛到局部最优值。但较大值很容易越过最优解，也可能无法达到最优解。图 7.6 说明了这种行为，其中(a)中的低学习率每次仅对权重值做了微小的改变，通常导致目标函数的微小变化。最后一次更新非常接近最优解。然而，它比(b)中的大学习率例子更新权重次数多。
- **动量**：此值的范围为[0, 1]，运用先前权重更新的方向来调整权重变化速度。如果先前在同一方向上更新权重，则可以通过提高权重的变化速度来优化目标函数。如果权重方向相反，则应降低权重变化的速度。图 7.6(c)显示了高动量权重的更新过程，当接近权重最优解且变化太大时，将会超出最优解。因此，动
P. 266 量可降低权重变化速度，无论哪个方向权重都将更新，低动量权重变化基本相等。
- **训练轮数**：训练过程中的训练轮数(迭代次数)。
- **验证集比例**：验证集相对于整个数据集的比例大小，用于防止在训练阶段过拟合。
- **网络拓扑**：每个隐层中的神经元数量。
- **学习率衰减**：在训练过程中不断降低学习率，目的是减少网络中的较大权重。

- **传递函数(f)**：在给定输入数据的前提下，每个神经元的输出函数通常选择 sigmoid 函数。

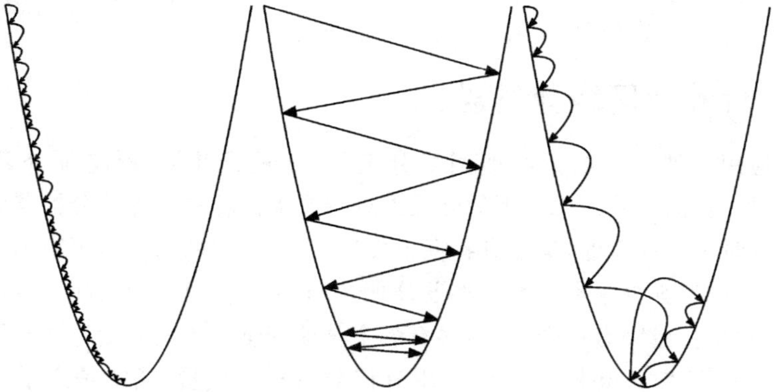

(a) 低学习率　　(b) 高学习率　　(c) 高动量

图 7.6　使用不同参数进行权重优化的示例

7.3.5　支持向量机

支持向量机模型的目的是在分类决策边界中使间隔最大化，其假设间隔最大化可以产生比其他决策边界更好的泛化能力。

在线性可分问题中，相当于找到一个超平面，使两个类的最近样本到超平面之间的间隔最大。到超平面的最近样本称为支持向量，此方法也因此而得名。在非线性可分问题中，对更高维空间运用核函数，将其转变为线性可分问题。 P.267

寻找最佳超平面被视为采用拉格朗日乘数法求解的优化问题。由 Platt (1999)提出的序列最小优化算法(sequential minimal optimization，SMO)是一种计算拉格朗日乘数的快速方法。我们使用序列最小优化算法来训练支持向量机模型，2.4.7 节对其进行了详细描述。

序列最小优化算法使用以下参数：

- 复杂性常数或代价(M)：可以取正实数域中的任意值，通常取值范围为[0，1]。
- 容差：此参数控制支持向量机优化问题中允许的误差。该值通常等于 10^{-3}，结果越精确收敛速度越慢。
- 核函数(K)：见 2.4.7 节。

7.3.6　逻辑回归

逻辑回归模型(Hosmer et al.，2000)是一种判别模型，对于每一类，可通过确定的参数向量 $\boldsymbol{\beta}$ 来估计 $P(C|x)$。参数向量在逻辑斯谛函数内用于预测属于每个类标签的概率，通常使用牛顿-拉弗森数值算法计算。细节参见 2.4.8 节。

逻辑回归有如下参数：

- **岭**：一种惩罚超大矢量参数 $\boldsymbol{\beta}$ 的正则化方案。使用的岭正则化返回参数接近 0 的训练，减少了分类器的方差，也减少了最小平方误差。

7.3.7 贝叶斯网络分类器

我们应用三种不同的贝叶斯网络分类器：朴素贝叶斯、树增强朴素贝叶斯(TAN)和 K2 算法学习的无约束贝叶斯网络分类器。朴素贝叶斯分类器假定给定类的所有变量都是独立的，除非有特征子集选择，否则它的结构是固定的。为了放宽这个假设，树增强朴素贝叶斯分类器(Friedman et al.，1997)构建了变量的树结构。因此，每个变量都有一个类，至多有一个其他变量作为父变量。树学习过程使
P. 268 用克鲁斯卡尔算法(Kruskal，1956)，用有评分指标的变量(通常是变量和类变量之间的条件互信息)来评估两个变量之间的边。为了降低训练的计算复杂度，上述分类器都具有完全(朴素贝叶斯)或部分(树增强朴素贝叶斯)的固定结构。这就是我们使用 K2 算法(Cooper et al.，1992)学习无约束贝叶斯网络分类器的原因。K2 算法可以学习任何网络结构，尽管存在一些约束，如算法限制了每个节点的最大父节点数。在 WEKA 软件实现中 K2 算法仅适用于离散型变量，若是连续型变量，应对其进行离散化处理。

朴素贝叶斯有一个固定的结构，所以没有学习结构，唯一可能的变化是如何处理连续变量。这里有两种常见的选择：

- 使用核密度估计模型(Parzen，1962)对连续型变量采用非参数概率方法，即 $P(X_i|C)$。
- 离散化连续型变量。

可以使用以下参数调整 K2 算法：

- 每个节点的最大父节点数。

此外，K2 算法和树增强朴素贝叶斯算法有两个共同的参数：

- 评分指标：在 K2 算法和树增强朴素贝叶斯算法中分别使用了贝叶斯狄利克雷分数和条件互信息准则，也可以选择一些其他指标。评分指标有赤池信息量准则、贝叶斯信息准则(见 2.5.3 节)。
- 贝叶斯网络参数的先验计算：此数值定义了一个先验的样本数。请参见 2.4.9 节中的 Lindstone 规则。

7.3.8 元分类器

如 2.4.10 节所述，元分类器组合多个基分类器结果对样本进行分类(Kuncheva，2004)。我们使用四种不同类型的元分类器：堆叠法、装袋法、随机森

林法和 AdaBoost. M1。

堆叠法存储多层分类器。中间每层使用前一层的结果，最后一层做出最终决策。通常，不同类型的分类器结果可以实现相互补充。堆叠泛化必须学习如何组合前一层中的分类器以达到最佳效果。堆叠分类器的参数设置就是定义基分类器的层次结构。

装袋法使用略有差异的训练集训练几个分类器。因此，使用自助抽样法产生训练集来训练每个分类器，这些自助样本通常称为袋子。装袋法通常与不稳定的分类器一起使用，其中训练数据的微小变化可能使训练模型发生较大的变化。通过对所有分类器的多数投票策略可对新样本实现分类。装袋法有以下参数： P.269

- 每个自举袋的大小：此参数控制用于训练每个分类器的每个袋中的样本个数。
- 用于训练的分类器数量。

随机森林方法用不同的数据集对多个决策树进行训练，所有的决策树都是从训练集中采样的。与装袋法不同的是，它不仅从训练集中采样样本，而且还从训练集中随机选择一组变量。与装袋法一样，通常采用多数投票策略对新样本进行分类。随机森林方法有以下参数：

- 每个自举袋的大小：此参数用于控制训练每个分类器的每个袋的样本数量。
- 每个袋中选择的变量数。
- 要训练的树的数量。
- 控制每棵树行为的参数：
  - ◆每个叶节点的最小样本数。
  - ◆最大深度。

AdaBoost. M1 方法按顺序训练几个模型，每个模型旨在校正被前一分类器误分类的样本。由此，为每个样本分配一个权重。被前一分类器误分类的样本具有较大的权重，在新分类器的训练阶段更有可能被选中。在分类阶段，使用投票策略来预测类别，每个分类器根据其分类的准确性有不同的权重。AdaBoost. M1 法有以下参数：

- 每个袋的权重和：此参数控制每个训练袋的权重总和。袋的权重总和是训练袋中权重的总和。与装袋法和随机森林法不同，它采用的是权重和值而不是样本数目。使用权重和值，新的训练袋倾向于被前一分类器误分类的样本，因较难分类的样本往往具有较大的权重。这减轻了过于频繁地对简单样本分类而产生的计算负担。

• 训练分类器的数量。

P.270 堆叠法、装袋法和 AdaBoost.M1 方法必须选择需要使用的基分类器。随机森林的基分类器是树。基分类器有自己的参数，这些参数会影响模型性能。此外，多分类器的组合可以为每个元分类器生成大量的参数。

7.3.9 分类算法的实施细节

关于在 WEKA 软件的实现中，每个分类器参数的一些问题值得注意：

• WEKA 软件中的分类器除了上述提到的参数外，还有其他一些参数，通常用于计算问题（例如，算法是否应该并行化），或前期的数据预处理问题（例如，序列最小优化算法有一个参数，可以在数据被算法处理之前对其进行标准化处理）。
• 可以使用 WEKA 软件的图形用户界面（“Explorer”）配置参数，或者，如果 WEKA 软件是从命令行运行的，可以输入每个参数的名称。
• 有关 WEKA 软件参数的文件可从 http://weka.sourceforge.net/doc.stable/ 上获取。

7.4 结果分析

本节介绍如何比较多种分类器。在 7.4.1 节中，我们会描述每种分类器的参数选择，使用分层 k 折交叉验证法对分类器性能进行评价。性能评价结果可以反映分类器在数据集上表现的优劣程度。但是，根据受试者操作特征曲线下的面积或选择某一种度量找到最高精度的分类器是不够的。需要注意的是，我们所用的数据集仅是待研究总体中的部分样本。样本代表性可能会造成分类器之间的某些差异。相反，我们需要发现分类器性能在统计学意义上的差异，采用假设检验验证统计差异性。然而，如 7.4.2 节所述，必须控制总体错误率才能获得更为合理的结果。

在此强调，尽管我们在手动调整参数上花费了很大精力，但本节并没有重点讨
P.271 论如何通过优化参数来改进分类器的性能，而是主要论述了多种分类器比较的过程。需要注意的是，某一种分类器对数据集的分析结果并不能代表总体性能（没有免费午餐定理）。

7.4.1 分类器比较

表 7.3 显示了本案例研究中每个分类器使用的参数，这些值是由最终的 Cargo 2000 数据集进行反复试验得到的。分类器使用以下标签：多层感知器为 MLP，支持向量机为 SVM，逻辑回归为 logistic，朴素贝叶斯为 NB，堆叠法为 stack，装袋法为 bag，随机森林为 RF，AdaBoost.M1 为 boost。

表 7.3　分类器参数比较

k 近邻		
k 值	4	
搜索算法	线性搜索	
距离函数	闵可夫斯基距离，$p=6.5$	
加权机制	逆距离	
C4.5		
每个叶节点的最小样本数	2	
二分法	否	
合并树	是	
无剪枝	否	
剪枝的置信度阈值	0.32	
减少错误剪枝	否	
子树提升	是	
RIPPER 算法		
所需最小权重	4	
优化运行次数	9	
剪枝	是	
错误率	没有检查	
多层感知器		
学习率	0.1	
动量	0.9	
训练轮数	500	
验证集比例	30	
网络拓扑	1 个隐层，有 42 个神经元	
学习率衰减	是	
传递函数	Sigmoid	P. 272
支持向量机		
复杂性常数	1	
容差	0.001	
核函数	多项式核，$\boldsymbol{x}^{\mathrm{T}} \cdot \boldsymbol{x} + 1$	

续表

逻辑回归			
岭			0.09766
贝叶斯分类器			
参数	朴素贝叶斯	树增强型朴素贝叶斯	K2
连续型变量离散化①	是	是	是
评分指标	NA	最小描述长度	赤池信息量准则
每个节点的最大父节点数	1	2	100000
贝叶斯网络参数的先验估计	NA	0.7	0.5
堆叠法(2 层分类器)			
基分类器:支持向量机			
复杂性常数			1
容差			0.001
核函数			$\boldsymbol{x}^{T}\cdot\boldsymbol{x}$
基分类器:多层感知器			
学习率			0.1
动量			0.9
训练轮数			500
验证集比例			30
网络拓扑			1 个隐层,有 44 个神经元
学习率衰减			是
传递函数			Sigmoid
P. 273 装袋法(基分类器:多层感知器)			
每个自举袋的大小			100%
训练分类器数量			10
学习率			0.2
动量			0.9
训练轮数			500
验证集比例			30
网络拓扑			1 个隐层,有 2 个神经元
学习率衰减			否
传递函数			Sigmoid

① 除了朴素贝叶斯外,WEKA 软件中的贝叶斯分类器仅适用于离散型变量,采用由 Fayyad 和 Irani(1993)提出的离散化程序对它们进行自动离散处理。

续表

随机森林	
每个自举袋的大小	100%
每个袋中的变量数	15
训练的树数量	100
每个叶节点的最小样本数	5
最大深度	11
AdaBoost. M1(基分类器:C4. 5)	
每袋权重总和	100%
训练分类器数量	10
每个叶节点的最小样本数	5
二分法	否
合并树	是
无剪枝	否
剪枝的置信度阈值	0.5
减少错误剪枝	否
子树提升	是

7.4.2　分类器的定量比较

在本节，我们通过假设检验来选择解决航空货运延迟预测问题的最佳分类器或最佳分类器集合。假设检验的基本概念已在 2.2.2 节中讨论过。在此基础上，本节提出了多元假设问题及相应的解决方法。最后，我们应用多重假设检验来解决问题。

7.4.2.1　多重假设检验 P.274

2.2.2 节介绍了弗里德曼检验。一般地，在弗里德曼检验中，有 b 块数据集，每块有 $k\geqslant 2$ 个处理方法(分类器)。假设检验的目的是检测 k 个处理方法之间的差异性。例如，假设我们比较三种不同的分类器：朴素贝叶斯、C4.5 和支持向量机。弗里德曼检验的原假设 H_0 为

$$H_0:\mu_{\mathrm{NB}}=\mu_{\mathrm{C4.5}}=\mu_{\mathrm{SVM}} \tag{7.2}$$

这里，μ_X 表示分类器 X 的平均性能(或任何其他评价指标)。如果任何两个分类

器之间存在统计学意义上的差异性，则式(7.2)将被拒绝接受。然而，这只是检验处理方法是否有统计学上的差异性。如果我们想查看配对处理方法间的统计差异，应该应用事后检验。如果式(7.2)的原假设被拒绝，才可应用事后检验。在这种情况下，我们以三种分类器为例，有三种不同的 H_0：

$$H_0^1: \mu_{NB} = \mu_{C4.5}$$
$$H_0^2: \mu_{NB} = \mu_{SVM} \qquad (7.3)$$
$$H_0^3: \mu_{C4.5} = \mu_{SVM}$$

例如，如果我们拒绝接受 H_0^1 和 H_0^2，可以说朴素贝叶斯比 C4.5 和支持向量机更优/更差。式(7.3)中的假设问题关键在于如何控制**总体错误率**(family-wise error, FWER)，即至少产生一种Ⅰ型错误的概率。执行多重假设检验会增加Ⅰ型错误发生的概率。假设我们想要进行一个如式(7.3)的事后检验，需要对每个 H_0 进行 $\alpha'=0.05$ 的单独检验。在所有三个检验中没有出现任何Ⅰ型错误的概率为 $(1-0.05)^3$。因此，存在 $1-(1-0.05)^3\approx 0.14$ 的错误概率。式(7.3)中三个检验的真实值为 α。α'为每次比较中Ⅰ型错误的概率，进行 m 次比较得到 α 的期望值等于 $1-(1-\alpha')^m$。因为配对检验的数目为 $m=\dfrac{k(k-1)}{2}$，所以当 α'与分类器数目增加时，出现Ⅰ型错误的概率升高。正如本案例所研究的，当 $k=13$ 时，每次假设检验设置 $\alpha'=0.05$。若设置 $\alpha\approx 0.98$，无论结论是什么都是不可接受的。

可以用 **Bonferroni 校正**或 Bonferroni-Dunn 检验(Dunn, 1961)来调节 α'以控制总体错误率 α。Bonferroni 校正将 α 除以被测试的比较次数来计算 α'。在本例中，式(7.3)中有三个假设，因此 $\alpha'=\dfrac{0.05}{3}\approx 0.0166$。这就要求 α 要保证小于 0.05，实际上，$\alpha\approx 0.49$。Bonferroni 校正是一个非常简单的低功耗事后检验，特别是当增加比较次数的时候。

P. 275 与这一想法相关的是，**Nemenyi 检验**进行配对比较，任何 p 值小于$\dfrac{\alpha}{m}$的假设均被拒绝接受，其中 m 为比较次数(García et al., 2008)。另一种 Nemenyi 检验方法是，如果两个分类器的秩差大于等于临界差，则他们的性能就会有显著差异(Demšar, 2006)：

$$\mathrm{CD} = q_\alpha \sqrt{\frac{k(k+1)}{6b}} \qquad (7.4)$$

其中 q_α 是由 t 检验临界值除以 $\sqrt{2}$ 得到的。可在 Demšar(2006)的文献中查找数值表。更多先进方法在 Demšar (2006)、García 和 Herrera (2008)的文献中有更

详细的讨论。

7.4.2.2　业务流程的在线分类

本节介绍对 Cargo 2000 数据集进行在线分类的分类器行为。随着业务流程的发展，每个服务执行都可以使用实时数据，我们将分析分类器性能如何随着新信息的增加而提高。图 7.2 显示了数据预处理后业务流程的 UML 2.0 业务活动图。此图显示每条运输支路最多执行 8 次服务，包括 1 次货物收运、3 次货物离境、3 次货物到达和 1 次货物交付。由于有两条运输支路，所以业务流程中最多可执行 16 次服务。除了服务没有完成的情况外，这 16 次服务是用于测试分类器在线分类性能的检查点。因此，如果每次服务对应一个检查点，我们可以为每个检查点创建一个数据集，其中包括仅到当前检查点的实际服务时间。所有计划时间都应该在每个检查点数据集中可用，因为这些信息是事先已知的，包括机场、支路数及每条支路的行程信息。如果运输支路有多个入站，每条入站运输支路的相应服务都已完成，则视为已到达检查点。请记住，即使 7.2.2 节中所述的预处理只选择一条运输支路（瓶颈运输支路），我们也必须考虑每个检查点数据集的所有三条入站运输支路，以决定哪条支路将成为瓶颈运输支路。

图 7.7 显示了所有分类器在线分类的结果。同一系列的分类器以相同的颜色高亮显示，但使用不同的线条样式和标记形状来区分每个具体的分类器。图中间的黑线表示入站运输支路的末端和出站运输支路的起点。

如表 7.1 所示，Cargo 2000 数据集中每类标签数目存在不平衡性（约 26%的业务流程被延迟）。因此，我们选择的性能指标是 ROC 曲线下的面积。因为当数据不平衡时，ROC 曲线下的面积被认为是一种较好的性能度量指标（He et al.，2009）。在起始检查点并没有可用的实际时间，而在结束检查点所有信息都可用。我们发现，随着信息量增多所有分类器的性能都得到了显著提高。然而，并非所有服务都有助于提高性能。事实上，货物交付服务的性能有显著提高。但是，当接收到其他服务的信息时，性能没有显著提高，而且在某些情况下，性能甚至略有下降。我们将在后面对这一现象进行更详细的探讨。

针对此问题，随机森林是最佳分类器，堆叠法和支持向量机是最差分类器。我们使用假设检验进行统计显著性差异分析（$\alpha=0.05$）。表 7.4 列出了图 7.7 所示的结果。

P. 276

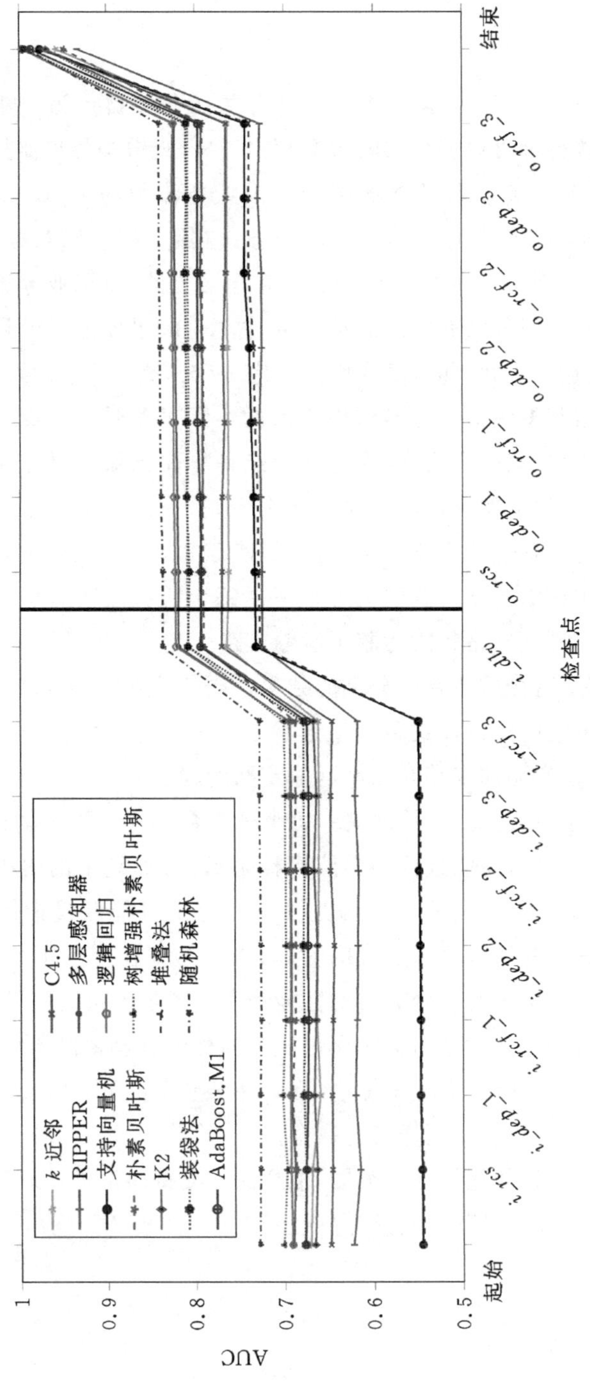

图 7.7 业务流程中的分类器性能(参见彩图 17)

表 7.4　图 7.7 所示的结果

数据集	k 近邻	C4.5	RIPPER	多层感知器	支持向量机	逻辑回归	朴素贝叶斯	树增强朴素贝叶斯	K2	堆叠法	装袋法	随机森林	AdaBoost.M1
起始	0.671(8)	0.649(10)	0.623(11)	0.690(5)	0.546(12)	0.692(3)	0.692(4)	0.701(2)	0.666(9)	0.544(13)	0.678(6)	**0.728(1)**	0.677(7)
i_rcs	0.670(8)	0.647(10)	0.616(11)	0.688(4)	0.546(12)	0.693(3)	0.687(5)	0.697(2)	0.664(9)	0.545(13)	0.676(7)	**0.727(1)**	0.676(6)
i_dep_1	0.661(9)	0.647(10)	0.621(11)	0.693(4)	0.548(12)	0.694(3)	0.692(5)	0.702(2)	0.667(8)	0.547(13)	0.679(6)	**0.728(1)**	0.674(7)
i_rcf_1	0.665(9)	0.646(10)	0.619(11)	0.693(4)	0.548(12)	0.693(3)	0.688(5)	0.699(2)	0.665(8)	0.546(13)	0.678(6)	**0.726(1)**	0.673(7)
i_dep_2	0.663(9)	0.645(10)	0.618(11)	0.693(4)	0.548(12)	0.693(3)	0.688(5)	0.699(2)	0.664(8)	0.547(13)	0.679(6)	**0.727(1)**	0.674(7)
i_rcf_2	0.662(9)	0.649(10)	0.618(11)	0.693(4)	0.550(12)	0.694(3)	0.688(5)	0.699(2)	0.668(8)	0.548(13)	0.678(6)	**0.728(1)**	0.674(7)
i_dep_3	0.662(9)	0.649(10)	0.621(11)	0.693(4)	0.550(12)	0.694(3)	0.688(5)	0.699(2)	0.665(8)	0.548(13)	0.679(6)	**0.728(1)**	0.673(7)
i_rcf_3	0.663(9)	0.647(10)	0.618(11)	0.694(3)	0.550(12)	0.694(4)	0.688(5)	0.700(2)	0.668(8)	0.548(13)	0.679(6)	**0.728(1)**	0.675(7)
i_dlv	0.765(10)	0.770(9)	0.725(13)	0.819(3)	0.732(11)	0.822(2)	0.790(8)	0.808(5)	0.792(7)	0.727(12)	0.808(4)	**0.836(1)**	0.794(6)
o_rcs	0.762(10)	0.770(9)	0.725(13)	0.819(3)	0.733(11)	0.822(2)	0.791(8)	0.809(4)	0.795(6)	0.728(12)	0.807(5)	**0.836(1)**	0.793(7)
o_dep_1	0.763(10)	0.770(9)	0.726(13)	0.820(3)	0.734(11)	0.824(2)	0.792(8)	0.809(5)	0.792(7)	0.730(12)	0.810(4)	**0.838(1)**	0.795(6)
o_rcf_1	0.763(10)	0.767(9)	0.727(13)	0.821(3)	0.737(11)	0.824(2)	0.790(8)	0.807(5)	0.792(7)	0.732(12)	0.810(4)	**0.839(1)**	0.797(6)
o_dep_2	0.763(10)	0.768(9)	0.725(13)	0.822(3)	0.739(11)	0.824(2)	0.791(8)	0.807(5)	0.792(7)	0.734(12)	0.810(4)	**0.839(1)**	0.797(6)
o_rcf_2	0.764(10)	0.765(9)	0.724(13)	0.822(3)	0.744(11)	0.826(2)	0.792(8)	0.808(5)	0.793(7)	0.739(12)	0.811(4)	**0.839(1)**	0.797(6)
o_dep_3	0.764(10)	0.765(9)	0.729(13)	0.823(3)	0.744(11)	0.825(2)	0.792(8)	0.808(5)	0.792(7)	0.739(12)	0.809(4)	**0.839(1)**	0.797(6)
o_rcf_3	0.764(10)	0.765(9)	0.727(13)	0.823(3)	0.743(11)	0.824(2)	0.792(8)	0.808(5)	0.793(7)	0.739(12)	0.810(4)	**0.840(1)**	0.796(6)
结束	0.957(11)	0.970(8)	0.933(13)	0.996(2)	0.976(6)	0.997(1)	0.949(12)	0.970(9)	0.969(10)	0.976(7)	0.995(3)	0.990(4)	0.987(5)
R_j	161	160	205	58	190	42	115	64	131	207	85	**20**	109
平均排名	9.471	9.412	12.059	3.412	11.176	2.471	6.765	3.765	7.706	12.176	5.0	**1.176**	6.412

这是 Pizarro 等人(2002)推荐的用不同种子进行分层的 10 折交叉验证法,取 30 次的平均值。括号中的数显示了每个数据集上每种算法的排名。式(2.1)中的排名之和 R_j 及每个分类器的平均排名列于表的底部。我们首先需要提出拒绝所有分类器性能相等的原假设,然后进行事后检验。在我们的例子中,$k=13$,$b=17$。因此,对于我们的数据集,可得式(2.1)中的弗里德曼统计量:

$$S=\left[\frac{12}{17\times13\times14}\times(161^2+\cdots+109^2)\right]-3\times17\times14$$
$$=184.297$$

在原假设成立的情况下,随机变量服从自由度为 12 的 χ^2 分布值,对应的 p 值等于 9.76×10^{-11},此值远低于 $\alpha=0.05$,因此我们可以拒绝分类器间性能相同的原假设。下一步进行 Nemenyi 检验。首先,使用式(7.4)计算临界差分值:

$$\mathrm{CD}=3.3127\times\sqrt{\frac{13\times14}{6\times17}}=4.425$$

P. 278 任何排名差大于 4.425 的分类器都可以被认为在性能上存在统计显著性差异,通常用**临界差分图**绘制这些差异。图 7.8 说明了我们关注的案例研究中分类器之间的差异。该图绘制了一个表示分类器排名的坐标轴。在本例中,排名的范围是从 1 到 13。用分类器名称来标记连接轴上的垂线。图中顶部指定的临界差分值显示了不同分类器之间的最小距离,以使差异具有统计显著性。轴下面的横线表示没有显著差异的分类器组。因此,我们可以说随机森林、逻辑回归、多层感知器、树增强朴素贝叶斯和袋装法之间没有显著差异。这是因为它们都处于排名轴下的第一条水平线上。然而,在最好的组中,分类器之间存在差异,例如,随机森林明显优于 AdaBoost. M1,而逻辑回归与 AdaBoost. M1 和朴素贝叶斯间差异不大。

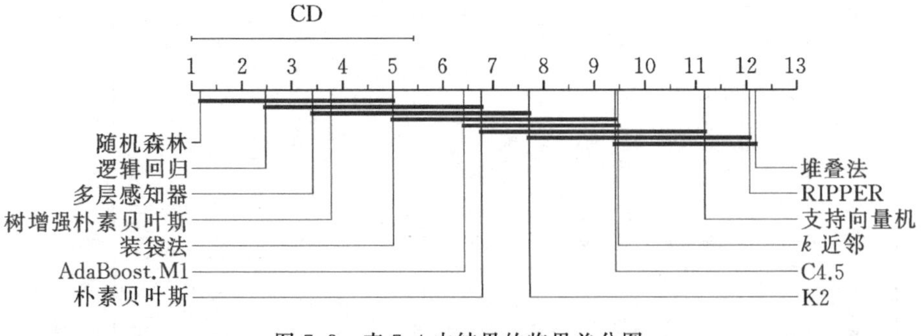

图 7.8 表 7.4 中结果的临界差分图

P. 279 在最差组中,在入站运输支路完成之前,堆叠法和支持向量机的性能明显低于其他分类器(见图 7.7)。之后的性能略有提高，直至表现优于 RIPPER 算法。导致分类器性能最差的原因是其泛化能力不足，当对多个数据集使用相同的参数配置时预测性能降低。

7.4.3 分类器的定性比较

本节对每个分类器利用其内在特性所产生的信息进行定性分析，例如，C4.5 算法的树结构。并非所有的算法都易于分析。这些算法，通常在文献中称为黑盒分类器，在定性比较中就省略了。以下为涉及的黑盒分类器：

- *k* 近邻：该算法仅保存数据，并将样本与训练集匹配以进行分类。它不提供任何额外的定性信息。
- 多层感知器：人工神经网络通常表示为一个包含神经元权重的矩阵/向量。由于涉及大量的权重，该模型很难解释。隐层的神经元在上下层间的解释也没有意义。
- 支持向量机：当数据维度大于 3 时，很难显示最大间隔的超平面。
- 元分类器：由多个基分类器组成。可解释性取决于基分类器的数量和类型。例如，如果我们使用多层感知器作为基分类器，则该元分类器至少与多层感知器一样难以解释。如果使用随机森林作为基分类器，构成分类器的树数目众多，解释随机森林也是相当困难的。 P.280

下面论述对于其他分类器的一些重要发现，并对数据集和训练模型之间的关系进行解释。

7.4.3.1 C4.5 算法

解释 C4.5 算法的最简单方法是查看树结构。树包含两个重要信息：选择作为树节点的变量和每个节点采用的分支值。对于离散型变量，分支通常包含所有可能的值。对于连续型变量，选择一个切点来离散范围值。

图 7.9 显示了 7.4.1 节中介绍的 C4.5 分类器的部分表示。完整的树结构很大(分别有 95 个叶节点和 189 条规则)，这里只显示树的一小部分。图中未显示的子树标记为“…”。叶节点显示了期望的类标签及括号中真/假样本的分布。

首先，我们发现在根节点附近选择的大多数变量都是货物交付类型，这表明货物交付变量在检测延迟中发挥着重要作用。完整的树结构中不包含任何 *_place* 变量。因此，我们可以说，机场对货物交付性能没有太大的影响。然后我们检查 *i1_dlv_e* 是否在树根中大于 0.47 且在右枝中大于 0.70。如果货物交付服务的瓶 P.281

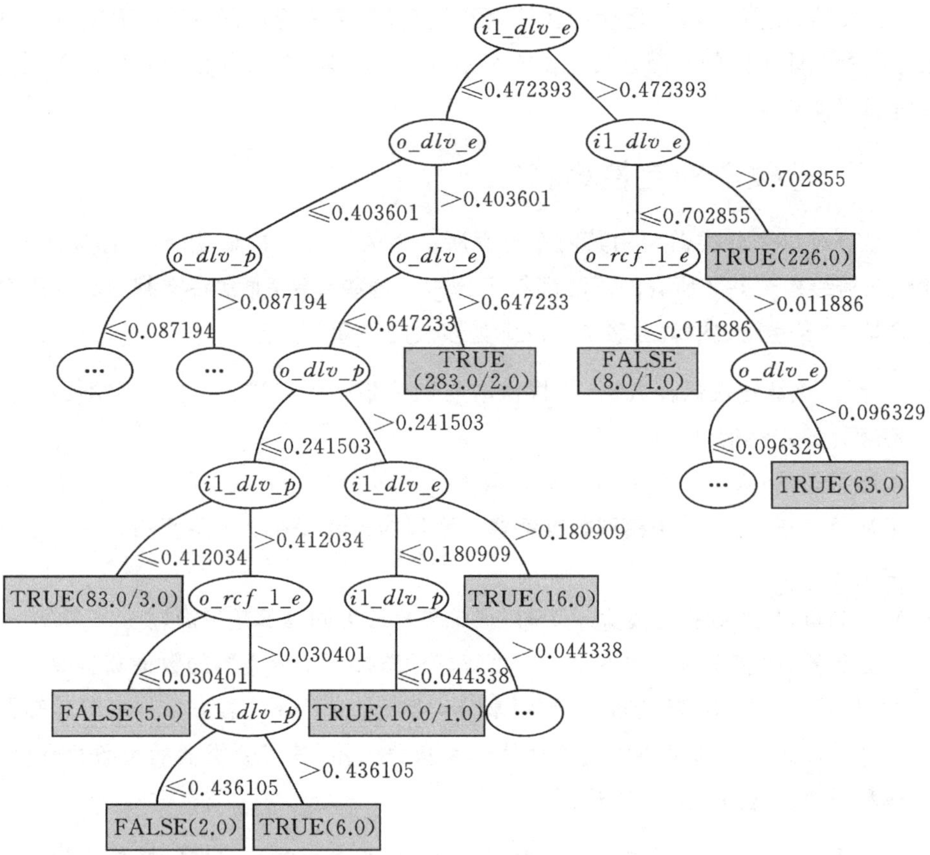

图 7.9　C4.5 算法结构的部分表示

颈支路占业务流程所用时间的 70%以上，则该流程将被归类为延迟。如果 $0.47 \leqslant i1\_dlv\_e \leqslant 0.70$，则检查 $o\_rcf\_1\_e$ 和 o_dlv_e 变量。当实际时间低于计算的阈值时，在树结构中将延迟分类为假。同样地，当实际时间较高时，树结构将延迟分类为真。

根的左分支包含瓶颈支路中货物交付服务所花费时间较短的样本。对于这种情况，在树结构中检查出站运输支路的货物交付服务是否花费了太多时间。如果 $(o\_dlv\_e \geqslant 0.65)$，则将树结构中的业务流程归类为延迟。当 $0.40 \leqslant o\_dlv\_e \leqslant 0.65$ 时，即当实际的货物交付时间相当长时，尽管不足以确认延迟，但在这种情况下，仍需对树结构检查计划的货物交付服务时间，这些时间往往与实际时间相差较大。当计划时间低于计算的阈值时，将树结构中的业务延迟分类为真。因此，当计划时间比较长时，应将树结构中的业务延迟分类为假。这种行为非常有意义：如果实际时间是一个边界值时无法确定树结构，那么计划时间应该与实际时间比较。但是为了避免出现过拟合现象，如上述树结构的八个样本都正确分类的情况，最后 $i1\_dlv\_p$ 检查(其中两个叶节点分别由两个样本和六个样本创建)不进行比较。

现在，我们可能想知道为什么决策树认为货物交付变量最重要。在图 7.7 中， P.282
货物交付变量性能得到很大提升。我们使用描述性统计分析方法对延迟为真的业务流程数据描述性统计分析了不同类型服务的行为。具体分析了两个问题：存在业务流程违反计划时的服务违规频率和严重程度。当一个服务花费的时间比计划时间长时，此服务被视为违规。表 7.5 汇总了服务违规率的相关信息。在表的顶部，我们发现货物离境和货物交付是最常出现违规的服务。在业务流程中 84%的货物离境服务发生了延迟，由此，货物离境变量可能比货物交付变量信息更丰富。表的最后一行显示了有多少业务流程至少受到一次服务违规的影响。可见 99.61%的延迟业务流程中至少有一个货物交付服务违规(在瓶颈或出站运输支路中)。此值与货物离境有 99.14%的相似性。因此，可以认为货物离境和货物交付服务违规率近乎是相同的。

表 7.5　延迟为真时，服务违规率的描述性统计(百分比显示在括号中) P.283

类型	货物收运	货物离境	货物到达	货物交付
服务总和	2096	3044	3044	2096
违规服务总和	144(6.87%)	2565 (84.26%)	696 (22.86%)	1404 (66.99%)
延迟为真的业务流程	1048			
有至少一次服务违规的业务流程	144 (13.74%)	1039(99.14%)	526 (50.19%)	1044(99.61%)

然而，服务违规率并不能说明全部情况。我们应该分析每个违规行为的严重程度，以了解其对业务流程延迟的影响。为了衡量每个服务违规的严重程度，我们必须检查服务违规的延迟是否占了业务流程延迟的大量时间。表 7.6 汇总了这一信息。如果服务实际延迟至少占整个业务流程延迟的 $X\%$，则称服务满足条件 V_X，即

$$\mathrm{sd} > \mathrm{pd} \cdot \frac{X}{100},\ \mathrm{sd}、\mathrm{pd} > 0$$

其中 sd 表示服务延迟，即服务的实际时间和计划时间之差，pd 表示业务流程延迟，即实际和计划的总业务流程时间之差。从表 7.6 中可以看出，超过 50%的货物交付服务至少占整个业务流程延迟的 50%。事实上，37.93%的货物交付服务延迟等于或大于业务流程延迟。如果其他服务速度比计划快，那么服务的延迟时

间可能比业务流程延时还要长。由此可见,货物交付服务的违规行为比其他服务造成的影响大。该表的最后一行显示了至少有一个服务满足条件 V_{50} 和 V_{100} 的业务流程数。我们发现,98.47%的违规业务流程中至少有一个货物交付服务满足 V_{50} 的条件。该统计数据表明,货物交付服务延迟对业务流程延迟提供了一个很好的解释。因此,C4.5 决策树倾向于使用此值。

表 7.6　当延迟为真时,违规流程的描述性统计(百分比显示在括号中)

类型	货物收运	货物离境	货物到达	货物交付
满足约束条件 V_{50} 的服务	4(0.19%)	396(13%)	47(1.54%)	1093(52.15%)
满足约束条件 V_{100} 的服务	1(0.04%)	224(7.36%)	26(0.85%)	795(37.93%)
存在 V_{50} 的业务流程	4(0.38%)	270(25.76%)	44(4.2%)	1032(98.47%)
存在 V_{100} 的业务流程	1(0.1%)	155(14.79%)	24(2.29%)	783(74.71%)

P.284

7.4.3.2　RIPPER 算法

RIPPER 算法学习了表 7.7 所示的规则集。为了便于表示,规则使用的值保留两位小数。RIPPER 算法生成了 17 条规则来试图识别延迟。如果业务流程不满足上述任何规则,则应用第 18 条规则,即业务流程被分类为“无延迟”。RIPPER 算法和 C4.5 算法的结果有许多相似之处。首先,这组规则再次表明了货物交付服务的重要性。货物交付服务值广泛应用于除了第一个规则之外的其他规则中。而且,在这两种模型中,实际时间过长和计划时间过短都被分类为延迟。因此,大多数实际时间使用“>”符号进行比较,而计划时间使用“<”符号进行比较。

P.285

表 7.7　由 RIPPER 算法学习的一套规则

序号	规则
1	IF($o\_dlv\_e \geqslant 0.54$) THEN Delay=TRUE(375.0/17.0)
2	IF ($i1\_dlv\_e \geqslant 0.56$) THEN Delay=TRUE(285.0/6.0)
3	IF($o\_dlv\_p \leqslant 0.19$ AND $o\_dlv\_e \geqslant 0.33$ AND $i1\_dlv\_p \leqslant 0.38$) THEN Delay=TRUE(56.0/3.0)
4	IF($o\_dlv\_p \leqslant 0.19$ AND $o\_dlv\_e \geqslant 0.12$ AND $i1\_dlv\_e \geqslant 0.18$)THEN Delay=TRUE (7.0/2.0)
5	IF($i1\_dlv\_p \leqslant 0.23$ AND $o\_dlv\_e \geqslant 0.47$) THEN Delay=TRUE (18.0/2.0)
6	IF($i1\_dlv\_p \leqslant 0.10$ AND $o\_dlv\_p \leqslant 0.07$ AND $i1\_dlv\_e \geqslant 0.10$ AND $i1\_rcs\_p \geqslant 0.17$)THEN Delay =TRUE(42.0/3.0)
7	IF($i1\_dlv\_p \leqslant 0.10$ AND $o\_dlv\_p \leqslant 0.07$ AND $o\_dlv\_e \geqslant 0.1$) THEN Delay=TRUE(33.0/6.0)
8	IF($i1\_dlv\_e \geqslant 0.14$ AND $o\_dlv\_e \geqslant 0.28$ AND $i1\_dep\_1\_e \geqslant 0.03$ AND $i1\_dlv\_p \leqslant 0.41$) THEN Delay=TRUE (42.0/5.0)

续表

序号	规则
9	IF($i1\_dlv\_e \geqslant 0.31$ AND $i1\_rcs\_e \geqslant 0.13$)THEN Delay=TRUE (44.0/12.0)
10	IF($i1\_dlv\_p \leqslant 0.09$ AND $o\_dlv\_e \geqslant 0.17$ AND $o\_dlv\_p \leqslant 0.21$) THEN Delay=TRUE (22.0/6.0)
11	IF($i1\_dlv\_e \geqslant 0.14$ AND $o\_dlv\_p \leqslant 0.08$ AND $i1\_dlv\_p \leqslant 0.12$ AND $o\_dlv\_p \geqslant 0.06$) THEN Delay =TRUE (15.0/1.0)
12	IF($o\_rcs\_e \geqslant 0.08$ AND $i1\_dlv\_e \geqslant 0.42$) THEN Delay=TRUE (27.0/8.0)
13	IF($o\_dlv\_p \leqslant 0.05$ AND $o\_rcs\_p \geqslant 0.53$ AND $o\_dep\_1\_e \geqslant 0.02$) THEN Delay=TRUE (14.0/0.0)
14	IF($o\_dlv\_e \geqslant 0.18$ AND $i1\_rcs\_p \geqslant 0.31$ AND $o\_dep\_1\_p \geqslant 0.02$)THEN Delay=TRUE (8.0/1.0)
15	IF($i1\_dlv\_p \leqslant 0.07$ AND $o\_dlv\_e \geqslant 0.24$ AND $i1\_dep\_1\_e \leqslant 0.03$) THEN Delay=TRUE (8.0/1.0)
16	IF($i1\_rcf\_1\_e \geqslant 0.11$ AND $i1\_dlv\_p \leqslant 0.11$ AND $o\_dlv\_p \leqslant 0.20$ AND $i1\_dlv\_e \geqslant 0.02$)THEN Delay= TRUE(10.0/1.0)
17	IF($o\_dlv\_e \geqslant 0.31$ AND $i1\_dlv\_e \geqslant 0.27$) THEN Delay=TRUE (8.0/2.0)
18	IF ϕ THEN Delay=FALSE(2858.0/40.0)

这套规则比用 C4.5 算法学习的树结构更紧凑。这是一个令人满意的特性，因为只有规则很少时，人们才可能逐个检查所有规则来描述问题。

7.4.3.3　贝叶斯网络分类器

对于贝叶斯网络分类器，观察其结构较易得出结论。由结构揭示的条件独立集合对于理解正在研究的数据集是非常有用的。但是，正如本节案例所示，观察所关注节点的条件概率表也是有益的。

注意，WEKA 软件中使用了 Fayyad 和 Irani(1993)提出的基于最小描述长度原理的离散化算法(见 2.2.1.5 节)，在开始学习过程之前对连续型变量进行离散化。在离散化步骤中，一些变量被离散化成$(-\infty, +\infty)$内的某个变量。在实际中，对于每一个可能的 X_d 值，恒有 $P(X_d|Pa(X_d))=1$，所以单一变量 X_d 常被忽略。X_d 值的变化对分类过程没有任何贡献。这类不相关的变量有：

$i1\_dep\_2\_e$，$i1\_dep\_3\_p$，$i1\_dep\_3\_e$，$o\_dep\_3\_p$，$o\_dep\_3\_e$，$i1\_rcf\_2\_p$，$i1\_rcf\_2\_e$，$o\_rcf\_2\_p$，$i1\_rcf\_3\_p$，$i1\_rcf\_3\_e$，$o\_rcf\_3\_p$，$o\_rcf\_3\_e$，$i1\_hops$，o_hops

如上述罗列的变量所示，第一次行程的货物离境和货物到达变量不受此问题的影响。这表明离散化程序更重视每条运输支路的第一次行程，因为它比第二次和第三次行程发生的可能性更大。

树增强朴素贝叶斯分类器中的变量之间存在一些有趣的联系。可以预见，服务的计划时间和实际时间通常具有相关性。其中一种情况涉及 o_dlv 变量，如图 7.10 所示。表 7.8 显示了变量 o_dlv_e 对应的条件概率表。变量 o_dlv_p 和 o_dlv_e 中的值都保留两位小数。如果延迟为假，则变量 o_dlv_e 的值可能会更低。
P. 286 因此，如果我们知道业务流程没有被延迟，那么变量 o_dlv 的实际时间通常占总业务流程时间的 23%以下。注意，即使变量 o_dlv 的计划时间取值范围在(0.21, 1]内，其实际时间升高的概率也只是略有增加。我们预计，如果变量 o_dlv_p 取值范围在[0, 0.07]内，那么变量 o_dlv_e 取值范围在[0, 0.08]内的概率更大。相应地，如果变量 o_dlv_p 取值范围在(0.07, 0.21]内，那么变量 o_dlv_e 最可能的范围是(0.08, 0.23]。然而，情况并非如此，因为最大的概率范围为[0, 0.08]，这意味着在业务流程没有延迟的情况下，变量 o_dlv 值往往会减小。

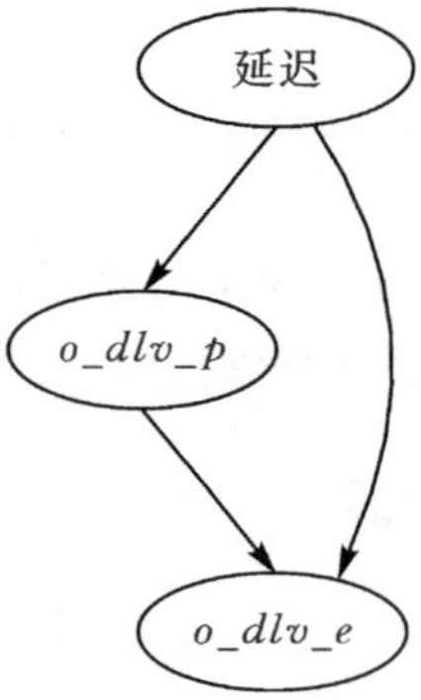

图 7.10　树增强朴素贝叶斯结构的部分表示图

表 7.8　树增强朴素贝叶斯分类器变量 o_dlv_e 的条件概率表

延迟	o_dlv_p	o_dlv_e				
		[0, 0.08]	(0.08, 0.23]	(0.23, 0.4]	(0.4, 0.65]	(0.65, 1]
假	[0, 0.07]	0.669	0.259	0.059	0.01	0.003
假	(0.07, 0.21]	0.705	0.232	0.057	0.005	0.001
假	(0.21, 1]	0.565	0.313	0.085	0.035	0.001
真	[0, 0.07]	0.312	0.309	0.206	0.082	0.092
真	(0.07, 0.21]	0.233	0.211	0.165	0.174	0.217
真	(0.21, 1]	0.155	0.103	0.119	0.153	0.469

如果延迟为真，与所预期的一样，变量 o_dlv_e 值增大，概率更大。变量 o_dlv_p 和 o_dlv_e 之间也存在依赖性，因为当变量 o_dlv_p 的值增加时，变量 o_dlv_e 的值也随之增加。对延迟为真与延迟为假的变量 o_dlv_p 进行两两比较，当业务流程延迟时，o_dlv_e 变量结果是完全不同的。

我们对 K2 算法的结果进行结构分析，因为它可更自由地选择相关弧。K2 是 P.287
一种随机算法，它取决于所选节点的顺序。因此，不同算法运行的结果可能不同。K2 算法可用于构建无约束贝叶斯网络分类器。由于我们使用 K2 算法构造分类器，因此不需要整个结构。相反，我们可以使用延迟变量(Delay)的马尔可夫毯(见 2.4.9 节)，这将产生完全相同的分类结果。图 7.11 显示了由延迟变量的马尔可夫毯所形成的一个简单且可解释的网络。为了从多个随机的 K2 算法结果中选择一个 K2 分类器，我们选择了具有最小马尔可夫毯的分类器(根据节点和边)。首先，我们发现货物交付变量同时是延迟变量的父变量和子变量。这一发现与前几节的讨论是一致的。但是，货物交付变量在入站和出站运输支路中的行为略有不同。在出站运输支路中，计划时间是实际时间的子变量，而在入站运输支路中，实际时间和计划时间之间没有这种关系。此外，o_dlv_p 变量的父变量是 $o\_dep\_1\_p$、o_rcs_e、$i1\_rcs\_e$。对业务流程的行为，这些条件依赖关系是不可理解的。例如，如果我们取条件概率表 $P(o\_dlv\_p \mid \text{Delay}, o\_dlv\_e, o\_dep\_1\_p, o\_rcs\_e, i1\_rcs\_e)$，并将其边际化产生的结果记为 $P(o\_dlv\_p \mid o\_dep\_1\_p)$，可得到如表 7.9 所示的条件概率表。从条件概率表可知，当变量 $o\_dep\_1\_p$ 取值较小时，o_dlv_p 变量值会很高。因为每个变量表示相对于总计划业务流程时间的百分比，所以变量值会影响其他变量值(即使原始数据完全独立)。因此，如果一个变量具有异常高的值，其他变量就不太可能占用更多的时间。这是在 7.2.2.4 节中进行的预处理产生的不良影响。变量 o_rcs_e 和 $i1\_rcs\_e$ 的行为应该类似。

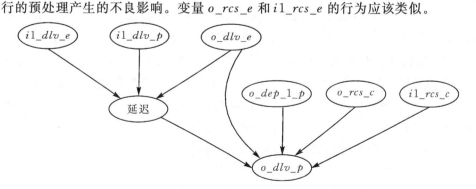

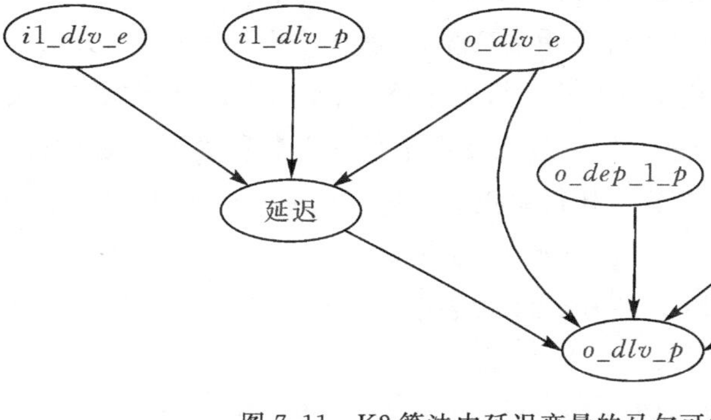

图 7.11　K2 算法中延迟变量的马尔可夫毯结构

P. 288

表 7.9 K2 算法的条件概率表

$o\_dep\_1\_p$	o_dlv_p		
	[0, 0.068]	(0.068, 0.214]	(0.214, 1]
[0, 0.026]	0.155	0.264	0.581
(0.026, 1]	0.435	0.340	0.225

7.4.4 特征子集选择

7.4.3 节已对 Cargo 2000 业务流程中最重要的部分进行了讨论。事实上，我们发现一些可解释的分类器(见 7.4.3 节)使用货物交付变量对业务流程延迟进行分类。从对分类器的解释中，我们得出结论：一些变量被所有可解释的分类器认为是无关的。对于不可解释的分类器，因为它们的分析比较复杂，所以很难收集一组无关变量。2.4.2 节介绍了一些特性子集选择方法，应用这些方法，可以选择一组相关且非冗余的特征，从而降低数据维度。这通常会使得更简单的分类器也能适用。在本节中，将一些过滤特征子集的选择方法应用于 Cargo 2000 数据集，来说明其工作过程。

信息增益(见 2.4.4 节)准则可以用来选择变量子集。当信息增益评价每个变量而不是整个子集的优点时，可以用它来构造一个变量排序。表 7.10 列出了 10 个最佳变量的排名。正如预期，所有的货物交付变量都排名在前五名。注意，第二个和第三个最佳变量的信息增益有很大差异，表明货物交付服务的实际时间比计划时间更重要。

相关特征选择(correlation-based feature selection, CFS)方法(Hall, 1999)可应用于 Cargo 2000 数据集，相关特征选择(见 2.4.2 节)的目的是选择高相关性且低冗余的特征子集。因此，我们考虑采用多变量过滤器。相关特征选择方法也可在 WEKA 软件中实现，它使用了贪婪爬山搜索策略，只要整个选定子集的相关特征选择分数没有下降，就会在每一步中包含具有最佳相关特征选择分数的变量。WEKA 软件实现的搜索程序包含了执行避免陷入局部最优的某种回溯(即取消选择某些特征)选项。

将相关特征选择方法应用于 Cargo 2000 数据集(有 43 个预测变量)，其选择了以下 9 个变量：

o_rcs_p, $i1\_dep\_1\_e$, $i1\_dep\_2\_p$, $o\_dep\_1\_p$, $o\_rcf\_2\_e$, $o\_rcf\_3\_place$, $i1\_dlv\_p$, $i1\_dlv\_e$, o_dlv_e

表 7.10 按照信息增益排名的 10 个最重要变量 P.289

排名	变量	信息增益
1	*o_dlv_e*	0.236425
2	*i1_dlv_e*	0.192751
3	*o_dlv_p*	0.041598
4	*o_dep_1_p*	0.031145
5	*i1_dlv_p*	0.025441
6	*o_dep_1_e*	0.022247
7	*o_dep_1_place*	0.019748
8	*o_rcf_1_e*	0.019397
9	*i1_dep_1_p*	0.019228
10	*i1_rcf_1_e*	0.015636

同样,相关特征选择方法从四个货物交付变量中选取三个。另外,所选子集包含了一些货物离境变量。如表 7.5 所示,这可能是由于它们对业务流程延迟的影响很大,但是变量 *o_rcf_3_place* 的选择值得注意,因为 7.4.3 节中的可解释模型中没有使用该变量。

作为一个示例,表 7.11 显示了应用上述功能子集选择过程后,7.4.1 节中分类器的 ROC 曲线下面积值。标签为 Full 的列包含与整个数据集进行比较的结果。13 个分类器中的 7 个对未处理数据集的性能表现较好,而应用信息增益和相关特征选择方法分别有 5 个和 1 个分类器表现较好。注意,分类器参数化是由未处理的数据集驱动的。因此,预计它会对过滤数据集的性能产生影响。然而,特征子集选择的应用改善了近一半分类器的性能。因此,这个例子表明特征子集选择过程是有用的。

7.5 结论和未来研究

7.5.1 结论

本案例研究说明了如何将监督分类方法应用到一个实际的分销级数据集上,以预测航空延误。在大多数情况下,特别是在部分业务流程已经完成的情况下,监督分类算法能够成功地预测货物延误。因此,可以在决策过程中利用延迟预测来提供更优质的服务,增加公司整个物流过程的鲁棒性。

P. 290 **表 7.11 使用基于信息增益或相关特征选择方法的完整数据集或特征子集，每个分类器的 ROC 曲线下面积值保留三位小数。粗体显示特征选择的最佳值**

分类器	完整数据集	信息增益	相关特征选择
k 近邻	0.957	**0.985**	0.968
C4.5	0.970	**0.973**	0.965
RIPPER	0.933	**0.933**	0.906
多层感知器	**0.996**	0.991	0.976
支持向量机	**0.976**	0.940	0.908
逻辑回归	**0.997**	0.991	0.979
朴素贝叶斯	0.949	0.960	**0.964**
树增强朴素贝叶斯	**0.970**	**0.972**	0.962
K2	0.969	**0.973**	0.965
堆叠法	**0.976**	0.938	0.905
装袋法	**0.995**	0.992	0.980
随机森林	**0.990**	0.990	0.982
AdaBoost. M1	**0.987**	0.985	0.974

此外，在对一些分类器的探索过程中，我们明确了运输服务是业务流程中最不稳定的部分。无论是预测过程还是业务流程动态发现都为公司增加了价值，可使决策者们发现公司运输过程中的薄弱环节，然后采取适当的措施来改善风险最大的运输服务。

首先，我们说明了在 Cargo 2000 数据集上测试多个分类器所必需的预处理。任何监督分类器都可应用预处理步骤，因此每条运输支路都附加了一个特殊的含义，从而帮助理解数据集。由于应用算法必须要具备足够多的数据，因此预处理步骤表明机器学习技术的应用需要人的专业知识和监督。当然，用户可以通过隐藏算法实现细节来避免机器学习算法的复杂性：系统用户所需要的是显示预期延迟的业务流程的清单。用户可以使用这些信息来过滤大部分业务流程，这些流程将准时进行，并且只需对最不可靠的装运做出判断，从而提高生产力。

经过对分类器参数含义的深入研究，我们为每一种类型的分类器都选择了适当的实例化参数，对所选分类器进行了定量和定性比较。为了进行定量比较分析，我们应用了多重假设检验。对于任何试图得出分类器性能结论的人来说，多重假设检验是必不可少的工具。为了进行定性比较，我们利用可解释的分类器来深入了解业务流程开展的细节。并不是每个监督分类器都适合进行定性分析。因此，我们只比较了最有前景的分类器：分类树、规则归纳和贝叶斯分类器。

当收到有关服务完成的新信息时，在线分类程序可更新每个业务流程的分类 P.291
结果。正如所预期的，实际时间的增加提高了分类器性能，但仅提高了关键服务执行的性能。完成对分类器的定性比较分析可以发现，关键服务的执行非常重要。因此，本案例所研究的监督机器学习分类算法适用于分销行业，并在业务流程中发挥了重要的检测作用。

7.5.2 未来研究

我们的方法高度依赖于所选定的预处理步骤。每个分类器仅使用瓶颈运输支路而不是三条运输支路。未来应该研究如何在同一时间将分类器设置为多条运输支路，同时考虑运输支路数量的变化。

此外，在在线分类设置中，只有当每个入站运输支路都执行了相同的服务时，才会到达检查点。这种设置并不是最佳的，因为如果一条运输支路以比其他运输支路更快的速度执行服务，那么确定更快运输支路的实际时间可能会花费太长时间。例如，在有三个入站运输支路的业务流程中，每个入站运输支路都完成了以下服务：

- $i1$：$i1\_rcs$，$i1\_dep\_1$，$i1\_rcf\_1$
- $i2$：$i2\_rcs$，$i2\_dep\_1$
- $i3$：$i3\_rcs$

即使有关于 $i1$ 运输支路的更多信息，我们也会考虑当前在 i_rcs 检查点的业务流程。尤其重要的是 $i1$ 运输支路是否为瓶颈运输支路。所幸这不是一个十分常见的场景，因为瓶颈运输支路通常是整个业务流程中最慢的。即便如此，预期的瓶颈运输支路也可能比其他入境运输支路更快，或者对于某些服务更快，而对于其他服务更慢。

算法优化是另一个有待改进的领域。如 AutoWeka(Kotthoff et al.，2017)可以帮助搜索最佳的分类器参数。当然，这些工具有一定的局限性(例如，它们并不能优化所有参数)。但是，它们可以减少找到合理的解决方案所需的时间。

考虑到计划时间变量和实际时间变量之间的关系，可以改进特征子集的选择 P.292
过程。信息增益通过计算增加某个变量后熵值的减少程度实现对变量的评估，即

$$I(\text{变量},\ \text{延迟}) = H(\text{延迟}) - H(\text{延迟} \mid \text{变量})$$

然而，计划时间和实际时间之间的比较似乎是合理的延迟检测，并得到了C4.5算法的证实。通过对由每个服务执行的计划时间和实际时间组成的特性进行评价，可能会改进特征子集的选择过程。因此，比如变量 o_rcs，服务执行的信息增益可以计算为

$$I(\{o\_rcs\_p, o\_rcs\_e\}, \text{Delay}) = H(\text{Delay}) - H(\text{Delay} \mid o\_rcs\_p, o\_rcs\_e)$$

如果 $I(\{o\_rcs\_p, o\_rcs\_e\}, \text{Delay})$ 是一个很大的值，那么变量 o_rcs_p，o_rcs_e 将被添加到所选变量的子集中。

参考文献

Abraham, A., Pedregosa, F., Eickenberg, M., Gervias, P., Mueller, A., Kossaifi, J., Gramfort, A., Thirion, B., and Varoquaux, G. (2014). Machine learning for neuroimaging with scikit-learn. *Frontiers in Neuroinformatics*, 8:Article 14.

Acevedo, F., Jiménez, J., Maldonado, S., Domínguez, E., and A, N. (2007). Classification of wines produced in specific regions by UV-visible spectroscopy combined with support vector machines. *Journal of Agricultural and Food Chemistry*, 55:6842–6849.

Aggarwal, C., Han, J., Wang, J., and Yu, P. (2004). A framework for projected clustering evolving data streams. In *Proceedings of the 29th International Conference on Very Large Data Bases*, pages 81–92.

Aggarwal, C., Han, J., Wang, J., and Yu, P. (2006). A framework for on-demand classification of evolving data streams. *IEEE Transactions on Knowledge and Data Engeniering*, 18(5):577–589.

Agresti, A. (2013). *Categorical Data Analysis.* Wiley.

Aha, D., Kibler, D., and Albert, M. (1991). Instance-based learning algorithms. *Machine Learning*, 6(1):37–66.

Akaike, H. (1974). A new look at the statistical model identification. *IEEE Transactions on Automatic Control*, 19(6):716–723.

Akyildiz, I. F., Su, W., Sankarasubramaniam, Y., and Cayirci, E. (2002). Wireless sensor networks: A survey. *Computer Networks*, 38(4):393–422.

Ali, A., Shah, G. A., Farooq, M. O., and Ghani, U. (2017). Technologies and challenges in developing machine-to-machine applications: A survey. *Journal of Network and Computer Applications*, 83:124–139.

Alippi, C., Braione, P., Piuri, V., and Scotti, F. (2001). A methodological approach to multisensor classification for innovative laser material processing units. In *Proceedings of the 18th IEEE Instrumentation and Measurement Technology Conference*, volume 3, pages 1762–1767. IEEE Press.

Arias, M., Díez, F., M.A. Palacios-Alonso, M. Y., and Fernández, J. (2012).

POMDPs in OpenMarkov and ProbModelIXML. In *The 7th Annual Workshop on Multiagent Sequential Decision-Making Under Uncertainty*, pages 1–8.

Armañanzas, R., Larrañaga, P., and Bielza, C. (2012). Ensemble transcript interaction networks: A case study on Alzheimer's disease. *Computer Methods and Programs in Biomedicine*, 108(1):442–450.

Arnborg, S., Corneil, D., and Proskurowski, A. (1987). Complexity of finding embeddings in a k-tree. *SIAM Journal on Algebraic Discrete Methods*, 8(2):277–284.

Arthur, D. and Vassilvitskii, S. (2007). K-means++: The advantages of careful seeding. In *Proceedings of 18th Symposium on Discrete Algorithms*, pages 1027–1035. Society for Industrial and Applied Mathematics.

Atienza, D., Bielza, C., and Larrañaga, P. (2016). Anomaly detection with a spatio-temporal tracking of the laser spot. In *Frontiers in Artificial Intelligence and Applications Series*, volume 284, pages 137–142. IOS Press.

Awoyemi, J., Adelunmbi, A., and Oluwadare, S. (2017). Credit card fraud detection using machine learning techniques: A comparative analysis. In *2017 International Conference on Computing Networking and Informatics*, pages 1–9. IEEE Press.

Ayer, T., Alagoz, O., Chhatwal, J., Shavlik, J., Kahn, C., and Burnside, E. (2010). Breast cancer risk estimation with artificial neural netwroks revisited. *Cancer*, 116:3310–3321.

Babu, D. K., Ramadevi, Y., and Ramana, K. (2017). RGNBC: Rough Gaussian naive Bayes classifier for data stream classification with recurring concept drift. *Arabian Journal for Science and Engineering*, 42:705–714.

Baheti, R. and Gill, H. (2011). Cyber-physical systems. *The Impact of Control Technology*, 12:161–166.

Bakhshipour, A., Sanaeifar, A., Payman, S., and de la Guardia, M. (2018). Evaluation of data mining strategies for classification of black tea based on image-based features. *Food Analytical Methods*, 11(4):1041–1050.

Ban, G.-Y., El Karoui, N., and Lim, A. E. B. (2016). Machine learning and portfolio optimization. *Management Science*, 64(3):1136–1154.

Bar-Yossef, Z. and Mashiach, L.-T. (2008). Local approximation of PageRank and Reverse PageRank. In *Proceedings of the 17th ACM Conference on Information and Knowledge Management*, pages 279–288. ACM.

Barber, D. and Cemgil, T. (2010). Graphical models for time series. *IEEE Signal Processing Magazine*, 27(6):18–28.

Baum, L., Petrie, T., Soules, G., and Weiss, N. (1970). A maximization technique occurring in the statistical analysis of probabilistic functions of Markov chains. *The Annals of Mathematical Statistics*, 41(1):164–171.

Bellman, R. E. (1957). *Dynamic Programming*. Princeton University Press.

Ben-Hur, A. and Weston, J. (2010). A user's guide to support vector machines. In *Data Mining Techniques for the Life Sciences*, volume 609, pages 223–239. Humana Press.

Bennett, R. G. (1985). Computer integrated manufacturing. *Plastic World*, 43(6):65–68.

Bernick, J. (2015). The role of machine learning in drug design and delivery. *Journal of Developing Drugs*, 4(3):1–2.

Bertelè, U. and Brioschi, F. (1972). *Nonserial Dynamic Programming*. Academic Press.

Berthold, M. R., Cebron, N., Dill, F., Gabriel, T. R., Kotter, T., Meinl, T., Ohl, P., Sieb, C., Thiel, K., and Wiswedel, B. (2008). Knime: The Konstanz information miner. In *Data Analysis, Machine Learning and Applications*, pages 319–326. Springer.

Bielza, C. and Larrañaga, P. (2014a). Bayesian networks in neuroscience: A survey. *Frontiers in Computational Neuroscience*, 8:Article 131.

Bielza, C. and Larrañaga, P. (2014b). Discrete Bayesian network classifiers: A survey. *ACM Computing Surveys*, 47(1):Article 5.

Bielza, C., Li, G., and Larrañaga, P. (2011). Multi-dimensional classification with Bayesian networks. *International Journal of Approximate Reasoning*, 52:705–727.

Biernacki, C., Celeux, G., and Govaert, G. (2000). Assessing a mixture model for clustering with the integrated completed likelihood. *IEEE Transactions on Pattern Analysis and Machine Intelligence*, 22(7):719–725.

Bifet, A., Holmes, G., and Kirkby, R. (2012). MOA: Massive online analysis. *Journal of Machine Learning Research*, 11:1601–1604.

Bind, S., Tiwari, A., and Sahani, A. (2015). A survey of machine learning based approaches for Parkinson disease prediction. *International Journal of Computer Science and Information Technologies*, 6(2):1648–1655.

Bishop, C. M. (1994). Novelty detection and neural network validation. *IEE Proceedings - Vision, Image and Signal Processing*, 141(4):217–222.

Blanco, R., Inza, I., Merino, M., Quiroga, J., and Larrañaga, P. (2005). Feature selection in Bayesian classifiers for the prognosis of survival of cirrhotic patients treated with TIPS. *Journal of Biomedical Informatics*, 38(5):376–388.

Böcker, A., Derksen, S., Schmidt, E., Teckentrup, A., and Schneider, G. (2005). A hierarchical clustering approach for large compound libraries. *Journal of Chemical Information and Modeling*, 45(4):807–815.

Bolton, R. and Hand, D. (2002). Statistical fraud detection: A review. *Statistical Science*, 17(3):235–255.

Borchani, H., Bielza, C., Martínez-Martín, P., and Larrañaga, P. (2014). Predicting the EQ-5D from the Parkinson's disease questionnaire (PDQ-8) using multi-dimensional Bayesian network classifiers. *Biomedical Engineering Applications, Basis and Communications*, 26(1):1450015–1.

Bose, I. and Mahapatra, R. K. (2001). Business data mining — a machine learning perspective. *Information & Management*, 39(3):211–225.

Bouckaert, R. R. (2003). Choosing between two learning algorithms based on calibrated tests. In *Proceedings of the 20th International Conference on Machine Learning*, pages 51–58. AAAI Press.

Bouejla, A., Chaze, X., Guarnieri, F., and Napoli, A. (2012). Bayesian networks in the management of oil field piracy risk. In *International Conference on Risk Analysis and Hazard Mitigation*, pages 31–42. WIT Press.

Breiman, L. (1996). Bagging predictors. *Machine Learning*, 24(2):123–140.

Breiman, L. (2001a). Random forests. *Machine Learning*, 45(1):5–32.

Breiman, L. (2001b). Statistical modeling: The two cultures. *Statistical Science*, 16(3):199–231.

Breiman, L., Friedman, J., Olshen, R., and Stone, C. (1984). *Classification and Regression Trees*. Wadsworth Press.

Breunig, M. M., Kriegel, H.-P., Ng, R. T., and Sander, J. (2000). LOF: identifying density-based local outliers. In *Proceedings of the 2000 ACM SIGMOD International Conference on Management of Data*, pages 93–104. ACM.

Brier, G. (1950). Verification of forecasts expressed in terms of probability. *Monthly Weather Review*, 78:1–3.

Buczak, A. L. and Guven, E. (2016). A survey of data mining and machine learning methods for cyber security intrusion detection. *IEEE Communications Surveys Tutorials*, 18(2):1153–1176.

Buntine, W. (1991). Theory refinement on Bayesian networks. In *Proceedings of the 7th Conference on Uncertainty in Artificial Intelligence*, pages 52–60. Morgan Kaufmann.

Bürger, F., Buck, C., Pauli, J., and Luther, W. (2014). Image-based object classification of defects in steel using data-driven machine learning optimization. In *2014 International Conference on Computer Vision Theory and Applications*, volume 2, pages 143–152.

Caesarenda, W. and Tjahjowidodo, T. (2017). A review of feature extraction methods in vibration-based condition monitoring and its application for degradation trend estimation of low-speed slew bearing. *Machines*, 5(4):Article 21.

Carbonneau, R., Laframboise, K., and Vahidov, R. (2008). Application of machine learning techniques for supply chain demand forecasting. *European Journal of Operational Research*, 184(3):1140–1154.

Carey, C., Boucher, T., Mahadevan, S., Bartholomew, P., and Dyar, M. D. (2015). Machine learning tools for mineral recognition and classification from raman spectroscopy. *Journal of Raman Spectroscopy*, 46(10):894–903.

Cartella, F., Lemeire, J., Dimiccoli, L., and Sahli, H. (2015). Hidden semi-Markov models for predictive maintenance. *Mathematical Problems in Engineering*, 2015:1–23.

Catlett, J. (1991). On changing continuous attributes into ordered discrete attributes. In *Proceedings of the European Working Session on Learning*, pages 164–178.

Celtikci, E. (2017). A systematic review on machine learning in neurosurgery: The future of decision-making in patient care. *Turkish Neurosurgery*, 28(2):167–173.

Chandola, V., Banerjee, A., and Kumar, V. (2009). Anomaly detection: A survey. *ACM Computing Surveys*, 41(3):15.

Chen, K.-Y., Chen, L.-S., Chen, M.-C., and Lee, C.-L. (2011). Using SVM based method for equipment fault detection in a thermal power plant. *Computers in Industry*, 62(1):42–50.

Chen, N., Ribeiro, B., and Chen, A. (2016). Financial credit risk assessment: A recent review. *Artificial Intelligence Review*, 45(1):1–23.

Chen, Z., Li, Y., Xia, T., and Pan, E. (2018). Hidden Markov model with auto-correlated observations for remaining useful life prediction and optimal maintenance policy. *Reliability Engineering and System Safety*, In press.

Chernoff, H. (1973). The use of faces to represent points in k-dimensional space graphically. *Journal of the American Statistical Association*, 68(342):361–368.

Chickering, D. (1995). A transformational characterization of equivalent Bayesian network structures. In *Proceedings of the 11th Conference on Uncertainty in Artificial Intelligence*, pages 87–98. Morgan Kaufmann.

Chickering, D. (1996). Learning Bayesian networks is NP-complete. In *Learning from Data: Artificial Intelligence and Statistics V*, pages 121–130. Springer.

Chinnam, R. B. (2002). Support vector machines for recognizing shifts in correlated and other manufacturing processes. *International Journal of Production Research*, 40(17):4449–4466.

Chong, M., Abraham, A., and Paprzycki, M. (2005). Traffic accident analysis using machine learning paradigms. *Informatica*, 29:89–98.

Ciccio, C. D., van der Aa, H., Cabanillas, C., Mendling, J., and Prescher, J. (2016). Detecting flight trajectory anomalies and predicting diversions in freight transportation. *Decision Support Systems*, 88:1–17.

Clark, P. and Niblett, T. (1989). The CN2 induction algorithm. *Machine Learning*, 3:261–283.

Codetta-Raiteri, D. and Portinale, L. (2015). Dynamic Bayesian networks for fault detection, identification, and recovery in autonomous spacecraft. *IEEE Transactions on Systems, Man, and Cybernetics Systems*, 45(1):13–24.

Cohen, J. (1960). A coefficient of agreement for nominal scales. *Educational and Psychological Measurements*, 20:37–46.

Cohen, W. W. (1995). Fast effective rule induction. In *Machine Learning: Proceedings of the 12th Annual Conference*, pages 115–123. Morgan Kaufmann.

Cooper, G. (1990). The computational complexity of probabilistic inference using Bayesian belief networks. *Artificial Intelligence*, 42(2–3):393–405.

Cooper, G. and Herskovits, E. (1992). A Bayesian method for the induction of probabilistic networks from data. *Machine Learning*, 9:309–347.

Cortes, C. and Vapnik, V. (1995). Support-vector networks. *Machine Learning*, 20(3):273–297.

Cover, T. (1965). Geometrical and statistical properties of systems of linear inequalities with applications in pattern recognition. *IEEE Transactions on Electronic Computers*, EC-14(3):326–334.

Cover, T. M. and Hart, P. E. (1967). Nearest neighbor pattern classification. *IEEE Transactions on Information Theory*, 13(1):21–27.

Cruz-Ramírez, N., Acosta-Mesa, H., Carrillo-Calvet, H., Nava-Fernández, L., and Barrientos-Martínez, R. (2007). Diagnosis of breast cancer using Bayesian networks: A case study. *Computers in Biology and Medicine*, 37:1553–1564.

Dadoun, M. (2017). Predicting fashion using machine learning techniques. Master's thesis, KTH Royal Institute of Technology.

Dagum, P. and Luby, M. (1993). Approximating probabilistic inference in Bayesian belief networks is NP-hard. *Artificial Intelligence*, 60(1):141–153.

Dang, X., Lee, V., Ng, W., Ciptadi, A., and Ong, K. (2009). An EM-based algorithm for clustering data streams in sliding windows. In *Database Systems for Advanced Applications*, volume 5463 of *Lecture Notes in Computer Science*, pages 230–235. Springer.

Darcy, A., Louie, A., and Roberts, L. (2016). Machine learning and the profession of medicine. *Journal of the American Medical Association*, 315(6):551–552.

Day, N. (1969). Estimating the components of a mixture of normal distributions. *Biometrika*, 56(3):463–474.

de Souza, E. N., Boerder, K., Matwin, S., and Worm, B. (2016). Improving fishing pattern detection from satellite AIS using data mining and machine learning. *PLOS ONE*, 11(7):e0158248.

Dean, T. and Kanazawa, K. (1989). A model for reasoning about persistence and causation. *Computational Intelligence*, 5(3):142–150.

Dearden, J. and Rowe, P. (2015). Use of artificial neural networks in the QSAR prediction of physicochemical properties and toxicities for REACH legislation. In *Artificial Neural Networks*, pages 65–88. Springer.

DeFelipe, J., López-Cruz, P., Benavides-Piccione, R., Bielza, C., Larrañaga, P., Anderson, S., Burkhalter, A., Cauli, B., Fairén, A., Feldmeyer, D., Fishell, G., Fitzpatrick, D., Freund, T. F., González-Burgos, G., Hestrin, S., Hill, S., Hof, P., Huang, J., Jones, E., Kawaguchi, Y., Kisvárday, Z., Kubota, Y., Lewis, D., Marín, O., Markram, H., McBain, C., Meyer, H., Monyer, H., Nelson, S., Rockland, K., Rossier, J., Rubenstein, J., Rudy, B., Scanziani, M., Shepherd, G., Sherwood, C., Staiger, J., Tamás, G., Thomson, A., Wang, Y., Yuste, R., and Ascoli, G. (2013). New insights into the classification and nomenclature of cortical GABAergic interneurons. *Nature Reviews Neuroscience*, 14(3):202–216.

DeGregory, K., Kuiper, P., DeSilvio, T., Pleuss, J., Miller, R., Roginski, J., Fisher, C., Harness, D., Viswanath, S., Heymsfield, S., Dungan, I., and Thomas, D. (2006). A review of machine learning in obesity. *Obesity Reviews*, 17(1):86–112.

Dempster, A., Laird, N., and Rubin, D. (1977). Maximum likelihood from incomplete data via the EM algorithm. *Journal of the Royal Statistical Society, Series B*, 39(1):1–38.

Demšar, J. (2006). Statistical comparisons of classifiers over multiple data sets. *Journal of Machine Learning Research*, 7:1–30.

Diaz, J., Bielza, C., Ocaña, J. L., and Larrañaga, P. (2016). Development of a cyber-physical system based on selective Gaussian naïve Bayes model for a self-predict laser surface heat treatment process control. In *Machine Learning for Cyber Physical Systems*, pages 1–8. Springer.

Diaz-Rozo, J., Bielza, C., and Larrañaga, P. (2017). Machine learning-based CPS for clustering high throughput machining cycle conditions. *Procedia Manufacturing*, 10:997–1008.

Diehl, C. P. and Hampshire, J. B. (2002). Real-time object classification and novelty detection for collaborative video surveillance. In *Proceedings of the 2002 International Joint Conference on Neural Networks*, volume 3, pages 2620–2625. IEEE Press.

d'Ocagne, M. (1885). *Coordonnées Parallèles et Axiales: Méthode de Transformation Géométrique et Procédé Nouveau de Calcul Graphique Déduits de la Considération des Coordonnées Parallèles.* Gauthier-Villars.

Doksum, K. and Hbyland, A. (1992). Models for variable-stress accelerated life testing experiments based on Wiener processes and the inverse Gaussian distribution. *Technometrics*, 34:74–82.

Domingos, P. and Hulten, G. (2000). Mining high-speed data streams. In *Proceedings of the 6th ACM SIGKDD International Conference on Knowledge Discovery and Data Mining*, pages 71–80.

Dong, S. and Luo, T. (2013). Bearing degradation process prediction based on the PCA and optimized LS-SVM model. *Measurement*, 46:3143–3152.

Dorronsoro, J. R., Ginel, F., Sánchez, C., and Cruz, C. S. (1997). Neural fraud detection in credit card operations. *IEEE Transactions on Neural Networks*, 8(4):827–834.

Druzdzel, M. (1999). SMILE: Structural modeling, inference, and learning engine and GeNIe: A development enviroment for graphical decision-theoretic models. In *Proceedings of the 16th American Association for Artificial Intelligence*, pages 902–903. Morgan Kaufmann.

Dua, S., Acharva, U., and Dua, P. (2013). *Machine Learning in Healthare Informatics.* Springer.

Dunn, O. J. (1961). Multiple comparisons among means. *Journal of the American Statistical Association*, 56(293):52–64.

Efron, B. (1979). Bootstrap methods: Another look at the jackknife. *Annals of Statistics*, 7:1–26.

Exarchos, K., Goletsis, Y., and Fotiadis, D. (2012). Multiparametric decision support system for the prediction of oral cancer reocurrence. *IEEE Transaction on Information Technology in Biomedicine*, 16:1127–1134.

Ezawa, K. and Norton, S. (1996). Constructing Bayesian networks to predict uncollectible telecommunications accounts. *IEEE Expert*, 11(5):45–51.

Fan, D., Yang, H., Li, F., Sun, L., Di, P., Li, W., Tang, Y., and Liu, G. (2018). In silico prediction of chemical genotoxicity using machine learning methods and structural alerts. *Toxicology Research*, 7(2):211–220.

Faria, E. R., Gonçalves, I. J., de Carvalho, A. C., and Gama, J. (2016). Novelty detection in data streams. *Artificial Intelligence Review*, 45(2):235–269.

Fawcett, T. (2006). An introduction to ROC analysis. *Pattern Recognition Letters*, 27(8):861–874.

Fayyad, U. and Irani, K. (1993). Multi-interval discretization of continuous-valued attributes for classification learning. In *Proceedings of the 13th International Joint Conference on Artificial Intelligence*, pages 1022–1029.

Fefilatyev, S., Smarodzinava, V., Hall, L. O., and Goldgof, D. B. (2006). Horizon detection using machine learning techniques. In *5th International Conference on Machine Learning and Applications*, pages 17–21.

Fei-Fei, L., Fergus, R., and Perona, P. (2006). One-shot learning of object categories. *IEEE Transactions on Pattern Analysis and Machine Intelligence*, 28(4):594–611.

Figueiredo, M. and Jain, A. K. (2002). Unsupervised learning of finite mixture models. *IEEE Transactions on Pattern Analysis and Machine Intelligence*, 24(3):381–396.

Fix, E. and Hodges, J. (1951). Discriminatory analysis, nonparametric discrimination: Consistency properties. Technical Report 4, USAF School of Aviation Medicine, Randolph Field, Texas.

Fletcher, R. (2000). *Practical Methods of Optimization*. Wiley.

Florek, K., Lukaszewicz, J., Perkal, H., Steinhaus, H., and Zubrzycki, S. (1951). Sur la liaison et la division des points d'un ensemble fini. *Colloquium Mathematicum*, 2:282–285.

Flores, M. and Gámez, J. (2007). A review on distinct methods and approaches to perform triangulation for Bayesian networks. In *Advances in Probabilistic Graphical Models*, pages 127–152. Springer.

Flores, M. J., Gámez, J., Martínez, A., and Salmerón, A. (2011). Mixture of truncated exponentials in supervised classification: Case study for the naive Bayes and averaged one-dependence estimators classifiers. In *11th International Conference on Intelligent Systems Design and Applications*, pages 593–598. IEEE Press.

Foley, A. M., Leahy, P. G., Marvuglia, A., and McKeogh, E. J. (2012). Current methods and advances in forecasting of wind power generation. *Renewable Energy*, 37(1):1–8.

Forgy, E. (1965). Cluster analysis of multivariate data: Efficiency versus interpretability of classifications. *Biometrics*, 21:768–769.

Fournier, F. A., McCall, J., Petrovski, A., and Barclay, P. J. (2010). Evolved Bayesian network models of rig operations in the Gulf of Mexico. In *IEEE Congress on Evolutionary Computation*, pages 1–7. IEEE Press.

Freeman, L. C. (1977). A set of measures of centrality based on betweenness. *Sociometry*, pages 35–41.

Freund, Y. and Schapire, R. (1997). A decision-theoretic generalization of on-line learning and an application to boosting. *Journal of Computer and System Sciences*, 55(1):119–139.

Frey, B. J. and Dueck, D. (2007). Clustering by passing messages between data points. *Science*, 315:972–976.

Friedman, M. (1937). The use of ranks to avoid the assumption of normality implicit in the analysis of variance. *Journal of the American Statistical Association*, 32(200):675–701.

Friedman, N. (1998). The Bayesian structural EM algorithm. In *Proceedings of the 14th Conference on Uncertainty in Artificial Intelligence*, pages 129–138. Morgan Kaufmann.

Friedman, N., Geiger, D., and Goldszmidt, M. (1997). Bayesian network classifiers. *Machine Learning*, 29:131–163.

Friedman, N., Goldszmidt, M., and Lee, T. (1998a). Bayesian network classification with continuous attibutes: Getting the best of both discretization and parametric fitting. In *Proceedings of the 15th National Conference on Machine Learning*, pages 179–187.

Friedman, N., Linial, M., Nachman, I., and Pe'er, D. (2000). Using Bayesian networks to analyze expression data. *Journal of Computational Biology*, 7(3-4):601–620.

Friedman, N., Murphy, K., and Russell, S. (1998b). Learning the structure of dynamic probabilistic networks. In *Proceedings of the 14th Conference on Uncertainty in Artificial Intelligence*, pages 139–147. Morgan Kaufmann.

Frigyik, B. A., Kapila, A., and Gupta, M. (2010). Introduction to the Dirichlet distribution and related processes. Technical Report, University of Washington.

Frutos-Pascual, M. and García-Zapirain, B. (2017). Review of the use of AI techniques in serious games: Decision making and machine learning. *IEEE Transactions on Computational Intelligence and AI in Games*, 9(2):133–152.

Fung, R. and Chang, K.-C. (1990). Weighing and integrating evidence for stochastic simulation in Bayesian networks. In *Proceedings of the 6th Conference on Uncertainty in Artificial Intelligence*, pages 209–220. Elsevier.

Fürnkranz, J. and Widmer, G. (1994). Incremental reduced error pruning. In *Machine Learning: Proceedings of the 11th Annual Conference*, pages 70–77. Morgan Kaufmann.

Gabilondo, A., Domínguez, J., Soriano, C., and Ocaña, J. (2015). Method and system for laser hardening of a surface of a workpiece. US20150211083A1 patent.

Galán, S., Arroyo-Figueroa, G., Díez, F., and Sucar, L. (2007). Comparison of two types of event Bayesian networks: A case study. *Applied Artificial Intelligence*, 21(3):185–209.

Gama, J. (2010). *Knowledge Discovery from Data Streams*. CRC Press.

Gama, J., Sebastião, R., and Rodrigues, P. (2013). On evaluating stream learning algorithms. *Machine Learning*, 90(3):317–346.

Gao, S. and Lei, Y. (2017). A new approach for crude oil price prediction based on stream learning. *Geoscience Frontiers*, 8:183–187.

García, S., Derrac, J., Cano, J., and Herrera, F. (2012). Prototype selection for nearest neighbor classification: Taxonomy and empirical study. *IEEE Transactions on Pattern Analysis and Machine Intelligence*, 34(3):417–435.

García, S. and Herrera, F. (2008). An extension on "Statistical Comparisons of Classifiers over Multiple Data Sets" for all pairwise comparisons. *Journal of Machine Learning Research*, 9:2677–2694.

Geiger, D. and Heckerman, D. (1996). Knowledge representation and inference in similarity networks and Bayesian multinets. *Artificial Intelligence*, 82:45–74.

Geng, X., Liang, H., Yu, B., Zhao, P., He, L., and Huang, R. (2017). A scenario-adaptive driving behavior prediction approach to urban autonomous driving. *Applied Sciences*, 7:Article 426.

Gevaert, O., De Smet, F., Timmerman, D., Moreau, Y., and De Moor, B. (2006). Predicting the prognosis of breast cancer by integrating clinical and microarray data with Bayesian networks. *Bioinformatics*, 22(14):184–190.

Gill, H. (2006). NSF perspective and status on cyber-physical systems. In *National Workshop on Cyber-physical Systems*. National Science Foundation.

Gillispie, S. and Perlman, M. (2002). The size distribution for Markov equivalence classes of acyclic digraph models. *Artificial Intelligence*, 141(1/2):137–155.

Gleich, D. F. (2015). PageRank beyond the Web. *SIAM Review*, 57(3):321–363.

Golnabi, H. and Asadpour, A. (2007). Design and application of industrial machine vision systems. *Robotics and Computer-Integrated Manufacturing*, 23(6):630–637.

Gonzalez-Viejo, C., Fuentes, S., Torrico, D., Howell, K., and Dunshea, F. (2018). Assessment of beer quality based on foamability and chemical composition using computer vision algorithms, near infrared spectroscopy and machine learning algorithms. *Journal of the Science and Food and Agriculture*, 98(2):618–627.

Goodwin, R., Maria, J., Das, P., Horesh, R., Segal, R., Fu, J., and Harris, C. (2017). AI for fragrance design. In *Machine Learning for Creativity and Design. Workshop of NIPS2017*.

Gordon, A. D. (1987). A review of hierarchical classification. *Journal of the Royal Statistical Society. Series A*, 150(2):119–137.

Gosangi, R. and Gutierrez-Osuna, R. (2011). Data-driven modeling of metal-oxide sensors with dynamic Bayesian networks. *American Institute of Physics Conference Series*, 1362:135–136.

Gupta, Y. (2018). Selection of important features and predicting wine quality using machine learning techniques. *Procedia Computer Science*, 125:305–312.

Halawani, S. M. (2014). A study of decision tree ensembles and feature selection for steel plates faults detection. *International Journal of Technical Research and Applications*, 2(4):127–131.

Hall, M. (1999). *Correlation-Based Feature Selection for Machine Learning*. PhD thesis, Department of Computer Science, University of Waikato.

Hall, M., Frank, E., Holmes, G., Pfahringer, B., Reutemann, P., and Witten, I. (2009). The WEKA data mining software: An update. *SIGKDD Explorations*, 11(1):10–18.

Hansson, K., Yella, S., Dougherty, M., and Fleyeh, H. (2016). Machine learning algorithms in heavy process manufacturing. *American Journal of Intelligent Systems*, 6(1):1–13.

Hart, P. E. (1968). The condensed nearest neighbor rule. *IEEE Transactions on Information Theory*, 14(3):515–516.

Harvey, A. and Fotopoulos, G. (2016). Geological mapping using machine learning algorithms. *ISPRS - International Archives of the Photogrammetry, Remote Sensing and Spatial Information Sciences*, XLI-B8:423–430.

He, H. and Garcia, E. A. (2009). Learning from imbalanced data. *IEEE Transactions on Knowledge and Data Engineering*, 21(9):1263–1284.

Heckerman, D., Geiger, D., and Chickering, D. (1995). Learning Bayesian networks: The combination of knowledge and statistical data. *Machine Learning*, 20:197–243.

Henrion, M. (1988). Propagating uncertainty in Bayesian networks by probabilistic logic sampling. In *Uncertainty in Artificial Intelligence 2*, pages 149–163. Elsevier Science.

Hernández-Leal, P., González, J., Morales, E., and Sucar, L. (2013). Learning temporal nodes Bayesian networks. *International Journal of Approximate Reasoning*, 54(8):956–977.

Herrera, M., Torgo, L., Izquierdo, J., and Pérez-García, R. (2010). Predictive models for forecasting hourly urban water demand. *Journal of Hydrology*, 387(1):141–150.

Herterich, M. M., Uebernickel, F., and Brenner, W. (2016). Stepwise evolution of capabilities for harnessing digital data streams in data-driven industrial services. *MIS Quarterly Executive*, 15(4):297–318.

Hofmann, M. and Klinkenberg, R. (2013). *RapidMiner: Data Mining Use Cases and Business Applications*. CRC Press.

Højsgaard, S. (2012). Graphical independence networks with the `gRain` package for `R`. *Journal of Statistical Software*, 46(10):1–26.

Hosmer, D. and Lemeshow, S. (2000). *Applied Logistic Regression*. Wiley Interscience.

Hsu, C.-I., Shih, M.-L., Huang, B.-W., Lin, B.-Y., and Lin, C.-N. (2009). Predicting tourism loyalty using an integrated Bayesian network mechanism. *Expert Systems with Applications*, 36:11760–11763.

Hsu, C.-W. and Lin, C.-J. (2002). A comparison of methods for multiclass support vector machines. *IEEE Transactions on Neural Networks*, 13(2):415–425.

Hsu, S.-C. and Chien, C.-F. (2007). Hybrid data mining approach for pattern extraction from wafer bin map to improve yield in semiconductor manufacturing. *International Journal of Production Economics*, 107(1):88–103.

Huang, S.-H. and Pan, Y.-C. (2015). Automated visual inspection in the semiconductor industry: A survey. *Computers in Industry*, 66:1–10.

Huang, Y. and Bian, L. (2009). A Bayesian network and analytic hierarchy process based personalized recommendations for tourist attractions over the Internet. *Expert Systems with Applications*, 36:933–943.

Hulst, J. (2006). *Modeling Physiological Processes with Dynamic Bayesian Networks*. PhD thesis, Delft University of Technology.

Husmeier, D. (2003). Sensitivity and specificity of inferring genetic regulatory interactions from microarray experiments with dynamic Bayesian networks. *Bioinformatics*, 19(17):2271–2282.

Iglesias, C., Alves-Santos, A., Martínez, J., Pereira, H., and Anjos, O. (2017). Influence of heartwood on wood density and pulp properties explained by machine learning techniques. *Forests*, 8(20).

Inman, R. H., Pedro, H. T., and Coimbra, C. F. (2013). Solar forecasting methods for renewable energy integration. *Progress in Energy and Combustion Science*, 39(6):535–576.

Inza, I., Larrañaga, P., Blanco, R., and Cerrolaza, A. (2004). Filter versus wrapper gene selection approaches in DNA microarray domains. *Artificial Intelligence in Medicine*, 31(2):91–103.

Jäger, M., Knoll, C., and Hamprecht, F. A. (2008). Weakly supervised learning of a classifier for unusual event detection. *IEEE Transactions on Image Processing*, 17(9):1700–1708.

Jain, A. K. (2010). Data clustering: 50 years beyond K-means. *Pattern Recognition Letters*, 31(8):651–666.

Japkowicz, N. and Mohak, S. (2011). *Evaluating Learning Algorithms. A Classification Perspective.* Cambridge University Press.

Jiang, F., Jiang, Y., Zhi, H., Dong, Y., Li, H., Ma, S., Wang, Y., Dong, Q., Shen, H., and Wang, Y. (2017). Artificial intelligence in healthcare: Past, present and future. *Stroke and Vascular Neurology*, e000101.

John, G. H., Kohavi, R., and Pfleger, P. (1994). Irrelevant features and the subset selection problem. In *Proceedings of the 11th International Conference in Machine Learning*, pages 121–129. Morgan Kaufmann.

Jolliffe, J. (1986). *Principal Component Analysis.* Springer.

Jordan, M. and Mitchell, T. (2015). Machine learning: Trends, perspectives, and prospects. *Science*, 349(6245):255–260.

Jothi, N., Rashid, N., and Husain, W. (2015). Data mining in healthcare. A review. *Procedia Computer Science*, 72:306–313.

Judson, R., Elloumi, F., Setzer, R. W., Li, Z., and Shah, I. (2008). A comparison of machine learning algorithms for chemical toxicity classification using a simulated multi-scale data model. *BMC Bioinformatics*, 9:241.

Kagermann, H., Wahlster, W., and Helbig, J. (2013). Securing the future of German manufacturing industry. Recommendations for Implementing the Strategic Initiative INDUSTRIE 4.0. Technical report, National Academy of Science and Engineering (ACATECH).

Kamp, B., Ochoa, A., and Diaz, J. (2017). Smart servitization within the context of industrial user–supplier relationships: contingencies according to a machine tool manufacturer. *International Journal on Interactive Design and Manufacturing*, 11(3):651–663.

Kavakiotis, I., Tsave, O., Salifoglou, A., Maglaveras, N., Vlahavas, I., and Chouvarda, I. (2017). Machine learning and data mining methods in diabetes research. *Computational and Structural Biotechnology Journal*, 15:104–116.

Kaynak, C. and Alpaydin, E. (2000). Multistage cascading of multiple classifiers: One man's noise is another man's data. In *Proceedings of the 17th International Conference on Machine Learning*, pages 455–462. Morgan Kaufmann.

Kearns, M. and Nevmyvaka, Y. (2013). Machine learning for market microstructure and high frequency trading. In *High Frequency Trading. New Realities for Traders, Markets and Regulators*, pages 1–21. Risk Books.

Keogh, E. and Pazzani, M. (2002). Learning the structure of augmented Bayesian classifiers. *International Journal on Artificial Intelligence Tools*, 11(4):587–601.

Kezunovic, M., Obradovic, Z., Dokic, T., Zhang, B., Stojanovic, J., Dehghanian, P., and Chen, P.-C. (2017). Predicting spatiotemporal impacts of weather on power systems using big data science. In *Data Science and Big Data: An Environment of Computational Intelligence*, pages 265–299. Springer.

Khare, A., Jeon, M., Sethi, I., and Xu, B. (2017). Machine learning theory and applications for healtcare. *Journal of Healtcare Engineering*, ID 5263570.

Kim, D., Kang, P., Cho, S., Lee, H., and Doh, S. (2012). Machine learning-based novelty detection for faulty wafer detection in semiconductor manufacturing. *Expert Systems with Applications*, 39(4):4075–4083.

Kim, J. and Pearl, J. (1983). A computational model for combined causal and diagnostic reasoning in inference systems. In *Proceedings of the 87th International Joint Conference on Artificial Intelligence*, volume 1, pages 190–193.

Klaine, P. V., Imran, M. A., Onireti, O., and Souza, R. D. (2017). A survey of machine learning techniques applied to self-organizing cellular networks. *IEEE Communications Surveys and Tutorials*, 19(4):2392–2431.

Kleinrock, L. (1961). *Information Flow in Large Communication Nets.* PhD thesis, MIT.

Kohavi, R. (1996). Scaling up the accuracy of naive-Bayes classifiers: A decision-tree hybrid. In *Proceedings of the 2nd International Conference on Knowledge Discovery and Data Mining*, pages 202–207.

Koller, D. and Friedman, N. (2009). *Probabilistic Graphical Models: Principles and Techniques.* The MIT Press.

Koller, D. and Sahami, M. (1996). Toward optimal feature selection. In *Proceedings of the 13th International Conference on Machine Learning*, pages 284–292.

Kotthoff, L., Thornton, C., Hoos, H. H., Hutter, F., and Leyton-Brown, K. (2017). Auto-WEKA 2.0: Automatic model selection and hyperparameter optimization in WEKA. *Journal of Machine Learning Research*, 18(25):1–5.

Kourou, K., Exarchos, T., Exarchos, K. P., Karamouzis, M., and Fotiadis, D. (2015). Machine learning applications in cancer prognosis and prediction. *Computational and Structural Biotechnology Journal*, 13:8–17.

Kowalski, J., Krawczyk, B., and Woźniak, M. (2017). Fault diagnosis of marine 4-stroke diesel engines using a one-vs-one extreme learning ensemble. *Engineering Applications of Artificial Intelligence*, 57:134–141.

Kraska, T., Beutel, A., Chi, E. H., Dean, J., and Polyzotis, N. (2017). The case for learned index structures. *ArXiv 1712.01208.*

Kruskal, J. B. (1956). On the shortest spanning subtree of a graph and the traveling salesman problem. *Proceedings of the American Mathematical Society*, 7(1):48–50.

Kuncheva, L. (2004). *Combining Pattern Classifiers: Methods and Algorithms.* Wiley-Interscience.

Kurtz, A. (1948). A research test of Rorschach test. *Personnel Psychology*, 1:41–53.

Lafaye de Micheaux, P., Drouihet, R., and Liquet, B. (2013). *The R Software. Fundamentals of Programming and Statistical Analysis.* Springer.

Landhuis, E. (2017). Big brain, big data. *Nature*, 541:559–561.

Landwehr, N., Hall, M., and Frank, E. (2003). Logistic model trees. *Machine Learning*, 59(1-2):161–205.

Lane, T. and Brodley, C. E. (1997). An application of machine learning to anomaly detection. In *Proceedings of the 20th National Information Systems Security Conference*, volume 377, pages 366–380.

Lang, T., Flachsenberg, F., von Luxburg, U., and Rarey, M. (2016). Feasibility of active machine learning for multiclass compound classification. *Journal of Chemical Information and Modeling*, 56(1):12–20.

Langley, P. and Sage, S. (1994). Induction of selective Bayesian classifiers. In *Proceedings of the 10th Conference on Uncertainty in Artificial Intelligence*, pages 399–406. Morgan Kaufmann.

Larrañaga, P., Calvo, B., Santana, R., Bielza, C., Galdiano, J., Inza, I., Lozano, J. A., Armañanzas, R., Santafé, G., and Pérez, A. (2006). Machine learning in bioinformatics. *Briefings in Bioinformatics*, 17(1):86–112.

Lauritzen, S. (1995). The EM algorithm for graphical association models with missing data. *Computational Statistics and Data Analysis*, 19:191–201.

Lauritzen, S. and Jensen, F. (2001). Stable local computation with conditional Gaussian distributions. *Statistics and Computing*, 11(2):191–203.

Lauritzen, S. and Spiegelhalter, D. (1988). Local computations with probabilities on graphical structures and their application to expert systems. *Journal of the Royal Statistical Society, Series B (Methodological)*, 50(2):157–224.

Lauritzen, S. and Wermuth, N. (1989). Graphical models for associations between variables, some of which are qualitative and some quantitative. *The Annals of Statistics*, 17(1):31–57.

Lauritzen, S. L., Dawid, A. P., Larsen, B. N., and Leimer, H.-G. (1990). Independence properties of directed Markov fields. *Networks*, 20(5):491–505.

Lavecchia, A. (2015). Machine-learning approaches in drug discovery: Methods and applications. *Drug Discovery Today*, 20(3):318–331.

Law, A. and Kelton, D. (1999). *Simulation Modeling and Analysis.* McGraw-Hill Higher Education.

Le, T., Berenguer, C., and Chatelain, F. (2015). Prognosis based on multi-branch hidden semi-Markov models: A case study. *IFAC-PapersOnLine*, 48-21:91–96.

Lee, H., Kim, Y., and Kim, C. O. (2017). A deep learning model for robust wafer fault monitoring with sensor measurement noise. *IEEE Transactions on Semiconductor Manufacturing*, 30(1):23–31.

Lee, J., Bagheri, B., and Kao, H.-A. (2015). A cyber-physical systems architecture for industry 4.0-based manufacturing systems. *Manufacturing Letters*, 3:18–23.

Lee, J., Kao, H.-A., and Yang, S. (2014). Service innovation and smart analytics for industry 4.0 and big data environment. *Procedia CIRP*, 16:3–8.

Leite, D., Costa, P., and Gomide, F. (2010). Evolving granular neural network for semi-supervised data stream classification. In *The 2010 International Joint Conference on Neural Networks*, pages 1–8.

Lessmann, S., Baesens, B., Seow, H.-V., and Thomas, L. C. (2015). Benchmarking state-of-the-art classification algorithms for credit scoring: An update of research. *European Journal of Operational Research*, 247:124–136.

Lewis, P. (1962). The characteristic selection problem in recognition systems. *IRE Transactions on Information Theory*, 8:171–178.

Li, H., Liang, Y., and Xu, Q. (2009). Support vector machines and its applications in chemistry. *Chemometrics and Intelligent Laboratory Systems*, 95(2):188–198.

Li, H. and Zhu, X. (2004). Application of support vector machine method in prediction of Kappa number of kraft pulping process. In *Proceedings of the Fifth World Congress on Intelligent Control and Automation*, volume 4, pages 3325–3330.

Li, K., Zhang, X., Leung, J. Y.-T., and Yang, S.-L. (2016). Parallel machine scheduling problems in green manufacturing industry. *Journal of Manufacturing Systems*, 38:98–106.

Li, S., Xu, L. D., and Wang, X. (2013). Compressed sensing signal and data acquisition in wireless sensor networks and Internet of Things. *IEEE Transactions on Industrial Informatics*, 9(4):2177–2186.

Li, Y. (2017). Backorder prediction using machine learning for Danish craft beer breweries. Master's thesis, Aalborg University.

Lima, A., Philot, E., Trossini, G., Scott, L., Maltarollo, V., and Honorio, K. (2016). Use of machine learning approaches for novel drug discovery. *Expert Opinion on Drug Discovery*, 11(3):225–239.

Lin, S.-C. and Chen, K.-C. (2016). Statistical QoS control of network coded multipath routing in large cognitive machine-to-machine networks. *IEEE Internet of Things Journal*, 3(4):619–627.

Lin, S.-W., Crawford, M., and Mellor, S. (2017). The Industrial Internet of Things Reference Architecture. Technical Report Volume G1, Industrial Internet Consortium.

Lipton, Z. C. (2016). The mythos of model interpretability. In *ICML Workshop on Human Interpretability in Machine Learning*, pages 96–100.

Liu, H., Hussain, F., Tan, C., and Dash, M. (2002). Discretization: An enabling technique. *Data Mining and Knowledge Discovery*, 6(4):393–423.

Liu, J., Seraoui, R., Vitelli, V., and Zio, E. (2013). Nuclear power plant components condition monitoring by probabilistic support vector machine. *Annals of Nuclear Energy*, 56:23–33.

Liu, Y., Li, S., Li, F., Song, L., and Rehg, J. (2015). Efficient learning of continuous-time hidden Markov models for disease progression. *Advances in Neural Information Processing Systems*, 28:3600–3608.

Lu, C. and Meeker, W. (1993). Using degradation measures to estimate a time-to-failure distribution. *Technometrics*, pages 161–174.

Lusted, L. (1960). Logical analysis in roentgen diagnosis. *Radiology*, 74:178–193.

Luxburg, U. (2007). A tutorial on spectral clustering. *Statistics and Computing*, 17:395–416.

MacQueen, J. (1967). Some methods for classification and analysis of multivariate observations. In *Proceedings of 5th Berkeley Symposium on Mathematical Statistics and Probability*, pages 281–297.

Madsen, A., Jensen, F., Kjærulff, U., and Lang, M. (2005). The HUGIN tool for probabilistic graphical models. *International Journal of Artificial Intelligence Tools*, 14(3):507–543.

Malamas, E. N., Petrakis, E. G., Zervakis, M., Petit, L., and Legat, J.-D. (2003). A survey on industrial vision systems, applications and tools. *Image and Vision Computing*, 21(2):171–188.

Maltarollo, V., Gertrudes, J., Oliveira, P., and Honorio, K. (2015). Applying machine learning techniques for ADME-Tox prediction: A review. *Expert Opinion on Drug Metabolism & Toxicology*, 11(2):259–271.

Markou, M. and Singh, S. (2003). Novelty detection: A review. Part 2: Neural network based approaches. *Signal Processing*, 83(12):2499–2521.

Markou, M. and Singh, S. (2006). A neural network-based novelty detector for image sequence analysis. *IEEE Transactions on Pattern Analysis and Machine Intelligence*, 28(10):1664–1677.

Markowitz, H. (1952). Portfolio selection. *The Journal of Finance*, 7(1):77–91.

Marvuglia, A. and Messineo, A. (2012). Monitoring of wind farms' power curves using machine learning techniques. *Applied Energy*, 98:574–583.

McCulloch, W. and Pitts, W. (1943). A logical calculus of the ideas immanent in nervous activity. *Bulletin of Mathematical Biophysics*, 5:115–133.

McEliece, R. J., MacKay, D. J. C., and Cheng, J.-F. (1998). Turbo decoding as an instance of Pearl's "belief propagation" algorithm. *IEEE Journal on Selected Areas in Communications*, 16(2):140–152.

McLachlan, G. and Krishnan, T. (1997). *The EM Algorithm and Extensions*. Wiley.

McLachlan, G. and Peel, D. (2004). *Finite Mixture Models*. John Wiley & Sons.

Mengistu, A. D., Alemayehu, D., and Mengistu, S. (2016). Ethiopian coffee plant diseases recognition based on imaging and machine learning techniques. *International Journal of Database Theory and Application*, 9(4):79–88.

Metzger, A., Leitner, P., Ivanović, D., Schmieders, E., Franklin, R., Carro, M., Dustdar, S., and Pohl, K. (2015). Comparing and combining predictive business process monitoring techniques. *IEEE Transactions on Systems, Man, and Cybernetics: Systems*, 45(2):276–290.

Michalski, R. S. and Chilausky, R. (1980). Learning by being told and learning from examples: An experimental comparison of the two methods of knowledge acquisition in the context of developing an expert system for soybean disease diagnosis. *International Journal of Policy Analysis and Information Systems*, 4:125–160.

Minsky, M. (1961). Steps toward artificial intelligence. *Transactions on Institute of Radio Engineers*, 49:8–30.

Minsky, M. L. and Papert, S. (1969). *Perceptrons*. The MIT Press.

Mirowski, P. and LeCun, Y. (2018). Statistical machine learning and dissolved gas analysis: A review. *IEEE Transactions on Power Delivery*, 27(4):1791–1799.

Mohamed, A., Hamdi, M. S., and Tahar, S. (2015). A machine learning approach for big data in oil and gas pipelines. In *International Conference on Future Internet of Things and Cloud*, pages 585–590. IEEE Press.

Mu, J., Chaudhuri, K., Bielza, C., De Pedro, J., Larrañaga, P., and Martínez-Martín, P. (2017). Parkinson's disease subtypes identified from cluster analysis of motor and non-motor symptoms. *Frontiers in Aging Neuroscience*, 9:Article 301.

Murray, J. F., Hughes, G. F., and Kreutz-Delgado, K. (2005). Machine learning methods for predicting failures in hard drives: A multiple-instance application. *Journal of Machine Learning Research*, 6:783–816.

Natarajan, P., Frenzel, J., and Smaltz, D. (2017). *Demystifying Big Data and Machine Learning for Healthcare*. CRC Press.

National Academy of Sciences and The Royal Society (2017). *The Frontiers of Machine Learning.* The National Academies Press.

Navarro, P., Fernández, C., Borraz, R., and Alonso, D. (2017). A machine learning approach to pedestrian detection for autonomous vehicles using high-definition 3D range data. *Sensors*, 17:Article 18.

Nectoux, P., Gouriveau, R., Medjaher, K., Ramasso, E., Morello, B., Zerhouni, N., and Varnier, C. (2012). PRONOSTIA: An experimental platform for bearings accelerated life test. *IEEE International Conference on Prognostics and Health Management*, pages 1–8.

Newman, T. S. and Jain, A. K. (1995). A survey of automated visual inspection. *Computer Vision and Image Understanding*, 61(2):231–262.

Nguyen, H.-L., Woon, Y.-K., and Ng, W.-K. (2015). A survey on data stream clustering and classification. *Knowledge Information Systems*, 45:535–569.

Niu, D., Wang, Y., and Wu, D. D. (2010). Power load forecasting using support vector machine and ant colony optimization. *Expert Systems with Applications*, 37(3):2531–2539.

Nodelman, U., Shelton, C., and Koller, D. (2002). Continuous time Bayesian networks. In *Proceedings of the 18th Conference on Uncertainty in Artificial Intelligence*, pages 378–387.

Nwiabu, N. and Amadi, M. (2017). Building a decision support system for crude oil price prediction using Bayesian networks. *American Scientific Research Journal for Engineering, Technology, and Sciences*, 38(2):1–17.

O'Callaghan, L., Mishra, N., Meyerson, A., Guha, S., and Motwani, R. (2002). Streaming-data algorithms for high-quality clustering. In *Proceedings of the 18th International Conference on Data Engineering*, pages 685–694.

Ogbechie, A., Díaz-Rozo, J., Larrañaga, P., and Bielza, C. (2017). Dynamic Bayesian network-based anomaly detection for in-process visual inspection of laser surface heat treatment. In *Machine Learning for Cyber Physical Systems*, pages 17–24. Springer.

Olesen, J., Gustavsson, Q., Svensson, M., Wittchen, H., and Jonson, B. (2012). The economic cost of brain disorders in Europe. *European Journal of Neurology*, 19(1):155–162.

Onisko, A. and Austin, R. (2015). Dynamic Bayesian network for cervical cancer screening. In *Biomedical Knowledge Representation*, pages 207–218. Springer.

Oza, N. and Russell, S. (2005). Online bagging and boosting. In *2005 IEEE International Conference on Systems, Man and Cybernetics*, pages 2340–2345.

Page, L., Brin, S., Motwani, R., and Winograd, T. (1999). The PageRank citation ranking: Bringing order to the web. Technical report, Stanford InfoLab.

Pardakhti, M., Moharreri, E., Wanik, D., Suib, S., and Srivastava, R. (2017). Machine learning using combined structural and chemical descriptors for prediction of methane adsorption performance of metal organic frameworks (MOFs). *ACS Combinatorial Science*, 19(10):640–645.

Park, K., Ali, A., Kim, D., An, Y., Kim, M., and Shin, H. (2013). Robust predictive model for evaluating breast cancer survivability. *English Applied Artificial Intelligence*, 26:2194–2205.

Park, S., Jaewook, L., and Youngdoo, S. (2016). Predicting market impact costs using nonparametric machine learning models. *PLOS ONE*, 11(2):e0150243.

Parzen, E. (1962). On estimation of a probability density function and mode. *The Annals of Mathematical Statistics*, 33(3):1065–1076.

Pazzani, M. (1996). Constructive induction of Cartesian product attributes. In *Proceedings of the Information, Statistics and Induction in Science Conference*, pages 66–77.

Pazzani, M. and Billsus, D. (1997). Learning and revising user profiles: The identification of interesting web sites. *Machine Learning*, 27:313–331.

Pearl, J. (1982). Reverend Bayes on inference engines: A distributed hierarchical approach. In *Proceedings of the 2nd National Conference on Artificial Intelligence*, pages 133–136. AAAI Press.

Pearl, J. (1987). Evidential reasoning using stochastic simulation of causal models. *Artificial Intelligence*, 32(2):245–257.

Pearl, J. (1988). *Probabilistic Reasoning in Intelligent Systems*. Morgan Kaufmann.

Pedregosa, F., Varoquaux, G., Gramfort, A., Michel, V., Thirion, B., Grisel, O., Blondel, M., Prettenhofer, P., Weiss, R., Dubourg, V., Vanderplas, J., Passos, A., Cournapeau, D., Brucher, M., Perrot, M., and Duchesnay, E. (2011). Scikit-learn: Machine learning in Python. *Journal of Machine Learning Research*, 12:2825–2830.

Peng, H., Long, F., and Ding, C. (2005). Feature selection based on mutual information: Criteria of max-dependency, max-relevance, and min-redundancy. *IEEE Transactions on Pattern Analysis and Machine Intelligence*, 27(8):1226–1238.

Pérez, A., Larrañaga, P., and Inza, I. (2006). Supervised classification with conditional Gaussian networks: Increasing the structure complexity from naive Bayes. *International Journal of Approximate Reasoning*, 43:1–25.

Pérez, A., Larrañaga, P., and Inza, I. (2009). Bayesian classifiers based on kernel density estimation: Flexible classifiers. *International Journal of Approximate Reasoning*, 50:341–362.

Petropoulos, A., Chatzis, S., and Xanthopoulos, S. (2017). A hidden Markov model with dependence jumps for predictive modeling of multidimensional time-series. *Information Sciences*, 412-413:50–66.

Pimentel, M. A., Clifton, D. A., Clifton, L., and Tarassenko, L. (2014). A review of novelty detection. *Signal Processing*, 99:215–249.

Pizarro, J., Guerrero, E., and Galindo, P. L. (2002). Multiple comparison procedures applied to model selection. *Neurocomputing*, 48(1):155–173.

Platt, J. (1999). Fast training of support vector machines using sequential minimal optimization. In *Advances in Kernel Methods - Support Vector Learning*, pages 185–208. The MIT Press.

Pokrajac, D., Lazarevic, A., and Latecki, L. J. (2007). Incremental local outlier detection for data streams. In *IEEE Symposium on Computational Intelligence and Data Mining, 2007*, pages 504–515. IEEE Press.

PricewaterhouseCoopers (2017). Innovation for the earth. Technical Report 161222-113251-LA-OS, World Economic Forum, Davos.

Qian, Y., Yan, R., and Hu, S. (2014). Bearing degradation evaluation using recurrence quantification analysis and Kalman filter. *IEEE Transactions on Instrumentation and Measurement Society*, 63:2599–2610.

Quinlan, J. (1986). Induction of decision trees. *Machine Learning*, 1(1):81–106.

Quinlan, J. (1987). Simplifying decision trees. *International Journal of Man-Machine Studies*, 27(3):221–234.

Quinlan, J. (1993). *C4.5: Programs for Machine Learning*. Morgan Kaufmann.

Rabiner, L. (1989). A tutorial on hidden Markov models and selected applications in speech recognition. *Proceedings of the IEEE*, 77(2).

Rabiner, L. and Juang, B. (1986). An introduction to hidden Markov models. *IEEE Acoustics, Speech and Signal Processing Magazine*, 3:4–16.

Rajapakse, J. C. and Zhou, J. (2007). Learning effective brain connectivity with dynamic Bayesian networks. *Neuroimage*, 37(3):749–760.

Ribeiro, B. (2005). Support vector machines for quality monitoring in a plastic injection molding process. *IEEE Transactions on Systems, Man, and Cybernetics, Part C (Applications and Reviews)*, 35(3):401–410.

Robinson, J. W. and Hartemink, A. J. (2010). Learning non-stationary dynamic Bayesian networks. *Journal of Machine Learning Research*, 11:3647–3680.

Robinson, R. (1977). Counting unlabeled acyclic digraphs. In *Combinatorial Mathematics V*, volume 622 of *Lecture Notes in Mathematics*, pages 28–43. Springer.

Rosenbrock, C., Homer, E., Csányi, G., and Hart, G. (2017). Discovering the building blocks of atomic systems using machine learning: Application to grain boundaries. *Computational Materials*, 3(29).

Rudin, W. (1976). *Principles of Mathematical Analysis.* McGraw-Hill.

Rumí, R., Salmerón, A., and Moral, S. (2006). Estimating mixtures of truncated exponentials in hybrid Bayesian networks. *TEST*, 15:397–421.

Sabidussi, G. (1966). The centrality index of a graph. *Psychometrika*, 31(4):581–603.

Saha, S., Saha, B., Saxena, A., and Goebel, K. (2010). Distributed prognostic health management with Gaussian process regression. *IEEE Aerospace Conference*, pages 1–8.

Sahami, M. (1996). Learning limited dependence Bayesian classifiers. In *Proceedings of the 2nd International Conference on Knowledge Discovery and Data Mining*, pages 335–338.

Samuel, A. L. (1959). Some studies in machine learning using the game of checkers. *IBM Journal of Research and Development*, 3(3):210–229.

Sarigul, E., Abbott, A., Schmoldt, D., and Araman, P. (2005). An interactive machine-learning approach for defect detection in computed tomography (CT) images of hardwood logs. In *Proceedings of Scan Tech 2005 International Conference*, pages 15–26.

Sbarufatti, C., Corbetta, M., Manes, A., and Giglio, M. (2016). Sequential Monte-Carlo sampling based on a committee of artificial neural networks for posterior state estimation and residual lifetime prediction. *International Journal of Fatigue*, 83:10–23.

Schmidhuber, J. (2015). Deep learning in neural networks: An overview. *Neural Networks*, 61:85–117.

Schölkopf, B., Williamson, R., Smola, A., Shawe-Taylor, J., Platt, J., Solla, S., Leen, T., and Müller, K.-R. (2000). Support vector method for novelty detection. In *13th Annual Neural Information Processing Systems Conference*, pages 582–588. The MIT Press.

Schwarting, W., Alonso-Mora, J., and Rus, D. (2018). Planning and decision-making for autonomous vehicles. *Annual Review of Control, Robotics and Autonomous Systems*, 1:8.1–8.24.

Schwarz, G. (1978). Estimating the dimension of a model. *The Annals of Statistics*, 6(2):461–464.

Scutari, M. (2010). Learning Bayesian network with the `bnlearn` `R` package. *Journal of Statistical Software*, 35(3):1–22.

Sesen, M. B., Nicholson, A., Banares-Alcantar, R., Kidor, T., and Brady, M. (2013). Bayesian networks for clinical decision support in lung cancer care. *PLOS ONE*, 8(12):e82349.

Shachter, R. and Kenley, C. (1989). Gaussian influence diagrams. *Management Science*, 35(5):527–550.

Shachter, R. and Peot, M. (1989). Simulation approaches to general probabilistic inference on belief networks. In *Proceedings of the 5th Annual Conference on Uncertainty in Artificial Intelligence*, pages 221–234. Elsevier.

Shafer, G. and Shenoy, P. (1990). Probability propagation. *Annals of Mathematics and Artificial Intelligence*, 2:327–352.

Shakoor, M. T., Rahman, K., Rayta, S. N., and Chakrabarty, A. (2017). Agricultural production output prediction using supervised machine learning techniques. In *International Conference on Next Generation Computing Applications*, pages 182–187. IEEE Press.

Shameer, K., Johson, K., Glicksberg, B., Dudley, J., and Sengupta, P. (2018). Machine learning in cardiovascular medicine: Are we there yet? *Heart*, 104:1156–1164.

Shannon, C. E. (1948). A mathematical theory of communication. *The Bell System Technical Journal*, 27(3):379–423.

Shannon, C. E. (1949). Communication in the presence of noise. *Proceedings of the IRE*, 37(1):10–21.

Sharp, H. (1968). Cardinality of finite topologies. *Journal of Combinatorial Theory*, 5:82–86.

Shearer, C. (2000). The CRISP-DM model: The new blueprint for data mining. *Journal of Data Warehousing*, 5:13–22.

Shelton, C., Fan, Y., Lam, W., Lee, J., and Xu, J. (2010). Continuous time Bayesian network reasoning and learning engine. *Journal of Machine Learning Research*, 11:1137–1140.

Shenoy, P. and West, J. (2011). Inference in hybrid Bayesian networks using mixtures of polynomials. *International Journal of Approximate Reasoning*, 52(5):641–657.

Shi, J. and Malik, J. (2000). Normalized cuts and image segmentation. *IEEE Transactions on Pattern Analysis and Machine Intelligence*, 22(8):888–905.

Shi, J., Yin, W., Osher, S., and Sajda, P. (2010). A fast hybrid algorithm for large-scale l_1-regularized logistic regression. *Journal of Machine Learning Research*, 11(1):713–741.

Shigley, J. E., Budynas, R. G., and Mischke, C. R. (2004). *Mechanical Engineering Design*. McGraw-Hill.

Shigley, J. E. and Mischke, C. R. (1956). *Standard Handbook of Machine Design*. McGraw-Hill.

Shukla, D. and Desai, A. (2016). Recognition of fruits using hybrid features and machine learning. In *International Conference on Computing, Analytics and Security Trends*, pages 572–577. IEEE Press.

Siddique, A., Yadava, G., and Singh, B. (2005). A review of stator fault monitoring techniques of induction motors. *IEEE Transactions on Energy Conversion*, 20(1):106–114.

Silva, J. A., Faria, E. R., Barros, R. C., Hruschka, E. R., de Carvalho, A. C., and Gama, J. (2013). Data stream clustering: A survey. *ACM Computing Surveys*, 46(1):13.

Silverman, B. (1986). *Density Estimation for Statistics and Data Analysis*. Chapman and Hall.

Simsir, U., Amasyalı, M. F., Bal, M., Çelebi, U. B., and Ertugrul, S. (2014). Decision support system for collision avoidance of vessels. *Applied Soft Computing*, 25:369–378.

Sing, T., Sander, O., Beerenwinkel, N., and Lengauer, T. (2005). ROCR: Visualizing classifier performance in R. *Bioinformatics*, 21:3940–3941.

Sjöberg, J., Zhang, Q., Ljung, L., Benveniste, A., Delyon, B., Glorennec, P.-Y., Hjalmarsson, H., and Juditsky, A. (1995). Nonlinear black-box modeling in system identification: A unified overview. *Automatica*, 31(12):1691–1724.

Smusz, S., Kurczab, R., and Bojarski, A. (2013). A multidimensional analysis of machine learning methods performance in the classification of bioactive compounds. *Chemometrics and Intelligent Laboratory Systems*, 128:89–100.

Smyth, P. (1994). Markov monitoring with unknown states. *IEEE Journal on Selected Areas in Communications*, 12(9):1600–1612.

Sokal, R. and Michener, C. (1958). A statistical method for evaluating systematic relationships. *University of Kansas Scientific Bulletin*, 38:1409–1438.

Sorensen, T. (1948). A method for establishing groups of equal amplitude in plant sociology based on similarity of species contents and its application to analyzes of the vegetation on Danish commons. *Biologiske Skrifter*, 5:1–34.

Spiegelhalter, D. and Lauritzen, S. (1990). Sequential updating of conditional probabilities on directed graphical structures. *Networks*, 20:579–605.

Spirtes, P. and Glymour, C. (1991). An algorithm for fast recovery of sparse causal graphs. *Social Science Computer Review*, 90(1):62–72.

Srivastava, A., Kundu, A., Sural, S., and Majumdar, A. K. (2008). Credit card fraud detection using hidden Markov model. *IEEE Transactions on Dependable and Secure Computing*, 5(1):37–48.

Sterne, J. (2017). *Artificial Intelligence for Marketing: Practical Applications*. Wiley.

Stirling, D. and Buntine, W. (1988). Process routings in a steel mill: A challenging induction problem. In *Artificial Intelligence Developments and Applications*, pages 301–313. Elsevier Science.

Strohbach, M., Daubert, J., Ravkin, H., and Lischka, M. (2016). Big data storage. In *New Horizons for a Data-Driven Economy*, pages 119–141. Springer.

Sun, T.-H., Tien, F.-C., Tien, F.-C., and Kuo, R.-J. (2016). Automated thermal fuse inspection using machine vision and artificial neural networks. *Journal of Intelligent Manufacturing*, 27(3):639–651.

Surace, C. and Worden, K. (2010). Novelty detection in a changing environment: A negative selection approach. *Mechanical Systems and Signal Processing*, 24(4):1114–1128.

Sztipanovits, J., Ying, S., Cohen, I., Corman, D., Davis, J., Khurana, H., Mosterman, P., Prasad, V., and Stormo, L. (2012). Strategic R&D opportunities for 21st century cyber-physical systems. Technical report, Steering Committee for Foundation in Innovation for Cyber-Physical Systems.

Talbi, E.-G. (2009). *Metaheuristics: From Design to Implementation*. Wiley.

Tax, D. M. and Duin, R. P. (1999). Support vector domain description. *Pattern Recognition Letters*, 20(11):1191–1199.

Taylor, B., Fingal, D., and Aberdeen, D. (2007). The war against spam: A report from the front line. In *NIPS 2007 Workshop on Machine Learning in Adversarial Environments for Computer Security*.

Tejeswinee, K., Jacob, S., and Athilakshmi, R. (2017). Feature selection techniques for prediction of neuro-degenerative disorders: A case-study with Alzheimer's and Parkinson's disease. *Procedia Computer Science*, 115:188–194.

Tibshirani, R. (1996). Regression shrinkage and selection via the lasso. *Journal of the Royal Statistical Society, Series B*, 58(1):267–288.

Tibshirani, R., Walther, G., and Hastie, T. (2001). Estimating the number of clusters in a data set via the gap statistic. *Journal of the Royal Statistical Society: Series B (Statistical Methodology)*, 63(2):411–423.

Tikhonov, A. (1943). On the stability of inverse problems. *Doklady Akademii Nauk SSSR*, 39(5):176–179.

Timusk, M., Lipsett, M., and Mechefske, C. K. (2008). Fault detection using transient machine signals. *Mechanical Systems and Signal Processing*, 22(7):1724–1749.

Tippannavar, S. and Soma, S. (2017). A machine learning system for recognition of vegetable plant and classification of abnormality using leaf texture analysis. *International Journal of Scientific and Engineering Research*, 8(6):1558–1563.

Tiwari, M. K. and Adamowski, J. F. (2015). Medium-term urban water demand forecasting with limited data using an ensemble wavelet-bootstrap machine-learning approach. *Journal of Water Resources Planning and Management*, 141(2):1–12.

Tobon-Mejia, D. A., Medjaher, K., Zerhouni, N., and Tripot, G. (2012). A data-driven failure prognostics method based on mixture of Gaussians hidden Markov models. *IEEE Transactions on Reliability*, 61(2):491–503.

Torgerson, W. (1952). Multidimensional scaling: I. Theory and method. *Psychometrika*, 17(4):401–419.

Trabelsi, G. (2013). *New Structure Learning Algorithms and Evaluation Methods for Large Dynamic Bayesian Networks*. PhD thesis, Université de Nantes.

Tsamardinos, I., Brown, L. E., and Aliferis, C. F. (2006). The max-min hill-climbing Bayesian network structure learning algorithm. *Machine Learning*, 65(1):31–78.

Tsang, I., Kocsor, A., and Kwok, J. T. (2007). Simpler core vector machines with enclosing balls. In *Proceedings of the 9th ACM SIGKDD International Conference on Knowledge Discovery and Data Mining*, pages 226–235.

Tüfekci, P. (2014). Prediction of full load electrical power output of a base load operated combined cycle power plant using machine learning methods. *International Journal of Electrical Power and Energy Systems*, 60:126–140.

Tukey, J. (1977). *Exploratory Data Analysis*. Addison-Wesley.

Tuna, G., Kogias, D. G., Gungor, V. C., Gezer, C., Taşkın, E., and Ayday, E. (2017). A survey on information security threats and solutions for machine to machine (M2M) communications. *Journal of Parallel and Distributed Computing*, 109:142–154.

Turing, A. M. (1950). Computing machinery and intelligence. *Mind*, 59(236):433–460.

Tylman, W., Waszyrowski, T., Napieralski, A., Kaminski, M., Trafidlo, T., Kulesza, Z., Kotas, R., Marciniak, P., Tomala, R., and Wenerski, M. (2016). Real-time prediction of acute cardiovascular events using hardware-implemented Bayesian networks. *Computers in Biology and Medicine*, 69:245–253.

Van der Maaten, L. and Hinton, G. (2008). Visualizing high-dimensional data using t-SNE. *Journal of Machine Learning Research*, 9:2579–2605.

Van Noortwijk, J. (2009). A survey of the application of gamma processes in maintenance. *Reliability Engineering and System Safety*, 94:2–21.

Vapnik, V. (1998). *Statistical Learning Theory.* Wiley.

Verma, T. and Pearl, J. (1990a). Causal networks: Semantics and expressiveness. In *Proceedings of the 4th Annual Conference on Uncertainty in Artificial Intelligence*, pages 69–78. North-Holland.

Verma, T. and Pearl, J. (1990b). Equivalence and synthesis of causal models. In *Proceedings of the 6th Conference on Uncertainty in Artificial Intelligence*, pages 255–270. Elsevier.

Viterbi, A. (1967). Error bounds for convolutional codes and an asymptotically optimum decoding algorithm. *IEEE Transactions on Information Theory*, 13(2):260–269.

Von Luxburg, U. (2007). A tutorial on spectral clustering. *Statistics and Computing*, 17(4):395–416.

Voyant, C., Notton, G., Kalogirou, S., Nivet, M.-L., Paoli, C., Motte, F., and Fouilloy, A. (2017). Machine learning methods for solar radiation forecasting: A review. *Renewable Energy*, 105:569–582.

Wang, K.-J., Chen, J. C., and Lin, Y.-S. (2005). A hybrid knowledge discovery model using decision tree and neural network for selecting dispatching rules of a semiconductor final testing factory. *Production Planning and Control*, 16(7):665–680.

Wang, W. (2007). Application of Bayesian network to tendency prediction of blast furnace silicon content in hot metal. In *Bio-Inspired Computational Intelligence and Applications*, pages 590–597. Springer.

Wang, W., Golnaraghi, M., and Ismail, F. (2004). Prognosis of machine health condition using neuro-fuzzy systems. *Mechanical Systems and Signal Processing*, 18:813–831.

Wang, X. and Xu, D. (2010). An inverse Gaussian process model for degradation data. *Technometrics*, 52:188–197.

Ward, J. (1963). Hierarchical grouping to optimize an objective function. *Journal of the American Statistical Association*, 58:236–244.

Webb, G. I., Boughton, J., and Wang, Z. (2005). Not so naive Bayes: Aggregating one-dependence estimators. *Machine Learning*, 58:5–24.

Wiens, J. and Wallace, B. (2016). Editorial: Special issue on machine learning for learning and medicine. *Machine Learning*, 102:305–307.

Williams, G. (2009). Rattle: A data mining GUI for R. *The R Journal*, 1(2):45–55.

Wilson, D. (1972). Asympotic properties of nearest neighbor rules using edited data. *IEEE Transactions on Systems, Man, and Cybernetics*, 2(3):408–421.

Wishart, J. (1928). The generalised product moment distribution in samples from a normal multivariate population. *Biometrika*, 20(1-2):32–52.

Wolfert, S., Ge, L., Verdouw, C., and Bogaardt, M. (2017). Big data in smart farming. A review. *Agricultural Systems*, 153:69–80.

Wolpert, D. (1992). Stacked generalization. *Neural Networks*, 5:241–259.

Wolpert, D. and Macready, W. (1997). No free lunch theorems for optimization. *IEEE Transactions on Evolutionary Computation*, 1(1):67–82.

Wong, J.-Y. and Chung, P.-H. (2008). Retaining passenger loyalty through data mining: A case study of Taiwanese airlines. *Transportation Journal*, 47:17–29.

Wuest, T., Weimer, D., Irgens, C., and Thoben, K.-D. (2016). Machine learning in manufacturing: Advantages, challenges, and applications. *Production and Manufacturing Research*, 4(1):23–45.

Xie, L., Huang, R., Gu, N., and Cao, Z. (2014). A novel defect detection and identification method in optical inspection. *Neural Computing and Applications*, 24(7-8):1953–1962.

Xie, W., Yu, L., Xu, S., and Wang, S. (2006). A new method for crude oil price forecasting based on support vector machines. In *Lectures Notes in Coputer Sciences 2994*, pages 444–451. Springer.

Xu, D. and Tian, Y. (2015). A comprehensive survey of clustering algorithms. *Annals of Data Science*, 2(2):165–193.

Xu, S., Tan, H., Jiao, X., Lau, F., and Pan, Y. (2007). A generic pigment model for digital painting. *Computer Graphics Forum*, 26(3):609–618.

Yang, Y. and Webb, G. (2009). Discretization for naive-Bayes learning: Managing discretization bias and variance. *Machine Learning*, 74(1):39–74.

Ye, Q., Zhang, Z., and Law, R. (2009). Sentiment classification of online reviews to travel destinations by supervised machine learning approaches. *Expert Systems with Applications*, 36:6527–6535.

Yeo, M., Fletcher, T., and Shawe-Taylor, J. (2015). Machine learning in fine wine price prediction. *Journal of Wine Economics*, 10(2):151–172.

Yeung, D.-Y. and Ding, Y. (2003). Host-based intrusion detection using dynamic and static behavioral models. *Pattern Recognition*, 36(1):229–243.

Yu, L., Wang, S., and Lai, K. (2008). Forecasting crude oil price with an EMD-based neural network ensemble learning paradigm. *Energy Economics*, 30:2623–2635.

Zaman, T. R. (2011). *Information Extraction with Network Centralities: Finding Rumor Sources, Measuring Influence, and Learning Community Structure*. PhD thesis, Massachusetts Institute of Technology.

Zarei, E., Azadeh, A., Khakzad, N., and Aliabadi, M. M. (2017). Dynamic safety assessment of natural gas stations using Bayesian network. *Journal of Hazardous Materials*, 321:830–840.

Zeng, X., Hu, W., Li, W., Zhang, X., and Xu, B. (2008). Key-frame extraction using dominant-set clustering. In *IEEE International Conference on Multimedia and Expo*, pages 1285–1288. IEEE Press.

Zhang, D. and Tsai, J. J. (2003). Machine learning and software engineering. *Software Quality Journal*, 11(2):87–119.

Zhang, J. and Wang, H. (2006). Detecting outlying subspaces for high-dimensional data: The new task, algorithms, and performance. *Knowledge and Information Systems*, 10(3):333–355.

Zhang, N. and Poole, D. (1994). A simple approach to Bayesian network computations. In *Proceedings of the 10th Biennial Canadian Conference on Artificial Intelligence*, pages 171–178.

Zhang, Y., Wang, J., and Wang, X. (2014). Review on probabilistic forecasting of wind power generation. *Renewable and Sustainable Energy Reviews*, 32:255–270.

Zheng, Z. and Webb, G. (2000). Lazy learning of Bayesian rules. *Machine Learning*, 41(1):53–84.

Zonglei, L., Jiandong, W., and Guansheng, Z. (2008). A new method to alarm large scale of flights delay based on machine learning. In *2008 International Symposium on Knowledge Acquisition and Modeling*, pages 589–592.

Zorriassatine, F., Al-Habaibeh, A., Parkin, R., Jackson, M., and Coy, J. (2005). Novelty detection for practical pattern recognition in condition monitoring of multivariate processes: A case study. *The International Journal of Advanced Manufacturing Technology*, 25(9-10):954–963.

索引①

① 位于索引词条中文后面的数字是英文原书的页码,对应于本书正文切口处的边码。

C

E

F

G

H

I

N

S

T

彩色插图

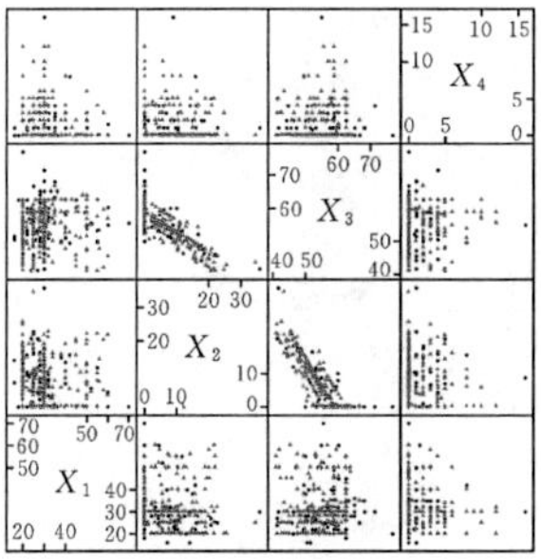

(a) 散点图矩阵

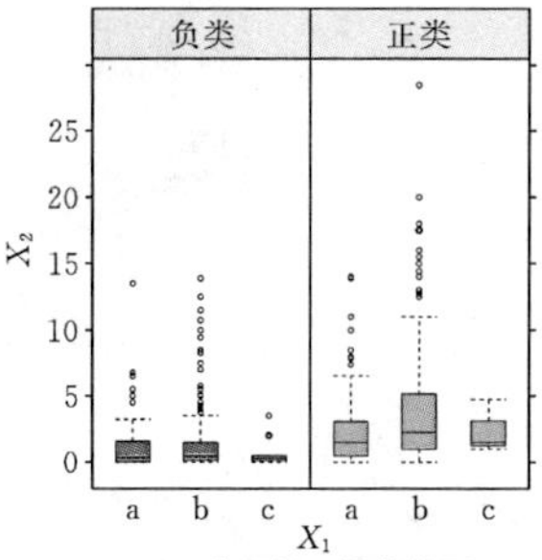

(b) 多面板二维箱线图

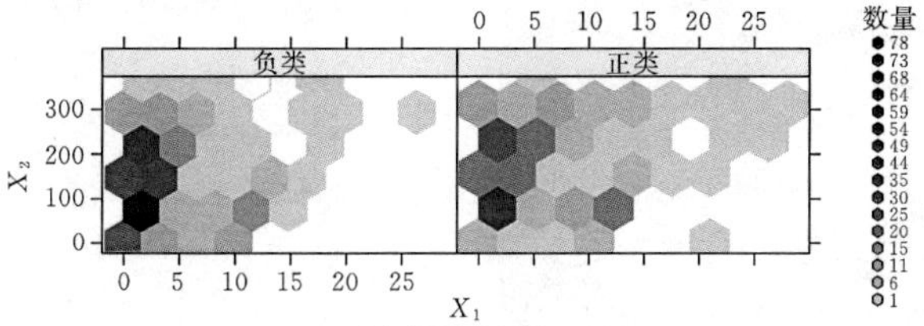

(c) 平面直方图

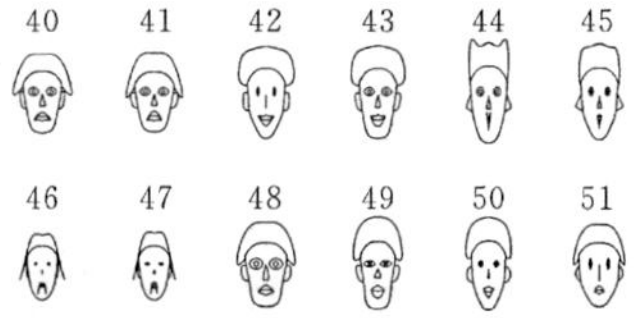

(d) 切尔诺夫脸谱图

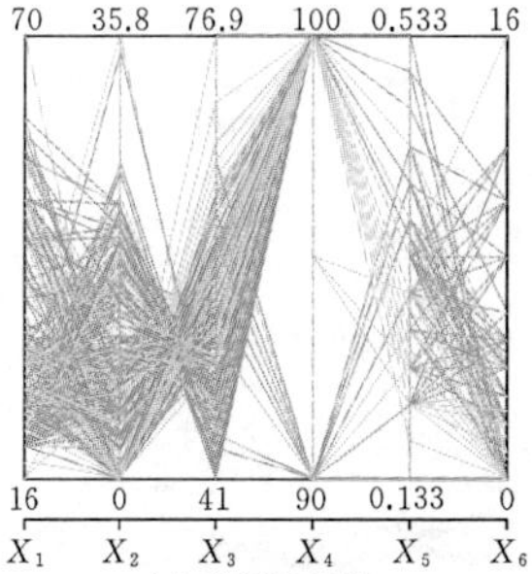

(e) 平行坐标图

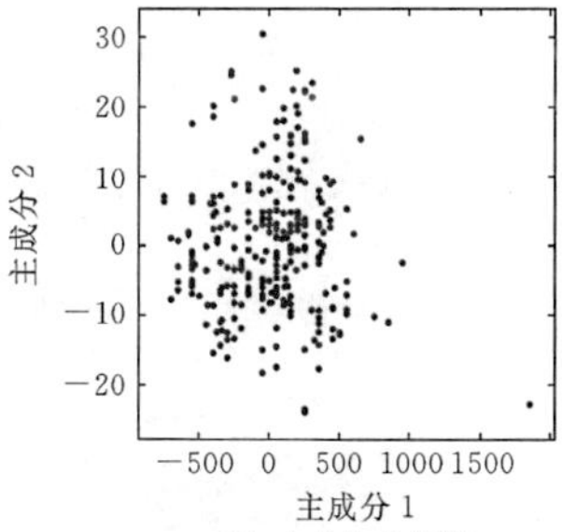

(f) 主成分分析图

彩图 1　重绘自图 2.6

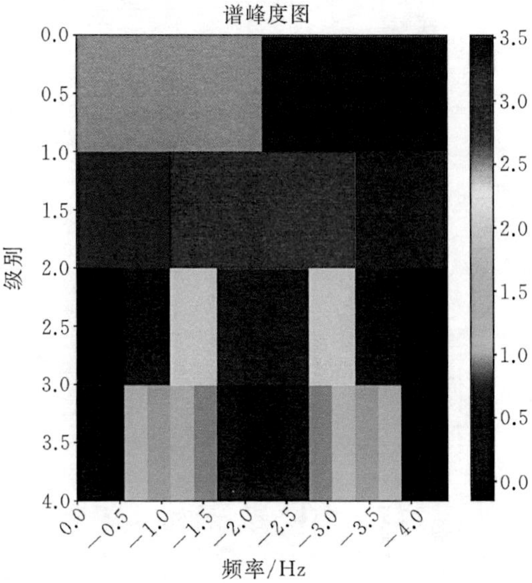

彩图 2　重绘自图 4.3

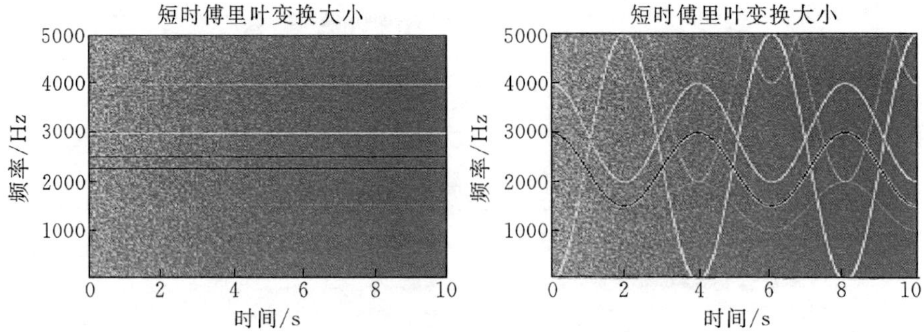

(a) 稳态信号,其频率不随时间变化　　(b) 非稳态信号,其主频随时间变化

彩图 3　重绘自图 4.4

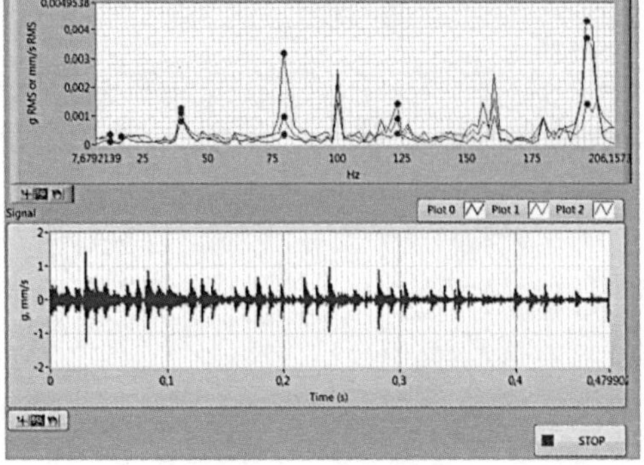

彩图 4　重绘自图 5.5

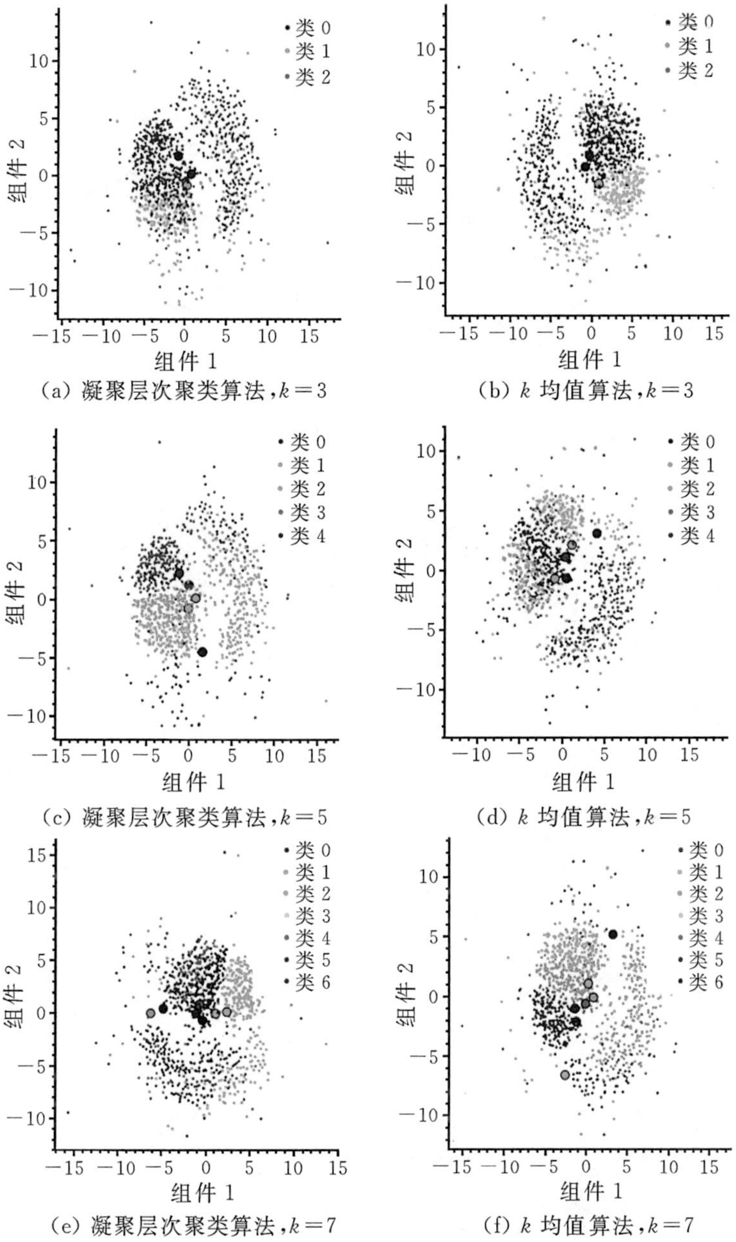

(a) 凝聚层次聚类算法，$k=3$　(b) k 均值算法，$k=3$

(c) 凝聚层次聚类算法，$k=5$　(d) k 均值算法，$k=5$

(e) 凝聚层次聚类算法，$k=7$　(f) k 均值算法，$k=7$

彩图 5　重绘自图 5.6

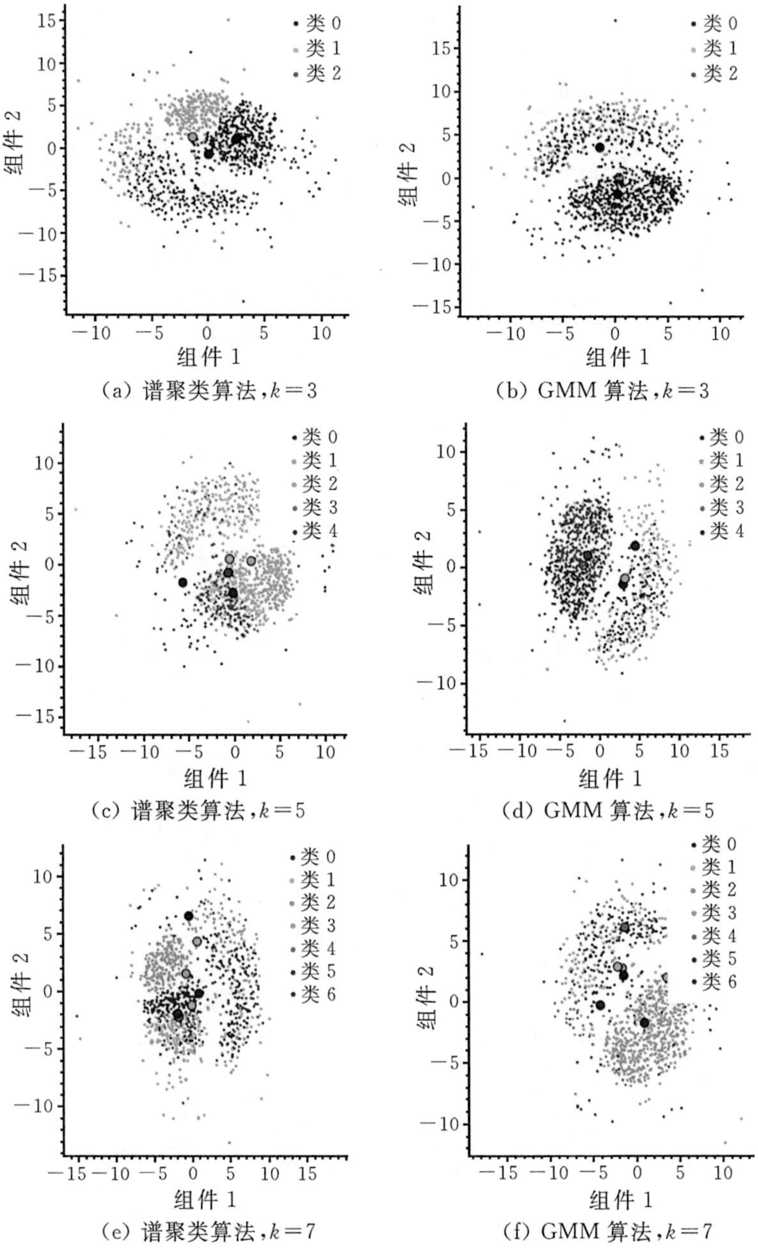

(a) 谱聚类算法，$k=3$　(b) GMM 算法，$k=3$

(c) 谱聚类算法，$k=5$　(d) GMM 算法，$k=5$

(e) 谱聚类算法，$k=7$　(f) GMM 算法，$k=7$

彩图 6　重绘自图 5.7

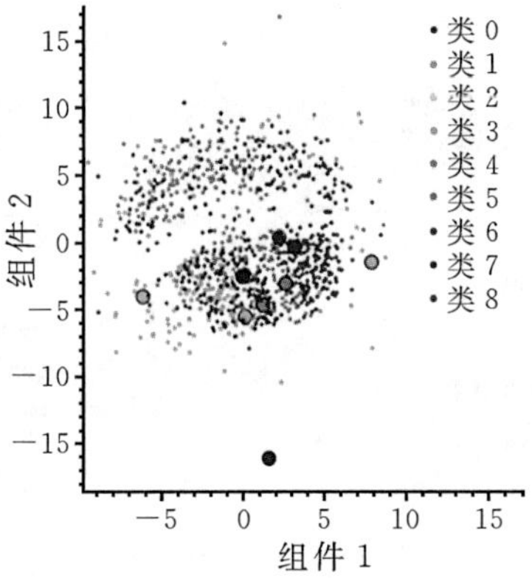

彩图 7 重绘自图 5.8

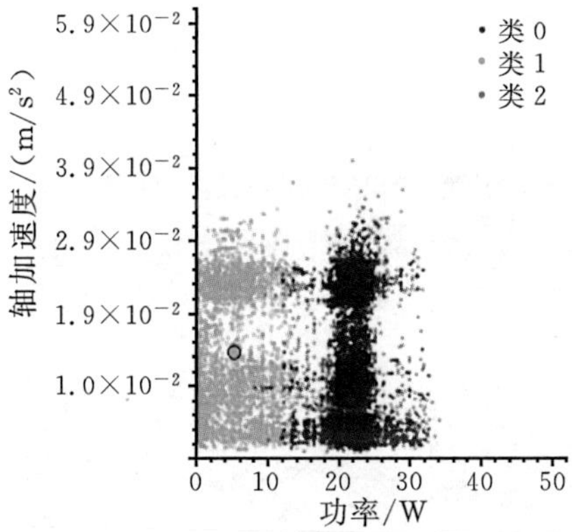

(a) x 轴伺服电机

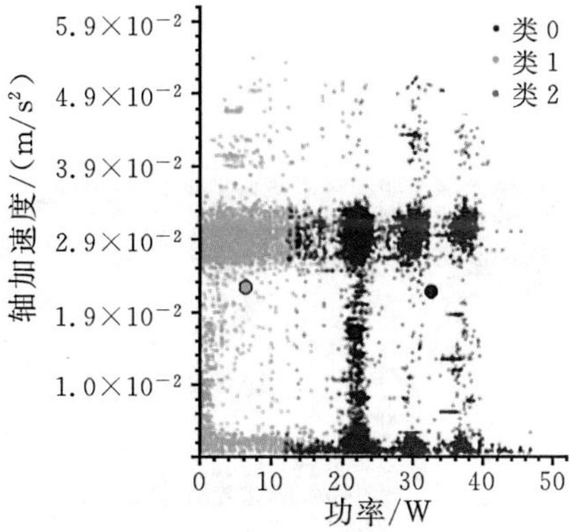

(b) y 轴伺服电机

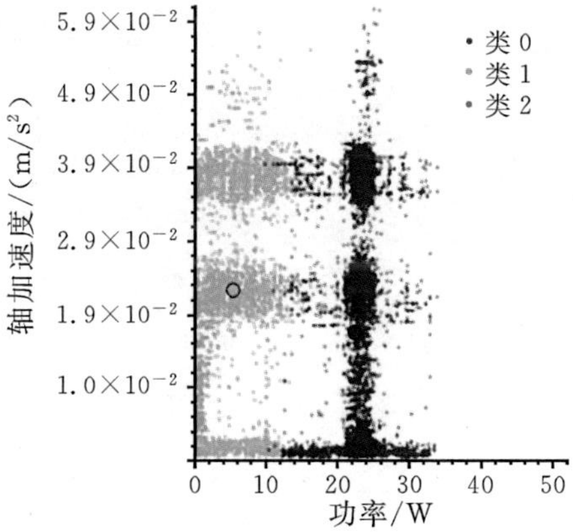

(c) z 轴伺服电机

彩图 8 重绘自图 5.9

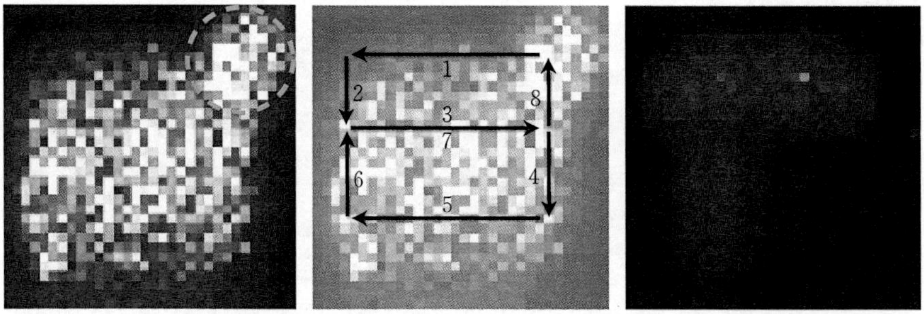

(a) 激光加工过程中高速热像仪在热反应区拍摄的示意图　(b) 被跟踪光斑在正常条件下产生热反应区的模式　(c) 过程开始时热反应区的热瞬态

彩图 9　重绘自图 6.4

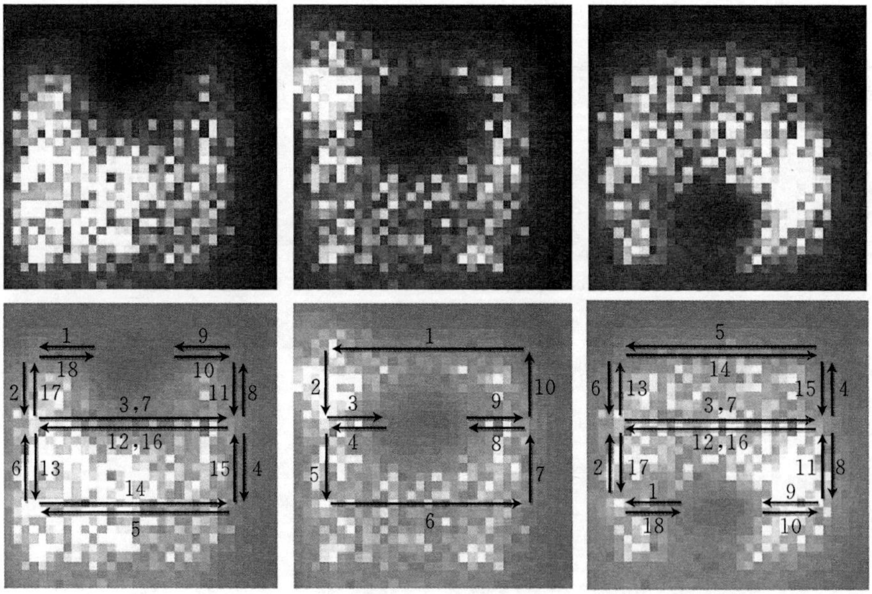

(a) 热反应区的顶部　(b) 热反应区的中部　(c) 热反应区的底部

彩图 10　重绘自图 6.5

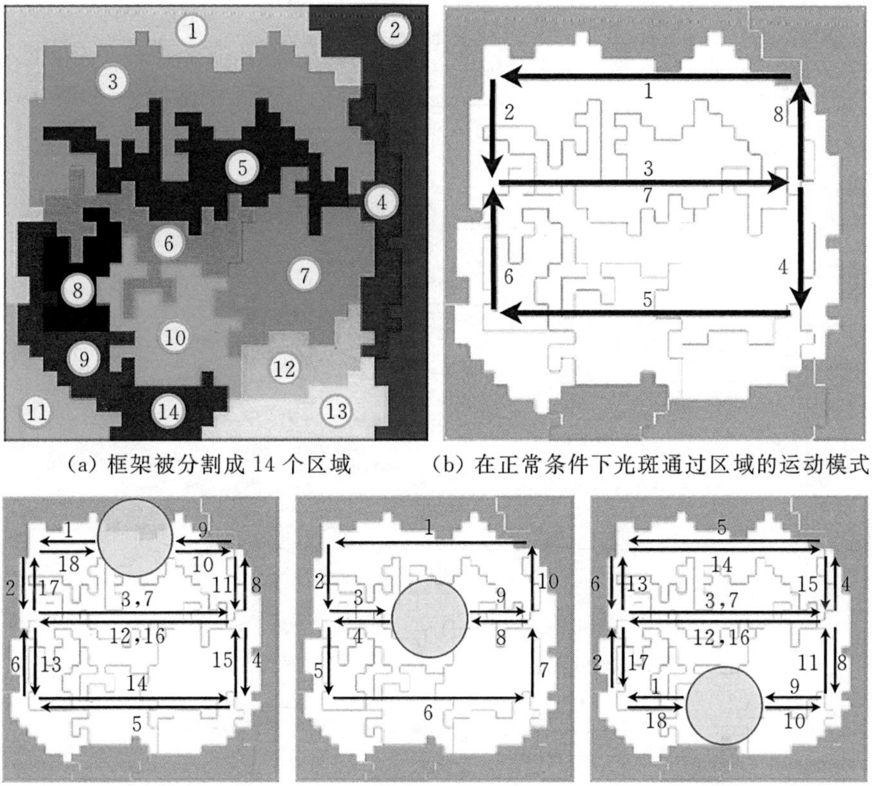

(a) 框架被分割成 14 个区域　　(b) 在正常条件下光斑通过区域的运动模式

(c) 热反应区的顶部　　(d) 热反应区的中部　　(e) 热反应区的底部

彩图 11　重绘自图 6.9

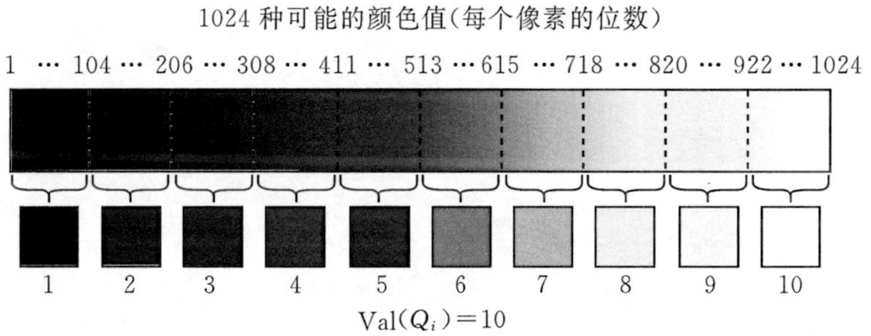

彩图 12　重绘自图 6.10

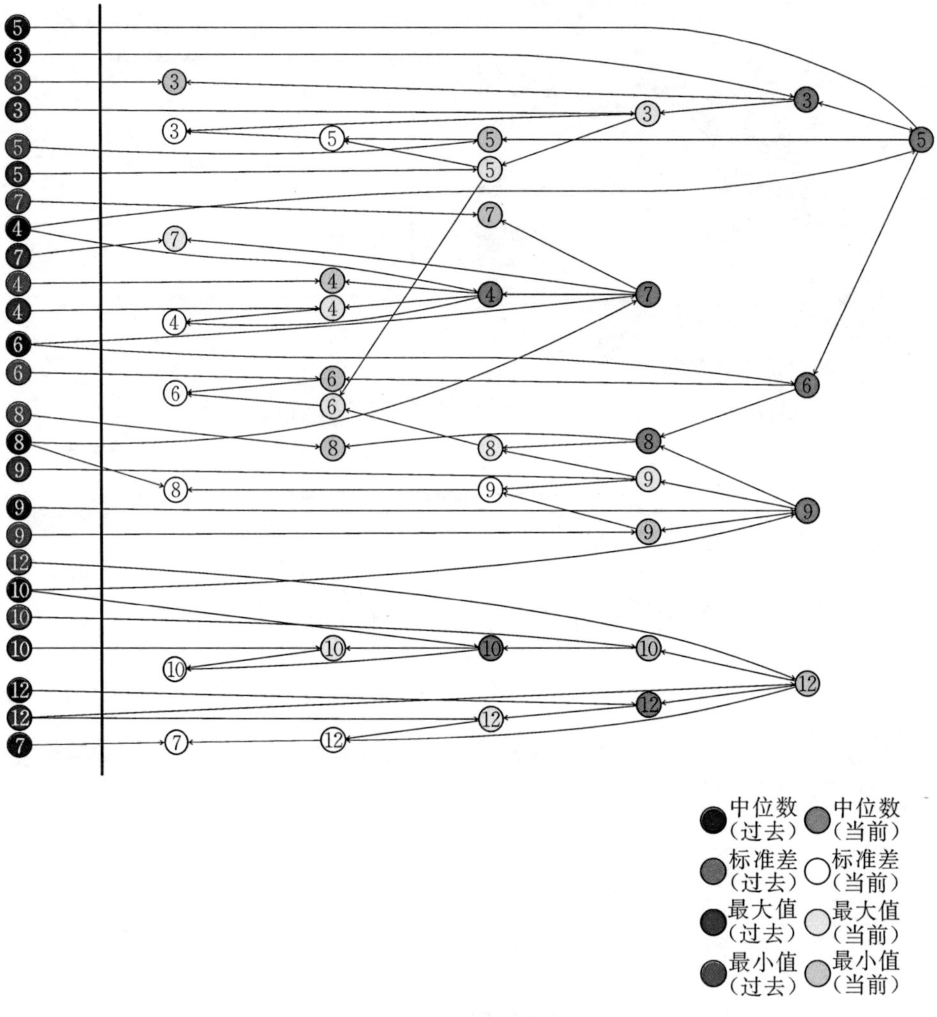

彩图 13　重绘自图 6.12

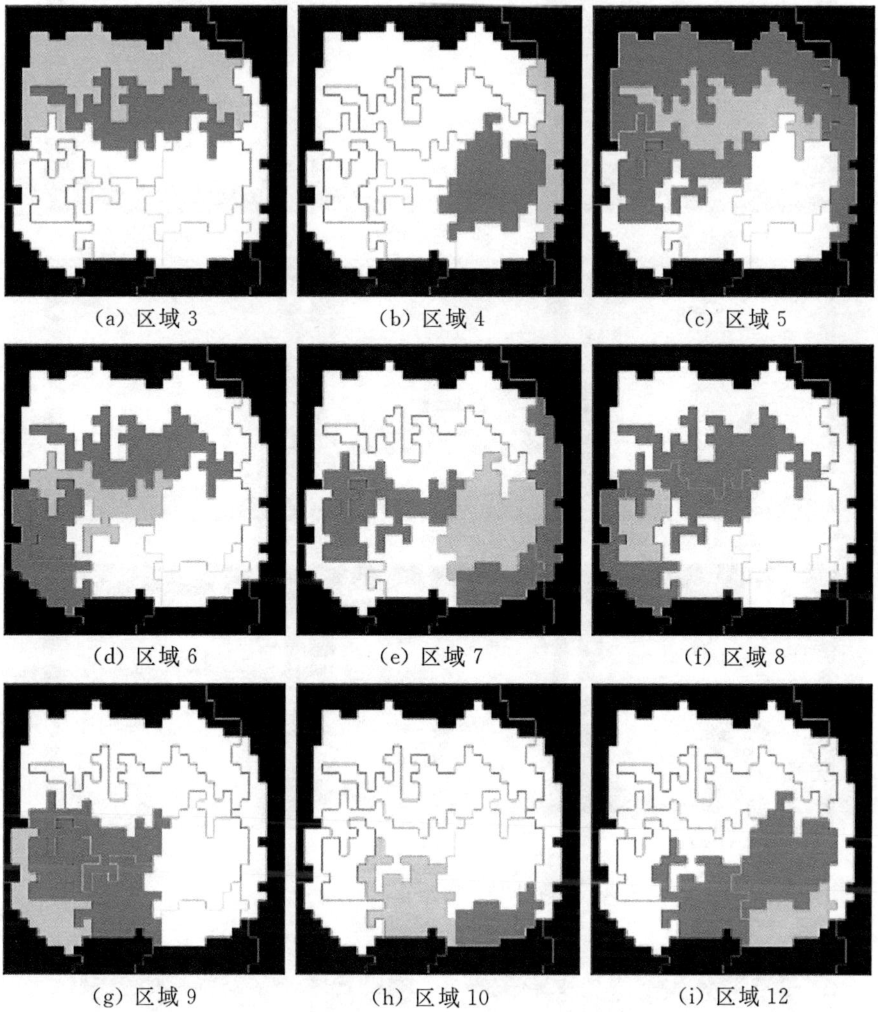

彩图 14 重绘自图 6.13

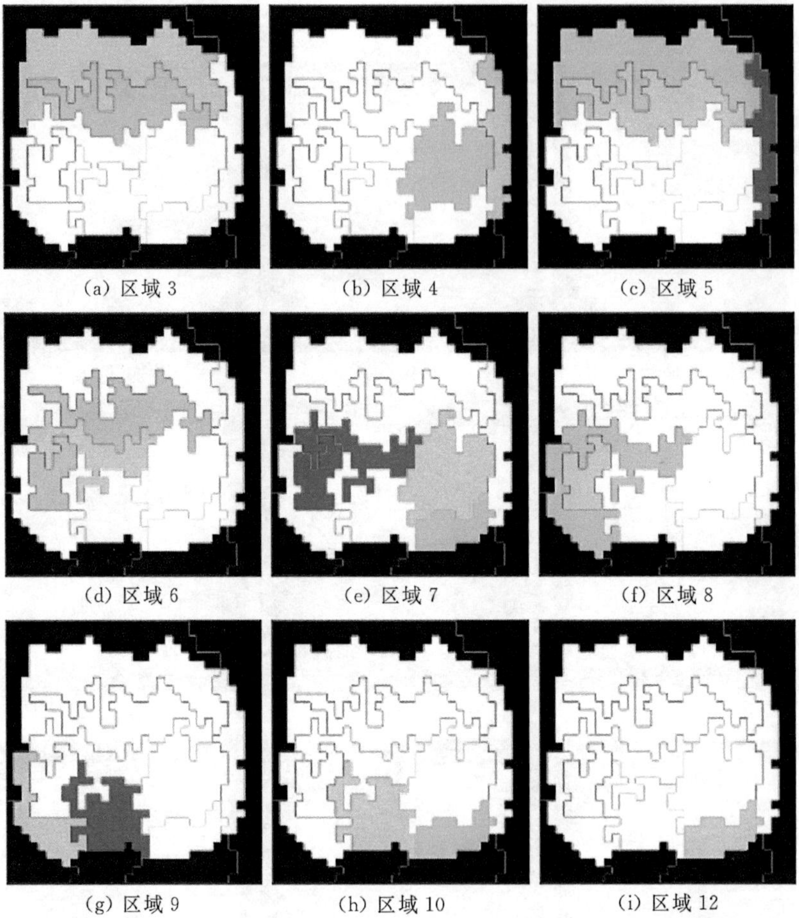

彩图 15　重绘自图 6.14

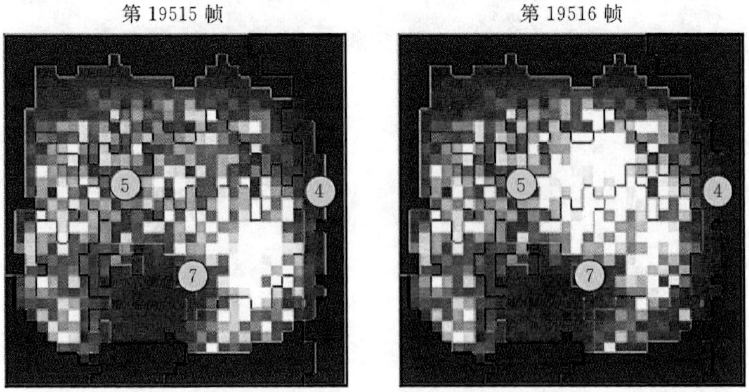

彩图 16　重绘自图 6.20

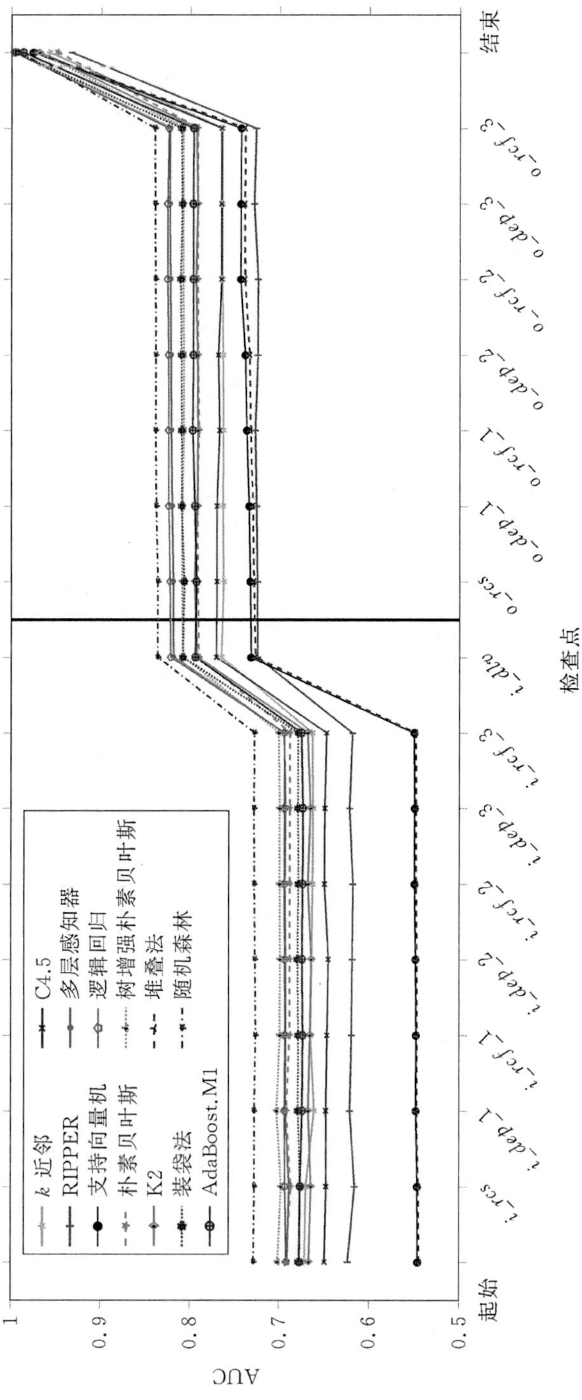
AUC
1
0.9
0.8
0.7
0.6
0.5
起始
i_rcs
i_dep_1
i_rcf_1
i_dep_2
i_rcf_2
i_dep_3
i_rcf_3
o_rcs
o_dep_1
o_rcf_1
o_dep_2
o_rcf_2
o_dep_3
o_rcf_3
结束
检查点
k 近邻
RIPPER
支持向量机
朴素贝叶斯
K2
装袋法
AdaBoost.M1
C4.5
多层感知器
逻辑回归
树增强朴素贝叶斯
堆叠法
随机森林

彩图 17 重绘自图 7.7